普通高等教育"十一五"国家级规划教材
普通高等教育精品教材
国家精品课程配套教材
国家级精品资源共享课程教材

21世纪大学本科计算机专业系列教材

丛书主编 李晓明

离散数学
（第4版）

屈婉玲 刘田 耿素云 张立昂 编著

清华大学出版社
北京

内 容 简 介

本书参照美国 ACM 和 IEEE CS 最新推出的 *Computing Curricula*，根据教育部高等学校计算机科学与技术教学指导委员会最新编制的"高等学校计算机科学与技术专业规范"中关于离散数学的知识结构和体系撰写。全书共 14 章，内容包含证明技巧、数理逻辑、集合与关系、函数、组合计数、图和树、初等数论、离散概率、代数系统等。体系严谨，文字精练，内容翔实，例题丰富，注重与计算机科学技术的实际问题相结合，并选配了大量难度适当的习题，适合教学。另外，本书有配套的习题解答与学习指导等教学辅导用书，以及用于课堂教学的 PPT 演示文稿和在线数字资源等，以满足教学需要。

本书适合作为高等学校计算机及相关专业本科生"离散数学"课程的教材，也可以作为对离散数学感兴趣的人员的入门参考书。

本书封面贴有清华大学出版社防伪标签，无标签者不得销售。
版权所有，侵权必究。举报：010-62782989，beiqinquan@tup.tsinghua.edu.cn。

图书在版编目(CIP)数据

离散数学/屈婉玲等编著. —4 版. —北京：清华大学出版社，2022.7（2024.12 重印）
21 世纪大学本科计算机专业系列教材
ISBN 978-7-302-61396-1

Ⅰ.①离… Ⅱ.①屈… Ⅲ.①离散数学－高等学校－教材 Ⅳ.①O158

中国版本图书馆 CIP 数据核字(2022)第 124666 号

责任编辑：张瑞庆
封面设计：常雪影
责任校对：郝美丽
责任印制：宋　林

出版发行：清华大学出版社
网　　址：https://www.tup.com.cn，https://www.wqxuetang.com
地　　址：北京清华大学学研大厦 A 座　　邮　编：100084
社 总 机：010-83470000　　邮　购：010-62786544
投稿与读者服务：010-62776969，c-service@tup.tsinghua.edu.cn
质量反馈：010-62772015，zhiliang@tup.tsinghua.edu.cn
课件下载：https://www.tup.com.cn，010-83470236

印 装 者：三河市龙大印装有限公司
经　　销：全国新华书店
开　　本：185mm×260mm　　印　张：22.25　　字　数：517 千字
版　　次：2005 年 6 月第 1 版　　2022 年 9 月第 4 版　　印　次：2024 年 12 月第 7 次印刷
定　　价：66.00 元

产品编号：097219-01

21 世纪大学本科计算机专业系列教材编委会

主　　任：李晓明
副 主 任：蒋宗礼　卢先和
委　　员：（按姓氏笔画为序）
　　　　　马华东　马殿富　王志英　王晓东　宁　洪
　　　　　刘　辰　孙茂松　李仁发　李文新　杨　波
　　　　　吴朝晖　何炎祥　宋方敏　张　莉　金　海
　　　　　周兴社　孟祥旭　袁晓洁　钱乐秋　黄国兴
　　　　　曾　明　廖明宏
秘　　书：张瑞庆

本书责任编委：李晓明

第4版前言

FOREWORD

清华大学出版社"21世纪大学本科计算机专业系列教材"《离散数学(第3版)》已经出版8年了.在这8年里,计算机科学技术又有了长足的发展,新的技术不断涌现,从人机对弈,到人脸识别和自动驾驶,新技术的应用场景不断扩大.对计算机专业的需求也不断扩大,在全球范围内,学习计算机专业的学生人数不断增加.因此,为高等学校计算机专业的师生提供好的教材,就成了很有意义的工作.

作为计算机专业的基础课之一,离散数学的内容相对稳定,传统上主要包括数理逻辑、集合论、图论、组合数学、代数结构等.本书在这些内容之外,还覆盖了初等数论和离散概率、算法的平均情况复杂度分析、随机算法等内容.书中还举例说明了离散数学中的各种概念和结论在关系数据库、工作流模型、密码学、算法分析等领域的应用.本书有大量难度适当的习题,并有配套的习题解答和电子教案,既方便师生的课堂教学,也方便对离散数学感兴趣的读者自学.

从本书初版到现在已经有十几个年头了,经过之前的两次修订改版和多年的实际使用,内容已经相当成熟.这次修订在内容上没有做大的改动,除了更正一些错误,以及对文字做了进一步的精细加工外,主要是在第14章代数系统的内容里增加了最后一节,介绍了皮亚诺系统,补充了相应的习题.皮亚诺系统给出了自然数集的严格定义,在此基础上,可以定义自然数的各种运算并证明这些运算的性质.在这个过程里,要综合运用本课程前面学过的集合、函数、递归定义、归纳证明、代数系统的同构等概念和技巧.

作者衷心感谢广大读者和清华大学出版社的支持和鼓励.此次修订主要由刘田完成.不当之处,欢迎广大读者批评指正.

作 者
2022年3月于北京大学

第 3 版前言

FOREWORD

作为清华大学出版社和中国计算机学会共同规划的"21世纪大学本科计算机专业系列教材"之一,《离散数学(第2版)》已经出版5年了. 在这5年里,一些新的教育理念、教学模式不断提出并加以实践,其中最重要的是"计算思维(computational thinking)"和"大规模开放式在线课程(massive open online course,MOOC)". 计算思维是数学思维与工程思维的互补与融合,不但是从事计算机科学技术工作的人所需要的专业素质,也对其他学科的发展产生了深远的影响,计算思维的培养已经成为大学计算机专业的重要目标之一. MOOC教学模式近年来在国外迅速增长,已经产生了巨大的影响;国内也把优质教学资源共享列入国家计划并给予了大力支持. 这些新的教育理念和教学模式对教材的修订有着重要的影响.

离散数学是研究离散结构及其性质的学科,大量用于计算机系统及其应用领域的建模及分析. 离散数学对培养计算思维起着重要的作用,不但被列入计算机专业的核心课程,而且近年来电子工程、经济学等专业领域也开始在教学中加入一些离散数学的内容. 如何在离散系统建模中体现计算思维是本教材修订的指导思想. 本着对读者负责的精神,我们在这次修订工作中认真地审阅了原书,对其中的部分内容做了调整,更正了某些错误和疏漏之处,并对文字做了进一步的精细加工.

本版在内容上主要做了如下改动:对第1章"数学语言与证明方法"做了部分重写,对重要的数学证明方法进行了分类和较详细的阐述,补充了有关递归定义的内容. 第5章补充了关系与函数在数据库及软件工程建模中的应用实例. 第6章增加了二部图的匹配、着色和四色定理. 第7章删除了基本回路与基本割集系统. 第10章对递推方程在算法设计与分析中的应用加以补充.

与本教材同步更新的有配套的教学辅导用书《离散数学习题解答与学习指导(第3版)》和用于课堂上教学的PPT演示文稿. 更多的后续教学资源正在开发,并将上传到清华大学出版社的在线数字资源平台上,为使用本书的读者提供更大的支持.

对广大读者所提出的建议和意见,我们表示衷心的感谢!

作 者
2013年8月于北京大学

第 2 版前言

作为清华大学出版社和中国计算机学会共同规划的"21世纪大学本科计算机专业系列教材"之一,《离散数学》已经出版两年多了. 在这两年多的时间里,教育部高等学校计算机科学与技术教学指导委员会编制了"高等学校计算机科学与技术专业规范",教育部更推出了一系列为提高本科生教育质量的重要举措,特别是 2007 年 1 月和 2 月分别发布的《教育部、财政部关于实施高等学校本科教学质量与教学改革工程的意见》(教高[2007]1 号)和《教育部关于进一步深化本科教学改革,全面提高教学质量的若干意见》(教高[2007]2 号),对专业设置、教学模式、课程建设、师资队伍等各个方面不但提出了更高的建设目标,也为保证这一工程的顺利执行提供了有力的保证.

好的教师和好的教材是保证教学质量的前提条件. 本着对读者负责的精神,我们在这次修订工作中认真地审阅了原书,根据教学要求对其中的部分内容做了调整,更正了错误和疏漏之处,并对文字做了进一步的精细加工.

本版在内容上主要做了如下改动:去掉了数理逻辑中有关"一阶逻辑推理理论"的内容. 主要原因是这部分内容涉及形式系统. 形式系统在系统定义和推理中应该采用完全形式化的方法,通常包含形式语言以及用形式语言表述的公理和推理规则. 在形式系统中,符号串本身是没有语义的,只能通过解释赋予它们一定的语义,但在讨论系统的公理或推理规则时应该与语义无关. 本书在第 1 版的叙述中没有完全采用这种形式化的方法. 如果从知识体系的严谨性出发,应该采用这种完全形式化的表述方法. 但是,这不但与本书的整体写作风格不够协调,而且内容也偏深,超出本教材的要求,因此本次修订决定删掉这部分内容.

为了进一步提高本书的质量,我们恳切地欢迎读者继续提出建议和意见.

作 者
2007 年 11 月于北京大学

第1版前言

FOREWORD

科学技术的发展离不开基础研究和创新. 19 世纪至 20 世纪是人类科学技术飞速发展的时代,其中作为数学基础的微积分为促进物理学和其他工程学科的发展起到至关重要的作用. 21 世纪是信息时代,作为信息科学和计算机科学的数学基础,离散数学受到越来越多的关注. 在美国 ACM 和 IEEE 最新推出的 *Computing Curricula 2005* 课程体系和我国教育部高等教育司组织评审通过的《中国计算机科学与技术学科教程 2002》(CCC2002)中,离散数学都被列入核心课程.

离散数学研究各种离散形式的对象,研究它们的结构及其关系,在数据结构、算法设计与分析、操作系统、编译系统、人工智能、软件工程、网络与分布式计算、计算机图形学、人机交互、数据库以及计算机体系结构等领域都得到了广泛的应用. 除了计算机科学以外,在自动化、化学工程、生物学、经济学等各个学科领域中,都广泛使用数学建模,而离散数学是数学建模的重要工具之一. 离散数学已经成为计算机科学技术和相关专业的必修课程.

除了作为多门课程必需的数学基础之外,离散数学中所体现的现代数学思想对于加强学生的素质教育,培养学生的抽象思维和逻辑表达能力,提高发现问题、分析问题、解决问题的能力也有着不可替代的作用.

国内外现已出版了各种版本的《离散数学》教材,取材差异很大,深浅不一,风格各异. 本教材是以《中国计算机科学与技术学科教程 2002》中制定的关于离散数学的知识结构和体系为依据撰写的,主要内容包含证明技巧、数理逻辑、集合与关系、函数、图和树、组合计数、初等数论、离散概率和代数系统等. 在教材编写过程中,作者力求体系严谨、选材适当、适于教学,同时在素材组织上更加注重在计算机科学技术中的应用.

全书共 14 章. 第 1 章介绍全书使用的数学语言(主要是命题逻辑符号和集合运算)与证明方法. 第 2 章和第 3 章分别介绍命题逻辑和一阶逻辑的基本概念、等值演算和推理理论. 第 4 章和第 5 章介绍离散结构的集合表示——关系和函数,讨论关系和函数的各种运算、性质、表示方法以及应用. 第 6 章和第 7 章介绍离散结构的图形表示——图和树,包括图的基本概念、图的矩阵表示、特殊图、无向树和有向树及其应用. 第 8 章到第 10 章介绍组合计数技术及其在计算机科学技术中的应用. 第 11 章到第 13 章介绍初等数论和离散概率及其在密码学和算法分析中的应用. 第 14 章简要介绍离散系统的代数模型. 每章除了阐述相关的概念和定理之外,还配有典型的例题,并且选用或编写了数十道难度适当的习题供课后练习使用.

为了更好地为使用本教材的读者服务,作者还撰写和开发了与本教材配套的教学辅助用书和电子教案.

本书的第 1 章至第 3 章和第 6 章、第 7 章由耿素云编写,第 4 章、第 5 章、第 8 章至第 10 章和第 14 章由屈婉玲编写,第 11 章至第 13 章由张立昂编写.

在编写过程中,作者参考了国内外多种版本的《离散数学》教材和相关的文献资料,从中吸取了许多好的思想,摘取了不少有用的素材,在此一并向有关作者致谢.感谢"21 世纪大学本科计算机专业系列教材"编委会和清华大学出版社对本书出版的大力支持,特别要感谢李晓明教授,他在百忙之中认真地审阅了全稿,并提出了宝贵的修改意见,使作者受益匪浅.我们更期待着广大读者,特别是使用本书作为教材的老师和学生对本书的批评、指正、建议和评论.

作 者

2005 年 2 月于北京大学

第1章 数学语言与证明方法 ... 1

1.1 常用的数学符号 ... 1
1.1.1 集合符号 ... 1
1.1.2 运算符号 ... 2
1.1.3 逻辑符号 ... 2

1.2 集合及其运算 ... 3
1.2.1 集合及其表示法 ... 3
1.2.2 集合之间的包含与相等 ... 4
1.2.3 集合的幂集 ... 5
1.2.4 集合的运算 ... 6
1.2.5 基本集合恒等式及其应用 ... 8

1.3 证明方法概述 ... 11
1.3.1 直接证明法和归谬法 ... 12
1.3.2 分情况证明法和构造性证明法 ... 13
1.3.3 数学归纳法 ... 14

1.4 递归定义 ... 16

习题 ... 17

第2章 命题逻辑 ... 22

2.1 命题逻辑基本概念 ... 22
2.1.1 命题与联结词 ... 22
2.1.2 命题公式及其分类 ... 28

2.2 命题逻辑等值演算 ... 33
2.2.1 等值式与等值演算 ... 33
2.2.2 联结词完备集 ... 37

2.3 范式 ... 39
2.3.1 析取范式与合取范式 ... 39
2.3.2 主析取范式与主合取范式 ... 42

2.4 推理 ... 49

  2.4.1 推理的形式结构 ·· 49
  2.4.2 推理的证明 ·· 51
  2.4.3 归结证明法 ·· 57
  2.4.4 对证明方法的补充说明 ··· 60
习题 ··· 60

第 3 章 一阶逻辑 ·· 66

3.1 一阶逻辑基本概念 ·· 66
  3.1.1 命题逻辑的局限性 ··· 66
  3.1.2 个体词、谓词与量词 ··· 66
  3.1.3 一阶逻辑命题符号化 ··· 68
  3.1.4 一阶逻辑公式与分类 ··· 71
3.2 一阶逻辑等值演算 ·· 76
  3.2.1 一阶逻辑等值式与置换规则 ·· 76
  3.2.2 一阶逻辑前束范式 ··· 79
习题 ··· 81

第 4 章 关系 ·· 86

4.1 关系的定义及其表示 ··· 86
  4.1.1 有序对与笛卡儿积 ··· 86
  4.1.2 二元关系的定义 ·· 87
  4.1.3 二元关系的表示 ·· 89
4.2 关系的运算 ··· 90
  4.2.1 关系的基本运算 ·· 90
  4.2.2 关系的幂运算 ··· 93
4.3 关系的性质 ··· 96
  4.3.1 关系性质的定义和判别 ··· 96
  4.3.2 关系的闭包 ·· 100
4.4 等价关系与偏序关系 ··· 104
  4.4.1 等价关系 ·· 104
  4.4.2 等价类和商集 ··· 104
  4.4.3 集合的划分 ··· 106
  4.4.4 偏序关系 ·· 107
  4.4.5 偏序集与哈斯图 ·· 108
习题 ··· 112

第 5 章 函数 ·· 117

5.1 函数的定义及其性质 ··· 117
  5.1.1 函数的定义 ··· 117

  5.1.2 函数的像与完全原像 ··· 119
  5.1.3 函数的性质 ·· 120
 5.2 函数的复合与反函数 ··· 123
  5.2.1 函数的复合 ·· 123
  5.2.2 反函数 ·· 125
 习题 ··· 129

第 6 章 图 ··· 133

 6.1 图的基本概念 ·· 133
  6.1.1 无向图与有向图 ··· 133
  6.1.2 顶点的度数与握手定理 ·· 135
  6.1.3 简单图、完全图、正则图、圈图、轮图、方体图 ········ 137
  6.1.4 子图、补图 ·· 139
  6.1.5 图的同构 ··· 140
 6.2 图的连通性 ··· 142
  6.2.1 通路与回路 ·· 142
  6.2.2 无向图的连通性与连通度 ······································ 142
  6.2.3 有向图的连通性及其分类 ······································ 145
 6.3 图的矩阵表示 ·· 145
  6.3.1 无向图的关联矩阵 ·· 145
  6.3.2 有向无环图的关联矩阵 ·· 146
  6.3.3 有向图的邻接矩阵 ·· 147
  6.3.4 有向图的可达矩阵 ·· 148
 6.4 几种特殊的图 ·· 150
  6.4.1 二部图 ·· 150
  6.4.2 欧拉图 ·· 153
  6.4.3 哈密顿图 ··· 154
  6.4.4 平面图 ·· 158
 习题 ··· 167

第 7 章 树及其应用 ··· 174

 7.1 无向树 ·· 174
  7.1.1 无向树的定义及其性质 ·· 174
  7.1.2 生成树 ·· 177
 7.2 根树及其应用 ·· 178
  7.2.1 根树及其分类 ··· 178
  7.2.2 最优树与哈夫曼算法 ··· 179
  7.2.3 最佳前缀码 ·· 180
  7.2.4 根树的周游及其应用 ··· 182

习题 ·· 183

第 8 章 组合计数基础 ·· 186

- 8.1 基本计数规则 ·· 187
  - 8.1.1 加法法则 ··· 187
  - 8.1.2 乘法法则 ··· 187
  - 8.1.3 分类处理与分步处理 ··· 188
- 8.2 排列与组合 ··· 188
  - 8.2.1 集合的排列与组合 ··· 189
  - 8.2.2 多重集的排列与组合 ··· 192
- 8.3 二项式定理与组合恒等式 ·· 194
  - 8.3.1 二项式定理 ·· 194
  - 8.3.2 组合恒等式 ·· 195
  - 8.3.3 非降路径问题 ··· 200
- 8.4 多项式定理与多项式系数 ·· 202
  - 8.4.1 多项式定理 ·· 202
  - 8.4.2 多项式系数 ·· 203
- 习题 ··· 204

第 9 章 容斥原理 ·· 207

- 9.1 容斥原理及其应用 ··· 207
  - 9.1.1 容斥原理的基本形式 ··· 207
  - 9.1.2 容斥原理的应用 ··· 208
- 9.2 对称筛公式及其应用 ·· 211
  - 9.2.1 对称筛公式 ·· 211
  - 9.2.2 棋盘多项式与有限制条件的排列 ··· 213
- 习题 ··· 216

第 10 章 递推方程与生成函数 ·· 218

- 10.1 递推方程及其应用 ··· 218
  - 10.1.1 递推方程的定义及实例 ··· 218
  - 10.1.2 常系数线性齐次递推方程的求解 ·· 220
  - 10.1.3 常系数线性非齐次递推方程的求解 ··· 223
  - 10.1.4 递推方程的其他解法 ··· 225
  - 10.1.5 递推方程与递归算法 ··· 229
- 10.2 生成函数及其应用 ··· 234
  - 10.2.1 牛顿二项式定理与牛顿二项式系数 ··· 234
  - 10.2.2 生成函数的定义及其性质 ·· 235
  - 10.2.3 生成函数的应用 ··· 237

  10.3 指数生成函数及其应用 ······ 242
  10.4 Catalan 数与 Stirling 数 ······ 244
  习题 ······ 249

第 11 章 初等数论 ······ 252

  11.1 素数 ······ 252
  11.2 最大公约数与最小公倍数 ······ 255
  11.3 同余 ······ 258
  11.4 一次同余方程与中国剩余定理 ······ 260
    11.4.1 一次同余方程 ······ 260
    11.4.2 中国剩余定理 ······ 262
    11.4.3 大整数算术运算 ······ 263
  11.5 欧拉定理和费马小定理 ······ 264
  习题 ······ 265

第 12 章 离散概率 ······ 269

  12.1 随机事件与概率、事件的运算 ······ 269
    12.1.1 随机事件与概率 ······ 269
    12.1.2 事件的运算 ······ 271
  12.2 条件概率与独立性 ······ 272
    12.2.1 条件概率 ······ 272
    12.2.2 独立性 ······ 274
    12.2.3 伯努利概型与二项概率公式 ······ 274
  12.3 离散型随机变量 ······ 275
    12.3.1 离散型随机变量及其分布律 ······ 275
    12.3.2 常用分布 ······ 276
    12.3.3 数学期望 ······ 278
    12.3.4 方差 ······ 279
  12.4 概率母函数 ······ 281
  习题 ······ 283

第 13 章 初等数论和离散概率的应用 ······ 287

  13.1 密码学 ······ 287
    13.1.1 凯撒密码 ······ 287
    13.1.2 RSA 公钥密码 ······ 288
  13.2 产生伪随机数的方法 ······ 290
    13.2.1 产生均匀伪随机数的方法 ······ 290
    13.2.2 产生离散型伪随机数的方法 ······ 291
  13.3 算法的平均复杂度分析 ······ 293

    13.3.1 排序算法 ··· 293
    13.3.2 散列表的检索和插入 ··· 296
  13.4 随机算法 ··· 299
    13.4.1 随机快速排序算法 ·· 299
    13.4.2 多项式恒零测试 ·· 300
    13.4.3 素数测试 ··· 302
    13.4.4 蒙特卡罗法和拉斯维加斯法 ··· 303
 习题 ·· 304

第 14 章　代数系统 ·· 307

  14.1 二元运算及其性质 ··· 307
    14.1.1 二元运算与一元运算的定义 ··· 307
    14.1.2 二元运算的性质 ·· 309
  14.2 代数系统 ··· 312
    14.2.1 代数系统的定义与实例 ·· 312
    14.2.2 代数系统的分类 ·· 313
    14.2.3 子代数系统与积代数系统 ·· 314
    14.2.4 代数系统的同态与同构 ·· 315
  14.3 几个典型的代数系统 ··· 316
    14.3.1 半群与独异点 ·· 316
    14.3.2 群 ··· 318
    14.3.3 环与域 ·· 324
    14.3.4 格与布尔代数 ·· 327
  14.4 皮亚诺系统 ·· 332
 习题 ·· 334

参考文献 ··· 338

第 1 章 数学语言与证明方法

1.1 常用的数学符号

1.1.1 集合符号

$x \in A$ —— x 是 A 的元素.

$x \notin A$ —— x 不是 A 的元素.

$A \subseteq B$ —— A 是 B 的子集,或 A 包含于 B(B 包含 A).

$A \nsubseteq B$ —— A 不是 B 的子集,或 B 不包含 A.

$A \subset B$ —— A 是 B 的真子集.

$A = B$ —— A 与 B 有相同的元素.

$A \cup B$ —— A 并 B.

$\bigcup_{i=1}^{n} A_i$ —— $A_1, A_2, \cdots, A_n$ 的并.

$A \cap B$ —— A 交 B.

$\bigcap_{i=1}^{n} A_i$ —— $A_1, A_2, \cdots, A_n$ 的交.

$A - B$ —— B 对 A 的相对补.

$A \oplus B$ —— A 与 B 的对称差.

$P(A)$ —— A 的幂集.

$\varnothing$ ——空集.

$\mathbf{N}$ ——自然数集(含 0).

$\mathbf{N}^+$ ——非 0 自然数集.

$\mathbf{Z}$ ——整数集.

$\mathbf{Z}^+$ ——正整数集.

$\mathbf{Q}$ ——有理数集.

$\mathbf{Q}^*$ ——非零有理数集,即 $\mathbf{Q} - \{0\}$.

$\mathbf{R}$ ——实数集.

$\mathbf{R}^*$ ——非零实数集,即 $\mathbf{R} - \{0\}$.

$\mathbf{C}$ ——复数集.

1.1.2 运算符号

$\sum_{i=1}^{n} a_i$ —— $a_1, a_2, \cdots, a_n$ 的和，即 $a_1 + a_2 + \cdots + a_n$.

$\sum_{i=1}^{\infty} a_i$ —— $a_1, a_2, \cdots$ 的和，即 $a_1 + a_2 + \cdots$.

$\prod_{i=1}^{n} a_i$ —— $a_1, a_2, \cdots, a_n$ 的积，即 $a_1 \cdot a_2 \cdot \cdots \cdot a_n$.

$\prod_{i=1}^{\infty} a_i$ —— $a_1, a_2, \cdots$ 的积，即 $a_1 \cdot a_2 \cdot \cdots$.

$a \mid b$ —— a 整除 b. 例如，$3 \mid 9$，$2 \mid 8$.

$a \nmid b$ —— a 不能整除 b. 例如，$3 \nmid 8$，$2 \nmid 9$.

$a \equiv b \pmod{n}$ —— a 与 b 被 n 除余数相同. 例如，$4 \equiv 7 \pmod{3}$，$1 \equiv 3 \pmod{2}$.

$(a-b) \equiv 0 \pmod{n}$ —— $n \mid (a-b)$. 例如，$(4-7) \equiv 0 \pmod{3}$，$(5-3) \equiv 0 \pmod{2}$.

$\max(a, b)$（或 $\max\{a, b\}$）—— a 与 b 中的大者. 例如，$\max(5, 7) = 7$，$\max(-5, 8) = 8$.

$\min(a, b)$（或 $\min\{a, b\}$）—— a 与 b 中的小者. 例如，$\min(-2, 5) = -2$，$\min(5, 7) = 5$.

$\gcd(a, b)$ —— a 与 b 的**最大公约数**. 例如，$\gcd(5, 7) = 1$，$\gcd(3, 27) = 3$，$\gcd(6, 8, 10) = 2$.

$\mathrm{lcm}(a, b)$ —— a 与 b 的**最小公倍数**. 例如，$\mathrm{lcm}(5, 7) = 35$，$\mathrm{lcm}(2, 4, 8) = 8$，$\mathrm{lcm}(3, 4, 27) = 108$.

$|x|$ —— x 的**绝对值**（x 为任意实数），即

$$|x| = \begin{cases} x & \text{当 } x \geq 0 \text{ 时} \\ -x & \text{当 } x < 0 \text{ 时} \end{cases}$$

例如，$|-2.5| = 2.5$，$|3.3| = 3.3$，$|0| = 0$.

$\lceil x \rceil$ —— 大于或等于 x 的最小整数. 例如，$\lceil -2.2 \rceil = -2$，$\lceil -2 \rceil = -2$，$\lceil -1.5 \rceil = -1$，$\lceil -0.3 \rceil = 0$，$\lceil 0.7 \rceil = 1$，$\lceil 3.4 \rceil = 4$，$\lceil 5 \rceil = 5$. 称 $\lceil x \rceil$ 为**天花板函数**或**上限函数**.

$\lfloor x \rfloor$ —— 小于或等于 x 的最大整数. 例如，$\lfloor -2.2 \rfloor = -3$，$\lfloor -2 \rfloor = -2$，$\lfloor -1.5 \rfloor = -2$，$\lfloor -0.3 \rfloor = -1$，$\lfloor 0.7 \rfloor = 0$，$\lfloor 3.4 \rfloor = 3$，$\lfloor 5 \rfloor = 5$. 称 $\lfloor x \rfloor$ 为**地板函数**或**下限函数**.

$|A|$ —— 有穷集合 A 中的元素个数.

注：这里使用的符号仅为一些基本的数学符号，后面各章还会根据不同内容的需要引入相关的数学符号，在此没有一并列出.

1.1.3 逻辑符号

$\neg p$ —— 非 p 或 p 的否定，$\neg$ 称为否定联结词，$\neg p$ 为真当且仅当 p 为假.

$p \wedge q$ —— p 并且 q，$\wedge$ 称为合取联结词，$p \wedge q$ 为真当且仅当 p 与 q 同时为真.

$p \vee q$ —— p 或 q，$\vee$ 称为析取联结词，$p \vee q$ 为假当且仅当 p 与 q 同时为假.

$p \rightarrow q$ —— 如果 p，则 q，$\rightarrow$ 称为蕴涵联结词，$p \rightarrow q$ 为假当且仅当 p 为真而 q 为假.

$p \leftrightarrow q$ —— p 当且仅当 q，$\leftrightarrow$ 称为等价联结词，$p \leftrightarrow q$ 为真当且仅当 p 与 q 同时为真或同时为假.

$A \Rightarrow B$ —— 表示 $A \rightarrow B$ 恒真，即如果 A 为真，则 B 一定为真.

$A \Leftrightarrow B$——表示 $A \leftrightarrow B$ 恒真,即 A 与 B 要么同时为真,要么同时为假.

本书用 $A \Rightarrow B$ 表示由 A 可推出 B,用 $A \Leftrightarrow B$ 表示 A 当且仅当 B,或 A 的充分必要条件是 B.

$\forall x$——对每一个 x,或对所有的 x,$\forall$ 称为全称量词.

$\exists x$——存在 x,或有一个 x,$\exists$ 称为存在量词.

1.2 集合及其运算

1.2.1 集合及其表示法

自从 19 世纪末著名德国数学家康托(G. Cantor)为集合论做奠基工作以来,集合已经发展成为数学及其他各学科不可缺少的描述工具,并且成为数学中最为基本的概念.

集合论分为两种体系,一种是朴素集合论体系,也即康托集合论体系. 在这个体系中,康托从抽象原则出发,概括出:满足某条性质的个体放在一起组成**集合**. 在这个系统中存在某种逻辑隐患,罗素悖论指出了这种逻辑隐患. 所谓悖论是自相矛盾的命题. 罗素悖论说:"设 R 是一切不属于自身的集合(即不含自身作为元素的集合)所组成的集合". 在朴素集合论中这样定义的 R 是合法的. 现在问: R 是否属于 R? 若 R 属于 R,即 R 是 R 的元素,根据 R 的定义,R 不属于自身,即 R 不属于 R,矛盾;反之,若 R 不属于 R,即 R 不属于自身,根据 R 的定义,R 是 R 的元素,即 R 属于 R,也矛盾. 因此,这是一个悖论. 为了消除这种逻辑隐患,产生了公理集合论体系. 公理集合论属于数理逻辑范畴.

本书所介绍的集合论内容属于朴素集合论范畴,我们不给集合下严格的定义,但这丝毫不影响对集合这一基本概念的理解,也不影响集合已经成为数学中最为基本的概念的事实.

人们常用大写英文字母 $A, B, C, \cdots$ 表示集合,并用 $x \in A$ 表示 x 是集合 A 中的元素,读作"x 属于 A",而用 $x \notin A$ 表示 x 不是 A 中的元素,读作"x 不属于 A". 只有有限个元素的集合称作**有穷集**或**有限集**,有无限个元素的集合称作**无穷集**.

一般来说,集合有两种表示法:列举法和描述元素性质法.

列举法 列出集合中的元素,元素之间用逗号分开,然后用花括号括起来. 例如:

$A = \{a, b, c, d\}$

$B = \{书, 办公桌, 门, 黑板\}$

$C = \{1, \sqrt{2}, -5\}$

$D = \{北京, 地球, 宇宙\}$

都是用列出集合中全体元素来表示的集合.

通常有穷集可以用列出其所有元素的方式来表示,有的无穷集也能用列举法表示. 例如,$E = \{1, 3, 5, 7, \cdots\}$ 是由所有奇数组成的集合. 这时要求通过列出的元素能够看出属于集合的元素的规律.

描述元素性质法 用 $P(x)$ 表示 x 具有性质 P,用 $\{x \mid P(x)\}$ 表示具有性质 P 的全体元素组成的集合. 例如:

$A_1 = \{x \mid x \text{ 是英文字母}\}$

$A_2 = \{x \mid x \text{ 是偶素数}\}$

$$A_3 = \{x \mid x \text{ 是自然数}\}$$

都是用描述集合中元素性质表示的集合.

关于集合及表示法应注意以下几点:

(1) 集合中的元素各不相同. 例如,$\{1,2,3,4\}$,$\{1,1,2,3,4\}$是相同的集合,它们都是含元素 1,2,3,4 的集合,因而是一个集合,即$\{1,2,3,4\} = \{1,1,2,3,4\}$.

(2) 集合中的元素不规定次序. 例如,$\{a,b,c\} = \{b,c,a\}$.

(3) 同一个集合可以有多种不同的表示方法. 例如:

$$A_1 = \{x \mid x \text{ 是英文字母}\} = \{a,b,\cdots,y,z\}$$
$$A_2 = \{x \mid x \text{ 是偶素数}\} = \{2\}$$
$$A_3 = \{\text{北京},\text{地球},\text{宇宙}\}$$
$$\quad = \{x \mid x \text{ 是北京} \vee x \text{ 是地球} \vee x \text{ 是宇宙}\}$$

可见,A_1,A_2,A_3都可以用两种表示法表示,但A_3最好用列举法表示. 实数集等只能用描述法表示. 下面给出一些常用集合的表示法:

$$\mathbf{N} = \{x \mid x \text{ 为自然数}\} = \{0,1,2,\cdots\}$$
$$\mathbf{Z} = \{x \mid x \text{ 为整数}\} = \{\cdots,-2,-1,0,1,2,\cdots\}$$
$$\mathbf{Z}^+ = \{x \mid x \in \mathbf{Z} \wedge x > 0\} = \{1,2,3,\cdots\}$$
$$\mathbf{Q} = \{x \mid x \text{ 为有理数}\}$$
$$\mathbf{Q}^* = \{x \mid x \in \mathbf{Q} \wedge x \neq 0\}$$
$$\mathbf{R} = \{x \mid x \text{ 为实数}\}$$
$$\mathbf{R}^* = \{x \mid x \in \mathbf{R} \wedge x \neq 0\}$$
$$\mathbf{C} = \{x \mid x \text{ 为复数}\}$$
$$\text{区间}[a,b] = \{x \mid x \in \mathbf{R} \wedge a \leq x \leq b\}$$
$$\text{区间}(a,b) = \{x \mid x \in \mathbf{R} \wedge a < x < b\}$$

1.2.2 集合之间的包含与相等

定义 1.1 设A,B为两个集合,若B中的元素都是A中的元素,则称B是A的**子集**,也称A **包含** B,或B **包含于** A,记作$B \subseteq A$,并用$B \not\subseteq A$表示B不是A的子集.

设$A = \{a,b,c\}$,$B = \{a,b,c,d\}$,$C = \{a,c\}$,则$A \subseteq A$,$A \subseteq B$,$B \subseteq B$,$C \subseteq A$,$C \subseteq B$,$C \subseteq C$,而$B \not\subseteq A$,$B \not\subseteq C$.

从定义不难看出,对于任意的集合A,均有$A \subseteq A$;对于任意的集合A,B与C,若$A \subseteq B$且$B \subseteq C$,则$A \subseteq C$.

定义 1.2 设A,B为两个集合,若$A \subseteq B$且$B \subseteq A$,则称A与B **相等**,记作$A = B$. 而A不等于B,记作$A \neq B$.

设$A = \{x \mid x \in \mathbf{R} \wedge (x^2 + x - 6 = 0)\}$
$\quad B = \{x \mid x \in \mathbf{R} \wedge (x^3 + 3x^2 - 4x - 12 = 0)\}$
$\quad C = \{-3, 2\}$

由于$x^2 + x - 6 = (x+3)(x-2)$,$x^3 + 3x^2 - 4x - 12 = (x+3)(x-2)(x+2)$,可知$A = C$,而$B \neq C$(当然,$A \neq B$).

定义 1.3 设 A,B 为两个集合，若 $A\subseteq B$ 且 $A\neq B$，则称 A 为 B 的**真子集**，记作 $A\subset B$. 易知 $\mathbf{N}\subset\mathbf{Z}\subset\mathbf{Q}\subset\mathbf{R}$.

定义 1.4 称不拥有任何元素的集合为**空集**，记作 $\varnothing$.

定理 1.1 空集是一切集合的子集.

证明 只需证明，对于任意的集合 A，均有 $\varnothing\subseteq A$. 采用归谬法（见 1.3.1 节）证明. 否则，存在集合 A，有 $\varnothing\not\subseteq A$，即 $\exists x_0(x_0\in\varnothing \wedge x_0\notin A)$，$x_0\in\varnothing$ 与空集定义相矛盾，所以定理 1.1 为真.

推论 空集是唯一的.

证明 采用归谬法. 假设空集不唯一，则存在 $\varnothing_1,\varnothing_2$ 都是空集且 $\varnothing_1\neq\varnothing_2$. 由定理 1.1 可知，$\varnothing_1\subseteq\varnothing_2 \wedge \varnothing_2\subseteq\varnothing_1$，再由定义 1.2 可知，$\varnothing_1=\varnothing_2$，这与 $\varnothing_1\neq\varnothing_2$ 相矛盾.

空集虽然是唯一的，但可以有各种不同的表示形式. 例如：
$$\{x\mid x\in\mathbf{R}\wedge x\neq x\}=\{x\mid x\in\mathbf{R}\wedge x^2+1=0\}=\varnothing$$

空集是一切集合的子集，从这个意义上讲，可以形象地说：$\varnothing$ 是"最小"的集合. 有没有最大的集合？答案是否定的，但当讨论某些具体问题时，可以定义一个具有相对性的"最大"的集合，见下面定义.

定义 1.5 如果限定所讨论的集合都是某一集合 E 的子集，则称 E 为**全集**.

从定义可以看出，不同的实际问题可以定义出不同的全集，因而无统一的全集，这与空集的唯一性是完全不同的. 就是同一个实际问题，也可以给出不同的全集. 例如，讨论区间 (a,b) 上实数性质时，$E_1=(a,b)$，$E_2=[a,b)$，$E_3=(a,b]$，$E_4=[a,b]$，$E_5=(a,+\infty)$，$\cdots$ 都可以当作全集，"最小"的是 E_1，可见就是对同一个问题，全集也是不唯一的.

1.2.3 集合的幂集

定义 1.6 设 A 为一个集合，称由 A 的所有子集组成的集合为 A 的**幂集**，记作 $P(A)$，即 $P(A)=\{x\mid x\subseteq A\}$.

称 $k(k\geqslant 0)$ 个元素的集合为 **k 元集**，并用 $|A|$ 表示 A 中元素个数.

设 $|A|=n$，求 A 的幂集：

求 0 元子集：$C_n^0=1$ 个，即 $\varnothing$.

求 1 元子集：C_n^1 个.

求 2 元子集：C_n^2 个.

$\vdots$

求 n 元子集：C_n^n 个.

然后将 A 的所有子集集合在一起，即得 A 的幂集. 设 $A=\{a,b,c\}$，则

A 的 0 元子集：$\varnothing$.

A 的 1 元子集：$\{a\},\{b\},\{c\}$.

A 的 2 元子集：$\{a,b\},\{a,c\},\{b,c\}$.

A 的 3 元子集：A.

A 的幂集为 $\{\varnothing,\{a\},\{b\},\{c\},\{a,b\},\{a,c\},\{b,c\},A\}$.

定理 1.2 设 A 为 n 元集，则 $P(A)$ 有 2^n 个元素.

证明　$|P(A)| = C_n^0 + C_n^1 + \cdots + C_n^n = (1+1)^n = 2^n.$

1.2.4　集合的运算

定义 1.7　设 A, B 为两个集合，

(1) 称由 A 与 B 的全体元素组成的集合为 A 与 B 的**并集**，记作 $A \cup B$，即 $A \cup B = \{x \mid x \in A \vee x \in B\}$.

(2) 称由 A 与 B 的公共元素组成的集合为 A 与 B 的**交集**，记作 $A \cap B$，即 $A \cap B = \{x \mid x \in A \wedge x \in B\}$.

(3) 称属于 A 而不属于 B 的元素组成的集合为 B 对 A 的**相对补集**，记作 $A - B$，即 $A - B = \{x \mid x \in A \wedge x \notin B\}$.

(4) 称属于 A 而不属于 B，或属于 B 而不属于 A 的元素组成的集合为 A 与 B 的**对称差集**，记作 $A \oplus B$，即 $A \oplus B = \{x \mid (x \in A \wedge x \notin B) \vee (x \in B \wedge x \notin A)\}$.

(5) 设 E 为全集，$A \subseteq E$，称 $E - A$ 为 A 的**绝对补集**，记作 $\sim A$，即 $\sim A = \{x \mid x \notin A\}$.

设 $A = \{a, b, c, d, e\}$，$B = \{a, c, e, g\}$，则

$\qquad A \cup B = \{a, b, c, d, e, g\}$

$\qquad A \cap B = \{a, c, e\}$

$\qquad A - B = \{b, d\}$

$\qquad B - A = \{g\}$

$\qquad A \oplus B = \{b, d, g\}$

取全集 $E = \{a, b, c, d, e, f, g, h\}$，则

$\qquad \sim A = \{f, g, h\}$

$\qquad \sim B = \{b, d, f, h\}$

例 1.1　设 E 是某中学高中一年级学生集合，A, B 是 E 的子集，且 $A = \{x \mid x$ 是男生$\}$，$B = \{x \mid x$ 是校足球队员$\}$，试用描述法表示 $A \cup B, A \cap B, A - B, B - A, A \oplus B, \sim A, \sim B$.

解　$A \cup B = \{x \mid x$ 是男生或是校足球队员$\}$

$\qquad A \cap B = \{x \mid x$ 是男生并且是校足球队员$\}$

$\qquad\qquad\; = \{x \mid x$ 是校足球队员中的男生$\}$

$\qquad A - B = \{x \mid x$ 是男生，但不是校足球队员$\}$

$\qquad\qquad\; = \{x \mid x$ 是非校足球队员的男生$\}$

$\qquad B - A = \{x \mid x$ 是校足球队员，但不是男生$\}$

$\qquad\qquad\; = \{x \mid x$ 是女生中的校足球队员$\}$

$\qquad A \oplus B = \{x \mid x$ 是非校足球队员中的男生或是女生中的校足球队员$\}$

$\qquad \sim A\; = \{x \mid x$ 是女生$\}$

$\qquad \sim B\; = \{x \mid x$ 不是校足球队员$\}$

定义 1.8　设 A, B 为两个集合，若 $A \cap B = \varnothing$，则称 A 与 B 是不交的.

设 $A = \{x \mid x \in \mathbf{N} \wedge x$ 为奇数$\}$，$B = \{x \mid x \in \mathbf{N} \wedge x$ 为偶数$\}$，则 A 与 B 是**不交的**. $\varnothing$ 与任何集合都是不交的.

集合之间的关系与运算结果可以用文氏图直观地表示. 文氏图的构造如下:
用一个矩形内部的点表示全集 E, 在矩形内用闭曲线(可以是多条, 也可以是矩形的边界)围成的区域表示 E 的子集.

设 A, B 均为全集 E 的子集, 图 1.1 中给出了 $A \cup B, A \cap B, A-B, B-A, A \oplus B, \sim A$ 的文氏图.

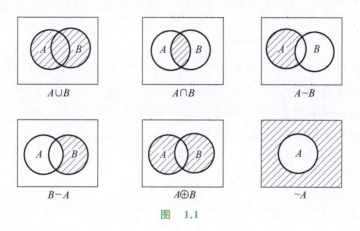

图 1.1

集合的并和交均可以推广到多个或无穷多个集合上. 设 $A_1, A_2, \cdots, A_n$ 为 n 个集合, 它们的并集简记为 $\bigcup_{i=1}^{n} A_i$, 即

$$\bigcup_{i=1}^{n} A_i = A_1 \cup A_2 \cup \cdots \cup A_n = \{x \mid x \in A_1 \vee x \in A_2 \vee \cdots \vee x \in A_n\}$$

它们的交简记为 $\bigcap_{i=1}^{n} A_i$, 即

$$\bigcap_{i=1}^{n} A_i = A_1 \cap A_2 \cap \cdots \cap A_n = \{x \mid x \in A_1 \wedge x \in A_2 \wedge \cdots \wedge x \in A_n\}$$

对于无穷个集合, 有

$$\bigcup_{i=1}^{\infty} A_i = A_1 \cup A_2 \cup \cdots$$

$$\bigcap_{i=1}^{\infty} A_i = A_1 \cap A_2 \cap \cdots$$

例 1.2 设 $A_i = \left[0, \dfrac{1}{i}\right)$, $B_i = (0, i)$, $i = 1, 2, \cdots$. 求:

(1) $\bigcup_{i=1}^{n} A_i$; $\bigcup_{i=1}^{\infty} A_i$.

(2) $\bigcap_{i=1}^{n} A_i$; $\bigcap_{i=1}^{\infty} A_i$.

(3) $\bigcup_{i=1}^{n} B_i$; $\bigcup_{i=1}^{\infty} B_i$.

(4) $\bigcap_{i=1}^{n} B_i$; $\bigcap_{i=1}^{\infty} B_i$.

解 (1) $\bigcup_{i=1}^{n} A_i = [0,1)$；$\bigcup_{i=1}^{\infty} A_i = [0,1)$.

(2) $\bigcap_{i=1}^{n} A_i = \left[0, \frac{1}{n}\right)$；$\bigcap_{i=1}^{\infty} A_i = \{0\}$.

(3) $\bigcup_{i=1}^{n} B_i = (0, n)$；$\bigcup_{i=1}^{\infty} B_i = (0, +\infty)$.

(4) $\bigcap_{i=1}^{n} B_i = (0,1)$；$\bigcap_{i=1}^{\infty} B_i = (0,1)$.

例 1.3 设 $E = \{x \mid x$ 是北京某大学一年级学生$\}$，A, B, C, D 是 E 的子集：

$A = \{x \mid x$ 是北京人$\}$

$B = \{x \mid x$ 是走读生$\}$

$C = \{x \mid x$ 是数学系学生$\}$

$D = \{x \mid x$ 喜欢听音乐$\}$

试描述下列各集合中学生的特征.

(1) $(A \cup D) \cap \sim C$.

(2) $\sim A \cap B$.

(3) $(A - B) \cap D$.

(4) $\sim D \cap \sim B$.

解 (1) $(A \cup D) \cap \sim C = \{x \mid x$ 是北京人或喜欢听音乐，但不是数学系学生$\}$.

(2) $\sim A \cap B = \{x \mid x$ 是京外人并且是走读生$\}$.

(3) $(A - B) \cap D = \{x \mid x$ 是北京的住校生，并且喜欢听音乐$\}$.

(4) $\sim D \cap \sim B = \{x \mid x$ 是不喜欢听音乐的住校生$\}$.

1.2.5 基本集合恒等式及其应用

1.2.4 节给出了集合之间的基本运算，这些运算都满足一定的运算规律，下面列出常用的基本集合恒等式. 这里设 E 为全集，A, B, C 等为 E 的子集.

(1) 幂等律　　　　$A \cup A = A$；$A \cap A = A$.

(2) 交换律　　　　$A \cup B = B \cup A$；$A \cap B = B \cap A$.

(3) 结合律　　　　$(A \cup B) \cup C = A \cup (B \cup C)$；

$(A \cap B) \cap C = A \cap (B \cap C)$.

(4) 分配律　　　　$A \cup (B \cap C) = (A \cup B) \cap (A \cup C)$；

$A \cap (B \cup C) = (A \cap B) \cup (A \cap C)$.

(5) 德摩根律

① 绝对形式　　　$\sim(A \cup B) = \sim A \cap \sim B$；

$\sim(A \cap B) = \sim A \cup \sim B$.

② 相对形式　　　$A - (B \cup C) = (A - B) \cap (A - C)$；

$A - (B \cap C) = (A - B) \cup (A - C)$.

(6) 吸收律　　　　$A \cup (A \cap B) = A$；$A \cap (A \cup B) = A$.

(7) 零律　　　　　$A \cup E = E$；$A \cap \varnothing = \varnothing$.

(8) 同一律　　　　　　　$A \cup \varnothing = A$；$A \cap E = A$.

(9) 排中律　　　　　　　$A \cup \sim A = E$.

(10) 矛盾律　　　　　　　$A \cap \sim A = \varnothing$.

(11) 余补律　　　　　　　$\sim \varnothing = E$；$\sim E = \varnothing$.

(12) 双重否定律　　　　　$\sim(\sim A) = A$.

(13) 补交转换律　　　　　$A - B = A \cap \sim B$.

(14) 关于对称差运算有以下恒等式：

① 交换律　　　　　　　$A \oplus B = B \oplus A$.

② 结合律　　　　　　　$A \oplus (B \oplus C) = (A \oplus B) \oplus C$.

③ $\cap$ 对 $\oplus$ 的分配律　　$A \cap (B \oplus C) = (A \cap B) \oplus (A \cap C)$.

④ $A \oplus \varnothing = A$；$A \oplus E = \sim A$.

⑤ $A \oplus A = \varnothing$；$A \oplus \sim A = E$.

此外，还有下述常用性质：

(15) $A \subseteq A \cup B$；$B \subseteq A \cup B$.

(16) $A \cap B \subseteq A$；$A \cap B \subseteq B$.

(17) $A - B \subseteq A$.

(18) $A \cup B = B \Leftrightarrow A \subseteq B \Leftrightarrow A \cap B \subseteq A \Leftrightarrow A - B = \varnothing$.

(19) $A \oplus B = A \oplus C \Rightarrow B = C$，即 $\oplus$ 有消去律.

下面挑选部分基本集合恒等式和性质给予证明，其余的请读者自行证明.

根据定义，要证明 $A \subseteq B$，只需证明 $\forall x, x \in A \Rightarrow x \in B$；要证明 $A = B$，只需证明 $A \subseteq B \wedge B \subseteq A$，即 $\forall x, x \in A \Rightarrow x \in B \wedge x \in B \Rightarrow x \in A$，亦即 $\forall x, x \in A \Leftrightarrow x \in B$.

例 1.4　证明：对于任意的集合 A, B，有

(1) 吸收律　$A \cup (A \cap B) = A$.

(2) 同一律　$A \cap E = A$.

(3) 矛盾律　$A \cap \sim A = \varnothing$.

证明　(1) 显然，$A \subseteq A \cup (A \cap B)$.

$\forall x$，若 $x \in A \cup (A \cap B)$，则 $x \in A$ 或 $x \in A \cap B$. 而当 $x \in A \cap B$ 时，有 $x \in A$ 且 $x \in B$，自然有 $x \in A$. 因此，总有 $x \in A$. 故 $A \cup (A \cap B) \subseteq A$. 得证 $A \cup (A \cap B) = A$.

(2) 显然，$A \cap E \subseteq A$.

$\forall x$，若 $x \in A$，因为 E 是全集，恒有 $x \in E$，从而 $x \in A$ 且 $x \in E$，即 $x \in A \cap E$. 故 $A \subseteq A \cap E$. 得证 $A \cap E = A$.

(3) 用反证法. 假设不然，存在 $x \in A \cap \sim A$. 于是，$x \in A$ 且 $x \in \sim A$，即 $x \in A$ 且 $x \notin A$，矛盾. 所以，$A \cap \sim A = \varnothing$.

例 1.5　证明：若 $A \subseteq B$，则 $P(A) \subseteq P(B)$.

证明　$\forall x$，若 $x \in P(A)$，根据幂集的定义，有 $x \subseteq A$. 已知 $A \subseteq B$，因而有 $x \subseteq B$，从而 $x \in P(B)$. 得证 $P(A) \subseteq P(B)$.

例 1.6　证明：$A \cup B = B \Leftrightarrow A \subseteq B$.

证明　"$\Rightarrow$" $\forall x, x \in A \Rightarrow x \in A \cup B$

　　　　　　　　　　　$\Rightarrow x \in B$　　（因为 $A \cup B = B$）

得证 $A \subseteq B$.

"$\Leftarrow$" 显然 $B \subseteq A \cup B$.

$\forall x$, 因为 $A \subseteq B$, 有 $x \in A \Rightarrow x \in B$. 于是, $x \in A \cup B \Rightarrow x \in A$ 或 $x \in B \Rightarrow x \in B$ 或 $x \in B$, 即 $x \in B$. 从而 $A \cup B \subseteq B$. 得证 $A \cup B = B$.

证明集合等式和性质的另一种方法是集合演算,即利用已知的集合等式(最常用的是基本集合恒等式)和性质,通过演算推出要证明的结论.

例 1.7 假设已经证明基本恒等式(1)~(14),试证明关于对称差的恒等式:

(1) $\cap$ 对 $\oplus$ 的分配律 $A \cap (B \oplus C) = (A \cap B) \oplus (A \cap C)$.

(2) $A \oplus B = (A \cup B) - (A \cap B)$.

证明 (1) 证明 从右边开始演算:

$$\begin{aligned}
\text{右} &= (A \cap B) \oplus (A \cap C) \\
&= ((A \cap B) - (A \cap C)) \cup ((A \cap C) - (A \cap B)) &\text{(对称差定义)} \\
&= ((A \cap B) \cap \sim(A \cap C)) \cup ((A \cap C) \cap \sim(A \cap B)) &\text{(补交转换律)} \\
&= ((A \cap B) \cap (\sim A \cup \sim C)) \cup ((A \cap C) \cap (\sim A \cup \sim B)) &\text{(德摩根律)} \\
&= ((A \cap B \cap \sim A) \cup (A \cap B \cap \sim C)) \cup ((A \cap C \cap \sim A) \cup \\
&\quad (A \cap C \cap \sim B)) &\text{(分配律)} \\
&= (A \cap B \cap \sim C) \cup (A \cap C \cap \sim B) &\text{(矛盾律、同一律)} \\
&= A \cap ((B \cap \sim C) \cup (C \cap \sim B)) &\text{(分配律)} \\
&= A \cap ((B - C) \cup (C - B)) &\text{(补交转换律)} \\
&= A \cap (B \oplus C) = \text{左}
\end{aligned}$$

(2) $\begin{aligned}
A \oplus B &= (A - B) \cup (B - A) &\text{(定义)} \\
&= (A \cap \sim B) \cup (B \cap \sim A) &\text{(补交转换律)} \\
&= ((A \cap \sim B) \cup B) \cap ((A \cap \sim B) \cup \sim A) &\text{($\cup$ 对 $\cap$ 分配律)} \\
&= ((A \cup B) \cap (\sim B \cup B)) \cap ((A \cup \sim A) \cap (\sim B \cup \sim A)) &\text{($\cup$ 对 $\cap$ 分配律)} \\
&= (A \cup B) \cap (\sim A \cup \sim B) &\text{(排中律,同一律)} \\
&= (A \cup B) \cap \sim(A \cap B) &\text{(德摩根律)} \\
&= (A \cup B) - (A \cap B) &\text{(补交转换律)}
\end{aligned}$

注意: $\cap$ 对 $\oplus$ 有分配律,但 $\cup$ 对 $\oplus$ 没有分配律,即

$$A \cup (B \oplus C) \neq (A \cup B) \oplus (A \cup C)$$

反例如下: 设全集 $E = \{a, b, c, d, e, f\}$, $A = \{a, b, c\}$, $B = \{b, c, d\}$, $C = \{c, d, e\}$, 则

$$A \cup (B \oplus C) = \{a, b, c\} \cup \{b, e\} = \{a, b, c, e\}$$

而

$$(A \cup B) \oplus (A \cup C) = \{a, b, c, d\} \oplus \{a, b, c, d, e\} = \{e\}$$

二者不相等.

其实, $(A \cup B) \oplus (A \cup C) = (B \oplus C) - A$.

证明
$$\begin{aligned}
(A \cup B) &\oplus (A \cup C) \\
&= ((A \cup B) - (A \cup C)) \cup ((A \cup C) - (A \cup B)) \\
&= ((A \cup B) \cap \sim A \cap \sim C) \cup ((A \cup C) \cap \sim A \cap \sim B) \\
&= (B \cap \sim A \cap \sim C) \cup (C \cap \sim A \cap \sim B)
\end{aligned}$$

$$= \sim A \cap ((B-C) \cup (C-B))$$
$$= (B \oplus C) - A$$

例 1.8 利用关于对称差的恒等式①~⑤证明：⊕满足消去律，即
$$A \oplus B = A \oplus C \Rightarrow B = C$$

证明 由 $A \oplus B = A \oplus C$，有

$$A \oplus (A \oplus B) = A \oplus (A \oplus C)$$
$$(A \oplus A) \oplus B = (A \oplus A) \oplus C \qquad \text{②}$$
$$\varnothing \oplus B = \varnothing \oplus C \qquad \text{⑤}$$
$$B \oplus \varnothing = C \oplus \varnothing \qquad \text{①}$$
$$B = C \qquad \text{④}$$

例 1.9 利用基本集合恒等式化简：
$$((A \cup B \cup C) \cap (A \cup B)) - ((A \cup (B-C)) \cap A)$$

解 $((A \cup B \cup C) \cap (A \cup B)) - ((A \cup (B-C)) \cap A)$

$$= (A \cup B) - A \qquad \text{（交换律，吸收律）}$$
$$= (A \cup B) \cap \sim A \qquad \text{（补交转换律）}$$
$$= (A \cap \sim A) \cup (B \cap \sim A) \qquad \text{（分配律）}$$
$$= \varnothing \cup (B \cap \sim A) \qquad \text{（矛盾律）}$$
$$= B \cap \sim A \qquad \text{（交换律，同一律）}$$
$$= B - A \qquad \text{（补交转换律）}$$

1.3 证明方法概述

在数学中，为了说明一个命题是真命题需要进行证明．要证明的命题有 3 种形式：

形式 1 若 A，则 B．可表示成 $A \rightarrow B$，其中 A 是前提或已知条件，B 是结论．

形式 2 A 的充分必要条件是 B，或 A 当且仅当 B．可表示成 $A \leftrightarrow B$．

形式 3 B（即 B 恒真）．

由于"A 的充分必要条件是 B"等价于"若 A，则 B，并且若 B，则 A"．即 $A \leftrightarrow B \Leftrightarrow (A \rightarrow B) \wedge (B \rightarrow A)$，故形式 2 可以化成形式 1．而形式 3 可以看成形式 1 的特殊情况——没有前提 A，也可以把它表示成 $1 \rightarrow B$，即前提恒真．要证形式 1 的命题为真，是要证明当 A 为真时，B 一定为真．而对于形式 3 的命题，是要证 B 一定为真，这里没有前提 A．可见，后两种形式都可以归结为形式 1．

"若 A，则 B"的证明是在假设前提 A 为真的情况下，利用已知的定义、定理、引理和推论，按照推理规则推导出结论 B 为真的过程．所谓定理是已经被证明的真命题．当然，只有那些重要的真命题才能成为定理．引理和推论也是已被证明的真命题，区别在于引理是为了证明某个定理而预先证明的真命题，而推论是由定理能够立即得到的真命题．在证明中有时还要使用公理．数学中的公理方法是古希腊欧几里得首创的．他在《几何原本》中从少数几个定义、公理出发，通过逻辑推理获得一系列的几何定理，建立起几何学的公理系统．公理系统不仅使知识系统化，而且也是为了消除数学中的逻辑隐患．公理是公理系统中的原始假设，即不加证明地承认它们．它们中的绝大多数是被人们普遍接受的事实．但是，也

有例外,如在欧几里得几何中有一条平行公理:"如果两条直线和第三条直线相交且在同一侧所构成的两个内角之和小于二直角,那么这两条直线向这一侧适当延长后一定相交."它等价于另一种大家所熟悉的叙述:"在平面上,过一直线外的一点可引一条而且只有一条和这直线不相交的直线."平行公理并不明显,人们一直想用其他公理推出它,但都失败了. 直到 19 世纪中叶,高斯、罗巴切夫斯基等数学家认识到这种努力是不可能实现的,也就是说平行公理独立于其他公理,并且可以用不同的"平行公理"代替它而建立不同的几何学. 罗巴切夫斯基和波尔约用一条新的公理"在平面上,过一直线外的一点可引无数条和这直线不相交的直线"代替欧几里得平行公理,创建了一种新的非欧几何,现在称为罗巴切夫斯基几何,又称双曲几何. 接着,黎曼又创建了另一个不同的非欧几何,他用来代替平行公理的公理是:"在平面上,过一直线外的一点所引的任何直线都与这直线相交."这就是黎曼几何,又称椭圆几何.

证明方法不仅是数学研究中不可或缺的,而且在计算机科学中有广泛的应用,例如计算机推理所用的规则、程序正确性证明的技术、人工智能中的推理等. 本节非形式地介绍常用证明方法,在 2.4 节将进一步说明.

1.3.1 直接证明法和归谬法

直接证明法 设命题 P:若 A,则 B,即 $A \to B$. 直接证明法是假设 A 为真,利用已知的定义、定理、引理和推论,可能还有公理,推出 B 为真的结论,从而证明 P 为真. 直接证明法是最常用的证明方法. 例 1.5~1.8 都是用直接证明法进行证明的.

归谬法(反证法) 归谬法是从假设 A 为真、B 为假,推出矛盾. 这就说明当 A 为真时,B 必为真,从而证明 P 为真. 归谬法也是常用的证明方法. 例 1.4(3) 就是用归谬法证明的. 下面再举一个用归谬法证明的例子.

例 1.10 证明:不存在最大的素数.

证明 使用归谬法. 假设不然,即假设存在最大的素数,设为 p,则所有素数均大于或等于 2,并且小于或等于 p. 令 S 为所有素数之积,即
$$S = 2 \cdot 3 \cdot 5 \cdot \cdots \cdot p$$
又设
$$S' = S + 1$$
易知,用 2 到 p 的所有素数去除 S',所得余数全是 1. 这说明 S' 的正因子只有 1 与本身,故 S' 是素数. 可是 $S' > p$,这与 p 是最大的素数矛盾. 得证不存在最大的素数.

间接证明法 把 P 的逆否命题记作 P':若非 B,则非 A,即 $\neg B \to \neg A$. P 与 P' 同时为真,或同时为假,即 $P \Leftrightarrow P'$. 因此可以通过证明 P' 来证明 P. 这就是间接证明法.

例 1.11 证明:完全数不是素数.

等于除本身外所有正因子之和的正整数称作完全数. 例如,$6 = 1 + 2 + 3$,$28 = 1 + 2 + 4 + 7 + 14$,均为完全数.

证明 用间接证明法证明. 它的逆否命题是:素数不是完全数. 设 n 是素数,显然 $n \geq 2$. 除本身外,n 只有一个正因子 1. 而 $n \neq 1$,故 n 不是完全数. 得证原命题成立,即完全数不是素数.

间接证明法可以看作归谬法的特殊形式. 假设 $\neg B$ 为真,推出 $\neg A$ 为真,即 A 为假. 这

与假设 A 为真矛盾.

1.3.2 分情况证明法和构造性证明法

分情况证明法（穷举法） 若前提 A 可以分成若干种情况 $A_1, A_2, \cdots, A_k$，那么只要证明对每一个 $i(1 \leqslant i \leqslant k)$，当 A_i 为真时，B 为真，就可得到当 A 为真时，B 为真. 这是因为 A 为真，必有一个 A_i 为真. 这样就把证明"若 A，则 B"转化为证明 k 个命题"若 A_i，则 B，$i=1, 2, \cdots, k$".

例 1.12 证明：$\max(a, \max(b, c)) = \max(\max(a, b), c)$.

证明 a, b, c 的大小关系有并且只有下面 6 种情况：

情况 1 $a \leqslant b \leqslant c$；
情况 2 $a \leqslant c \leqslant b$；
情况 3 $b \leqslant a \leqslant c$；
情况 4 $b \leqslant c \leqslant a$；
情况 5 $c \leqslant a \leqslant b$；
情况 6 $c \leqslant b \leqslant a$.

对于情况 1，$\max(a, \max(b, c)) = \max(a, c) = c$，$\max(\max(a, b), c) = \max(b, c) = c$，两者相等.

对于情况 2，$\max(a, \max(b, c)) = \max(a, b) = b$，$\max(\max(a, b), c) = \max(b, c) = b$，两者相等.

类似可证明情况 3 至情况 6，结合律都成立. 得证原命题成立.

例 1.13 证明：若 $3 \nmid n$，则 $n^2 \equiv 1 \pmod{3}$.

证明 若 $3 \nmid n$，则存在 k，使得 $n = 3k+1$ 或 $n = 3k+2$. 当 $n = 3k+1$ 时，
$$n^2 = (3k+1)^2 = 9k^2 + 6k + 1 = 3(3k^2 + 2k) + 1$$
由此式可知，$n^2 \equiv 1 \pmod{3}$.

当 $n = 3k+2$ 时，
$$n^2 = (3k+2)^2 = 9k^2 + 12k + 4 = 3(3k^2 + 4k + 1) + 1$$
同样有 $n^2 \equiv 1 \pmod{3}$. 得证原命题成立.

构造性证明法 有时要证明存在一种具有某种性质的客体. 对此有两种证明方法：第一种是构造出具有所需性质的客体，从而证明它的存在性，这种证明方法称作构造性；第二种是仅仅证明它的存在，而没有具体地给出它，称这种证明方法为非构造性的.

例 1.14 对于任意的自然数 n，存在大于 n 的素数.

证明 这是例 1.10 的推论，这里给出它的独立的证明. 类似前面的证明，令 S' 等于所有小于或等于 n 的素数之积加 1. 于是，要么 S' 是素数，要么 S' 被大于 n 的素数整除. 总之，存在大于 n 的素数.

这是非构造性证明. 这个证明确实证明了存在大于 n 的素数，但是它并没有提供找到这样的素数的方法.

下面是构造性证明的例子.

例 1.15 证明：对于每个正整数 n，都存在 n 个连续的正合数.

证明 设 $x = (n+1)! + 1$，考虑如下的 n 个连续的正整数：

$$x+1, x+2, \cdots, x+n$$

对于 $i(i=1,2,\cdots,n)$,$x+i=(n+1)!+(1+i)$,注意到 $(n+1)!$ 中含有因子 $(1+i)$,所以 $x+i$ 中含因子 $(1+i)$. 而 $1+i$ 不等于 1,也不等于 $x+i$,故 $x+i$ 是合数. 所以,$x+1, x+2, \cdots, x+n$ 是 n 个连续的正合数.

这个证明是构造性的. 它不仅证明了存在这样的正合数,而且根据证明可以对任意给定的正整数 n,构造出 n 个连续的正合数. 例如,当 $n=3$ 时,$x=(3+1)!+1=25$. 26, 27, 28 是 3 个连续的正合数.

下面介绍两种比较特殊的证明方法,它们可能会在将要介绍的数学归纳法的归纳基础中使用.

前提假证明法（空证明法） 如果前提 A 为假,则命题"若 A,则 B"为真. 例如某人发誓：如果太阳从西边出来,我就把脑袋给你. 其实,由于太阳永远不会从西边出来,所以不管他把不把脑袋给你都没错. 也就是说,如果前提不成立,你说什么都可以. 因此,如果能证明前提为假,也就证明了命题为真,而不必管结论是否为真. 这种通过证明前提为假来证明命题为真的证明方法称作前提假证明法或空证明法.

例 1.16 设 $n \in \mathbf{N}$,记 $P(n)$：若 $n>1$,则 $n^2>1$. 试证明 $P(0)$ 为真.

证明 $P(0)$：若 $0>1$,则 $0^2>1$. 因为此蕴涵式前件 $0>1$ 为假,所以蕴涵式为真,即 $P(0)$ 为真.

结论真证明法（平凡证明法） 如果能证明结论为真,而不管前提真假,那么命题一定为真. 这种通过在不假设前提为真的情况下证明结论为真来证明命题为真的方法称作结论真证明法或平凡证明法.

例 1.17 设 $n \in \mathbf{N}, a>0, b>0$,记 $P(n)$：若 $a \geqslant b$,则 $a^n \geqslant b^n$. 试证明 $P(0)$ 为真.

证明 $P(0)$：若 $a \geqslant b$,则 $a^0 \geqslant b^0$. 因为 $a^0=b^0=1$,所以 $P(0)$ 为真.

在这个证明中,并没有用到条件 $a \geqslant b$.

1.3.3 数学归纳法

通过观察、发现规律、给出猜想,进而进行严格的数学证明,使猜想成为定理,是数学研究的一种方法. 例如,观察到

$$1 = 1^2$$
$$1+3 = 2^2$$
$$1+3+5 = 3^2$$
$$1+3+5+7 = 4^2$$
$$\vdots$$

猜想：前 n 个奇数之和等于 n^2,即
$$1+3+5+\cdots+(2n-1) = n^2$$

此时还不能认为这个式子一定成立,需要证明. 对于这类与正整数有关的性质,数学归纳法是常用的证明方法.

数学归纳法原理 设命题 $P(n), n \in \mathbf{N}$ 且 $n \geqslant n_0$. 若

(1) $P(n_0)$ 为真；

(2) $\forall n(n \in \mathbf{N}$ 且 $n \geqslant n_0)$,假设 $P(n)$ 为真,则 $P(n+1)$ 为真,

那么，$\forall n(n\in \mathbf{N}$ 且 $n\geqslant n_0)$，$P(n)$ 为真.

最常遇到的是 $n_0=0$ 和 $n_0=1$，即要证的命题是 $\forall n\in \mathbf{N}, P(n)$ 和 $\forall n\in \mathbf{Z}^+, P(n)$.

直观上，已知 $P(n_0)$ 为真，由 $P(n_0)$ 为真推出 $P(n_0+1)$ 为真，由 $P(n_0+1)$ 为真推出 $P(n_0+2)$ 为真，……，所以对所有的自然数 $n\geqslant n_0, P(n)$ 为真.

严格地说，数学归纳法原理的基础是自然数集 $\mathbf{N}$ 的良序性，即 $\mathbf{N}$ 的任何非空子集都有最小的数. 如 $\mathbf{N}$ 的最小数是 0，$\mathbf{Z}^+$ 的最小数是 1，偶数集的最小数是 2，$\{10,15,16,21\}$ 的最小数是 10.

假设数学归纳法原理不正确，那么存在 $n(n\in \mathbf{N}$ 且 $n\geqslant n_0)$，使得 $P(n)$ 为假. 令
$$F=\{n\mid P(n)\text{ 为假，其中 }n\in \mathbf{N}\text{ 且 }n\geqslant n_0\}$$
则 $F\neq\varnothing$. 由 $\mathbf{N}$ 的良序性，F 有最小数，设为 a. 若 $a=n_0$，由原理的(1)，$P(n_0)$ 为真，这与 $n_0\in F$ 矛盾. 若 $a>n_0$，那么 $a-1\notin F$ 且 $a-1\geqslant n_0$，从而 $P(a-1)$ 为真. 于是，由原理的(2)，可推出 $P(a)$ 为真. 这与 $a\in F$ 矛盾.

数学归纳法的证明步骤

(1) 归纳基础：证明 $P(n_0)$ 为真；

(2) 归纳步骤：对任意的自然数 $n\geqslant n_0$，假设 $P(n)$ 为真，证明 $P(n+1)$ 为真，其中"假设 $P(n)$ 为真"称作归纳假设，注意在这里 n 是一个任意固定的自然数.

现在证明前面提出的猜想.

例 1.18 证明：$1+3+5+\cdots+(2n-1)=n^2$.

证明 用数学归纳法证明.

归纳基础：$n=1$ 时，$1=1^2$.

归纳步骤：假设当 $n\geqslant 1$ 时等式成立，考虑 $n+1$ 的情况，
$$1+3+5+\cdots+(2n-1)+(2n+1)=n^2+(2n+1) \quad \text{（归纳假设）}$$
$$=(n+1)^2$$
即当 $n+1$ 时等式也成立. 得证对任意的正整数 n，等式成立.

例 1.19 证明：$n(n\geqslant 0)$ 元集 A 的幂集 $P(A)$ 有 2^n 个元素.

证明 这是定理 1.2，在 1.2 节已证明过，现在用数学归纳法证明.

归纳基础：当 $n=0$ 时，$A=\varnothing$，$P(A)=\{\varnothing\}$，$|P(A)|=1=2^0$. 结论成立.

归纳步骤：假设对任意的 $n\geqslant 0$，当 $|A|=n$ 时，$|P(A)|=2^n$. 现考虑 $|A|=n+1$ 的情况. 因为 $n+1>0, A\neq\varnothing$，任取 $a\in A$，令 $A'=A-\{a\}$，则 $|A'|=n$. 根据归纳假设，$|P(A')|=2^n$. A 的子集或者不含 a（即是 A' 的子集），或者含 a. 不难看出，含 a 的子集和不含 a 的子集一一对应，从而这两个子集的个数相等. 根据归纳假设，不含 a 的子集，即 A' 的子集共有 2^n 个. 因此
$$|P(A)|=\text{含 }a\text{ 的子集数}+\text{不含 }a\text{ 的子集数}=2^n+2^n=2^{n+1}$$
得证对结论 $n+1$ 也成立. 由数学归纳法原理，原命题成立.

例 1.20 证明：可以仅用 4 分和 5 分邮票组成等于或超过 12 分的所有邮资.

证明 用数学归纳法证明. 设 n 分邮资，其中 $n\geqslant 12$.

归纳基础：当 $n=12$ 时，可用 3 张 4 分邮票组成 12 分邮资，故结论成立.

归纳步骤：假设当 $n\geqslant 12$ 时结论成立，要证对 $n+1$ 结论也成立. 根据归纳假设，可用 4 分邮票和 5 分邮票组成 n 分邮资. 分情况讨论如下：

(1) n 分邮资中含有 4 分邮票. 此时用 1 张 5 分邮票代替 1 张 4 分邮票, 得到 $n+1$ 分邮资.

(2) n 邮资中不含 4 分邮票. 因为 $n \geq 12$, 因而至少含 3 张 5 分邮票. 用 4 张 4 分邮票取代 3 张 5 分邮票, 得到 $n+1$ 分邮资.

得证对 $n+1$ 结论也成立. 由数学归纳法原理, 命题成立.

数学归纳法还有另一种形式——第二数学归纳法. 相对应地, 也称前面介绍的数学归纳法为第一数学归纳法.

第二数学归纳法原理 设命题 $P(n), n \in \mathbf{N}$ 且 $n \geq n_0$. 若

(1) $P(n_0)$ 为真;

(2) $\forall n(n \in \mathbf{N}$ 且 $n \geq n_0)$, 假设 $P(n_0), P(n_0+1), \cdots, P(n)$ 为真, 则 $P(n+1)$ 为真,

那么, $\forall n(n \in \mathbf{N}$ 且 $n \geq n_0), P(n)$ 为真;

可以类似地利用自然数集的良序性证明第二数学归纳法原理.

第二数学归纳法的证明步骤

(1) 归纳基础: 证明 $P(n_0)$ 为真;

(2) 对任意的 $n \geq n_0$, 假设 $P(n_0), P(n_0+1), \cdots, P(n)$ 为真, 证明 $P(n+1)$ 为真.

例 1.21 证明: 所有大于或等于 2 的整数都可以写成素数之积.

证明 用第二数学归纳法证明.

归纳基础: 2 是素数, $2=2$, 这表明 2 可以写成素数之积.

归纳步骤: 对任意的自然数 $n \geq 2$, 假设 $2, 3, \cdots, n$ 都可以写成素数之积, 要证明 $n+1$ 也可以写成素数之积. 分情况讨论如下:

(1) $n+1$ 为素数. 此时 $n+1$ 本身就是素数之积的形式.

(2) $n+1$ 为合数. 此时存在整数 a, b, 且 $2 \leq a, b \leq n$, 使得 $n+1 = a \cdot b$. 因为 $2 \leq a, b \leq n$, 由归纳假设, a 与 b 都可以写成素数之积. 于是, $n+1$ 也可以写成素数之积.

由第二数学归纳法原理可知, 原命题成立.

1.4 递归定义

用自身定义自身称作**递归定义**或**归纳定义**.

例如, a^n 可以递归定义如下:

$$a^0 = 1$$
$$a^n = a^{n-1} \cdot a, \quad n = 1, 2, \cdots$$

对任意给定的 k, 从 0 开始, 依次对 $n=1,2,\cdots,k$, 重复计算第二个式子即可得到 a^k. 如求 2^5, 计算如下:

$$2^0 = 1$$
$$2^1 = 2^0 \times 2 = 1 \times 2 = 2$$
$$2^2 = 2^1 \times 2 = 2 \times 2 = 4$$
$$2^3 = 2^2 \times 2 = 4 \times 2 = 8$$
$$2^4 = 2^3 \times 2 = 8 \times 2 = 16$$
$$2^5 = 2^4 \times 2 = 16 \times 2 = 32$$

下面举几个例子.

例 1.22 斐波那契数列 $\{f_n\}$ 递归定义如下：
$$f_0 = 1$$
$$f_1 = 1$$
$$f_n = f_{n-1} + f_{n-2}, \quad n = 2, 3, \cdots$$

不难求得 $f_0 = 1, f_1 = 1, f_2 = 2, f_3 = 3, f_4 = 5, f_5 = 8, f_6 = 13, \cdots$.

例 1.23 集合 A 的递归定义如下：

(1) $3 \in A$；

(2) 若 $x, y \in A$，则 $x + y \in A$；

(3) 只有有限次使用(1)和(2)得到的数属于 A.

可以看出，A 是 3 的所有正整数倍组成的集合，即 $A = \{3n \mid n \in \mathbf{Z}^+\}$.

证明如下：首先，$\forall n \in \mathbf{Z}^+$，由(1)，$3 \in A$；用(2)，因为 $3 \in A, 3 \in A$，得 $3 + 3 = 2 \times 3 \in A$；再用(2)，$6 \in A, 3 \in A$，得 $6 + 3 = 3 \times 3 \in A$；如此重复用 $n - 1$ 次(2)得到 $3n \in A$. 得证 $\{3n \mid n \in \mathbf{Z}^+\} \subseteq A$.

反之，$\forall x \in A$，设 x 是使用 k 次(2)得到的，对 k 用第二数学归纳法证明.

归纳基础 $k = 0$，此时 $x = 3$ 是 3 的正整数倍.

归纳步骤：$\forall t \in \mathbf{N}$，假设当 $0 \leqslant k \leqslant t$ 时，x 是 3 的正整数倍. 要证当 $k = t + 1$ 时，x 是 3 的正整数倍. 设在最后一次用(2)得到 x 时，$x = y + z$，其中 $y, z \in A$. 显然，得到 y 和 z 使用(2)的次数小于或等于 t. 根据归纳假设，y 和 z 都是 3 的正整数倍，因而 x 也是 3 的正整数倍. 得证 $A \subseteq \{3n \mid n \in \mathbf{Z}^+\}$.

例 1.24 算术表达式的归纳定义如下：

(1) 任何实数和变量都是算术表达式；

(2) 如果 f, g 是算术表达式，则 $(f + g), (f - g), (f * g)$ 都是算术表达式；

(3) 如果 f, g 是算术表达式且 $g \neq 0$，则 (f/g) 是算术表达式；

(4) 如果 f 是算术表达式，则 $\forall n \in \mathbf{Z}^+, (f \uparrow n)$ 是算术表达式；

(5) 只有有限次使用(1)~(4)得到的式子是算术表达式.

其中，$\uparrow$ 是幂运算.

例如，$((3 * x) - 1), (((2 * (x \uparrow 2)) + (5 * x)) - 4), (((x + y) - z)/(5 + x))$ 都是算术表达式. 根据运算的优先级别，删去不必要的圆括号（包括最外层的圆括号）就是通常形式的算术表达式.

递归定义是一种重要的定义形式，在后面有多处用到.

习 题

1.1 用列举法表示下列各集合.

(1) $\{x \mid x$ 是方程 $2x^2 + 3x - 2 = 0$ 的根$\}$.

(2) $\{x \mid x$ 是方程 $x^2 - 2x + 5 = 0$ 的实根$\}$.

(3) $\{x \mid x$ 是完全数 $\wedge 5 \leqslant x \leqslant 10\}$.

(4) $\{x \mid x$ 是整数 $\wedge x^2 = 3\}$.

(5) $\{x \mid x \text{ 是空集}\}$.

1.2 用描述法表示下列各集合.

(1) $\{x, y, z\}$.

(2) $\{-3, -2, -1, 0, 1, 2, 3\}$.

(3) $\{\varnothing, \{\varnothing\}\}$.

(4) $\varnothing$.

1.3 判断下列每组的两个集合是否相等.

(1) $A = \{3, 1, 1, 5, 5\}, B = \{1, 3, 5\}$.

(2) $A = \varnothing, B = \{\varnothing\}$.

(3) $A = \varnothing, B = \{x \mid x \text{ 是有理数并且是无理数}\}$.

(4) $A = \{1, 2, \varnothing\}, B = \{\{\varnothing\}, 2, 1\}$.

1.4 判断下列命题是否为真.

(1) $\varnothing \subseteq \varnothing$.

(2) $\varnothing \subset \varnothing$.

(3) $\varnothing \in \varnothing$.

(4) $\varnothing \in \{\varnothing\}$.

(5) $\varnothing \subseteq \{\varnothing\}$.

(6) $\{\varnothing\} \subseteq \varnothing$.

(7) $\{\varnothing\} \in \{\varnothing, \{\{\varnothing\}\}\}$.

1.5 设 A 为任意集合,判断下列命题是否为真.

(1) $\varnothing \in P(A)$.

(2) $\varnothing \subseteq P(A)$.

(3) $\{\varnothing\} \in P(A)$.

(4) $\{\varnothing\} \subseteq P(A)$.

(5) $\{\varnothing\} \in P(P(A))$.

(6) $\{\varnothing, \{\varnothing\}\} \subseteq P(P(A))$.

1.6 求下列集合中的元素个数.

(1) $\{x \mid x \in \mathbf{Z} \wedge -3 \leqslant x < 2\}$.

(2) $\{x \mid x \in \mathbf{N} \wedge x \text{ 是偶素数}\}$.

(3) $\{x \mid x \in \mathbf{N} \wedge x \text{ 是奇数} \wedge x \text{ 是偶数}\}$.

(4) $\{\varnothing, \{\varnothing, \{\varnothing\}\}\}$.

(5) $\{\{\{\varnothing\}\}\}$.

(6) $P(A), A = \{\varnothing, \{\varnothing\}\}$.

1.7 设 $A = \{a, 2, \{3\}, 4\}, B = \{\{a\}, 4, 3, 1\}$,判断下列命题是否为真.

(1) $a \in A$.

(2) $a \in B$.

(3) $\{a\} \in A$.

(4) $\{a\} \in B$.

(5) $\{a\} \subseteq A$.

(6) $\{a\} \subseteq B$.

(7) $\{a,\{3\},4\} \subseteq A$.

(8) $\{a,\{3\},4\} \subseteq B$.

(9) $\varnothing \subseteq A$.

(10) $\varnothing \subseteq \{\{a\}\} \subseteq B$.

1.8 已知 A,B 为两个集合，且 $A \subseteq B$，则 $A \notin B$ 一定为真吗？

1.9 设 $A=\{1,2,3,4\}$，试求出 A 的全部 2 元子集.

1.10 设 $A=\{\varnothing,a\}$，求出 A 的全部子集.

1.11 求下列集合的幂集.

(1) $\varnothing$.

(2) $\{1,\{a,b\}\}$.

(3) $\{\varnothing,\{\varnothing\}\}$.

(4) $\{2,2,2,3\}$.

1.12 设全集 $E=\{1,2,3,4,5,6\}$，其子集 $A=\{1,4\}$，$B=\{1,2,5\}$，$C=\{2,4\}$. 求下列集合.

(1) $A \cap \sim B$.

(2) $(A \cap B) \cup \sim C$.

(3) $\sim(A \cap B)$.

(4) $P(A) \cap P(B)$.

(5) $P(A) \cap \sim P(B)$.

1.13 画出下列集合的文氏图.

(1) $A \cap (B \cup C)$.

(2) $\sim A \cap \sim B \cap \sim C$.

(3) $(A-(B \cup C)) \cup ((B \cup C)-A)$.

1.14 设 $A=\{\varnothing\}$，$B=\{1,2\}$，求 $P(A) \oplus P(B)$.

1.15 设 $A \subseteq B \wedge C \subseteq D$，证明 $A \cup C \subseteq B \cup D$.

1.16 设 $A \subset B \wedge C \subseteq D$，$A \cup C \subset B \cup D$ 一定为真吗？

1.17 设 A,B 为两个集合，已知 $A \subseteq B$，$B \subseteq A$ 可能吗？为什么？

1.18 试确定下列集合之间的包含或属于关系.

$A=\{x \mid x \in \mathbf{R} \wedge x>0 \wedge x^2=4\}$

$B=\{x \mid x \in \mathbf{R} \wedge x^2-5x+6=0\}$

$C=\{\{x\} \mid x \in \mathbf{N} \wedge x$ 为偶数$\}$

$D=\{\{2\},\{4\},\{3\},2,3\}$

1.19 对于上题中的 A,B,C,D，计算下列各式.

(1) $A \cup B \cup D$.

(2) $A \cap B \cap D$.

(3) $A \oplus B$.

(4) $(A \cap B) \oplus A$.

(5) $A \oplus C$.

1.20 设 $A=\{x \mid x$ 是北京大学文科学生$\}$

$B = \{x \mid x \text{ 是北京大学理科学生}\}$
$C = \{x \mid x \text{ 喜欢看小说}\}$
$D = \{x \mid \text{喜欢数学}\}$

已知：北京大学文科学生都爱看小说，北京大学理科学生都喜欢数学，试确定 A, B, C, D 之间的包含关系.

1.21 设 $A_i = \{1, 2, \cdots, i\}, i = 1, 2, \cdots,$ 求：

(1) $\bigcup_{i=1}^{n} A_i$.

(2) $\bigcap_{i=1}^{n} A_i$.

1.22 设 $A_i = \{i, i+1, i+2, \cdots\}, i = 1, 2, \cdots,$ 求：

(1) $\bigcup_{i=1}^{n} A_i$.

(2) $\bigcap_{i=1}^{n} A_i$.

1.23 下列集合中，哪些是彼此相等的？

$A = \{3, 4\}$, $B = \{3, 4\} \cup \varnothing$, $C = \{3, 4\} \cup \{\varnothing\}$,

$D = \{x \mid x \in \mathbf{R} \land x^2 - 7x + 12 = 0\}$, $E = \{\varnothing, 3, 4\}$,

$F = \{3, 4, 4\}$, $G = \{4, \varnothing, \varnothing, 3\}$

1.24 设全集是某中学全体学生集合，它的子集：

$A = \{x \mid x \text{ 是男生}\}$
$B = \{x \mid x \text{ 是初三学生}\}$
$C = \{x \mid x \text{ 是科普队的}\}$

用谓词描述法表示下面集合.

(1) $\sim C$.

(2) $A \cap B \cap \sim C$.

(3) $\sim A \cap \sim B \cap C$.

1.25 设 A 为任一集合，证明：$\{\varnothing, \{\varnothing\}\} \in P(P(P(A)))$.

1.26 设 A, B, C 为 3 个集合，证明：

(1) 若 $A \subseteq B \land B \subseteq C$, 则 $A \subseteq C$.

(2) 若 $A \in B \land B \subseteq C$, 则 $A \in C$.

1.27 设 A, B, C 为 3 个集合，已知 $(A \cap C) \subseteq (B \cap C), (A \cap \sim C) \subseteq (B \cap \sim C)$, 证明：$A \subseteq B$.

1.28 设 A, B 为集合，证明：$A \cap (B - A) = \varnothing$.

1.29 设 A, B 为集合，证明：$(A \cap B) \cup (A - B) = A$.

1.30 用直接证明法证明：若对于任意的集合 B, 均有 $A \cup B = B$, 则 $A = \varnothing$.

1.31 用归谬法证明题 1.30 中的命题.

1.32 化简下列集合表达式.

(1) $((A \cup B) \cap B) - (A \cup B)$.

(2) $((A \cup B \cup C) - (B \cup C)) \cup A$.

(3) $(B - (A \cap C)) \cup (A \cap B \cap C)$.

1.33 化简下列集合表达式.
(1) $(A \cap B) \cup (A - B)$.
(2) $(A \cup (B - A)) - B$.
(3) $((A - B) - C) \cup ((A - B) \cap C) \cup ((A \cap B) - C) \cup (A \cap B \cap C)$.
(4) $(A \cap B \cap C) \cup ((A \cap \sim B \cap C) \cup (\sim A \cap B \cap C)$.

1.34 定理 1.1 的推论改写为："若 $\varnothing_1, \varnothing_2$ 是任意两个空集,则 $\varnothing_1 = \varnothing_2$",试用直接证明法与间接证明法证明之.

1.35 用数学归纳法证明：若 $A_1, A_2, \cdots, A_n$ 为某全集的子集,则
$$\sim \left(\bigcap_{i=1}^{n} A_i\right) = \bigcup_{i=1}^{n} (\sim A_i)$$

1.36 设 $A_1, A_2, \cdots, A_n, B$ 为集合,用数学归纳法证明：
$$(A_1 \cap A_2 \cap \cdots \cap A_n) \cup B = (A_1 \cup B) \cap (A_2 \cup B) \cap \cdots \cap (A_n \cup B)$$

1.37 用数学归纳法证明：$\forall n \in \mathbf{N}^+$,
$$1^2 + 2^2 + \cdots + n^2 = \frac{n(n+1)(2n+1)}{6}$$

1.38 用数学归纳法证明：$\forall n \in \mathbf{N}^+$,
$$1^3 + 2^3 + \cdots + n^3 = \left[\frac{n(n+1)}{2}\right]^2$$

1.39 用数学归纳法证明：$\forall n \in \mathbf{N}^+$, $3 | (n^3 - n)$.

1.40 递归定义 $a_n, n \in \mathbf{N}$ 如下：
$$a_0 = 1$$
$$a_{n+1} = 2a_n + 1, \quad n \in \mathbf{N}$$
通过观察给出 a_n 的值,并证明之.

1.41 递归定义集合 A 如下：
(1) $3 \in A$;
(2) 若 $x, y \in A$,则 $xy \in A$;
(3) 只有有限次应用(1)和(2)得到的数属于 A.
试用描述法表示 A.

1.42 递归定义集合 B 如下：
(1) $(\ ) \in B$;
(2) 若 $x, y \in B$,则 $(x), (xy) \in A$;
(3) 只有有限次应用(1)和(2)得到的符号串属于 B.
问下述符号串是否属于 B：
(1) $((\ ))(\ )$.
(2) $((\ )(\ ))$.
(3) $(\ )(\ )$.
(4) $((\ )(\ )))$.
(5) $(((\ )(\ ))(\ ))$.

第 2 章 命题逻辑

数理逻辑是研究推理的数学学科,它着重于推理过程以及推理是否正确的研究. 数理逻辑包含逻辑演算(命题演算与谓词演算)、公理集合论、证明论、递归函数论、模型论等,其中逻辑演算是其他各部分的基础.

数理逻辑不但是各数学学科的基础,而且与人工智能、语言学等学科,特别是计算机科学有着非常密切的关系,因而逻辑演算(主要是命题演算与一阶谓词逻辑演算)已成为计算机专业基础课程"离散数学"的重要组成部分.

本章介绍命题逻辑(也称命题演算)的基本概念、等值演算以及推理理论.

2.1 命题逻辑基本概念

2.1.1 命题与联结词

推理是数理逻辑的主要研究内容,粗略地说,推理是从前提出发,推出结论的逻辑思维过程. 下面给出两个推理,从中寻找构成推理的最基本成分,即命题.

推理 1 若华盛顿是美国的首都,则多伦多是加拿大的首都. 华盛顿是美国的首都,所以,多伦多是加拿大的首都.

推理 2 若今年是 2004 年,则明年是 2005 年. 明年是 2005 年,所以今年是 2004 年.

现在先不讨论以上两个推理是否正确(在 2.4 节将可以证明,推理 1 正确,而推理 2 不正确),主要讨论它们的组成成分. 除了若……则……、所以等联结词外,其余部分全是陈述语句,在这些陈述句中,"华盛顿是美国的首都"是真的,"多伦多是加拿大的首都"是假的. 在今天(2004 年 1 月 31 日)说"今年是 2004 年","明年是 2005 年",它们也都是真的.

从以上两个推理可以看出,构成推理的基本要素,除联结词外就是陈述句了. 在数理逻辑中,称所表达的判断是真(正确)或假(错误)但不能可真可假的陈述句为**命题**,命题是推理的最基本的成分. 在命题逻辑中,对命题的成分(如主语、谓语等)不再细分,也就是说命题是命题逻辑中最小的研究单位.

作为命题的陈述句所表达的判断结果称为命题的**真值**,真值只取两个值:**真**或**假**. 真值为真的命题称为**真命题**,真值为假的命题称为**假命题**. 任何命题的真值都是唯一的.

判断给定语句是否为命题,要分两步:首先判断它是否为陈述句,即先淘汰感叹句、祈使句、疑问句;其次判断它是否有唯一的真值,即不是可真可假的陈述句. 概括起来可以这样说,陈述句是命题的必要条件,并不是充分条件. 只有具有唯一真值的陈述句才是命题.

例 2.1 判断下列句子是否为命题.

(1) 多伦多是加拿大的首都.

(2) $\sqrt{2}$ 是无理数.

(3) $x+2 \geqslant 5$.

(4) 火星上有生命.

(5) 2050 年元旦北京是晴天.

(6) 你会开车吗?

(7) 请关上门!

(8) 这个操场真大呀!

(9) 我正在说谎话.

解 在 9 个句子中,首先找陈述句. (1),(2),(3),(4),(5),(9)均为陈述句. 在陈述句中再找具有唯一真值的陈述句,它们才是命题.

因为多伦多不是加拿大的首都,因而(1)为命题,并且是假命题.

因为 $\sqrt{2}$ 真是无理数,故(2)为真命题.

$x+2 \geqslant 5$ 是陈述句,但它无确定的真值(当 $x \geqslant 3$ 时,它为真;当 $x \leqslant 2$ 时,它为假),故(3)不是命题.

(4)是命题. 它有确定的真值,只是在今天还不知道而已. 随着美国勇气号和机遇号火星车登上火星,火星上有无生命很可能很快就会知道了,那时(4)的真值也就真相大白了.

(5)也是命题,到 2050 年元旦它的真值就知道了.

(9)虽然是陈述句,但它不是命题,原因是它既不能为真,也不能为假. 若(9)的真值为真,即"我正在说谎话"是句真话,因而我正在说真话,这与"我正在说谎话"矛盾. 反之,若(9)的真值为假,即"我正在说谎话"为假,也就是"我正在说谎话"是假的,因而我是在说真话. 这也与"我正在说谎话"矛盾. 这是一个悖论,凡是悖论都不是命题.

9 个句子中,不是陈述句的为(6),(7),(8),它们分别为疑问句、祈使句和感叹句,当然它们都不是命题.

在数理逻辑中,将命题和它的真值用抽象的符号表示,称为**命题符号化**. 在本书中,用小写的英文字母 $p,q,r,\cdots,p_i,q_i,r_i,\cdots$ 表示命题,用数字 1 表示真,数字 0 表示假. 这样规定后,命题的真值只取两个值,即 1 或 0. 在例 2.1 中,用 p,q,r,s 分别表示(1),(2),(4),(5)中的命题,称为对这些命题的符号化. 其表示法为

p:多伦多是加拿大的首都.

q:$\sqrt{2}$ 是无理数.

r:火星上有生命.

s:2050 年元旦北京是晴天.

其中,p 的真值为 0,q 的真值为 1,r 与 s 的真值现在不知道.

在例 2.1 中,p,q,r,s 所表示的命题都是简单的陈述句,在这些陈述句中均无联结词出现,称它们为**简单命题**或**原子命题**. 但在各种推理中,所出现的命题多数是由简单命题通过联结词联结而成的陈述句,称这样的命题为**复合命题**. 下面讨论联结词及复合命题的符号化形式. 为此,先看例 2.2.

例 2.2 将下列各复合命题中的简单命题符号化,然后再写出各复合命题.

(1) 多伦多不是加拿大的首都.
(2) 华盛顿是美国的首都并且渥太华是加拿大的首都.
(3) 华盛顿是美国的首都或多伦多是加拿大的首都.
(4) 如果 2 是素数,则 3 也是素数.
(5) 2 是素数当且仅当 3 也是素数.

解 设 p:多伦多是加拿大的首都.
　　　　q:华盛顿是美国的首都.
　　　　r:渥太华是加拿大的首都.
　　　　s:2 是素数.
　　　　t:3 是素数.

(1) 不是 p.
(2) q 并且 r.
(3) q 或 p.
(4) 如果 s,则 t.
(5) s 当且仅当 t.

数理逻辑的主要特征是用符号语言来代替自然语言. 在例 2.2 中,还没有达到这一点. 为此还应将"不是(非)""并且""或""如果,则""当且仅当"等联结词也符号化. 下面讨论这 5 种联结词的符号化,以及由它们联结的基本复合命题和复合命题.

定义 2.1 设 p 为命题,复合命题"非 p"(或"p 的否定")称为 p 的**否定式**,记作 $\neg p$,符号 $\neg$ 称作**否定联结词**. 并规定 $\neg p$ 为真当且仅当 p 为假.

由定义可知,$\neg p$ 的逻辑关系为 p 不成立,因而当 p 为真时,$\neg p$ 为假,反之当 p 为假时,$\neg p$ 为真.

若设 p:2 是合数,则 $\neg p$:2 不是合数. 由于 p 为假命题,所以,$\neg p$ 为真命题.

定义 2.2 设 p,q 为两个命题,复合命题"p 并且 q"(或"p 与 q")称为 p 与 q 的**合取式**,记作 $p \wedge q$,$\wedge$ 称作**合取联结词**. 并规定 $p \wedge q$ 为真当且仅当 p 与 q 同时为真.

由定义可知,$p \wedge q$ 的逻辑关系为 p 与 q 同时成立,因而只有 p 与 q 同时为真,$p \wedge q$ 才为真,其他情况 $p \wedge q$ 均为假.

使用联结词 $\wedge$ 需要注意两点:其一是 $\wedge$ 的灵活性. 自然语言中的"既……,又……""不但……,而且……""虽然……,但是……""一面……,一面……"等联结词都可以符号化为 $\wedge$. 其二,不要见到"与"或"和"就使用联结词 $\wedge$.

例 2.3 将下列命题符号化.

(1) 2 既是偶数又是素数.
(2) 6 不但能被 2 整除,而且能被 3 整除.
(3) 8 能被 2 整除,但不能被 6 整除.
(4) 5 是奇数,6 是偶数.
(5) 2 与 3 的最小公倍数是 6.
(6) 王丽和王娟是亲姐妹.

解 在 6 个命题中，(1)，(2)，(3)，(4)为复合命题，而且都是合取式．(5)，(6)都是简单命题．

(1) $p \wedge q$，其中，p：2 是偶数，q：2 是素数．
(2) $p \wedge q$，其中，p：$2|6$，q：$3|6$．
(3) $p \wedge \neg q$，其中，p：$2|8$，q：$6|8$．
(4) $p \wedge q$，其中，p：5 是奇数，q：6 是偶数．
(5) p：2 与 3 的最小公倍数是 6．
(6) p：王丽和王娟是亲姐妹．

本例说明合取联结词在应用中叙述方法的灵活性．同时注意"与"及"和"联结的是两个句子，还是一个句子的某个成分．在(5)和(6)中"和"与"与"联结的是主语成分，因而它们都是简单命题．

定义 2.3 设 p, q 为两命题，复合命题"p 或 q"称作 p 与 q 的**析取式**，记作 $p \vee q$，$\vee$ 称作**析取联结词**．并规定 $p \vee q$ 为假当且仅当 p 与 q 同时为假．

$p \vee q$ 的逻辑关系是 p 与 q 中至少一个成立，因而只有 p 与 q 同时为假时，$p \vee q$ 才为假，其他情况下，$p \vee q$ 均为真．

自然语言中的"或"具有二义性，用它联结的命题有时具有相容性，有时具有排斥性，对应的联结词分别称为**相容或**和**排斥或**．当联结的两个命题同时为真时，相容或为真，而排斥或为假．也就是说，只有当联结的两个命题一真一假时，排斥或才为真，上面定义的析取是相容或．

例 2.4 将下面命题符号化．

(1) 王冬梅学过日语或俄语．
(2) 张晓燕生于 1977 年或 1978 年．
(3) 小元元只能拿一个苹果或一个梨．

解 先将简单命题符号化．

(1) 令 p：王冬梅学过日语．
　　　q：王冬梅学过俄语．

因为王冬梅可能只学过日语，也可能只学过俄语，还可能日语、俄语都学过，也还可能这两种语言都没学过．因而(1)中"或"为相容或，故符号化为

$$p \vee q$$

(2) 令 r：张晓燕生于 1977 年．
　　　s：张晓燕生于 1978 年．

由于张晓燕若生于 1977 年，就不能生于 1978 年；同样若她生于 1978 年，就不能生于 1977 年．所以 r, s 不能同为真，当然可以同为假．因而(2)中"或"为排斥或．但由于 r 与 s 不能同时为真，所以(2)依然可符号化为

$$r \vee s$$

当张晓燕生于 1977 年(此时，r 为真，s 必为假)时，或张晓燕生于 1978 年(此时，r 必为假，s 为真)时，$r \vee s$ 为真．当她既不是生于 1977 年，也不是生于 1978 年(此时，r, s 均为假)时，$r \vee s$ 为假．

(3) 令 t：小元元拿一个苹果．

u：小元元拿一个梨．

不难看出(3)中"或"受"只能"的限制，应为排斥或．但它与(2)中排斥或不同，不同点在于(3)中，t,u 可同时为真，不同于(2)中 r,s 不能同时为真，因而(3)中"或"不能符号化为 $t \vee u$．用联结词 $\neg, \vee, \wedge$ 可达到不使 t,u 同时为真的目的，应符号化为

$$(t \wedge \neg u) \vee (\neg t \wedge u)$$

易知，只 t 为真 u 为假或只 u 为真 t 为假时上面复合命题为真，而 t,u 同真或同假时，上面复合命题为假，这就达到了表示小元元只能拿一种水果的目的．

当然(2)也可以符号化为 $(r \wedge \neg s) \vee (\neg r \wedge s)$．而(1)则不能符号化为 $(p \wedge \neg q) \vee (\neg p \wedge q)$，若如此，就排除了王冬梅同时学过日语和俄语的可能．

定义 2.4 设 p,q 为两命题，复合命题"如果 p，则 q"称作 p 与 q 的**蕴涵式**，记作 $p \rightarrow q$，并称 p 是蕴涵式的**前件**，q 为蕴涵式的**后件**，$\rightarrow$ 称作**蕴涵联结词**．并规定 $p \rightarrow q$ 为假当且仅当 p 为真 q 为假．

$p \rightarrow q$ 的逻辑关系为 q 是 p 的必要条件（p 是 q 的充分条件）．

在使用联结词 $\rightarrow$ 时，要特别注意以下几点：

(1) 在自然语言里，特别是在数学中，q 是 p 的必要条件（p 是 q 的充分条件）有许多不同的叙述方式，例如，"只要 p，就 q"，"因为 p，所以 q"，"p 仅当 q"，"只有 q 才 p"，"除非 q 才 p"，"除非 q，否则非 p"，等等．以上各种叙述方式表面看来有所不同，但都表达的是 q 是 p 的必要条件，因而所用联结词均应符号化为 $\rightarrow$，各种叙述方式都应符号化为 $p \rightarrow q$．

(2) 在自然语言中，"如果 p，则 q"中的前件 p 与后件 q 往往具有某种内在联系，而在数理逻辑中，p 与 q 可以无任何内在联系．

(3) 在数学或其他自然科学中，"如果 p，则 q"往往表达的是前件 p 为真，后件 q 也为真的推理关系．但在数理逻辑中，作为一种规定，当 p 为假时，无论 q 是真是假，$p \rightarrow q$ 均为真，也就是说，只有 p 为真 q 为假这一种情况，使得复合命题 $p \rightarrow q$ 为假．

例 2.5 将下列命题符号化，并指出各复合命题的真值．

(1) 如果 $3+3=6$，则雪是白色的．
(2) 如果 $3+3 \neq 6$，则雪是白色的．
(3) 如果 $3+3=6$，则雪不是白色的．
(4) 如果 $3+3 \neq 6$，则雪不是白色的．

以下命题中出现的 a 是给定的一个正整数．

(5) 只要 a 能被 4 整除，则 a 一定能被 2 整除．
(6) a 能被 4 整除，仅当 a 能被 2 整除．
(7) 除非 a 能被 2 整除，a 才能被 4 整除．
(8) 除非 a 能被 2 整除，否则 a 不能被 4 整除．
(9) 只有 a 能被 2 整除，a 才能被 4 整除．
(10) 只有 a 能被 4 整除，a 才能被 2 整除．

解 令 p：$3+3=6$，p 的真值为 1．

q：雪是白色的，q 的真值也为 1．

(1)～(4)的符号化形式分别为 $p \rightarrow q, \neg p \rightarrow q, p \rightarrow \neg q, \neg p \rightarrow \neg q$．这 4 个复合命题的真值分别为 1,1,0,1．

以上 4 个蕴涵式的前件 p 与后件 q 没有什么内在联系.

  令 r：a 能被 4 整除.

    s：a 能被 2 整除.

仔细分析可知,(5)~(9)这 5 个命题均叙述的是 a 能被 2 整除是 a 能被 4 整除的必要条件,只是在叙述上有所不同,因而都符号化为 $r \to s$. 由于 a 是给定的正整数,因而 r 与 s 的真值是客观存在的,但是我们不知道. 可是 r 与 s 是有内在联系的,当 r 为真(a 能被 4 整除)时,s 必为真(a 能被 2 整除),于是 $r \to s$ 不会出现前件真后件假的情况,因而 $r \to s$ 的真值为 1.

而在(10)中,将 a 能被 4 整除看成了 a 能被 2 整除的必要条件,因而应符号化为 $s \to r$. 由于 a 能被 2 整除不保证 a 一定能被 4 整除,所以当我们不知道给定的 a 为何值时,也不能知道 $s \to r$ 会不会出现前件真后件假的情况,因而也不知道 $s \to r$ 的真值.

定义 2.5 设 p,q 为两命题,复合命题"p 当且仅当 q"称作 p 与 q 的**等价式**,记作 $p \leftrightarrow q$,$\leftrightarrow$ 称作**等价联结词**. 并规定 $p \leftrightarrow q$ 为真当且仅当 p 与 q 同时为真或同时为假.

$p \leftrightarrow q$ 的逻辑关系为 p 与 q 互为充分必要条件.

不难看出 $(p \to q) \wedge (q \to p)$ 与 $p \leftrightarrow q$ 的逻辑关系完全一致,即都表示 p 与 q 互为充分必要条件.

例 2.6 将下列命题符号化,并讨论它们的真值.

(1) 雪是白色的当且仅当法国的首都是里昂.

(2) n 是奇数的必要且充分条件是 n^2 是奇数.

(3) 若两圆 O_1,O_2 的面积相等,则它们的半径相等. 反之,若 O_1,O_2 的半径相等,则它们的面积也相等.

(4) 设角 1 与角 2 是对顶角,则角 1 等于角 2. 反之,若角 1 等于角 2,则它们是对顶角.

解 (1) 令 p：雪是白色的.

    q：法国的首都是里昂.

(1)中命题符号化为 $p \leftrightarrow q$. 由于 p 为真,q 为假,所以 $p \leftrightarrow q$ 为假. 这里,p 与 q 无内在联系.

(2) 令 p：n 是奇数.

    q：n^2 是奇数.

(2)符号化为 $(p \to q) \wedge (q \to p)$ 或 $p \leftrightarrow q$,不难证明 p 与 q 同为真或同为假,因而 $p \leftrightarrow q$ 为真. 这里,p 与 q 有内在联系.

(3) 令 p：O_1 与 O_2 的面积相等.

    q：O_1 与 O_2 的半径相等.

(3)中命题符号化为 $p \leftrightarrow q$. 真值为 1(p 与 q 的真值总相同. p 与 q 有内在联系).

(4) 令 p：角 1 与角 2 是对顶角.

    q：角 1 等于角 2.

(4)符号化为 $(p \to q) \wedge (q \to p)$ 或 $p \leftrightarrow q$. 由于 $p \to q$ 为真,而 $q \to p$ 不一定为真(两相等的角不一定是对顶角),所以 $p \leftrightarrow q$ 为假. p 与 q 有内在联系.

以上定义了 5 种最基本、最常用、最重要的联结词 $\neg, \wedge, \vee, \to, \leftrightarrow$,将它们组成一个集合 $\{\neg, \wedge, \vee, \to, \leftrightarrow\}$,称为一个联结词集. 其中 $\neg$ 为一元联结词,其余的都是二元联结词. 对于这个联结词集需要作以下几点说明.

(1) 由联结词集 {¬, ∧, ∨, →, ↔} 中的一个联结词联结一个或两个原子命题组成的复合命题是最简单的复合命题,可以称它们为基本的复合命题. 为帮助读者记忆,将基本复合命题的取值情况列于表 2.1.

表 2.1

p q	¬p	p∧q	p∨q	p→q	p↔q
0 0	1	0	0	1	1
0 1	1	0	1	1	0
1 0	0	0	1	0	0
1 1	0	1	1	1	1

(2) 多次使用联结词集中的联结词,可以组成更为复杂的复合命题. 求复杂复合命题的真值时,除依据表 2.1 外,还要规定联结词的优先顺序. 将括号也算在内,本书规定的联结词优先顺序为:( ), ¬, ∧, ∨, →, ↔,对于同一优先级的联结词,从左到右顺序执行.

例 2.7 令 p:北京比天津人口多.

q:2+2=4.

r:乌鸦是白色的.

求下列复合命题的真值.

① $((\neg p \wedge q) \vee (p \wedge \neg q)) \rightarrow r$.

② $(q \vee r) \rightarrow (p \rightarrow \neg r)$.

③ $(\neg p \vee r) \leftrightarrow (p \wedge \neg r)$.

解 p, q, r 的真值分别为 1,1,0,容易算出①,②,③的真值分别为 1,1,0.

(3) 从例 2.7 可以看出,今后我们关心的是复合命题中命题之间的真值关系,而不关心命题的内容.

现在,回过头来可以将例 2.2 中的 5 个复合命题完全符号化,它们分别是:$\neg p$, $q \wedge r, q \vee p, s \rightarrow t$ 和 $s \leftrightarrow t$.

2.1.2 命题公式及其分类

2.1.1 节中讨论的是简单命题(原子命题)和复合命题,以及它们的符号化形式. 由于简单命题是命题逻辑中最基本的研究单位,所以也称简单命题为**命题常项**或**命题常元**. 从本节开始对命题进一步抽象,首先称真值可以变化的陈述句为**命题变项**或**命题变元**. 也用 p, $q, r, \cdots$ 表示命题变项,当 $p, q, r, \cdots$ 表示命题变项时,它们就成了取值 0 或 1 的变项,因而命题变项已不是命题. 这样一来,$p, q, r, \cdots$ 既可以表示命题常项,又可以表示命题变项,这就需要由上下文确定它们表示的是常项还是变项了.

将命题变项用联结词和圆括号按一定的逻辑关系联结起来的符号串称为**合式公式**或**命题公式**. 当使用联结词集 {¬, ∧, ∨, →, ↔} 中的联结词时,合式公式递归定义如下.

定义 2.6 (1) 单个命题变项和命题常项是合式公式,并称为原子命题公式.

(2) 若 A 是合式公式,则 $(\neg A)$ 也是合式公式.

(3) 若 A, B 是合式公式,则 $(A \wedge B), (A \vee B), (A \rightarrow B), (A \leftrightarrow B)$ 也是合式公式.

(4) 只有有限次地应用(1)~(3)形成的符号串才是合式公式.

合式公式也称为命题公式或命题形式,并简称为**公式**.

对于定义 2.6,要作以下说明.

(1) 定义中引进了 A,B 等符号,用它们表示任意的合式公式,而不是某个具体的公式,这与 $p,p\wedge q,(p\wedge q)\rightarrow r$ 等具体的公式是有所不同的. 前者 A,B 等符号被称作**元语言符号**,后者被称作**对象语言符号**. 在这里,所谓对象语言是指用来描述研究对象的语言,而元语言是指用来描述对象语言的语言,这两种语言是不同层次的语言. 例如,中国人学习英语时,英语为对象语言,而用来学习英语的汉语自然就成了元语言了. 在下文的讨论中还要不断地引进元语言符号,用来描述数理逻辑中的公式、论述或推理等.

(2) 为方便起见,$(\neg A),(A\wedge B)$ 等公式单独出现时,外层括号可以省去,写成 $\neg A$,$A\wedge B$ 等. 另外,公式中不影响运算次序的括号可以省去,如公式 $(p\vee q)\vee(\neg r)$ 可以写成 $p\vee q\vee\neg r$.

由定义可知,$(p\rightarrow q)\wedge(q\leftrightarrow r)$,$(p\wedge q)\wedge\neg r$,$p\wedge(q\wedge\neg r)$ 等都是合式公式,而 $pq\rightarrow r$,$(\rightarrow(r\rightarrow q))$ 等不是合式公式.

为了讨论公式的真值变化情况,下面给出公式层次的定义.

定义 2.7 (1) 若公式 A 是单个的命题变项或命题常项,则称 A 为 0 层公式.

(2) 称 A 是 $n+1(n\geqslant 0)$ 层公式是指下面情况之一.

① $A=\neg B$,B 是 n 层公式.

② $A=B\wedge C$,其中 B,C 分别为 i 层和 j 层公式,且 $n=\max(i,j)$.

③ $A=B\vee C$,其中 B,C 的层次及 n 同②.

④ $A=B\rightarrow C$,其中 B,C 的层次及 n 同②.

⑤ $A=B\leftrightarrow C$,其中 B,C 的层次及 n 同②.

(3) 若公式 A 的层次为 k,则称 A 是 k 层公式.

上面定义中的 = 为普通意义的等号,在这里它是元语言符号.

易知,$(\neg p\wedge q)\rightarrow r$,$(\neg(p\rightarrow\neg q))\wedge((r\vee s)\leftrightarrow\neg p)$ 分别为 3 层和 4 层公式.

在命题公式中,由于有命题变项的出现,因而真值是不确定的. 当将公式中出现的全部命题变项都解释成具体的命题之后,公式就成了真值确定的命题了. 例如,在公式 $(p\vee q)\rightarrow r$ 中,若将 p 解释成:2 是素数,q 解释成:3 是偶数,r 解释成:$\sqrt{2}$ 是无理数,则 p 与 r 被解释成了真命题,q 被解释成了假命题了,此时公式 $(p\vee q)\rightarrow r$ 被解释成:若 2 是素数或 3 是偶数,则 $\sqrt{2}$ 是无理数. 这是一个真命题. 若 p,q 的解释不变,r 被解释为:$\sqrt{2}$ 是有理数,则 $(p\vee q)\rightarrow r$ 被解释成:若 2 是素数或 3 是偶数,则 $\sqrt{2}$ 是有理数. 这是个假命题. 还可以给出上述公式各种不同的解释,其结果不是得到真命题就是得到假命题. 其实,将命题变项 p 解释成真命题,相当于指定 p 的真值为 1,解释成假命题,相当于指定 p 的真值为 0.

定义 2.8 设 $p_1,p_2,\cdots,p_n$ 是出现在公式 A 中的全部的命题变项,给 $p_1,p_2,\cdots,p_n$ 各指定一个真值,称为对 A 的一个**赋值**或**解释**. 若指定的一组值使 A 的真值为 1,则称这组值为 A 的**成真赋值**,若使 A 的真值为 0,则称这组值为 A 的**成假赋值**.

在本书中,对含 n 个命题变项的公式 A 的赋值情况作如下规定.

(1) 若 A 中出现的命题变项为 $p_1,p_2,\cdots,p_n$,给定 A 的赋值 $\alpha_1\alpha_2\cdots\alpha_n$ 是指 $p_1=\alpha_1$,

$p_2 = \alpha_2, \cdots, p_n = \alpha_n$.

(2) 若 A 中出现的命题变项为 $p, q, r, \cdots$，给定 A 的赋值 $\alpha_1 \alpha_2 \cdots \alpha_n$ 是指 $p = \alpha_1$，$q = \alpha_2, \cdots$，最后字母赋值 α_n.

上述 α_i 取值为 0 或 1，$i = 1, 2, \cdots, n$.

例如，在公式 $(\neg p_1 \wedge \neg p_2 \wedge \neg p_3) \vee (p_1 \wedge p_2)$ 中，$000(p_1 = 0, p_2 = 0, p_3 = 0)$，$110(p_1 = 1, p_2 = 1, p_3 = 0)$ 都是成真赋值，而 $001(p_1 = 0, p_2 = 0, p_3 = 1)$，$011(p_1 = 0, p_2 = 1, p_3 = 1)$ 都是成假赋值。在 $(p \wedge \neg q) \to r$ 中，$011(p = 0, q = 1, r = 1)$ 为成真赋值，$100(p = 1, q = 0, r = 0)$ 为成假赋值.

不难看出，含 $n(n \geq 1)$ 个命题变项的公式共有 2^n 个不同的赋值.

定义 2.9 将命题公式 A 在所有赋值下取值情况列成表，称作 A 的**真值表**.

构造真值表的具体步骤如下：

① 找出公式中所含的全体命题变项 $p_1, p_2, \cdots, p_n$（若无下角标就按字典顺序排列），列出 2^n 个赋值. 本书规定，赋值从 $00 \cdots 0$ 开始，然后按二进制加 1 依次写出各赋值，直到 $11 \cdots 1$ 为止.

② 按从低到高的顺序写出公式的各个层次.

③ 对应各个赋值计算出各层次的真值，直到最后计算出公式的真值.

还必须指出，下文中所谈公式 A 与 B 具有相同的或不同的真值表，是指真值表的最后一列是否相同，而不考虑构造真值表的中间过程.

按照以上步骤，可以构造出任何含 $n(n \geq 1)$ 个命题变项的公式的真值表.

例 2.8 求下列公式的真值表，并求成真赋值和成假赋值.

(1) $(\neg p \wedge q) \to \neg r$.

(2) $(p \wedge \neg p) \leftrightarrow (q \wedge \neg q)$.

(3) $\neg(p \to q) \wedge q \wedge r$.

解 公式(1)是含 3 个命题变项的 3 层合式公式. 它的真值表如表 2.2 所示.

表 2.2

$p\ q\ r$	$\neg p$	$\neg r$	$\neg p \wedge q$	$(\neg p \wedge q) \to \neg r$
0 0 0	1	1	0	1
0 0 1	1	0	0	1
0 1 0	1	1	1	1
0 1 1	1	0	1	0
1 0 0	0	1	0	1
1 0 1	0	0	0	1
1 1 0	0	1	0	1
1 1 1	0	0	0	1

从表 2.2 可知，公式(1)的成假赋值为 011，其余 7 个赋值都是成真赋值.

公式(2)是含 2 个命题变项的 3 层合式公式，它的真值表如表 2.3 所示. 从表 2.3 可以看出，该公式的 4 个赋值全是成真赋值，即无成假赋值.

表 2.3

$p\ q$	$\neg p$	$\neg q$	$p \wedge \neg p$	$q \wedge \neg q$	$(p \wedge \neg p) \leftrightarrow (q \wedge \neg q)$
0 0	1	1	0	0	1
0 1	1	0	0	0	1
1 0	0	1	0	0	1
1 1	0	0	0	0	1

公式(3)是含 3 个命题变项的 4 层合式公式. 它的真值表如表 2.4 所示. 不难看出,该公式的 8 个赋值全是成假赋值,无成真赋值.

表 2.4

$p\ q\ r$	$p \to q$	$\neg(p \to q)$	$\neg(p \to q) \wedge q$	$\neg(p \to q) \wedge q \wedge r$
0 0 0	1	0	0	0
0 0 1	1	0	0	0
0 1 0	1	0	0	0
0 1 1	1	0	0	0
1 0 0	0	1	0	0
1 0 1	0	1	0	0
1 1 0	1	0	0	0
1 1 1	1	0	0	0

表 2.2～表 2.4 都是按构造真值表的步骤一步一步地构造出来的,这样构造真值表不易出错. 如果构造的思路比较清楚,有些层次可以省略.

在例 2.8 中,对于公式(1),仅当将 p 解释成假命题,而将 q,r 都解释成真命题时,复合命题 $(\neg p \wedge q) \to \neg r$ 才是假命题,其余情况下复合命题均为真命题. 对于公式(2),无论对 p,q 赋予怎样的解释,所得复合命题都是真命题. 而对于公式(3)来说,恰恰相反,无论对 p,q,r 怎样解释,所得复合命题都是假命题.

根据公式在各种赋值下的取值情况,可按下述定义将命题公式进行分类.

定义 2.10 设 A 为任一命题公式.

(1) 若 A 在它的各种赋值下取值均为真,则称 A 是**重言式**或**永真式**.

(2) 若 A 在它的各种赋值下取值均为假,则称 A 是**矛盾式**或**永假式**.

(3) 若 A 不是矛盾式,则称 A 是**可满足式**.

从定义不难看出以下几点.

(1) A 是可满足式的等价定义是: A 至少存在一个成真赋值.

(2) 重言式一定是可满足式,但反之不真. 若公式 A 是可满足式,且它至少存在一个成假赋值,则称 A 为非重言式的可满足式.

(3) 真值表可用来判断公式的类型.

① 若真值表最后一列全为 1,则公式为重言式.

② 若真值表最后一列全为 0,则公式为矛盾式.

③ 若真值表最后一列中至少有一个 1,则公式为可满足式.

从表 2.2~表 2.4 可知,例 2.8 中,公式(1)$(\neg p \wedge q) \to \neg r$ 为非重言式的可满足式,公式(2)$(p \wedge \neg p) \leftrightarrow (q \wedge \neg q)$ 为重言式,而公式(3)$\neg(p \to q) \wedge q \wedge r$ 为矛盾式.

从以上讨论可知,真值表不但能准确地给出公式的成真赋值和成假赋值,而且能判断公式的类型.

给定 n 个命题变项,按合式公式的形成规则,自然可以形成无穷多种形式各异的公式. 现在要问这样的问题:这些公式的真值表是否也有无穷多种不同的情况呢?答案是否定的. n 个命题变项共产生 2^n 个不同的赋值,而任何公式在每种赋值下只能取两个值:0 或 1,于是含 n 个命题变项的公式的真值表只有 2^{2^n} 种不同的情况,因此必有无穷多种公式具有相同的真值表.

例 2.9 下列各公式均含两个命题变项 p 与 q,它们中哪些具有相同的真值表?

(1) $p \to q$.

(2) $p \leftrightarrow q$.

(3) $\neg(p \wedge \neg q)$.

(4) $(p \to q) \wedge (q \to p)$.

(5) $\neg q \vee p$.

解 不写构造过程,表 2.5 给出了 5 个公式的真值表. 从表中可看出,(1)和(3)具有相同的真值表,(2)和(4)具有相同的真值表.

表 2.5

p q	$p \to q$	$p \leftrightarrow q$	$\neg(p \wedge \neg q)$	$(p \to q) \wedge (q \to p)$	$\neg q \vee p$
0 0	1	1	1	1	1
0 1	1	0	1	0	0
1 0	0	0	0	0	1
1 1	1	1	1	1	1

设公式 A, B 中共含有命题变项 $p_1, p_2, \cdots, p_n$,而 A 或 B 不全含这些命题变项,比如 A 中不含 $p_i, p_{i+1}, \cdots, p_n, i \geqslant 2$,称这些命题变项为 A 的**哑元**,A 的取值与哑元的取值无关,因而在讨论 A 与 B 是否有相同的真值表时,可以将 A, B 都看成含 $p_1, p_2, \cdots, p_n$ 的命题公式.

例 2.10 下列公式中,哪些具有相同的真值表?

(1) $p \to q$.

(2) $\neg q \vee r$.

(3) $(\neg p \vee q) \wedge ((p \wedge r) \to p)$.

(4) $(q \to r) \wedge (p \to p)$.

解 本例中给出的 4 个公式,共同含有 3 个命题变项,r 是公式(1)中的哑元,p 是公式(2)中的哑元,讨论它们是否有相同的真值表时,均按 3 个命题变项写出它们的真值表. 表 2.6 列出 4 个公式的真值表,中间过程省略了. 从表中看出,(1)与(3)有相同的真值表,(2)与(4)有相同的真值表.

表 2.6

p q r	$p\to q$	$\neg q\vee r$	$(\neg p\vee q)\wedge((p\wedge r)\to p)$	$(q\to r)\wedge(p\to p)$
0 0 0	1	1	1	1
0 0 1	1	1	1	1
0 1 0	1	0	1	0
0 1 1	1	1	1	1
1 0 0	0	1	0	1
1 0 1	0	1	0	1
1 1 0	1	0	1	0
1 1 1	1	1	1	1

2.2 命题逻辑等值演算

2.2.1 等值式与等值演算

设公式 A,B 共同含有 n 个命题变项,可能对 A 或 B 有哑元,若 A 与 B 有相同的真值表,则说明在 2^n 种赋值的每个赋值下, A 与 B 的真值都相同. 于是等价式 $A\leftrightarrow B$ 应为重言式.

定义 2.11 设 A,B 是两个命题公式,若 A,B 构成的等价式 $A\leftrightarrow B$ 为重言式,则称 A 与 B 是等值的,记作 $A\Leftrightarrow B$.

定义中给出的符号 $\Leftrightarrow$ 不是联结词,它是用来说明 A 与 B 等值($A\leftrightarrow B$ 是重言式)的一种记法,因而 $\Leftrightarrow$ 是元语言符号. 此记号在下文中频繁出现,千万不要将它与 $\leftrightarrow$ 混为一谈,同时也要注意它与一般等号(=)的区别.

下面讨论判断两个公式 A 与 B 是否等值的方法,其中最直接的方法是用真值表法判断 $A\leftrightarrow B$ 是否为重言式.

例 2.11 判断两个公式是否等值:$\neg(p\vee q)$ 与 $\neg p\wedge\neg q$.

解 用真值表法判断 $\neg(p\vee q)\leftrightarrow(\neg p\wedge\neg q)$ 是否为重言式. 此等价式的真值表如表 2.7 所示,从表可知它是重言式,因而 $\neg(p\vee q)$ 与 $\neg p\wedge\neg q$ 等值,即 $\neg(p\vee q)\Leftrightarrow(\neg p\wedge\neg q)$.

表 2.7

p q	$\neg p$	$\neg q$	$p\vee q$	$\neg(p\vee q)$	$\neg p\wedge\neg q$	$\neg(p\vee q)\leftrightarrow(\neg p\wedge\neg q)$
0 0	1	1	0	1	1	1
0 1	1	0	1	0	0	1
1 0	0	1	1	0	0	1
1 1	0	0	1	0	0	1

其实,在用真值表法判断 $A\leftrightarrow B$ 是否为重言式时,真值表的最后一列(即 $A\leftrightarrow B$ 的真值表的最后结果)可以省略. 若 A 与 B 的真值表相同,则 $A\Leftrightarrow B$;否则, $A\nLeftrightarrow B$(用来表示 A 与

B 不等值，⇔ 也是常用的元语言符号）．

例 2.12 判断下列各组公式是否等值．

(1) $p\to(q\to r)$ 与 $(p\wedge q)\to r$．
(2) $(p\to q)\to r$ 与 $(p\wedge q)\to r$．

解 表 2.8 列出了 $p\to(q\to r)$，$(p\wedge q)\to r$，$(p\to q)\to r$ 的真值表，不难看出 $p\to(q\to r)$ 与 $(p\wedge q)\to r$ 等值，即

$$p\to(q\to r)\Leftrightarrow(p\wedge q)\to r$$

而 $(p\to q)\to r$ 与 $(p\wedge q)\to r$ 的真值表不同，因而它们不等值，即

$$(p\to q)\to r \not\Leftrightarrow (p\wedge q)\to r$$

表 2.8

$p\ q\ r$	$p\to(q\to r)$	$(p\wedge q)\to r$	$(p\to q)\to r$
0 0 0	1	1	0
0 0 1	1	1	1
0 1 0	1	1	0
0 1 1	1	1	1
1 0 0	1	1	1
1 0 1	1	1	1
1 1 0	0	0	0
1 1 1	1	1	1

证明两个命题公式等值的另一种方法是等值演算．根据已知的等值式推演出与原命题公式等值的新的命题公式的过程称作**等值演算**．下面给出 24 个重要的等值式，希望读者牢牢记住它们．在下面公式中出现的 A,B,C 仍然是元语言符号，它们代表任意的命题公式．

(1) $\neg\neg A\Leftrightarrow A$． 双重否定律
(2) $A\Leftrightarrow A\vee A$． ⎫
(3) $A\Leftrightarrow A\wedge A$． ⎬ 幂等律
(4) $A\vee B\Leftrightarrow B\vee A$． ⎫
(5) $A\wedge B\Leftrightarrow B\wedge A$． ⎬ 交换律
(6) $(A\vee B)\vee C\Leftrightarrow A\vee(B\vee C)$． ⎫
(7) $(A\wedge B)\wedge C\Leftrightarrow A\wedge(B\wedge C)$． ⎬ 结合律
(8) $A\vee(B\wedge C)\Leftrightarrow(A\vee B)\wedge(A\vee C)$． ⎫
(9) $A\wedge(B\vee C)\Leftrightarrow(A\wedge B)\vee(A\wedge C)$． ⎬ 分配律
(10) $\neg(A\vee B)\Leftrightarrow\neg A\wedge\neg B$． ⎫
(11) $\neg(A\wedge B)\Leftrightarrow\neg A\vee\neg B$． ⎬ 德摩根律
(12) $A\vee(A\wedge B)\Leftrightarrow A$． ⎫
(13) $A\wedge(A\vee B)\Leftrightarrow A$． ⎬ 吸收律
(14) $A\vee 1\Leftrightarrow 1$． ⎫
(15) $A\wedge 0\Leftrightarrow 0$． ⎬ 零律

(16) $A \vee 0 \Leftrightarrow A$.　　　　　　　　　　　　⎫
(17) $A \wedge 1 \Leftrightarrow A$.　　　　　　　　　　　　⎬ 同一律
　　　　　　　　　　　　　　　　　　　　　　⎭
(18) $A \vee \neg A \Leftrightarrow 1$.　　　　　　　　　　　排中律
(19) $A \wedge \neg A \Leftrightarrow 0$.　　　　　　　　　　　矛盾律
(20) $A \rightarrow B \Leftrightarrow \neg A \vee B$.　　　　　　　　　蕴涵等值式
(21) $A \leftrightarrow B \Leftrightarrow (A \rightarrow B) \wedge (B \rightarrow A)$.　　　等价等值式
(22) $A \rightarrow B \Leftrightarrow \neg B \rightarrow \neg A$.　　　　　　假言易位
(23) $A \leftrightarrow B \Leftrightarrow \neg A \leftrightarrow \neg B$.　　　　　　等价否定等值式
(24) $(A \rightarrow B) \wedge (A \rightarrow \neg B) \Leftrightarrow \neg A$.　　　归谬论

上述 24 个等值式都不难用真值表验证,这里略去,请读者自己验证. 在以上给出的 24 个重要等值式中,由于 A, B, C 可以代表任意的公式,因而以上各等值式都是用元语言符号书写的,称这样的等值式为**等值式模式**,每个等值式模式都给出了无穷多个同类型的具体的等值式. 例如,在蕴涵等值式中,取 $A=p, B=q$ 时,得等值式

$$p \rightarrow q \Leftrightarrow \neg p \vee q$$

当取 $A = p \vee q \vee r, B = p \wedge q$ 时,得等值式

$$(p \vee q \vee r) \rightarrow (p \wedge q) \Leftrightarrow \neg(p \vee q \vee r) \vee (p \wedge q)$$

还可以构造蕴涵等值式的其他具体的等值式. 这些具体的等值式被称为原来的等值式模式的**代入实例**.

在等值演算过程中,要不断地使用一条重要的规则,其内容如下.

置换规则　设 $\Phi(A)$ 是含公式 A 的命题公式,$\Phi(B)$ 是用公式 B 置换了 $\Phi(A)$ 中所有的 A 后得到的命题公式,若 $B \Leftrightarrow A$,则 $\Phi(B) \Leftrightarrow \Phi(A)$.

例如,在公式 $(p \rightarrow q) \rightarrow r$ 中,可用 $\neg p \vee q$ 置换其中的 $p \rightarrow q$,由蕴涵等值式可知, $p \rightarrow q \Leftrightarrow \neg p \vee q$,所以,

$$(p \rightarrow q) \rightarrow r \Leftrightarrow (\neg p \vee q) \rightarrow r$$

在这里,使用了置换规则. 如果再一次地用蕴涵等值式及置换规则,又会得到

$$(\neg p \vee q) \rightarrow r \Leftrightarrow \neg(\neg p \vee q) \vee r$$

如果再用德摩根律及置换规则,又会得到

$$\neg(\neg p \vee q) \vee r \Leftrightarrow (p \wedge \neg q) \vee r$$

再用分配律及置换规则,又会得到

$$(p \wedge \neg q) \vee r \Leftrightarrow (p \vee r) \wedge (\neg q \vee r)$$

将以上过程连在一起,得到

　　　$(p \rightarrow q) \rightarrow r$
　　　$\Leftrightarrow (\neg p \vee q) \rightarrow r$　　　　　　　（蕴涵等值式、置换规则）
　　　$\Leftrightarrow \neg(\neg p \vee q) \vee r$　　　　　　（蕴涵等值式、置换规则）
　　　$\Leftrightarrow (p \wedge \neg q) \vee r$　　　　　　　（德摩根律、置换规则）
　　　$\Leftrightarrow (p \vee r) \wedge (\neg q \vee r)$　　　　　（分配律、置换规则）

公式之间的等值关系具有自反性、对称性和传递性,所以上述演算中得到的 5 个公式彼此之间都是等值的. 在演算的每一步都用到了置换规则,因而在以下演算中,置换规则均不标出.

下面用实例说明等值演算的用途.

例 2.13 用等值演算法验证等值式：
$$(p \vee q) \to r \Leftrightarrow (p \to r) \wedge (q \to r)$$

证明 可以从左边开始演算，也可以从右边开始演算. 现在从右边开始演算.

$\quad (p \to r) \wedge (q \to r)$
$\Leftrightarrow (\neg p \vee r) \wedge (\neg q \vee r)$ （蕴涵等值式）
$\Leftrightarrow (\neg p \wedge \neg q) \vee r$ （分配律）
$\Leftrightarrow \neg (p \vee q) \vee r$ （德摩根律）
$\Leftrightarrow (p \vee q) \to r$ （蕴涵等值式）

所以，原等值式成立. 读者也可从左边开始演算验证.

例 2.13 说明，用算值演算法可以验证两个公式等值. 但一般情况下，不能用等值演算法直接验证两个公式不等值.

例 2.14 证明：
$$(p \to q) \to r \not\Leftrightarrow p \to (q \to r)$$

证明 方法一：真值表法. 读者自己证明.

方法二：观察法. 易知，010($p=0, q=1, r=0$) 是 $(p \to q) \to r$ 的成假赋值，而 010($p=0, q=1, r=0$) 是 $p \to (q \to r)$ 的成真赋值，所以原不等值式成立.

方法三：设 $A = (p \to q) \to r, B = p \to (q \to r)$.

先将 A, B 通过等值演算化成容易观察真值的情况，再进行判断.

$\quad A = (p \to q) \to r$
$\Leftrightarrow (\neg p \vee q) \to r$ （蕴涵等值式）
$\Leftrightarrow \neg(\neg p \vee q) \vee r$ （蕴涵等值式）
$\Leftrightarrow (p \wedge \neg q) \vee r$ （德摩根律）

$\quad B = p \to (q \to r)$
$\Leftrightarrow \neg p \vee (\neg q \vee r)$ （蕴涵等值式）
$\Leftrightarrow \neg p \vee \neg q \vee r$ （结合律）

容易观察到，000，010 是 A 的成假赋值，而它们是 B 的成真赋值.

例 2.15 用等值演算法判断下列公式的类型.

(1) $(p \to q) \wedge p \to q$.

(2) $\neg(p \to (p \vee q)) \wedge r$.

(3) $p \wedge (((p \vee q) \wedge \neg p) \to q)$.

解 在以下演算中没有写出所用的基本等值式，请读者自己填上.

(1) $\quad (p \to q) \wedge p \to q$
$\Leftrightarrow (\neg p \vee q) \wedge p \to q$
$\Leftrightarrow \neg((\neg p \vee q) \wedge p) \vee q$
$\Leftrightarrow (\neg(\neg p \vee q) \vee \neg p) \vee q$
$\Leftrightarrow ((p \wedge \neg q) \vee \neg p) \vee q$
$\Leftrightarrow ((p \vee \neg p) \wedge (\neg q \vee \neg p)) \vee q$

$\Leftrightarrow (1 \wedge (\neg q \vee \neg p)) \vee q$

$\Leftrightarrow (\neg q \vee q) \vee \neg p$

$\Leftrightarrow 1 \vee \neg p$

$\Leftrightarrow 1$

最后结果说明(1)中公式是重言式.

(2) $\neg(p \to (p \vee q)) \wedge r$

$\Leftrightarrow \neg(\neg p \vee p \vee q) \wedge r$

$\Leftrightarrow \neg(1 \vee q) \wedge r$

$\Leftrightarrow 0 \wedge r$

$\Leftrightarrow 0$

最后结果说明(2)中公式是矛盾式.

(3) $p \wedge (((p \vee q) \wedge \neg p) \to q)$

$\Leftrightarrow p \wedge (\neg((p \vee q) \wedge \neg p) \vee q)$

$\Leftrightarrow p \wedge (\neg((p \wedge \neg p) \vee (q \wedge \neg p)) \vee q)$

$\Leftrightarrow p \wedge (\neg(0 \vee (q \wedge \neg p)) \vee q)$

$\Leftrightarrow p \wedge (\neg q \vee p \vee q)$

$\Leftrightarrow p \wedge 1$

$\Leftrightarrow p$

最后结果说明(3)中公式不是重言式,00,01 都是成假赋值.并且也不是矛盾式,因为 10,11 都是成真赋值.

等值演算中各步得出的等值式所含命题变项可能不一样多,如(3)中最后一步不含 q,此时将 q 看成它的哑元,考虑赋值时将哑元也算在内,因而赋值的长度为 2,这样,可将(3)中各步的公式都看成含命题变项 p,q 的公式,在写真值表时已经讨论过类似的问题.

2.2.2 联结词完备集

1. 真值函数

定义 2.12   称 $F:\{0,1\}^n \to \{0,1\}$ 为 n 元真值函数.

在这个定义中,F 的自变量为 n 个命题变项,定义域为 $\{0,1\}^n = \{00\cdots0, 00\cdots1, \cdots, 11\cdots1\}$,即所有由 0,1 组成的长为 n 的符号串,值域为 $\{0,1\}$. n 个命题变项共可构成 2^{2^n} 个不同的真值函数. 1 元真值函数共有 4 个,如表 2.9 所示. 2 元真值函数共有 16 个,如表 2.10 所示. 3 元真值函数共有 $2^{2^3}=256$ 个.

表 2.9

p	$F_0^{(1)}$	$F_1^{(1)}$	$F_2^{(1)}$	$F_3^{(1)}$
0	0	0	1	1
1	0	1	0	1

表 2.10

p	q	$F_0^{(2)}$	$F_1^{(2)}$	$F_2^{(2)}$	$F_3^{(2)}$	$F_4^{(2)}$	$F_5^{(2)}$	$F_6^{(2)}$	$F_7^{(2)}$
0	0	0	0	0	0	0	0	0	0
0	1	0	0	0	0	1	1	1	1
1	0	0	0	1	1	0	0	1	1
1	1	0	1	0	1	0	1	0	1

p	q	$F_8^{(2)}$	$F_9^{(2)}$	$F_{10}^{(2)}$	$F_{11}^{(2)}$	$F_{12}^{(2)}$	$F_{13}^{(2)}$	$F_{14}^{(2)}$	$F_{15}^{(2)}$
0	0	1	1	1	1	1	1	1	1
0	1	0	0	0	0	1	1	1	1
1	0	0	0	1	1	0	0	1	1
1	1	0	1	0	1	0	1	0	1

对于每个真值函数,都可找到许多与之等值的命题公式. 以 2 元真值函数为例,所有矛盾式都与 $F_0^{(2)}$ 等值,所有重言式都与 $F_{15}^{(2)}$ 等值,又如 $F_{13}^{(2)} \Leftrightarrow p \rightarrow q \Leftrightarrow (\neg p \vee q) \Leftrightarrow \neg(p \wedge \neg q) \Leftrightarrow (\neg p \wedge \neg q) \vee (\neg p \wedge q) \vee (p \wedge q) \Leftrightarrow \cdots$.

2. 联结词完备集

定义 2.13 设 S 是一个联结词集合,如果任何 $n(n \geqslant 1)$ 元真值函数都可以由仅含 S 中的联结词构成的公式表示,则称 S 是**联结词完备集**.

定理 2.1 $S = \{\neg, \wedge, \vee\}$ 是联结词完备集.

证明 用数学归纳法证明:任意的 n 元真值函数都可以用仅含 $\{\neg, \wedge, \vee\}$ 中联结词的公式表示.

归纳基础:当 $n = 1$ 时,有 4 个 1 元真值函数:$F_0^{(1)} \Leftrightarrow \neg p \wedge p, F_1^{(1)} \Leftrightarrow p, F_2^{(1)} \Leftrightarrow \neg p, F_3^{(1)} \Leftrightarrow \neg p \vee p$,它们都可以用仅含 $\{\neg, \wedge, \vee\}$ 中联结词的公式表示.

归纳步骤:假设任何 $n(n \geqslant 1)$ 元真值函数都可以用仅含 $\{\neg, \wedge, \vee\}$ 中联结词的公式表示,设 G 是任意一个 $n+1$ 元真值函数. 令 $G_0(p_1, p_2, \cdots, p_n) = G(p_1, p_2, \cdots, p_n, 0)$,$G_1(p_1, p_2, \cdots, p_n) = G(p_1, p_2, \cdots, p_n, 1)$. G_0 和 G_1 是两个 n 元真值函数,根据归纳假设,它们都可以用仅含 $\{\neg, \wedge, \vee\}$ 中联结词的公式表示,即存在仅含 $\{\neg, \wedge, \vee\}$ 中联结词的公式 α 和 β,使得 $G_0 \Leftrightarrow \alpha, G_1 \Leftrightarrow \beta$. 于是

$$G(p_1, p_2, \cdots, p_n, p_{n+1}) \Leftrightarrow (\alpha \wedge \neg p_{n+1}) \vee (\beta \wedge p_{n+1})$$

因此,任何 $n+1$ 元真值函数都可以用仅含 $\{\neg, \wedge, \vee\}$ 中联结词的公式表示. 得证 $\{\neg, \wedge, \vee\}$ 是联结词完备集.

推论 以下联结词集都是完备集.

(1) $S_1 = \{\neg, \wedge, \vee, \rightarrow\}$.

(2) $S_2 = \{\neg, \wedge, \vee, \rightarrow, \leftrightarrow\}$.

(3) $S_3 = \{\neg, \wedge\}$.

(4) $S_4 = \{\neg, \vee\}$.

(5) $S_5 = \{\neg, \rightarrow\}$.

证明 (1)和(2)的成立是显然的.

(3) 由于 $S = \{\neg, \wedge, \vee\}$ 是联结词完备集,因而任何真值函数都可以由仅含 S 中的联结词的公式表示. 同时对于任意公式 $A, B, A \vee B \Leftrightarrow \neg \neg (A \vee B) \Leftrightarrow \neg(\neg A \wedge \neg B)$,因而任意

真值函数都可以由仅含 $S_3=\{\neg,\wedge\}$ 中的联结词的公式表示,所以 S_3 是联结词完备集.
类似地可以证明(4)与(5).

现在考虑联结词集 $\{\wedge,\vee\}$ 是不是完备的. 对于 $\{\wedge,\vee\}$ 上的命题公式,若公式中含有常元 0 或 1,总可以用同一律和零律消去 0 和 1,最后得到的等值的公式只有 3 种可能:

(1) 0;

(2) 1;

(3) 不含 0 和 1 的仅含联结词 $\wedge$ 和 $\vee$ 的公式.

前两种显然不与 $F_2^{(1)} \Leftrightarrow \neg p$ 等值. 对于(3),给所有的变元赋值 0,公式的值为 0;给所有的变元赋值 1,公式的值为 1,因此它也不可能与 $F_2^{(1)}$ 等值. 可见, $F_2^{(1)}$ 不能用仅含 $\{\wedge,\vee\}$ 中联结词的公式表示. 所以, $\{\wedge,\vee\}$ 不是联结词完备集. 显然 $\{\wedge\}$ 和 $\{\vee\}$ 也不是联结词完备集.

在实际应用中,必须采用联结词完备集. 可以根据不同的需要选择不同的联结词完备集,甚至专门设计出所需要的联结词完备集. 例如,在计算机硬件设计中用与非门或者用或非门设计逻辑线路,它们对应两个新的联结词——与非联结词和或非联结词.

定义 2.14 设 p,q 为两个命题,复合命题"p 与 q 的否定式"("p 或 q 的否定式")称作 p,q 的**与非式(或非式)**,记作 $p\uparrow q(p\downarrow q)$. 符号 $\uparrow(\downarrow)$ 称作**与非联结词(或非联结词)**. $p\uparrow q$ 为真当且仅当 p 与 q 不同时为真($p\downarrow q$ 为真当且仅当 p 与 q 同时为假).

由定义不难看出,
$$p\uparrow q \Leftrightarrow \neg(p\wedge q), \qquad p\downarrow q \Leftrightarrow \neg(p\vee q)$$

定理 2.2 $\{\uparrow\},\{\downarrow\}$ 都是联结词完备集.

证明 已知 $\{\neg,\wedge\}$ 为联结词完备集,因而只需证明 $\neg$ 和 $\wedge$ 都可以由 $\uparrow$ 表示即可. 而

$\neg p$
$\Leftrightarrow \neg(p \wedge p)$
$\Leftrightarrow p\uparrow p$ (2.1)

$p\wedge q$
$\Leftrightarrow \neg\neg(p\wedge q)$
$\Leftrightarrow \neg(p\uparrow q)$ (定义)
$\Leftrightarrow (p\uparrow q)\uparrow(p\uparrow q)$ (由式(2.1)) (2.2)

得证 $\{\uparrow\}$ 是联结词完备集. 此外

$p\vee q$
$\Leftrightarrow \neg\neg(p\vee q)$
$\Leftrightarrow \neg(\neg p \wedge \neg q)$
$\Leftrightarrow \neg p \uparrow \neg q$ (定义)
$\Leftrightarrow (p\uparrow p)\uparrow(q\uparrow q)$ (由式(2.1)) (2.3)

类似可证 $\{\downarrow\}$ 是联结词完备集.

2.3 范 式

2.3.1 析取范式与合取范式

本节通过等值演算将命题公式等值地化成联结词集 $\{\neg,\wedge,\vee\}$ 中两种规范化的形式,

即主析取范式与主合取范式. 这种规范形式能给出公式的真值表所给出的一切信息.

定义 2.15 命题变项及其否定统称作**文字**. 仅由有限个文字构成的析取式称作**简单析取式**. 仅由有限个文字构成的合取式称作**简单合取式**.

$p,\neg q$ 等为 1 个文字构成的简单析取式,$p\vee\neg p$,$\neg p\vee q$ 等为 2 个文字构成的简单析取式,$\neg p\vee\neg q\vee r$,$p\vee\neg p\vee r$ 等为 3 个文字构成的简单析取式.

$\neg p,q$ 等为 1 个文字构成的简单合取式,$\neg p\wedge p$,$p\wedge\neg q$ 等为 2 个文字构成的简单合取式,$p\wedge q\wedge\neg r$,$\neg p\wedge p\wedge q$ 等为 3 个文字构成的简单合取式.

注意,一个文字既是简单析取式,又是简单合取式. 为方便起见,有时用 $A_1,A_2,\cdots,A_s$ 表示 s 个简单析取式或 s 个简单合取式.

设 A_i 是含 n 个文字的简单析取式,若 A_i 中既含某个命题变项 p_j,又含它的否定式 $\neg p_j$,由交换律、排中律和零律可知,A_i 为重言式. 反之,若 A_i 为重言式,则它必同时含某个命题变项及它的否定式,否则,若将 A_i 中的不带否定号的命题变项都取 0 值,带否定号的命题变项都取 1 值,此赋值为 A_i 的成假赋值,这与 A_i 是重言式相矛盾. 由类似的讨论可知,若 A_i 是含 n 个命题变项的简单合取式,且 A_i 为矛盾式,则 A_i 中必同时含某个命题变项及它的否定式,反之亦然. 由以上讨论可得出下面定理.

定理 2.3 (1) 一个简单析取式是重言式当且仅当它同时含某个命题变项及它的否定式.

(2) 一个简单合取式是矛盾式当且仅当它同时含某个命题变项及它的否定式.

定义 2.16 (1) 由有限个简单合取式构成的析取式称为**析取范式**.

(2) 由有限个简单析取式构成的合取式称为**合取范式**.

(3) 析取范式与合取范式统称为**范式**.

设 $A_i(i=1,2,\cdots,s)$ 为简单合取式,则 $A=A_1\vee A_2\vee\cdots\vee A_s$ 为析取范式. 例如,取 $A_1=p\wedge\neg q,A_2=\neg q\wedge\neg r,A_3=p$,则由 A_1,A_2,A_3 构成的析取范式为
$$A=A_1\vee A_2\vee A_3=(p\wedge\neg q)\vee(\neg q\wedge\neg r)\vee p$$

类似地,设 $A_i(i=1,2,\cdots,s)$ 为简单析取式,则 $A=A_1\wedge A_2\wedge\cdots\wedge A_s$ 为合取范式. 例如,取 $A_1=p\vee q\vee r,A_2=\neg p\vee\neg q,A_3=r$,则由 A_1,A_2,A_3 构成的合取范式为
$$A=A_1\wedge A_2\wedge A_3=(p\vee q\vee r)\wedge(\neg p\vee\neg q)\wedge r$$

形如 $\neg p\wedge q\wedge r$ 的公式既是一个简单合取式构成的析取范式,又是由 3 个简单析取式构成的合取范式. 类似地,形如 $p\vee\neg q\vee r$ 的公式既是含 3 个简单合取式的析取范式,又是含一个简单析取式的合取范式.

析取范式和合取范式有由下面定理给出的性质.

定理 2.4 (1) 一个析取范式是矛盾式当且仅当它的每个简单合取式都是矛盾式.

(2) 一个合取范式是重言式当且仅当它的每个简单析取式都是重言式.

任何公式都可以化成等值的析取范式和合取范式. 首先,我们观察到在范式中不出现联结词 $\rightarrow$ 与 $\leftrightarrow$. 由蕴涵等值式与等价等值式可知,

$$\left.\begin{aligned}A\rightarrow B&\Leftrightarrow\neg A\vee B\\ A\leftrightarrow B&\Leftrightarrow(\neg A\vee B)\wedge(A\vee\neg B)\end{aligned}\right\} \quad (2.4)$$

因而在等值的条件下,可消去任何公式中的联结词 $\rightarrow$ 和 $\leftrightarrow$.

其次，在范式中不出现如下形式的公式：
$$\neg\neg A, \neg(A \wedge B), \neg(A \vee B)$$
对其利用双重否定律和德摩根律，可得
$$\left.\begin{array}{c} \neg\neg A \Leftrightarrow A \\ \neg(A \wedge B) \Leftrightarrow \neg A \vee \neg B \\ \neg(A \vee B) \Leftrightarrow \neg A \wedge \neg B \end{array}\right\} \tag{2.5}$$

再次，在析取范式中不出现如下形式的公式：
$$A \wedge (B \vee C)$$
在合取范式中不出现如下形式的公式：
$$A \vee (B \wedge C)$$
利用分配律，可得
$$\left.\begin{array}{c} A \wedge (B \vee C) \Leftrightarrow (A \wedge B) \vee (A \wedge C) \\ A \vee (B \wedge C) \Leftrightarrow (A \vee B) \wedge (A \vee C) \end{array}\right\} \tag{2.6}$$

由式(2.4)~式(2.6)，可将任一公式化成与之等值的析取范式或合取范式. 于是，下面定理是正确的.

定理 2.5（范式存在定理） 任一命题公式都存在与之等值的析取范式与合取范式.

求给定公式范式的步骤如下：
① 消去联结词 $\to, \leftrightarrow$.
② 消去否定号（利用双重否定律）或内移（利用德摩根律）.
③ 利用分配律：利用 $\wedge$ 对 $\vee$ 的分配律求析取范式，$\vee$ 对 $\wedge$ 的分配律求合取范式.

例 2.16 求下面公式的析取范式与合取范式：
$$\neg(p \to q) \vee \neg r$$

解 为了清晰和无误，演算中利用交换律，使得每个简单析取式或简单合取式中命题变项的出现都是按字典顺序，这对下文中求主范式更为重要.

① 首先求析取范式.

$$\begin{aligned} &\quad \neg(p \to q) \vee \neg r \\ &\Leftrightarrow \neg(\neg p \vee q) \vee \neg r \quad &\text{（消去} \to\text{）} \\ &\Leftrightarrow (p \wedge \neg q) \vee \neg r \quad &\text{（否定号内移）} \end{aligned}$$

经过两步演算，就得到了含 2 个简单合取式的析取范式.

② 求合取范式.

$$\begin{aligned} &\quad \neg(p \to q) \vee \neg r \\ &\Leftrightarrow \neg(\neg p \vee q) \vee \neg r \quad &\text{（消去} \to\text{）} \\ &\Leftrightarrow (p \wedge \neg q) \vee \neg r \quad &\text{（否定号内移）} \\ &\Leftrightarrow (p \vee \neg r) \wedge (\neg q \vee \neg r) \quad &\text{（}\vee\text{对}\wedge\text{分配律）} \end{aligned}$$

经过 3 步演算，得到了含 2 个简单析取式的合取范式.

在①与②的演算中，头两步是相同的. 演算中都用到了蕴涵等值式和德摩根律. ②中用到了分配律.

易知，$(p \wedge \neg q) \vee \neg r \vee (q \wedge \neg q)$，$(p \vee \neg r) \wedge (\neg q \vee \neg r) \wedge (r \vee \neg r)$ 等也分别是 $\neg(p \to q) \vee \neg r$ 的析取范式和合取范式，这说明公式的析取范式与合取范式是不唯一的.

2.3.2 节中介绍寻找公式的唯一的范式形式,这就是主析取范式与主合取范式.

2.3.2 主析取范式与主合取范式

1. 概念

定义 2.17 在含有 n 个命题变项的简单合取式(简单析取式)中,若每个命题变项和它的否定式不同时出现,而二者之一必出现且仅出现一次,且第 i 个命题变项或它的否定式出现在从左算起的第 i 位上(若命题变项无角标,就按字典顺序排列),称这样的简单合取式(简单析取式)为**极小项(极大项)**.

由于每个命题变项在极小项中以原形或否定式形式出现且仅出现一次,因而 n 个命题变项共可产生 2^n 个不同的极小项. 其中每个极小项都有且仅有一个成真赋值. 若成真赋值所对应的二进制数转化为十进制数为 i,就将所对应极小项记作 m_i. 类似地,n 个命题变项共可产生 2^n 个不同的极大项,每个极大项只有一个成假赋值,将其对应的十进制数 i 作极大项的角标,记作 M_i.

为了便于记忆,将 p,q 与 p,q,r 形成的极小项与极大项分别列在表 2.11 和表 2.12 中.

表 2.11

极小项			极大项		
公式	成真赋值	名称	公式	成假赋值	名称
$\neg p \wedge \neg q$	0 0	m_0	$p \vee q$	0 0	M_0
$\neg p \wedge q$	0 1	m_1	$p \vee \neg q$	0 1	M_1
$p \wedge \neg q$	1 0	m_2	$\neg p \vee q$	1 0	M_2
$p \wedge q$	1 1	m_3	$\neg p \vee \neg q$	1 1	M_3

表 2.12

极小项			极大项		
公式	成真赋值	名称	公式	成假赋值	名称
$\neg p \wedge \neg q \wedge \neg r$	0 0 0	m_0	$p \vee q \vee r$	0 0 0	M_0
$\neg p \wedge \neg q \wedge r$	0 0 1	m_1	$p \vee q \vee \neg r$	0 0 1	M_1
$\neg p \wedge q \wedge \neg r$	0 1 0	m_2	$p \vee \neg q \vee r$	0 1 0	M_2
$\neg p \wedge q \wedge r$	0 1 1	m_3	$p \vee \neg q \vee \neg r$	0 1 1	M_3
$p \wedge \neg q \wedge \neg r$	1 0 0	m_4	$\neg p \vee q \vee r$	1 0 0	M_4
$p \wedge \neg q \wedge r$	1 0 1	m_5	$\neg p \vee q \vee \neg r$	1 0 1	M_5
$p \wedge q \wedge \neg r$	1 1 0	m_6	$\neg p \vee \neg q \vee r$	1 1 0	M_6
$p \wedge q \wedge r$	1 1 1	m_7	$\neg p \vee \neg q \vee \neg r$	1 1 1	M_7

容易验证极小项与极大项有下面定理中给出的关系.

定理 2.6 设 m_i 与 M_i 是命题变项 $p_1, p_2, \cdots, p_n$ 形成的极小项和极大项,则

$$\neg m_i \Leftrightarrow M_i, \quad \neg M_i \Leftrightarrow m_i$$

定义 2.18 若由 n 个命题变项构成的析取范式(合取范式)中所有的简单合取式(简单析取式)都是极小项(极大项),则称该析取范式(合取范式)为**主析取范式(主合取范式)**.

下面介绍求与给定公式等值的主析取范式和主合取范式的方法.

设所给定公式为含 n 个命题变项的公式 A,求 A 的主析取范式,按下面步骤进行:

① 求 A 的析取范式 $A' = B_1 \vee B_2 \vee \cdots \vee B_s$,其中 B_j 为简单合取式,$j = 1, 2, \cdots, s$.

② 若 A' 中的某简单合取式 B_j 中既不含命题变项 p_i,又不含 $\neg p_i$,则将 B_j 如下展开:
$$B_j \Leftrightarrow B_j \wedge 1 \Leftrightarrow B_j \wedge (p_i \vee \neg p_i)$$
$$\Leftrightarrow (B_j \wedge p_i) \vee (B_j \wedge \neg p_i)$$

继续这一过程,直到 $B_1, B_2, \cdots, B_s$ 都被展成长度为 n 的极小项的析取式为止.

③ 将重复出现的命题变项、矛盾式、重复出现的极小项都按幂等律、同一律等"消去". 即用 p 代替 $p \vee p$,0 代替 $p \wedge \neg p$,m_i 代替 $m_i \vee m_i$.

④ 将极小项按角标从小到大的顺序排列,并可以用 $\sum$ 表示,如 $m_1 \vee m_3 \vee m_5$ 记为 $\sum(1, 3, 5)$,当然也可以不用 $\sum$ 表示.

求 A 的主合取范式的步骤与求主析取范式的步骤类似,简单叙述如下:

① 求 A 的合取范式 $A' = B_1 \wedge B_2 \wedge \cdots \wedge B_r$,其中 B_j 为简单析取式,$j = 1, 2, \cdots, r$.

② 利用 $B_j = B_j \vee 0 \Leftrightarrow B_j \vee (p_i \wedge \neg p_i)$
$$\Leftrightarrow (B_j \vee p_i) \wedge (B_j \vee \neg p_i)$$

将 $B_1, B_2, \cdots, B_r$ 都转化成长度为 n 的极大项的合取式.

③ 将重复出现的命题变项、重言式、重复出现的极大项按幂等律、排中律等"消去".

④ 将极大项按角标从小到大顺序排序,并可以用 $\prod$ 简单表示. 例如,$M_0 \wedge M_3 \wedge M_7$ 可简记为 $\prod(0, 3, 7)$.

定理 2.7 任何命题公式都存在与之等值的主析取范式和主合取范式,并且是唯一的.

证明 上面叙述的求主析取范式和求主合取范式的方法实际上已经证明了主析取范式和主合取范式的存在性. 现在证明主析取范式的唯一性. 注意到公式 A 的主析取范式中的每一个极小项 m_i 的下标 i 的二进制表示是 A 的一个成真赋值. 假设 A 有两个不同的主析取范式 D_1 和 D_2,不妨设 D_1 中包含极小项 m_i,而 D_2 中不包含极小项 m_i. 那么,i 的二进制表示是 D_1 的成真赋值和 D_2 的成假赋值. 这与 D_1 和 D_2 都是 A 的主析取范式矛盾,所以公式 A 只可能有唯一的一个主析取范式. 主合取范式的唯一性可以类似证明,只需把极小项换成极大项,并交换成真赋值与成假赋值.

例 2.17 求例 2.16 中公式 $\neg(p \rightarrow q) \vee \neg r$ 的主析取范式与主合取范式.

解 先求主析取范式.

由例 2.16 已求出该公式的析取范式为

$\quad\quad \neg(p \rightarrow q) \vee \neg r$

$\Leftrightarrow (p \wedge \neg q) \vee \neg r$

其中简单合取式 $p \wedge \neg q$ 与 $\neg r$ 都不是极小项. 按步骤②将它们都化成极小项的析取式:

$\quad\quad (p \wedge \neg q)$

$\Leftrightarrow (p \wedge \neg q) \wedge 1$ (同一律)

$\Leftrightarrow (p \wedge \neg q) \wedge (\neg r \vee r)$ (排中律)

$$\Leftrightarrow (p \wedge \neg q \wedge \neg r) \vee (p \wedge \neg q \wedge r) \quad (\text{分配律})$$

由此可知，$(p \wedge \neg q)$ 派生两个长度为 3（A 中命题变项数）的极小项 m_4 与 m_5.

而

$$\neg r$$
$$\Leftrightarrow 1 \wedge 1 \wedge \neg r \quad (\text{同一律})$$
$$\Leftrightarrow (p \vee \neg p) \wedge (q \vee \neg q) \wedge \neg r \quad (\text{排中律})$$
$$\Leftrightarrow (p \wedge q \wedge \neg r) \vee (p \wedge \neg q \wedge \neg r) \vee (\neg p \wedge q \wedge \neg r) \vee (\neg p \wedge \neg q \wedge \neg r) \quad (\text{分配律})$$
$$\Leftrightarrow m_6 \vee m_4 \vee m_2 \vee m_0$$

于是，按步骤③和④可得

$$\neg (p \rightarrow q) \vee \neg r$$
$$\Leftrightarrow m_4 \vee m_5 \vee m_6 \vee m_4 \vee m_2 \vee m_0$$
$$\Leftrightarrow m_0 \vee m_2 \vee m_4 \vee m_5 \vee m_6$$
$$\Leftrightarrow \sum (0,2,4,5,6)$$

由例 2.16 中②可知，公式的合取范式已求出，即

$$\neg (p \rightarrow q) \vee \neg r$$
$$\Leftrightarrow (p \vee \neg r) \wedge (\neg q \vee \neg r)$$

其中的简单析取式都不是极大项，求主合取范式，应将它们派生成极大项.

$$p \vee \neg r$$
$$\Leftrightarrow p \vee 0 \vee \neg r \quad (\text{同一律})$$
$$\Leftrightarrow p \vee (q \wedge \neg q) \vee \neg r \quad (\text{矛盾律})$$
$$\Leftrightarrow (p \vee q \vee \neg r) \wedge (p \vee \neg q \vee \neg r) \quad (\text{分配律})$$
$$\Leftrightarrow M_1 \wedge M_3$$

$$\neg q \vee \neg r$$
$$\Leftrightarrow 0 \vee \neg q \vee \neg r \quad (\text{同一律})$$
$$\Leftrightarrow (p \wedge \neg p) \vee \neg q \vee \neg r \quad (\text{矛盾律})$$
$$\Leftrightarrow (p \vee \neg q \vee \neg r) \wedge (\neg p \vee \neg q \vee \neg r)$$
$$\Leftrightarrow M_3 \wedge M_7$$

于是，主合取范式为

$$\neg (p \rightarrow q) \vee \neg r$$
$$\Leftrightarrow M_1 \wedge M_3 \wedge M_7 \Leftrightarrow \prod (1,3,7)$$

由上面的计算可以看出，长度为 k（含 k 个文字）的简单合取式派生出主析取范式中的 2^{n-k} 个极小项. 例如，$n=3$ 时，由 q,$(p \wedge \neg r)$ 派生的极小项分别为

$$q \Leftrightarrow (\neg p \wedge q \wedge \neg r) \vee (\neg p \wedge q \wedge r) \vee (p \wedge q \wedge \neg r) \vee (p \wedge q \wedge r)$$
$$\Leftrightarrow m_2 \vee m_3 \vee m_6 \vee m_7$$
$$p \wedge \neg r \Leftrightarrow (p \wedge \neg q \wedge \neg r) \vee (p \wedge q \wedge \neg r)$$
$$\Leftrightarrow m_4 \vee m_6$$

在以上演算中省去了利用同一律、排中律等步骤，这样就能很快地求出主析取范式了. 同样，也能很快地求出主合取范式来.

例 2.18　（1）已知公式 A 含两个命题变项 p,q，且析取范式为 $p \vee \neg q$，求主析取

范式.

(2) 已知公式 B 含两个命题变项 p,q,且合取范式为 $\neg p \wedge q$,求主合取范式.

(3) 已知公式 C 含 3 个命题变项 p,q,r,且析取范式为 $(\neg p \wedge q) \vee (\neg p \wedge \neg q \wedge r) \vee r$,求主析取范式.

(4) 已知公式 D 含 3 个命题变项 p,q,r,且合取范式为 $\neg p \wedge (p \vee q \vee \neg r)$,求主合取范式.

解 用快速方法求解.

(1) $A \Leftrightarrow p \vee \neg q$
$\Leftrightarrow (p \wedge \neg q) \vee (p \wedge q) \vee (\neg p \wedge \neg q) \vee (p \wedge \neg q)$
$\Leftrightarrow m_2 \vee m_3 \vee m_0 \vee m_2$
$\Leftrightarrow m_0 \vee m_2 \vee m_3 \Leftrightarrow \sum(0,2,3)$

(2) $B \Leftrightarrow \neg p \wedge q$
$\Leftrightarrow (\neg p \vee \neg q) \wedge (\neg p \vee q) \wedge (\neg p \vee q) \wedge (p \vee q)$
$\Leftrightarrow M_3 \wedge M_2 \wedge M_2 \wedge M_0$
$\Leftrightarrow M_0 \wedge M_2 \wedge M_3 \Leftrightarrow \prod(0,2,3)$

(3) $C \Leftrightarrow (\neg p \wedge q) \vee (\neg p \wedge \neg q \wedge r) \vee r$
$\Leftrightarrow (\neg p \wedge q \wedge \neg r) \vee (\neg p \wedge q \wedge r) \vee (\neg p \wedge \neg q \wedge r)$
$\vee (\neg p \wedge \neg q \wedge r) \vee (\neg p \wedge q \wedge r) \vee (p \wedge \neg q \wedge r)$
$\vee (p \wedge q \wedge r)$
$\Leftrightarrow m_2 \vee m_3 \vee m_1 \vee m_3 \vee m_5 \vee m_7$
$\Leftrightarrow m_1 \vee m_2 \vee m_3 \vee m_5 \vee m_7 \Leftrightarrow \sum(1,2,3,5,7)$

(4) $D \Leftrightarrow \neg p \wedge (p \vee q \vee \neg r)$
$\Leftrightarrow (\neg p \vee \neg q \vee \neg r) \wedge (\neg p \vee \neg q \vee r) \wedge (\neg p \vee q \vee \neg r)$
$\vee (\neg p \vee q \vee r) (p \vee q \vee \neg r)$
$\Leftrightarrow M_7 \wedge M_6 \wedge M_5 \wedge M_4 \wedge M_1$
$\Leftrightarrow M_1 \wedge M_4 \wedge M_5 \wedge M_6 \wedge M_7 \Leftrightarrow \prod(1,4,5,6,7)$

2. 讨论

下面讨论主析取范式的用途(主合取范式可类似讨论).公式的主析取范式像公式的真值表一样,可以表达出公式以及公式之间关系的一切信息.

1) 求公式的成真与成假赋值

若公式 A 中含 n 个命题变项,A 的主析取范式含 $s (0 \leqslant s \leqslant 2^n)$ 个极小项,则 A 有 s 个成真赋值,它们是所含极小项角标的二进制表示,其余 $2^n - s$ 个赋值都是成假赋值.

例如,在例 2.18 中,A 的成真赋值为 00,10,11,当然成假赋值为 01. C 的成真赋值为 001,010,011,101 和 111,而成假赋值为 000,100 和 110.

2) 判断公式的类型

设公式 A 中含 n 个命题变项,容易看出:

(1) A 为重言式当且仅当 A 的主析取范式含全部 2^n 个极小项.

(2) A 为矛盾式当且仅当 A 的主析取范式不含任何极小项,此时,规定 A 的主析取范式为 0.

(3) A 为可满足式当且仅当 A 的主析取范式中至少含一个极小项.

例 2.19 用公式的主析取范式判断下面公式的类型.

(1) $\neg(p \to q) \wedge q$.

(2) $p \to (p \vee q)$.

(3) $(p \vee q) \to r$.

解 注意,(1)和(2)中公式含两个命题变项,演算中极小项含两个文字,而(3)中公式含 3 个命题变项,因而极小项中应含 3 个文字.

(1) $\neg(p \to q) \wedge q$
$\Leftrightarrow \neg(\neg p \vee q) \wedge q$
$\Leftrightarrow (p \wedge \neg q) \wedge q$
$\Leftrightarrow 0$

这说明(1)中公式是矛盾式.

(2) $p \to (p \vee q)$
$\Leftrightarrow \neg p \vee p \vee q$
$\Leftrightarrow (\neg p \wedge \neg q) \vee (\neg p \wedge q) \vee (p \wedge \neg q) \vee (p \wedge q) \vee (\neg p \wedge q) \vee (p \wedge q)$
$\Leftrightarrow (\neg p \wedge \neg q) \vee (\neg p \wedge q) \vee (p \wedge \neg q) \vee (p \wedge q)$
$\Leftrightarrow m_0 \vee m_1 \vee m_2 \vee m_3$

含两个命题变项的公式的主析取范式含全部(2^2 个)极小项,这说明该公式为重言式.

其实,以上演算到第一步,就已知该公式等值于 1,因而它为重言式,然后根据公式中所含命题变项个数写出全部极小项即可. 即

    $p \to (p \vee q)$
$\Leftrightarrow \neg p \vee p \vee q$
$\Leftrightarrow 1$
$\Leftrightarrow m_0 \vee m_1 \vee m_2 \vee m_3$

(3) $(p \vee q) \to r$
$\Leftrightarrow \neg(p \vee q) \vee r$
$\Leftrightarrow (\neg p \wedge \neg q) \vee r$
$\Leftrightarrow (\neg p \wedge \neg q \wedge \neg r) \vee (\neg p \wedge \neg q \wedge r) \vee (\neg p \wedge q \wedge r)$
$\quad \vee (p \wedge \neg q \wedge r) \vee (p \wedge q \wedge r)$
$\Leftrightarrow m_0 \vee m_1 \vee m_3 \vee m_5 \vee m_7$

易知,该公式是可满足的,但不是重言式,因为它的主析取范式没含全部(8 个)极小项.

3) 判断两个命题公式是否等值

设公式 A,B 共含有 n 个命题变项,按 n 个命题变项求出 A 与 B 的主析取范式 A' 与 B'. 若 $A' = B'$,则 $A \Leftrightarrow B$,否则 $A \not\Leftrightarrow B$.

例 2.20 判断下面两组公式是否等值.

(1) p 与 $(p \wedge q) \vee (p \wedge \neg q)$.

(2) $(p \to q) \to r$ 与 $(p \wedge q) \to r$.

解 (1) 两公式共含两个命题变项,因而极小项含两个文字.

    p
$\Leftrightarrow p \wedge (\neg q \vee q)$

$$\Leftrightarrow (p \wedge \neg q) \vee (p \wedge q)$$
$$\Leftrightarrow m_2 \vee m_3$$

另一公式
$$(p \wedge q) \vee (p \wedge \neg q)$$
$$\Leftrightarrow m_2 \vee m_3$$

所以
$$p \Leftrightarrow (p \wedge q) \vee (p \wedge \neg q)$$

(2) 两公式都含命题变项 p,q,r，因而极小项含 3 个文字. 经过演算可知
$$(p \rightarrow q) \rightarrow r$$
$$\Leftrightarrow m_1 \vee m_3 \vee m_4 \vee m_5 \vee m_7$$
$$(p \wedge q) \rightarrow r$$
$$\Leftrightarrow m_0 \vee m_1 \vee m_2 \vee m_3 \vee m_4 \vee m_5 \vee m_7$$

所以
$$(p \rightarrow q) \rightarrow r \not\Leftrightarrow (p \wedge q) \rightarrow r$$

4) 应用主析取范式分析和解决实际问题

例 2.21 某科研所要从 3 名科研骨干 A,B,C 中挑选 $1 \sim 2$ 名出国进修. 由于工作需要，选派时要满足以下条件：

(1) 若 A 去，则 C 同去.

(2) 若 B 去，则 C 不能去.

(3) 若 C 不去，则 A 或 B 可以去.

问所里应如何选派他们？

解 设 p：派 A 去
q：派 B 去
r：派 C 去

由已知条件可得公式
$$(p \rightarrow r) \wedge (q \rightarrow \neg r) \wedge (\neg r \rightarrow (p \vee q))$$

经过演算可得
$$(p \rightarrow r) \wedge (q \rightarrow \neg r) \wedge (\neg r \rightarrow (p \vee q))$$
$$\Leftrightarrow (\neg p \wedge \neg q \wedge r) \vee (\neg p \wedge q \wedge \neg r) \vee (p \wedge \neg q \wedge r)$$

这是主析取范式，根据它的成真赋值，选派方案有以下 3 种：

(1) $p=0, q=0, r=1$，即 C 去，而 A,B 都不去.

(2) $p=0, q=1, r=0$，即 B 去，而 A,C 都不去.

(3) $p=1, q=0, r=1$，即 A,C 都去，而 B 不去.

下面再举一个命题公式在设计控制电路中的应用. 可以用电子元件物理实现逻辑运算，用这些元件组合成的电路物理实现命题公式，这样的电路称作组合电路. 实现 $\wedge, \vee, \neg$ 的元件分别称为与门、或门、非门. 它们的图形表示如图 2.1 所示. 设计组合电路，首先要根据需要写出输入输出的真值表，然后根据真值表写出逻辑表达式，再按照逻辑表达式画出组合电路. 为了使组合电路尽可能的简单，还需要对表达式进行化简.

例 2.22 楼梯有一盏灯，由上、下 2 个开关控制，要求按动任何一个开关都能打开或

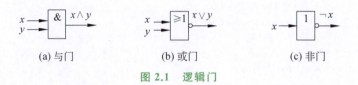

(a) 与门　　　　　　(b) 或门　　　　　　(c) 非门

图 2.1　逻辑门

关闭灯. 试设计一个这样的线路.

解　用 x,y 分别表示这 2 个开关的状态,开关的 2 个状态分别用 1 和 0 表示. 用 F 表示灯的状态,打开为 1,关闭为 0. 不妨设当 2 个开关都为 0 时灯是打开的. 根据题目的要求,开关的状态与灯的状态的关系如表 2.13 所示. 根据它可以写出 F 的主析取范式

$$F = m_0 \wedge m_3 = (\neg x \wedge \neg y) \vee (x \wedge y)$$

根据这个公式,控制楼梯电灯的组合电路如图 2.2 所示.

表 2.13

x	y	$F(x,y)$
0	0	1
0	1	0
1	0	0
1	1	1

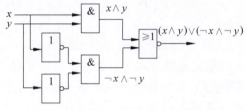

图 2.2　两个开关控制的灯具电路

以上主要讨论了主析取范式的求法与用途,主合取范式的用途和主析取范式的一样. 不再赘述,但还要说明以下几点.

(1) 由公式的主析取范式求主合取范式.

设公式 A 含 n 个命题变项. A 的主析取范式含 $s(0 < s < 2^n)$ 个极小项,即

$$A \Leftrightarrow m_{i_1} \vee m_{i_2} \vee \cdots \vee m_{i_s}, \qquad 0 \leqslant i_j \leqslant 2^n - 1,\ j = 1,2,\cdots,s$$

没出现的极小项为 $m_{j_1}, m_{j_2}, \cdots, m_{j_{2^n - s}}$,它们的角标的二进制表示为 $\neg A$ 的成真赋值,因而 $\neg A$ 的主析取范式为

$$\neg A = m_{j_1} \vee m_{j_2} \vee \cdots \vee m_{j_{2^n - s}}$$

由定理 2.6 可知

$$\begin{aligned} A &\Leftrightarrow \neg \neg A \\ &\Leftrightarrow \neg(m_{j_1} \vee m_{j_2} \vee \cdots \vee m_{j_{2^n-s}}) \\ &\Leftrightarrow \neg m_{j_1} \wedge \neg m_{j_2} \wedge \cdots \wedge \neg m_{j_{2^n-s}} \\ &\Leftrightarrow M_{j_1} \wedge M_{j_2} \wedge \cdots \wedge M_{j_{2^n-s}} \end{aligned}$$

即主析取范式中没有出现的极小项的下标恰好是主合取范式中极大项的下标. 于是,由公式的主析取范式即可求出它的主合取范式.

例 2.23　由公式的主析取范式求主合取范式.

① $A \Leftrightarrow m_1 \vee m_2$ (A 中含两个命题变项 p,q).

② $B \Leftrightarrow m_1 \vee m_2 \vee m_3$ (B 中含命题变项 p,q,r).

解　① 由题可知,没出现在主析取范式中的极小项为 m_0 和 m_3,所以 A 的主合取范式中含两个极大项 M_0 与 M_3,故

$$A \Leftrightarrow M_0 \wedge M_3$$

② B 的主析取范式中没出现的极小项为 m_0, m_4, m_5, m_6, m_7,因而

$$B \Leftrightarrow M_0 \wedge M_4 \wedge M_5 \wedge M_6 \wedge M_7$$

反之,由公式的主合取范式,也可以确定主析取范式.

(2) 重言式与矛盾式的主合取范式.

矛盾式无成真赋值,因而矛盾式的主合取范式含 2^n(n 为公式中命题变项个数)个极大项. 而重言式无成假赋值,因而主合取范式不含任何极大项. 将重言式的主合取范式规定为 1. 至于可满足式,它的主合取范式中极大项的个数一定小于 2^n.

(3) n 个命题变项共可产生 2^n 个极小项(极大项),因而共可产生 2^{2^n} 个不同的主析取范式(主合取范式). 每一个主析取范式(主合取范式)对应无穷多个等值的命题公式.

(4) 真值表和主析取范式(主合取范式)是描述命题公式的两种标准形式. 公式 A 的主析取范式(主合取范式)中的极小项(极大项)的下标的二进制表示恰好是 A 的成真赋值(成假赋值),因而 A 的主析取范式(主合取范式)恰好对应于 A 的真值表. 由公式 A 的主析取范式(主合取范式)可以立刻写出 A 的真值表;反之,由 A 的真值表也可以立刻写出 A 的主析取范式(主合取范式).

2.4 推 理

推理是数理逻辑的重要内容,它是对数学证明以及在各种各样领域中的推理思维的高度抽象.

2.4.1 推理的形式结构

定义 2.19 设 $A_1, A_2, \cdots, A_k, B$ 都是命题公式,若对于 $A_1, A_2, \cdots, A_k, B$ 中出现的命题变项的任意一组赋值,或者 $A_1 \wedge A_2 \wedge \cdots \wedge A_k$ 为假,或者当 $A_1 \wedge A_2 \wedge \cdots \wedge A_k$ 为真时,B 也为真,则称由前提 $A_1, A_2, \cdots, A_k$ 推出 B 的推理是**有效的**或**正确的**,并称 B 是**有效的结论**.

由定义 2.19 容易证明下面定理.

定理 2.8 命题公式 $A_1, A_2, \cdots, A_k$ 推出 B 的推理正确当且仅当蕴涵式

$$(A_1 \wedge A_2 \wedge \cdots \wedge A_k) \to B$$

为重言式.

由定理 2.8 给出下面定义.

定义 2.20 称

$$(A_1 \wedge A_2 \wedge \cdots \wedge A_k) \to B \tag{2.7}$$

为由前提 $A_1, A_2, \cdots, A_k$ 推结论 B 的推理的**形式结构**.

当式(2.7)为重言式(即推理正确)时,记为

$$(A_1 \wedge A_2 \wedge \cdots \wedge A_k) \Rightarrow B \tag{2.8}$$

其中 $\Rightarrow$ 同 $\Leftrightarrow$ 一样是一种元语言符号,用来表示蕴涵式为重言式.

推理的形式结构还有另外的表达方式,比如将前提与结论分开写.

前提:$A_1, A_2, \cdots, A_k$.

结论:B. $\tag{2.9}$

对于实际中给出的推理,应首先将推理中的简单命题符号化,然后写出前提和结论,使其成为式(2.9)的形式. 通过判断推理的形式结构(2.7)是否重言式,就可以确定推理是否有效. 判断(2.7)是否是重言式的方法很多,例如:

(1) 真值表法.

(2) 等值演算法.

(3) 主析取范式法.

(4) 观察法,若能观察出式(2.7)的成假赋值,则断言推理一定不正确.

例 2.24 判断下面推理是否正确.

(1) 若 a 是偶数,则 a 能被 2 整除. a 是偶数. 所以,a 能被 2 整除.

(2) 若 a 是偶数,则 a 能被 2 整除. a 能被 2 整除. 所以,a 是偶数.

(3) 下午马芳或去看电影或去游泳. 她没去看电影. 所以,她去游泳了.

(4) 若下午气温超过 30℃,则王小燕必去游泳. 若她去游泳,她就不去看电影了. 所以,若王小燕没去看电影,下午气温必超过了 30℃.

解 先将简单命题符号化,然后写出前提、结论,即推理形式结构式(2.9)的形式,同时写出形式结构式(2.7)的形式,用式(2.7)的形式判断推理是否正确.

(1) 设

p:a 是偶数.

q:a 能被 2 整除.

前提:$p \to q, p$.

结论:q.

推理的形式结构:

$$(p \to q) \land p \to q \quad (2.10)$$

表 2.14

p	q	$p \to q$	$(p \to q) \land p$	$(p \to q) \land p \to q$
0	0	1	0	1
0	1	1	0	1
1	0	0	0	1
1	1	1	1	1

用真值表法判断此推理. 由表 2.14 可知,式(2.10)是重言式,因而推理正确,式(2.10)可以写成 $(p \to q) \land p \Rightarrow q$.

(2) 设 p, q 的含义同(1).

前提:$p \to q, q$.

结论:p.

推理的形式结构:$(p \to q) \land q \to p$. (2.11)

容易看出,01 是式(2.11)的成假赋值,所以(2)中推理不正确.

(3) 设

p:马芳下午去看电影.

q:马芳下午去游泳.

前提:$p \lor q, \neg p$.

结论:q.

推理的形式结构:$((p \lor q) \land \neg p) \to q$. (2.12)

用等值演算法来判断式(2.12)是否为重言式. 演算过程如下:

$$((p \lor q) \land \neg p) \to q$$
$$\Leftrightarrow \neg((p \lor q) \land \neg p) \lor q$$

$$\Leftrightarrow ((\neg p \wedge \neg q) \vee p) \vee q$$
$$\Leftrightarrow ((\neg p \vee p) \wedge (\neg q \vee p)) \vee q$$
$$\Leftrightarrow \neg q \vee p \vee q$$
$$\Leftrightarrow 1$$

这说明式(2.12)为重言式,所以推理正确.因而可将式(2.12)记为

$$((p \vee q) \wedge \neg p) \Rightarrow q$$

(4) 设

p：下午气温超过 30℃.

q：王小燕去游泳.

r：王小燕去看电影.

前提：$p \rightarrow q, q \rightarrow \neg r$.

结论：$\neg r \rightarrow p$.

推理的形式结构：$((p \rightarrow q) \wedge (q \rightarrow \neg r)) \rightarrow (\neg r \rightarrow p)$. (2.13)

用主析取范式法判断式(2.13)是否为重言式.

$$((p \rightarrow q) \wedge (q \rightarrow \neg r)) \rightarrow (\neg r \rightarrow p)$$
$$\Leftrightarrow \neg ((\neg p \vee q) \wedge (\neg q \vee \neg r)) \vee (r \vee p)$$
$$\Leftrightarrow ((p \wedge \neg q) \vee (q \wedge r)) \vee r \vee p$$
$$\Leftrightarrow p \vee r \qquad\qquad\qquad\qquad\qquad\qquad\qquad\qquad\text{(用两次吸收律)}$$
$$\Leftrightarrow (p \wedge \neg q \wedge \neg r) \vee (p \wedge \neg q \wedge r) \vee (p \wedge q \wedge \neg r) \vee (p \wedge q \wedge r) \vee (\neg p \wedge \neg q \wedge r)$$
$$\quad \vee (\neg p \wedge q \wedge r) \vee (p \wedge \neg q \wedge r) \vee (p \wedge q \wedge r)$$
$$\Leftrightarrow m_1 \vee m_3 \vee m_4 \vee m_5 \vee m_6 \vee m_7 \qquad\qquad\qquad\qquad\text{(重新排序)}$$

可见式(2.13)不是重言式(主析取范式中少两个极小项 m_0, m_2),所以推理不正确.

2.4.2 推理的证明

2.4.1节是从命题公式的真值和命题演算的角度讨论如何判断推理的正确性.在实际应用中,证明推理正确和进行有效推理的基本方法是构造推理的证明,即构造一个从前提到结论的公式序列,序列中的每一个公式都是前提的有效结论.本节介绍如何构造这样的序列.

若蕴涵式 $A \rightarrow B$ 是重言式,即 $A \Rightarrow B$,则以前件 A 为前提,后件 B 为结论的推理是正确的.例如,由 $p \Rightarrow p \vee q$,可知由前提 p 推出结论 $p \vee q$ 是正确的.因为这个缘故,称永真的蕴涵式为**推理定律**.下面给出 9 条常用的推理定律,它们都不难验证.

(1) $A \Rightarrow (A \vee B)$. 　　　　　　　　　　　　　　附加律

(2) $(A \wedge B) \Rightarrow A$. 　　　　　　　　　　　　　　化简律

(3) $(A \rightarrow B) \wedge A \Rightarrow B$. 　　　　　　　　　　假言推理

(4) $(A \rightarrow B) \wedge \neg B \Rightarrow \neg A$. 　　　　　　　　拒取式

(5) $(A \vee B) \wedge \neg B \Rightarrow A$. 　　　　　　　　　　析取三段论

(6) $(A \rightarrow B) \wedge (B \rightarrow C) \Rightarrow (A \rightarrow C)$. 　　　假言三段论

(7) $(A \rightarrow B) \wedge (C \rightarrow D) \wedge (A \vee C) \Rightarrow (B \vee D)$; 　构造性二难

　　$(A \rightarrow B) \wedge (\neg A \rightarrow B) \wedge \Rightarrow B$. 　　　　　构造性二难(特殊形式)

(8) $(A \rightarrow B) \wedge (C \rightarrow D) \wedge (\neg B \vee \neg D) \Rightarrow (\neg A \vee \neg C)$. 　破坏性二难

此外，每一个等值式可以派生出两条推理定律：由 $A\Leftrightarrow B$，可以得到 $A\Rightarrow B$ 和 $B\Rightarrow A$. 也就是说，可以把一个公式换成任何与它等值的公式，称作**等值置换**，简称**置换**. 特别地，可以利用 2.2.1 节中的 24 个等值式进行这种置换.

定义 2.21 设前提 $A_1,A_2,\cdots,A_k$，结论 B，如果一个公式序列的最后是 B 并且序列中的每一个公式或者是某个 $A_i(1\leqslant i\leqslant k)$，或者是前面公式的有效结论，则称这个序列是由前提 $A_1,A_2,\cdots,A_k$ 推出结论 B 的**证明**.

显然，如果存在由前提 $A_1,A_2,\cdots,A_k$ 推出结论 B 的证明，则这个推理是有效的. 实际上，证明的本身就是一个有效推理的过程. 为了构造证明，引入下述推理规则.

(1) 前提引入规则：在证明的每一步都可以引入前提.

(2) 结论引入规则：在证明的每一步都可以引入由前面的公式得到的有效结论.

由前面给出的 8 条推理定律和等值置换，应用结论引入规则可以导出以下各条推理规则.

(3) 置换规则：在证明的每一步可以引入前面公式的等值置换.

(4) 假言推理规则(或称分离规则)：若证明的公式序列中已出现过 $A\to B$ 和 A，则由假言推理定律$((A\to B)\wedge A\Rightarrow B)$可知，$B$ 是 $A\to B$ 和 A 的有效结论，由结论引入规则可知，可将 B 引入到命题序列中来. 用图式表示为如下形式：

$$\begin{array}{c} A\to B \\ A \\ \hline B \end{array}$$

以下各条推理定律直接以图式给出，不再加以说明.

(5) 附加规则：

$$\begin{array}{c} A \\ \hline A\vee B \end{array}$$

(6) 化简规则：

$$\begin{array}{c} A\wedge B \\ \hline A \end{array}$$

(7) 拒取式规则：

$$\begin{array}{c} A\to B \\ \neg B \\ \hline \neg A \end{array}$$

(8) 假言三段论规则：

$$\begin{array}{c} A\to B \\ B\to C \\ \hline A\to C \end{array}$$

(9) 析取三段论规则：

$$\begin{array}{c} A\vee B \\ \neg B \\ \hline A \end{array}$$

(10) 构造性二难推理规则：

$$\frac{\begin{array}{c}A \to B\\C \to D\\A \lor C\end{array}}{B \lor D}$$

(11) 破坏性二难推理规则：

$$\frac{\begin{array}{c}A \to B\\C \to D\\\neg B \lor \neg D\end{array}}{\neg A \lor \neg C}$$

(12) 合取引入规则：

$$\frac{\begin{array}{c}A\\B\end{array}}{A \land B}$$

本条规则说明,若证明的公式序列中已出现 A 和 B,则可将 $A \land B$ 引入序列中. 它显然是合理的.

构造从前提 $A_1, A_2, \cdots, A_k$ 推结论 B 的证明时,推理的形式结构采用式(2.9)的形式.
前提: $A_1, A_2, \cdots, A_k$.
结论: B.
对于正确的推理,人们能从前提出发,严格地按着推理规则构造命题序列,序列的最后一条是结论 B. 还应该指出,对于任意的赋值,若 $A_1, A_2, \cdots, A_k$ 均为真,则构造出的命题序列的每一条也均为真,从而结论 B 为真.

例 2.25 构造下面推理的证明.
(1) 前提: $p \lor q, q \to r, p \to s, \neg s$.
    结论: $r \land (p \lor q)$.
(2) 前提: $\neg p \lor q, r \lor \neg q, r \to s$.
    结论: $p \to s$.

解 (1) 证明:

① $p \to s$ 前提引入
② $\neg s$ 前提引入
③ $\neg p$ ①②拒取式
④ $p \lor q$ 前提引入
⑤ q ③④析取三段论
⑥ $q \to r$ 前提引入
⑦ r ⑤⑥假言推理
⑧ $r \land (p \lor q)$ ⑦④合取

此证明的序列长为 8,最后一步为推理的结论,所以推理正确,$r \land (p \lor q)$ 是有效的结论.

(2) 证明:

① $\neg p \lor q$ 前提引入

② $p \to q$ ①置换
③ $r \vee \neg q$ 前提引入
④ $q \to r$ ③置换
⑤ $p \to r$ ②④假言三段论
⑥ $r \to s$ 前提引入
⑦ $p \to s$ ⑤⑥假言三段论

得证推理正确，$p \to s$ 是有效结论.

例 2.26 构造下面推理的证明.

若数 a 是实数，则它不是有理数就是无理数. 若 a 不能表示成分数，则它不是有理数. a 是实数且它不能表示成分数. 所以，a 是无理数.

解 首先将简单命题符号化.

p：a 是实数.
q：a 是有理数.
r：a 是无理数.
s：a 能表示成分数.

前提：$p \to (q \vee r), \neg s \to \neg q, p \wedge \neg s$.

结论：r.

证明：

① $p \wedge \neg s$ 前提引入
② p ①化简
③ $\neg s$ ①化简
④ $p \to (q \vee r)$ 前提引入
⑤ $q \vee r$ ②④假言推理
⑥ $\neg s \to \neg q$ 前提引入
⑦ $\neg q$ ③⑥假言推理
⑧ r ⑤⑦析取三段论

例 2.27 构造下面推理的证明.

如果王小红努力学习，她一定取得好成绩. 若王小红贪玩或不按时完成作业，她就不能取得好成绩. 所以，如果王小红努力学习，她就不贪玩并且按时完成作业.

解 将简单命题符号化.

p：王小红努力学习.
q：王小红取得好成绩.
r：王小红贪玩.
s：王小红按时完成作业.

前提：$p \to q, (r \vee \neg s) \to \neg q$.

结论：$p \to (\neg r \wedge s)$.

证明：

① $p \to q$ 前提引入
② $(r \vee \neg s) \to \neg q$ 前提引入

③ $q \to \neg(r \lor \neg s)$　　　　　②置换
④ $p \to \neg(r \lor \neg s)$　　　　　①③假言三段论
⑤ $p \to (\neg r \land s)$　　　　　　④置换

下面介绍两种证明方法.

(1) 附加前提证明法.

有时推理的形式结构具有如下形式:

$$(A_1 \land A_2 \land \cdots \land A_k) \to (A \to B) \tag{2.14}$$

式(2.14)中结论也为蕴涵式. 因为

$$(A_1 \land A_2 \land \cdots \land A_k) \to (A \to B)$$
$$\Leftrightarrow \neg(A_1 \land A_2 \land \cdots \land A_k) \lor (\neg A \lor B)$$
$$\Leftrightarrow (\neg(A_1 \land A_2 \land \cdots \land A_k) \lor \neg A) \lor B$$
$$\Leftrightarrow \neg(A_1 \land A_2 \land \cdots \land A_k \land A) \lor B$$
$$\Leftrightarrow (A_1 \land A_2 \land \cdots \land A_k \land A) \to B \tag{2.15}$$

所以可以通过证明推理(2.15)来证明推理(2.14),即当推理的结论为蕴涵式 $A \to B$ 时,把 A 加入推理的前提,把 B 作为推理的结论. 称此证明方法为**附加前提证明法**,并称 A 为**附加前提**.

用附加前提证明法,重新证明例 2.27 中的推理.

证明:

① p　　　　　　　　附加前提引入
② $p \to q$　　　　　　前提引入
③ q　　　　　　　　①②假言推理
④ $(r \lor \neg s) \to \neg q$　　　前提引入
⑤ $\neg(r \lor \neg s)$　　　　　③④拒取式
⑥ $\neg r \land s$　　　　　　⑤置换

(2) 归谬法.

归谬法(反证法)在第 1.3 节中已经介绍过,它是把结论的否定加入前提,而要推出矛盾,即以 0 为结论. 也就是说,把证明推理

$$(A_1 \land A_2 \land \cdots \land A_k) \to B$$

转换成证明推理

$$(A_1 \land A_2 \land \cdots \land A_k \land \neg B) \to 0$$

其理由如下:

$$(A_1 \land A_2 \land \cdots \land A_k) \to B$$
$$\Leftrightarrow \neg(A_1 \land A_2 \land \cdots \land A_k) \lor B$$
$$\Leftrightarrow \neg(A_1 \land A_2 \land \cdots \land A_k \land \neg B)$$
$$\Leftrightarrow \neg(A_1 \land A_2 \land \cdots \land A_k \land \neg B) \lor 0$$
$$\Leftrightarrow (A_1 \land A_2 \land \cdots \land A_k \land \neg B) \to 0$$

例 2.28 构造下面推理的证明.

如果小张守第一垒并且小李向 B 队投球,则 A 队将取胜. 或者 A 队未取胜,或者 A 队成为联赛第一名. A 队没有成为联赛第一名. 小张守第一垒. 因此,小李没向 B 队投球.

解 先将简单命题符号化.
p：小张守第一垒.
q：小李向 B 队投球.
r：A 队取胜.
s：A 队成为联赛第一名.

前提：$(p \wedge q) \to r, \neg r \vee s, \neg s, p$.
结论：$\neg q$.
证明：用归谬法证.

① q　　　　　　　　结论的否定引入
② $\neg r \vee s$　　　　　　前提引入
③ $\neg s$　　　　　　　前提引入
④ $\neg r$　　　　　　　②③析取三段论
⑤ $(p \wedge q) \to r$　　　前提引入
⑥ $\neg (p \wedge q)$　　　　④⑤拒取式
⑦ $\neg p \vee \neg q$　　　　⑥置换
⑧ p　　　　　　　　前提引入
⑨ $\neg q$　　　　　　　⑦⑧析取三段论
⑩ $q \wedge \neg q$　　　　　①⑨合取

所以推理正确. 请读者不用归谬法证明之.

例 2.29 民警侦查一起盗窃案,掌握了下述事实：

(1) 甲或乙偷了一台计算机.
(2) 若甲偷了这台计算机,则作案时间不可能发生在午夜之前.
(3) 若乙说的是真话,则午夜时屋里的灯是亮着的.
(4) 若乙说的是谎话,则作案时间在午夜之前.
(5) 午夜时屋里的灯灭了.

问：是谁偷了这台计算机？

解 设 p：甲偷了这台计算机；
q：乙偷了这台计算机；
r：作案时间发生在午夜前；
s：乙说的是真话；
t：午夜时屋里的灯是亮着的.

根据掌握的事实,有下述前提.
前提：$p \vee q, p \to \neg r, s \to t, \neg s \to r, \neg t$.
推理如下：

① $s \to t$　　　　　　前提引入
② $\neg t$　　　　　　　前提引入
③ $\neg s$　　　　　　　①②拒取式
④ $\neg s \to r$　　　　　前提引入
⑤ r　　　　　　　　③④假言推理

⑥	$p \to \neg r$	前提引入
⑦	$\neg p$	⑤⑥拒取式
⑧	$p \lor q$	前提引入
⑨	q	⑦⑧析取三段论

可以得出结论：乙偷了这台计算机．

2.4.3 归结证明法

2.4.2 节在构造推理证明时使用了很多条推理规则，这不利于在计算机上实现．归结证明法除前提引入规则外，只使用一条归结规则，因而便于在计算机上实现，在人工智能中有广泛的应用．归结证明法又称消解法．

归结规则

显然有

$$(L \lor C_1) \land (\neg L \lor C_2) \Rightarrow C_1 \lor C_2 \tag{2.16}$$

其中，L 是一个变元，C_1 和 C_2 是简单析取式．事实上，只有当 C_1 和 C_2 都为 0 时，右端才为 0，而此时左端也为 0，因此这是一个重言式．称式(2.16)为归结定律．根据归结定律，应用结论引入规则得到如下归结规则：

$$\dfrac{\begin{array}{c} L \lor C_1 \\ \neg L \lor C_2 \end{array}}{C_1 \lor C_2}$$

其中，L 是一个变元，C_1 和 C_2 是简单析取式．特别地，当 C_1 和 C_2 为空简单析取式（即不含任何文字的简单析取式）时，由 L 和 $\neg L$ 推出空简单析取式，而空简单析取式是矛盾式——它没有一个文字的值为 1．也就是说，L 和 $\neg L$ 推出 0．实际上，$\neg L \land L \Leftrightarrow 0$．今后把空简单析取式记作 0．当 C_1 或 C_2 为空简单析取式时也用 0 代替．例如，由 p 和 $\neg p \lor q$ 推出 q，这里 $L=p$，$C_1=0$，$C_2=q$．

应用归结规则由两个含有相同变元（一个含变元，另一个含它的否定式）的简单析取式推出一个新的不含这个变元的简单析取式，对这个新的简单析取式又可以继续应用归结规则．

归结证明法的基本思想是采用归谬法，把结论的否定引入前提．如果推出空简单析取式，即推出 0，则证明推理正确．其证明步骤如下：

(1) 把结论的否定引入前提．

(2) 把所有前提，包括结论的否定在内，化成合取范式，并把得到的合取范式中的所有简单析取式作为前提．

(3) 应用归结规则进行推理．

(4) 如果推出空简单析取式，即推出 0，则证明推理正确．

实际上可以证明，如果推理正确，则一定可以推出空简单析取式．

(1)和(2)是构造推理证明的准备工作．设推理形式为

前提：$A_1, A_2, \cdots, A_k$．

结论：B．

求出 $A_1, A_2, \cdots, A_k$ 和 $\neg B$ 的合取范式，设

$$A_1 \Leftrightarrow C_{11} \wedge C_{12} \wedge \cdots \wedge C_{1n_1}$$
$$A_2 \Leftrightarrow C_{21} \wedge C_{22} \wedge \cdots \wedge C_{2n_2}$$
$$\vdots$$
$$A_k \Leftrightarrow C_{k1} \wedge C_{k2} \wedge \cdots \wedge C_{kn_k}$$
$$\neg B \Leftrightarrow D_1 \wedge D_2 \wedge \cdots \wedge D_m$$

于是，经过(1)和(2)把推理的形式转化为下述等价的形式．

前提：$C_{11}, C_{12}, \cdots, C_{1n_1}, C_{21}, C_{22}, \cdots, C_{2n_2}, \cdots,$
$C_{k1}, C_{k2}, \cdots, C_{kn_k}, D_1, D_2, \cdots, D_m$ (2.17)

结论：0

当然，若在(2.17)的前提中有重复出现的简单析取式，应该删去．

例 2.30 用归结法证明下面推理．

前提：$p \vee q, \neg p \vee r, \neg r \vee s$．

结论：$q \vee s$．

解 先把推理形式改写成式(2.17)的形式，这里前提中的公式都已经是简单析取式，而 $\neg(q \vee s) \Leftrightarrow \neg q \wedge \neg s$．因此有

前提：$p \vee q, \neg p \vee r, \neg r \vee s, \neg q, \neg s$．

结论：0．

证明：① $p \vee q$ 前提引入
    ② $\neg p \vee r$ 前提引入
    ③ $q \vee r$ ①②归结
    ④ $\neg r \vee s$ 前提引入
    ⑤ $q \vee s$ ③④归结
    ⑥ $\neg q$ 前提引入
    ⑦ s ⑤⑥归结
    ⑧ $\neg s$ 前提引入
    ⑨ 0   ⑦⑧归结

注意：在推理中，有些简单析取式是一个文字，如 $\neg q, s$ 与 $\neg s$．用归结规则时，将它们分别看成 $\neg q \vee 0, s \vee 0$ 与 $\neg s \vee 0$．

例 2.31 用归结法构造下面推理的证明．

前提：$p, p \rightarrow q, \neg q \vee r$．

结论：r．

解 先将此推理化成式(2.17)形式．

前提：$p, \neg p \vee q, \neg q \vee r, \neg r$．

结论：0．

证明：① p 前提引入
    ② $\neg p \vee q$ 前提引入
    ③ q ①②归结
    ④ $\neg q \vee r$ 前提引入

⑤ r ③④归结
⑥ $\neg r$ 前提引入
⑦ 0   ⑤⑥归结

例 2.32 用归结法证明下面推理.

前提：$\neg p \vee q \vee r, \neg q, \neg r$.

结论：$\neg p$.

解 先将推理形式改写成下述形式.

前提：$\neg p \vee q \vee r, \neg q, \neg r, p$.

结论：0.

证明：① $\neg p \vee q \vee r$ 前提引入
   ② $\neg q$ 前提引入
   ③ $\neg p \vee r$ ①②归结
   ④ $\neg r$ 前提引入
   ⑤ $\neg p$ ③④归结
   ⑥ p 前提引入
   ⑦ 0   ⑤⑥归结

例 2.33 用归结法证明下面推理.

前提：$p \to r, \neg r \vee q, p$.

结论：q.

解 首先将推理形式化成(2.17)的形式.

前提：$\neg p \vee r, \neg r \vee q, p, \neg q$.

结论：0.

证明：① $\neg p \vee r$ 前提引入
   ② p 前提引入
   ③ r ①②归结
   ④ $\neg r \vee q$ 前提引入
   ⑤ q ③④归结
   ⑥ $\neg q$ 前提引入
   ⑦ 0   ⑤⑥归结

例 2.34 用归结证明法证明下面推理.

前提：$q \to p, q \leftrightarrow s, s \leftrightarrow t, t \wedge r$.

结论：$p \wedge q \wedge s$.

解 先将推理形式化成(2.17)的形式.

前提：$\neg q \vee p, \neg q \vee s, \neg s \vee q, \neg s \vee t, \neg t \vee s, t, r, \neg p \vee \neg q \vee \neg s$.

结论：0.

这里注意，$q \leftrightarrow s \Leftrightarrow (\neg q \vee s) \wedge (\neg s \vee q)$ 有两个简单析取式 $\neg q \vee s$ 和 $\neg s \vee q$. 同样，$s \leftrightarrow t$ 和 $t \wedge r$ 也有两个简单析取式，而 $\neg(p \wedge q \wedge s) \Leftrightarrow \neg p \vee \neg q \vee \neg s$ 是一个简单析取式.

证明：① $\neg t \vee s$ 前提引入
   ② t 前提引入

③ s ①②归结
④ $\neg s \vee q$ 前提引入
⑤ q ③④归结
⑥ $\neg q \vee p$ 前提引入
⑦ p ⑤⑥归结
⑧ $\neg p \vee \neg q \vee \neg s$ 前提引入
⑨ $\neg q \vee \neg s$ ⑦⑧归结
⑩ $\neg s$ ⑤⑨归结
⑪ 0 ③⑩归结

2.4.4 对证明方法的补充说明

现在回过头来用命题逻辑对 1.3 节中介绍的证明方法作进一步说明.

设待证明的命题为 $A \to B$，由于只有当 A 为真、B 为假时，$A \to B$ 为假，故只需证明当 A 为真时 B 为真. 特别地，若证明了 A 为矛盾式，则 $A \to B$ 必为真. 这就是前提假证明法. 若证明了 B 为永真式，则不管 A 如何，$A \to B$ 也必为真. 这就是结论真证明法.

关于间接证明法，因为 $A \to B \Leftrightarrow \neg B \to \neg A$，所以可以通过证明 $\neg B \to \neg A$ 为真来证明 $A \to B$ 为真.

关于归谬法在 2.4.2 节中已作说明.

关于分情况证明法，因为

$$(A_1 \vee A_2 \vee \cdots \vee A_k) \to B$$
$$\Leftrightarrow \neg(A_1 \vee A_2 \vee \cdots \vee A_k) \vee B$$
$$\Leftrightarrow (\neg A_1 \wedge \neg A_2 \wedge \cdots \wedge \neg A_k) \vee B$$
$$\Leftrightarrow (\neg A_1 \vee B) \wedge (\neg A_2 \vee B) \wedge \cdots \wedge (\neg A_k \vee B)$$
$$\Leftrightarrow (A_1 \to B) \wedge (A_2 \to B) \wedge \cdots \wedge (A_k \to B)$$

所以可以用证明所有的 $A_1 \to B, A_2 \to B, \cdots, A_k \to B$ 都为真来证明 $(A_1 \vee A_2 \vee \cdots \vee A_k) \to B$ 为真.

习　题

2.1 下列语句中哪些是命题？在是命题的语句中，哪些是真命题？哪些是假命题？哪些命题的真值现在还不知道？

(1) 2 是素数吗？

(2) 17 只能被 1 和它本身整除.

(3) 请别说话！

(4) $2+3=8$.

(5) 真累呀！

(6) 宇宙间只有地球上有生命.

(7) 大偶数都是两个素数之和.

(8) $x+2=7$.

(9) $3+\sqrt{5}$.

(10) 喜马拉雅山最高.

2.2 写出下列各命题的真值,并指出哪些是简单命题.

(1) 177 乘 255 之积是偶数.

(2) π 与 $\sqrt{5}$ 都是无理数.

(3) 98 与 99 是相邻的自然数.

(4) 长江与黄河是中国两条最长的河.

(5) 若 n 为自然数,则 n 与 $n+1$ 一个是奇数,一个是偶数.

(6) 6 或 9 是偶数.

(7) 6 或 9 是奇数.

2.3 设 p:雪是白色的.

q:纽约是美国的首都.

求下列复合命题的真值.

(1) $\neg p \vee q$.

(2) $p \wedge \neg q$.

(3) $p \rightarrow q$.

(4) $\neg p \leftrightarrow q$.

(5) $(p \wedge q) \rightarrow (p \vee \neg q)$.

2.4 指出下列陈述句中,哪些是相容或?哪些是排斥或?并将它们符号化.

(1) 王大志是黑龙江或吉林人.

(2) 李小川生于 1990 年或 1991 年.

(3) 刘文虎现在在宿舍或在图书馆里.

(4) 4 是偶数或是奇数.

(5) 自然数 n 是偶数,或自然数 m 是奇数.

(6) 张海燕去过美国或加拿大.

(7) 赵元元只能选学英语或只能选学法语.

2.5 将下列陈述句符号化.

(1) 刘丽华聪明用功.

(2) 李秀与张华都是东北人.

(3) 郑小虎一面吃饭,一面看电视.

(4) 2 是偶素数.

(5) 虽然天气很冷,但是人们情绪很高.

(6) 张小强不但能吃苦,而且很能干.

(7) 李梅与李珊是亲姐妹.

(8) 赵志全与张钟山是同乡.

2.6 设 p:王蓉努力学习.

q:王蓉取得好成绩.

将下列陈述句符号化.

(1) 只要王蓉努力学习,她就会取得好成绩.

(2) 王蓉取得好成绩,如果她努力学习.
(3) 只有王蓉努力学习,她才能取得好成绩.
(4) 除非王蓉努力学习,否则她不能取得好成绩.
(5) 假如王蓉不努力学习,她就不能取得好成绩.
(6) 王蓉取得好成绩,仅当她努力学习了.

2.7 将下列命题符号化,并指出各命题的真值.
(1) 若 $2+3=5$,则地球是方的.
(2) 若 $2+3=5$,则法国是欧洲国家.
(3) 若雪是黑色的,则 $\sqrt{5}$ 是有理数.
(4) 若雪是黑色的,则 $\sqrt{5}$ 是无理数.

2.8 将下列命题符号化,并指出它们的真值.
(1) $2>3$ 当且仅当 $5>7$.
(2) $\sqrt{2}+\sqrt{3}=\sqrt{5}$ 的充要条件是 $\sqrt{2} \cdot \sqrt{3}=\sqrt{6}$.
(3) $2+2 \neq 4$ 与 $4+4=8$ 互为充要条件.
(4) 如果 $\sqrt{2}$ 是无理数,则 $\sqrt{3}$ 也是无理数,反之亦然.

2.9 将下列陈述语句符号化,并讨论真值.
(1) 若今天是 1 号,则明天是 2 号.
(2) 只有今天是 1 号,明天才是 2 号.
(3) 今天是 1 号当且仅当明天是 2 号.
(4) 若今天是 1 号,则明天是 3 号.

2.10 设 p:俄罗斯的首都是莫斯科.
   q:$2+5=7$.
   r:日本位于北美洲.
   求下列各复合命题的真值.
(1) $(p \wedge \neg q) \rightarrow r$.
(2) $(p \leftrightarrow q) \leftrightarrow r$.
(3) $(\neg p \vee q \vee r) \wedge \neg r$.
(4) $(p \wedge q \wedge \neg r) \rightarrow (\neg p \vee \neg q \vee r)$.

2.11 当 p,q 的真值为 0,r,s 的真值为 1 时,求下列各公式的真值.
(1) $(p \vee (q \wedge r)) \rightarrow (r \vee s)$.
(2) $(p \leftrightarrow r) \wedge (\neg q \vee s)$.
(3) $(\neg p \wedge \neg q \wedge r) \leftrightarrow (p \wedge q \wedge \neg r)$.
(4) $(\neg p \wedge \neg q \wedge r \wedge s) \vee (p \wedge q \wedge r \wedge s)$.

2.12 用真值表判断下列公式的类型.
(1) $p \rightarrow (p \vee q \vee r)$.
(2) $\neg (\neg q \vee p) \wedge p$.
(3) $(p \rightarrow q) \rightarrow (\neg q \rightarrow \neg p)$.
(4) $(p \wedge r) \leftrightarrow \neg (p \vee q)$.

2.13 设 p,q,r 为任意的个体变项,用真值表验证下列各式.
(1) 结合律：$(p \lor q) \lor r \Leftrightarrow p \lor (q \lor r)$,
$(p \land q) \land r \Leftrightarrow p \land (q \land r)$.
(2) 分配律：$p \lor (q \land r) \Leftrightarrow (p \lor q) \land (p \lor r)$,
$p \land (q \lor r) \Leftrightarrow (p \land q) \lor (p \land r)$

2.14 设 p,q 为任意的个体变项,用真值表验证下列各式.
(1) 吸收律：$p \lor (p \land q) \Leftrightarrow p$, $p \land (p \lor q) \Leftrightarrow p$.
(2) 同一律：$p \lor 0 \Leftrightarrow p$, $p \land 1 \Leftrightarrow p$.
(3) 归谬论：$(p \to q) \land (p \to \neg q) \Leftrightarrow \neg p$.

2.15 用真值表证明下列蕴涵式为重言式.
(1) $(p \to q) \land (q \to r) \to (p \to r)$.
(2) $((p \lor q) \land (p \to r) \land (q \to r)) \to r$.

2.16 用真值表证明下列各式.
(1) $(p \to q) \to r \Leftrightarrow p \to (q \to r)$.
(2) $p \to (q \to r) \Leftrightarrow (p \land q) \to r$.

2.17 设 A,B,C 为任意的命题公式.
(1) 若 $A \lor C \Leftrightarrow B \lor C$, $A \Leftrightarrow B$ 一定为真吗？
(2) 若 $A \land C \Leftrightarrow B \land C$, $A \Leftrightarrow B$ 一定为真吗？
(3) 若 $\neg A \Leftrightarrow \neg B$, $A \Leftrightarrow B$ 一定为真吗？

2.18 用等值演算法证明下列各式为重言式.
(1) $(p \to q) \to (\neg q \to \neg p)$.
(2) $((\neg p \lor q) \land (q \to r)) \to (\neg p \lor r)$.

2.19 用等值演算法证明下列各式为矛盾式.
(1) $\neg(p \to q) \land q \land r$.
(2) $\neg(p \to (p \lor q))$.

2.20 用等值演算法证明下面等值式.
(1) $((p \to q) \land (p \to r)) \Leftrightarrow (p \to (q \land r))$.
(2) $\neg(p \leftrightarrow q) \Leftrightarrow ((p \lor q) \land \neg(p \land q))$.

2.21 将下面公式化成与之等值的并且仅含 $\{\neg, \lor, \land\}$ 中联结词的公式.
(1) $p \to (q \to r)$.
(2) $\neg(p \to q) \lor r$.
(3) $p \leftrightarrow q$.

2.22 将下面公式化成与之等值的并且仅含 $\{\neg, \land\}$ 中联结词的公式.
(1) $(p \land q) \lor \neg r$.
(2) $(p \to q) \to r$.

2.23 将下面公式化成与之等值的并且仅含 $\{\neg, \lor\}$ 中联结词的公式.
(1) $p \land q \land \neg r$.
(2) $\neg p \land \neg(p \land r)$.
(3) $p \leftrightarrow q$.

2.24 将下面公式化成与之等值的并且仅含 $\{\neg, \to\}$ 中联结词的公式.
(1) $p \lor q \lor r$.
(2) $(p \to q) \land \neg r$.

2.25 将下面公式化成与之等值的并且仅含联结词 $\uparrow$ 和仅含联结词 $\downarrow$ 的公式.
(1) $p \to q$.
(2) $\neg p \lor q$.

2.26 用等值演算法求下列公式的主析取范式,并求成真赋值.
(1) $(\neg p \to q) \to (\neg q \lor p)$.
(2) $\neg(\neg p \lor q) \land q$.
(3) $(p \lor (q \land r)) \to (p \lor q \lor r)$.

2.27 求题 2.26 中各小题的主合取范式,并求成假赋值.

2.28 通过求主析取范式,求下列公式的主合取范式.
(1) $(p \land q) \lor r$.
(2) $(p \to q) \land (q \to r)$.

2.29 用真值表求下列公式的主析取范式.
(1) $(p \land q) \lor (\neg p \land r)$.
(2) $(p \to q) \to (p \leftrightarrow \neg q)$.

2.30 用主析取范式判断下列各组公式是否等值.
(1) $p \to (q \to r)$ 与 $q \to (p \to r)$.
(2) $(p \to q) \to r$ 与 $(p \land q) \to r$.

2.31 某公司要从赵、钱、孙、李、周这 5 名新毕业的大学生中选派一些人出国学习,选派必须满足以下条件:
(1) 若赵去,钱也去.
(2) 李、周两人中必有一人去.
(3) 钱、孙两人中去且仅去一人.
(4) 孙、李两人同去或同不去.
(5) 若周去,则赵、钱也同去.
用等值演算法分析该公司如何选派他们出国?

2.32 设 p:王小川是文科生. q:王小川爱看小说. 写出下面各推理的形式结构,并用真值表、主析取范式等方法判断下列各推理是否正确.
(1) 若王小川是文科生,则他爱看小说. 王小川是文科生. 所以他爱看小说.
(2) 若王小川爱看小说,则他是文科生. 王小川是文科生. 所以他爱看小说.
(3) 若王小川爱看小说,则他是文科生. 王小川不是文科生. 所以他不爱看小说.

2.33 有一盏灯由 3 个开关控制,要求按任何一个开关都能使灯由亮变黑或由黑变亮. 试设计控制这盏灯的组合电路,写出它的逻辑表达式.

2.34 (1) 二进制半加器有 2 个输入 x 和 y,2 个输出 s 和 c,其中 x 和 y 是被加数,s 是半和,c 是进位. 试写出 s 和 c 的逻辑表达式.
(2) 二进制全加器有 3 个输入 x,y 和 z,2 个输出 s 和 c,其中 x 和 y 是被加数,z 是前一位的进位,s 是和,c 是进位. 试写出 s 和 c 的逻辑表达式.

2.35 构造下面各推理的证明.
(1) 前提：$\neg p \vee q, q \to r, \neg r$.
结论：$\neg p$.
(2) 前提：$p \to (q \to s), p \vee \neg r, q$.
结论：$r \to s$.
(3) 前提：$p \to q, p \to r$.
结论：$p \to (q \wedge r)$.

2.36 构造下面推理的证明.
小王学过英语或日语. 如果小王学过英语,则他去过英国. 如果他去过英国,他也去过日本. 所以小王学过日语或去过日本.

2.37 构造下面推理的证明.
如果李淑敏是理科生,她一定学微积分,如果她不是文科生,她一定是理科生. 她没学微积分. 所以她是文科生.

2.38 用归谬法证明下面推理.
(1) 前提：$p \to \neg q, \neg r \vee q, r \wedge \neg s$.
结论：$\neg p$.
(2) 前提：$p \vee q, p \to r, q \to s$.
结论：$r \vee s$.

2.39 用归结法证明下面推理.
前提：$\neg p \to q, p \to r, r \to s$.
结论：$q \vee s$.

2.40 用归结法证明下面推理.
前提：$p, \neg p \vee r, \neg r \vee s$.
结论：s.

2.41 用归结法证明下面推理.
前提：$p \to (q \to s), r \to p, q$.
结论：$r \to s$.

2.42 用归结法证明下面推理.
如果周强是上海人,则他是复旦大学或中山大学的学生. 如果他不想离开上海,他就不是中山大学学生. 周强是上海人并且不想离开上海. 所以他是复旦大学学生.

第 3 章　一阶逻辑

3.1　一阶逻辑基本概念

3.1.1　命题逻辑的局限性

在命题逻辑中,命题是最基本的单位,对简单命题不再进行分解,并且不考虑命题之间的内在联系和数量关系.因而命题逻辑具有局限性,甚至无法判断一些简单而常见的推理.

考虑下面的推理:

凡偶数都能被 2 整除.

6 是偶数.

所以,6 能被 2 整除.

这个推理显然是数学中的正确推理,但在命题逻辑中却无法证明它的正确性.因为在命题逻辑中只能将推理中出现的 3 个句子看作简单命题,依次符号化为 p, q, r,将推理的形式结构符号化为

$$(p \wedge q) \to r$$

由于上式不是重言式,所以认为这个推理是错误的.为了克服命题逻辑的局限性,就需要引入个体词、谓词和量词,以期达到表达出个体与总体的内在联系和数量关系,这就是**一阶逻辑**所研究的内容.一阶逻辑也称**一阶谓词逻辑**或**谓词逻辑**.

3.1.2　个体词、谓词与量词

在一阶逻辑中,要求将简单的陈述句(可能是命题,也可能不是命题)细分成主语与谓语,用 $P(x)$ 表示 x 具有性质 P,讨论 $P(x)$ 在什么情况下为真,在什么情况下为假,并且讨论在 x 的指定的取值范围内是否对所有的 x 均为真,或存在 x 使其为真等,在讨论中有 3 个要素是必不可少的,这就是个体词、谓词与量词.有了这 3 个要素的概念之后,就可以讨论一阶逻辑中命题(可含命题变项)符号化的问题了.

1. 个体词

个体词是指所研究对象中可以独立存在的具体的或抽象的客体.例如,小王、小李、中国、$\sqrt{2}$ 和 3 等都可作为个体词.将表示具体或特定的客体的个体词称作**个体常项**,一般用小写英文字母 $a, b, c, \cdots$ 表示,而将表示抽象或泛指的个体词称为**个体变项**,常用 $x, y, z, \cdots$ 表示.并称个体变项的取值范围为**个体域**(或称**论域**).个体域可以是有穷集合,例如,

$\{1,2,3\}$,$\{a,b,c,d\}$,$\{a,b,c,\cdots,x,y,z\}$. 也可以是无穷集合,例如,自然数集合 $\mathbf{N}=\{0,1,2,\cdots\}$,实数集合 $\mathbf{R}=\{x \mid x \text{ 是实数}\}$. 有一个特殊的个体域,它是由宇宙间一切事物组成的,称为**全总个体域**. 本书在论述或推理中如无指明所采用的个体域,都是使用的全总个体域.

例如,在"5 是素数"和"$x > y$"中,5,素数,x,y 都是个体词,其中,5 和素数是个体常项;x 和 y 为个体变项.

2. 谓词

谓词是用来刻画个体词性质及个体词之间相互关系的词. 考虑下面 4 个命题(或命题变项):

(1) $\sqrt{2}$ 是无理数.

(2) x 是有理数.

(3) 小王与小李同岁.

(4) x 与 y 具有关系 L.

在(1)中,$\sqrt{2}$ 是个体常项,"……是无理数"是谓词,记为 F,并用 $F(\sqrt{2})$ 表示(1)中命题. 在(2)中,x 是个体变项,"……是有理数"是谓词,记为 G,用 $G(x)$ 表示(2)中命题. 在(3)中,小王、小李都是个体常项,"……与……同岁"是谓词,记为 H,则(3)中命题符号化形式为 $H(a,b)$,其中,a:小王,b:小李. 在(4)中,x,y 为两个个体变项,"……与……有关系 L"是谓词,符号化为 $L(x,y)$.

同个体词一样,谓词也有常项与变项之分. 表示具体性质或关系的谓词称为**谓词常项**,表示抽象的或泛指的性质或关系的谓词称为**谓词变项**. 无论是谓词常项还是变项都用大写英文字母 $F,G,H,\cdots$ 表示,要根据上下文区分. 在上面 4 个命题中,(1),(2),(3)中谓词 F,G,H 是常项,而(4)中谓词 L 是变项. 一般地,用 $F(a)$ 表示个体常项 a 具有性质 F(F 是谓词常项或谓词变项),用 $F(x)$ 表示个体变项 x 具有性质 F. 而用 $F(a,b)$ 表示个体常项 a,b 具有关系 F,用 $F(x,y)$ 表示个体变项 x,y 具有关系 F. 更一般地,用 $P(x_1,x_2,\cdots,x_n)$ 表示含 $n(n \geq 1)$ 个命题变项 $x_1,x_2,\cdots,x_n$ 的 n 元谓词,$n=1$ 时,$P(x_1)$ 表示 x_1 具有性质 P,$n \geq 2$ 时,$P(x_1,x_2,\cdots,x_n)$ 表示 $x_1,x_2,\cdots,x_n$ 具有关系 P. 实质上,n 元谓词 $P(x_1,x_2,\cdots,x_n)$ 可以看成以个体域为定义域,以 $\{0,1\}$ 为值域的 n 元函数或关系. 它不是命题. 要想使它成为命题,必须用谓词常项取代 F,用个体常项 $a_1,a_2,\cdots,a_n$ 取代 $x_1,x_2,\cdots,x_n$,得 $F(a_1,a_2,\cdots,a_n)$ 是命题,或加量词(见下文).

有时将不带个体变项的谓词称为 **0 元谓词**. 例如,$F(a),G(a,b),P(a_1,a_2,\cdots,a_n)$ 等都是 0 元谓词,当 F,G,P 为谓词常项时,0 元谓词为命题. 这样一来,命题逻辑中的命题均可以表示成 0 元谓词,因而可将命题看成特殊的谓词.

例 3.1 将下列命题在一阶逻辑中用 0 元谓词符号化,并讨论它们的真值.

(1) 只有 2 是素数,4 才是素数.

(2) 如果 5 大于 4,则 4 大于 6.

解 (1) 设 1 元谓词 $F(x)$:x 是素数. a:2,b:4. (1)中命题符号化为 0 元谓词的蕴涵式

$$F(b) \to F(a)$$

由于此蕴涵前件为假,所以(1)中命题为真.

(2) 设 2 元谓词 $G(x,y)$:x 大于 y. a:4,b:5,c:6. $G(b,a),G(a,c)$ 是两个 0 元谓词,

把(2)中命题符号化为
$$G(b,a) \to G(a,c)$$
由于 $G(b,a)$ 为真,而 $G(a,c)$ 为假,所以(2)中命题为假.

3. 量词

有了个体词和谓词的概念之后,对有些命题来说,还是不能准确地符号化,原因是还缺少表示个体常项或变项之间数量关系的词. 表示个体常项或变项之间数量关系的词称为**量词**. 量词有下述两个.

(1) **全称量词**:日常生活和数学中常用的"一切的""所有的""每一个""任意的""凡""都"等词可统称为全称量词,将它们符号化为 $\forall$. 并用 $\forall x, \forall y$ 等表示个体域里的所有个体,而用 $\forall xF(x), \forall yG(y)$ 等分别表示个体域里所有个体都有性质 F 和都有性质 G.

(2) **存在量词**:日常生活和数学中常用的"存在""有一个""有的""至少有一个"等词统称为存在量词,将它们都符号化为 $\exists$. 并用 $\exists x, \exists y$ 等表示个体域里有的个体,而用 $\exists xF(x), \exists yG(y)$ 等分别表示在个体域里存在个体具有性质 F 和存在个体具有性质 G 等.

3.1.3 一阶逻辑命题符号化

本节将用例题说明一阶逻辑中命题符号化的形式,以及注意事项.

例 3.2 在个体域分别限制为(a)和(b)条件时,将下面两个命题符号化.

(1) 凡是人都呼吸.

(2) 有的人用左手写字.

其中,

(a) 个体域 D_1 为人类集合;

(b) 个体域 D_2 为全总个体域.

解 (a) 令 $F(x): x$ 呼吸. $G(x): x$ 用左手写字.

(1) 在 D_1 中除人外,再无别的东西,因而"凡是人都呼吸"应符号化为

$$\forall xF(x) \tag{3.1}$$

(2) 在 D_1 中的有些个体(人)用左手写字,因而"有的人用左手写字"符号化为

$$\exists xG(x) \tag{3.2}$$

(b) D_2 中除有人外,还有万物,因而在(1)和(2)符号化时,必须考虑将人先分离出来. 令 $M(x): x$ 是人. 在 D_2 中,(1)和(2)可分别重述如下:

(1) 对于宇宙间一切事物而言,如果事物是人,则他要呼吸.

(2) 在宇宙间存在着用左手写字的人.

于是(1)和(2)的符号化形式应分别为

$$\forall x(M(x) \to F(x)) \tag{3.3}$$

和

$$\exists x(M(x) \land G(x)) \tag{3.4}$$

其中,$F(x)$ 与 $G(x)$ 的含义同(a)中.

由例 3.2 可知,命题(1)和(2)在不同的个体域 D_1 和 D_2 中符号化的形式不一样,主要区别在于,在使用个体域 D_2 时,要将人与其他事物区别开来,为此引进了谓词 $M(x)$,像这样的谓词称为**特性谓词**. 在命题符号化时一定要正确使用特性谓词.

在个体域 D_1 与 D_2 中,命题(1)与(2)都是真命题(在这里讨论的人是活着的人). 在 D_1 中,式(3.1)与式(3.2)正确地给出了(1)与(2)的符号化形式. 在 D_2 中,式(3.3)与式(3.4)给出的(1)与(2)的符号化形式的正确性可作如下说明. 在式(3.3)中,对于任意的 $x \in D_2$,若 x 代表某个人 a,则因 $M(a)$ 与 $F(a)$ 均为真,因而蕴涵式 $M(a) \to F(a)$ 为真. 而当 x 代表人以外的事物,如某棵树 b,则因 $M(b)$ 为假,所以 $M(b) \to F(b)$ 也为真,因而在式(3.3)中的蕴涵式不会出现前件真后件假的情况,所以式(3.3)正确给出了(1)的符号化形式. 而有些初学者,在 D_2 中常将(1)符号化为下面形式:

$$\forall x(M(x) \wedge F(x)) \tag{3.5}$$

式(3.5)不是(1)的符号化形式,若将它翻译成自然语言,应该是"宇宙间的任何事物都是人并且都呼吸",这显然不是(1)的符号化形式,任何非人的个体 c 代入后,$M(c)$ 为假,所以式(3.5)为假.因而命题(1)不能符号化为式(3.5)的形式. 对于式(3.4),由于存在用左手写字的人,比如前任美国总统克林顿就用左手写字,当用 a 代表克林顿时,$M(a) \wedge G(a)$ 为真,所以式(3.4)为真. 有些人将(2)符号化为下面形式:

$$\exists x(M(x) \to G(x)) \tag{3.6}$$

式(3.6)已不是(2)的符号化形式,将它翻译成自然语言应该为"在宇宙间存在个体,如果此个体为人,则他用左手写字",这显然改变了原命题的含义,因而式(3.6)不能代替式(3.4).

例 3.3 在个体域限制为(a)和(b)条件时,将下列命题符号化.

(1) 对于任意的 x,均有 $x^2 - 3x + 2 = (x-1)(x-2)$.

(2) 存在 x,使得 $x + 5 = 3$.

其中,

(a) 个体域 $D_1 = \mathbf{N}$($\mathbf{N}$ 为自然数集).

(b) 个体域 $D_2 = \mathbf{R}$($\mathbf{R}$ 为实数集).

解 (a) 令 $F(x): x^2 - 3x + 2 = (x-1)(x-2)$,$G(x): x+5=3$. 命题(1)的符号化形式为

$$\forall x F(x) \tag{3.7}$$

命题(2)的符号化形式为

$$\exists x G(x) \tag{3.8}$$

显然(1)为真命题,而(2)为假命题.

(b) 在 D_2 内,(1)与(2)的符号化形式还是式(3.7)和式(3.8),(1)仍然是真命题,而此时(2)也为真命题.

从例 3.2 和例 3.3 可以看出以下两点:

(1) 在不同个体域内,同一个命题的符号化形式可能不同,也可能相同.

(2) 同一个命题,在不同个体域中的真值也可能不同.

另外,作为一种规定,在本书中,讨论命题符号化时,若没有指明个体域,就采用全总个体域,见下例.

例 3.4 将下列命题符号化,并讨论真值.

(1) 所有的人都长着黑头发.

(2) 有的人登上过月球.

(3) 没有人登上过木星.

(4) 在美国留学的学生未必都是亚洲人.

解 由于本题没提出个体域,因而应采用全总个体域,并令 $M(x):x$ 为人.

(1) 令 $F(x):x$ 长着黑头发. 命题(1)符号化为

$$\forall x(M(x) \to F(x)) \tag{3.9}$$

设 a 为某金发姑娘,则 $M(a)$ 为真,而 $F(a)$ 为假,所以 $M(a) \to F(a)$ 为假,故式(3.9)所表示的命题为假.

(2) 令 $G(x):x$ 登上过月球. 命题(2)的符号化形式为

$$\exists x(M(x) \land G(x)) \tag{3.10}$$

设 a 是1969年登上月球完成阿波罗计划的阿姆斯特朗,则 $M(a) \land G(a)$ 为真,所以式(3.10)表示的命题为真.

(3) 令 $H(x):x$ 登上过木星. 命题(3)符号化形式为

$$\neg \exists x(M(x) \land H(x)) \tag{3.11}$$

到目前为止,对于任何一个人(含已经去世的人)都还没有登上过木星,所以对任何人 a,$M(a) \land H(a)$ 均假,因而 $\exists x(M(x) \land H(x))$ 为假,故式(3.11)表示的命题为真.

(4) 令 $F(x):x$ 是在美国留学的学生,$G(x):x$ 是亚洲人. 命题(4)符号化形式为

$$\neg \forall x(F(x) \to G(x)) \tag{3.12}$$

容易讨论,(4)中命题为真.

下面讨论 $n(n \geq 2)$ 元谓词的符号化问题.

例 3.5 将下列命题符号化.

(1) 兔子比乌龟跑得快.

(2) 有的兔子比所有的乌龟跑得快.

(3) 并不是所有的兔子都比乌龟跑得快.

(4) 不存在跑得同样快的两只兔子.

解 因为本题没有指明个体域,因而采用全总个体域. 因为本例中出现2元谓词,因而引入两个个体变项 x 与 y. 令 $F(x):x$ 是兔子,$G(y):y$ 是乌龟,$N(x,y):x \neq y$,$H(x,y):x$ 比 y 跑得快,$L(x,y):x$ 与 y 跑得同样快. 这4个命题分别符号化为

$$\forall x \forall y(F(x) \land G(y) \to H(x,y)) \tag{3.13}$$

$$\exists x(F(x) \land \forall y(G(y) \to H(x,y))) \tag{3.14}$$

$$\neg \forall x \forall y(F(x) \land G(y) \to H(x,y)) \tag{3.15}$$

$$\neg \exists x \exists y(F(x) \land F(y) \land N(x,y) \land L(x,y)) \tag{3.16}$$

对于存在 n 元谓词的命题,在符号化时应该注意以下4点:

(1) 分析命题中表示性质和关系的谓词,分别符号化为1元和 $n(n \geq 2)$ 元谓词.

(2) 根据命题的实际意义选用全称量词或存在量词.

(3) 一般说来,多个量词出现时,它们的顺序不能随意调换. 例如,考虑个体域为实数集,$H(x,y)$ 表示 $x+y=10$,则命题"对于任意的 x,都存在 y,使得 $x+y=10$"的符号化形式为

$$\forall x \exists y H(x,y) \tag{3.17}$$

所给命题显然为真命题. 但如果改变两个量词的顺序,得

$$\exists y \forall x H(x,y) \tag{3.18}$$

它的含义是"存在 y,使得所有的 x,有 $x+y=10$",这显然是假命题.

（4）有些命题的符号化形式可不仅一种. 例如,在例 3.5 中,(3)还可以说成"有的兔子不比有的乌龟跑得快",从而又可以符号化为

$$\exists x \exists y(F(x) \wedge G(y) \wedge \neg H(x,y)) \tag{3.19}$$

(4)还可以说成"任何两只兔子都跑得不一样快",因而又可以符号化为

$$\forall x \forall y(F(x) \wedge F(y) \wedge N(x,y) \rightarrow \neg L(x,y)) \tag{3.20}$$

这样,式(3.15)和式(3.19)都是(3)的符号化形式,式(3.16)与式(3.20)都是(4)的符号化形式,它们都是正确的(3.2.1 小节可以证明式(3.15)和式(3.19)是等值的,式(3.16)和式(3.20)是等值的).

由于引进了个体词、谓词和量词的概念,现在可以将本章开始时讨论的推理在一阶逻辑中符号化为如下形式：

$$\forall x(F(x) \rightarrow G(x)) \wedge F(a) \rightarrow G(a) \tag{3.21}$$

其中,$F(x):x$ 是偶数,$G(x):x$ 能被 2 整除,$a:6$. 由于 $\forall x(F(x) \rightarrow G(x))$ 为真,$F(a) \rightarrow G(a)$ 为真. 又由于 $F(a) \rightarrow G(a)$ 和 $F(a)$ 为真,根据假言推理,得到 $G(a)$ 为真. 这就解决了本章开头提出的推理问题.

3.1.4　一阶逻辑公式与分类

同在命题逻辑中一样,为在一阶逻辑中进行演算和推理,还必须给出一阶逻辑中公式的抽象定义,以及它们的解释和分类. 为此,首先给出**一阶语言**的概念,所谓一阶语言是用于一阶逻辑的形式语言,而一阶逻辑就是建立在一阶语言基础上的逻辑体系,一阶语言本身不具备任何含义,但可以根据需要被解释成具有某种含义. 一阶语言的形式是多种多样的. 本书给出的一阶语言是便于将自然语言中的命题符号化的一阶语言,记它为 $\mathscr{L}$.

定义 3.1　一阶语言 $\mathscr{L}$ 的字母表定义如下：

(1) 个体常项：$a,b,c,\cdots,a_i,b_i,c_i,\cdots,i \geq 1$.
(2) 个体变项：$x,y,z,\cdots,x_i,y_i,z_i,\cdots,i \geq 1$.
(3) 函数符号：$f,g,h,\cdots,f_i,g_i,h_i,\cdots,i \geq 1$.
(4) 谓词符号：$F,G,H,\cdots,F_i,G_i,H_i,\cdots,i \geq 1$.
(5) 量词符号：$\forall,\exists$.
(6) 联结词符号：$\neg,\wedge,\vee,\rightarrow,\leftrightarrow$.
(7) 括号与逗号：(),,.

3.1.3 节式(3.1)～式(3.21)所用符号均为 $\mathscr{L}$ 字母表中的符号.

为方便起见,再给出 $\mathscr{L}$ **项**的概念.

定义 3.2　$\mathscr{L}$ 的项的定义如下：

(1) 个体常项和个体变项是项.
(2) 若 $\varphi(x_1,x_2,\cdots,x_n)$ 是任意的 n 元函数,$t_1,t_2,\cdots,t_n$ 是任意的 n 个项,则 $\varphi(t_1,t_2,\cdots,t_n)$ 是项.
(3) 所有的项都是有限次使用(1),(2)得到的.

定义 3.3　设 $R(x_1,x_2,\cdots,x_n)$ 是 $\mathscr{L}$ 的任意 n 元谓词,$t_1,t_2,\cdots,t_n$ 是 $\mathscr{L}$ 的任意的 n 个

项,则称 $R(t_1,t_2,\cdots,t_n)$ 是 $\mathscr{L}$ 的**原子公式**.

例3.5中的1元谓词 $F(x),G(y)$,2元谓词 $H(x,y),L(x,y)$ 等都是原子公式.

定义 3.4 $\mathscr{L}$ 的**合式公式**定义如下:

(1) 原子公式是合式公式.

(2) 若 A 是合式公式,则 $(\neg A)$ 也是合式公式.

(3) 若 A,B 是合式公式,则 $(A\wedge B),(A\vee B),(A\to B),(A\leftrightarrow B)$ 也是合式公式.

(4) 若 A 是合式公式,则 $\forall xA,\exists xA$ 也是合式公式.

(5) 只有有限次应用(1)~(4)构成的符号串才是合式公式.

合式公式也称为**谓词公式**,简称**公式**.

在定义3.4中出现的字母 A,B 是代表任意公式的元语言符号. 为方便起见,公式 $(\neg A),(A\wedge B),\cdots$ 的最外层括号可以省去,使其变成 $\neg A,A\wedge B,\cdots$. 式(3.1)~式(3.21)都是 $\mathscr{L}$ 中的公式.

因为本书只引进一种一阶语言 $\mathscr{L}$,下文的讨论中都是在 $\mathscr{L}$ 中,因而一般不再提及 $\mathscr{L}$. 另外,下文中出现的 A,B 等符号均指任意的合式公式,简称为公式. 例如,A 可以是 $F(x)$,$G(x)$ 等原子公式,也可以不是原子公式,如 $F(x)\to \forall yG(x,y)$,$\forall x(F(x,y)\wedge G(x,z))$ 等按合式公式形成规则形成的各种公式.

定义 3.5 在公式 $\forall xA$ 和 $\exists xA$ 中,称 x 为**指导变元**,A 为相应量词的**辖域**. 在 $\forall x$ 和 $\exists x$ 的辖域中,x 的所有出现都称为**约束出现**,A 中不是约束出现的其他变项均称为是**自由出现**的.

例 3.6 指出下列各公式中的指导变元,各量词的辖域,自由出现以及约束出现的个体变项.

(1) $\forall x(F(x,y)\to G(x,z))$ (3.22)

(2) $\forall x(F(x)\to G(y))\to \exists y(H(x)\wedge L(x,y,z))$ (3.23)

解 (1) x 是指导变元. 量词 $\forall$ 的辖域 $A=(F(x,y)\to G(x,z))$,在 A 中,x 是约束出现的,而且约束出现两次,y 和 z 均为自由出现的,而且各自由出现一次.

(2) 公式中含两个量词,前件中的量词的指导变元为 x,$\forall x$ 的辖域 $A=(F(x)\to G(y))$,其中 x 是约束出现的,y 是自由出现的. 后件中的量词的指导变元为 y,$\exists y$ 的辖域为 $(H(x)\wedge L(x,y,z))$,其中 y 是约束出现的,x,z 均为自由出现的. 在整个公式中,x 约束出现一次,自由出现两次,y 自由出现一次,约束出现一次,z 只自由出现一次. 注意,在这里前件中的 x 和后件中的 x 是两个不同的变元,如同两个人取同一个名字一样. 同样地,前件中的 y 和后件中的 y 也是两个不同的变元. 也就是说,在不同的辖域内出现的同一个字母代表不同的变元.

本书用 $A(x_1,x_2,\cdots,x_n)$ 表示含 $x_1,x_2,\cdots,x_n$ 为自由出现的公式. 用 Δ 表示量词($\forall$ 或 $\exists$). 在 $\Delta x_iA(x_1,x_2,\cdots,x_{i-1},x_i,x_{i+1},\cdots,x_n)$ 中,x_i 是约束出现的,其余的个体变项都是自由出现的. 而在 $\Delta x_1\Delta x_2\cdots\Delta x_nA(x_1,x_2,\cdots,x_n)$ 中,无自由出现的个体变项.

可将例3.6(1)中公式简记为 $A(y,z)$,这表明(1)中公式含自由出现的个体变项 y,z. 而 $\forall yA(y,z)$ 中只含 z 为自由出现的公式,$\exists z\forall yA(y,z)$ 中已无自由出现的个体变项了,此时的公式为

$$\exists z \forall y \forall x(F(x,y) \to G(x,z)) \tag{3.24}$$

定义 3.6 设 A 是任意的公式，若 A 中不含自由出现的个体变项，则称 A 为**封闭的公式**，简称**闭式**.

易知式(3.1)~式(3.21)以及式(3.24)都是闭式，而式(3.22)和式(3.23)则不是闭式. 要想使含 $r(r \geq 1)$ 个自由出现个体变项的公式变成闭式至少要加上 r 个量词，将式(3.22)加了两个量词就变成了闭式(3.24). 类似地，也可以用加量词的方法将式(3.23)变成闭式.

按定义 3.4 定义的合式公式，一般说来没有确定的含义，一旦将其中的变项(个体变项，项的变项，谓词变项等)用指定的常项代替，所得公式可能具备一定的含义，有时可以变成命题了.

例 3.7 将下面公式

$$\forall x(F(x) \to G(x)) \tag{3.25}$$

中的变项指定成常项，使其成为命题.

解 指定个体变项的变化范围，并指定谓词 F,G 的含义，下面给出两种指定法.

(a) 令个体域 D_1 为全总个体域，$F(x)$ 为 x 是人，$G(x)$ 为 x 是黄种人，则式(3.25)表达的命题为"所有的人都是黄种人"，这是假命题.

(b) 令个体域 D_2 为实数集合 $\mathbf{R}$，$F(x)$ 为 x 是自然数，$G(x)$ 为 x 是整数，则式(3.25)表达的命题为"自然数都是整数"，这是真命题.

还可以给出其他各种不同指定，使式(3.25)表达各种不同形式的命题.

上面指定公式中的个体域以及个体变项、谓词变项等的具体含义称作对它的解释. 一般地，给定一阶语言的解释，在这个解释下解释公式. 定义 3.1 给出了一般性的一阶语言的定义. 定义中的个体常项、函数符号和谓词符号称作**非逻辑符号**，其余的符号称作**逻辑符号**. 就一个具体的应用而言，一阶语言 $\mathscr{L}$ 只涉及某些非逻辑符号. 记它所使用的非逻辑符号集为 L，称 $\mathscr{L}$ 是**非逻辑符号集 L 生成的一阶语言**. 不同的非逻辑符号集生成各种不同的具体的一阶语言，但它们使用相同的逻辑符号和相同的生成规则. 解释是对这种具体的一阶语言而言的，定义如下.

定义 3.7 设 L 是非逻辑符号集，$\mathscr{L}$ 是由 L 生成的一阶语言，$\mathscr{L}$ 的**解释 I** 由下面 4 部分组成：

(a) 非空的个体域 D.

(b) 对每一个个体常项 $a \in L$，有一个 $\bar{a} \in D$，$\bar{a}$ 称作 a 的解释.

(c) 对每一个 n 元函数符号 f，有一个 D 上的 n 元函数 $\bar{f}$，$\bar{f}$ 称作 f 的解释.

(d) 对每一个 n 元谓词符号 F，有一个 D 上的 n 元谓词 $\bar{F}$，$\bar{F}$ 称作 F 的解释.

设 A 是 $\mathscr{L}$ 中的一个公式，把 A 中的每一个个体常项、函数符号和谓词符号替换成它的解释，得到公式 $\bar{A}$，在解释 I 下，称 $\bar{A}$ 是 A 的解释，或称在解释 I 下，A 被解释成 $\bar{A}$.

例 3.8 给定解释 I 如下：

(a) 个体域 $D = \mathbf{N}$($\mathbf{N}$ 为自然数集合，即 $\mathbf{N} = \{0,1,2,\cdots\}$).

(b) $\bar{a} = 0$.

(c) $\bar{f}(x,y) = x+y$，$\bar{g}(x,y) = x \cdot y$.

(d) $\bar{F}(x,y)$ 为 $x = y$.

在 I 下,下列哪些公式为真?哪些为假?哪些的真值还不能确定?
(1) $F(f(x,y),g(x,y))$.
(2) $F(f(x,a),y) \to F(g(x,y),z)$.
(3) $\neg F(g(x,y),g(y,z))$.
(4) $\forall x F(g(x,y),z)$.
(5) $\forall x F(g(x,a),x) \to F(x,y)$.
(6) $\forall x F(g(x,a),x)$.
(7) $\forall x \forall y (F(f(x,a),y) \to F(f(y,a),x))$.
(8) $\forall x \forall y \exists z F(f(x,y),z)$.
(9) $\exists x F(f(x,x),g(x,x))$.

解 (1) 在 I 下,公式被解释成"$x+y=x \cdot y$",这不是命题.
(2) 公式被解释成"$(x+0=y) \to (x \cdot y=z)$",这也不是命题.
(3) 公式被解释成"$x \cdot y \neq y \cdot z$",同样不是命题.
(4) 公式被解释成"$\forall x(x \cdot y=z)$",不是命题.
(5) 公式被解释成"$\forall x(x \cdot 0=x) \to (x=y)$",由于蕴涵式的前件为假,所以被解释成的公式为真.
(6) 公式被解释成"$\forall x(x \cdot 0=x)$",为假命题.
(7) 公式被解释成"$\forall x \forall y((x+0=y) \to (y+0=x))$",为真命题.
(8) 公式被解释成"$\forall x \forall y \exists z(x+y=z)$",这也为真命题.
(9) 公式被解释成"$\exists x(x+x=x \cdot x)$",为真命题.

从例 3.8 可以看出,闭式在给定的解释中都变成了命题(见公式(6)~公式(9)),其实闭式在任何解释下都变成命题.

定理 3.1 封闭的公式在任何解释下都变成命题.

本定理的证明略.

在给定解释 I 后,如果进一步给公式中的每一个自由出现的个体变项指定个体域中的一个元素,则非封闭的公式也变为命题了. 给公式中的每一个自由出现的个体变项指定个体域中的一个元素称作在解释 I 下的**赋值**. 给定解释及赋值,任何公式都变为命题.

例 3.8(续) 给定解释 I 下的赋值 σ:$\sigma(x)=1,\sigma(y)=2,\sigma(z)=3$. 求(1)~(5)中公式的真值.

解 在解释 I 和赋值 σ 下,其结果分别如下:
(1) $1+2=1 \times 2$,这是假命题.
(2) $(1+0=2) \to (1 \times 2=3)$,这是真命题.
(3) $1 \times 2 \neq 2 \times 3$,这是真命题.
(4) $\forall x(2x=3)$,这是假命题.
(5) $\forall x(x \cdot 0=x) \to (1=2)$,这是真命题.

这里需注意,在(4)中 x 是约束出现,对 x 不使用赋值. 在(5)的前件中 x 是约束出现,也不对其使用赋值. 而在后件中,x 是自由出现,应对其使用赋值,把它换成 1. 对于(6)~(9),由于都是闭式,所以与赋值无关.

在一阶逻辑中同在命题逻辑中一样,有的公式在任何解释和任何赋值下均为真,有些公式在任何解释和任何赋值下均为假,而又有些公式既存在成真的解释和赋值,又存在成假的解释和赋值. 下面给出公式类型的定义.

定义 3.8 设 A 为一公式,若 A 在任何解释和任何赋值下均为真,则称 A 为**永真式**(或称**逻辑有效式**). 若 A 在任何解释和任何赋值下均为假,则称 A 为**矛盾式**(或称**永假式**). 若至少存在一个解释和一个赋值使 A 为真,则称 A 是**可满足式**.

从定义可知,永真式一定是可满足式,但可满足式不一定是永真式. 在例 3.8 中,公式 (2),(3),(5),(7),(8),(9) 都是可满足的,因为它们已存在使其成真的解释和赋值,而公式 (1),(4),(6) 绝不是永真式,因为它已存在使其成假的解释和赋值.

在一阶逻辑中,由于公式的复杂性和解释的多样性,公式的可满足性是不可判定的,即不存在一个算法能在有限步内判断任意一个公式是否是可满足的,这与命题逻辑的情况是完全不同的. 下面考虑某些特殊情况.

定义 3.9 设 A_0 是含命题变项 $p_1, p_2, \cdots, p_n$ 的命题公式,$A_1, A_2, \cdots, A_n$ 是 n 个谓词公式,用 A_i 处处代替 A_0 中的 $p_i (1 \leqslant i \leqslant n)$,所得公式 A 称为 A_0 的**代换实例**.

例如,$F(x) \to G(x)$,$\forall x F(x) \to \exists y G(y)$ 是 $p \to q$ 的代换实例,而 $\forall x (F(x) \to G(x))$ 不是 $p \to q$ 的代换实例.

定理 3.2 重言式的代换实例都是永真式,矛盾式的代换实例都是矛盾式.

证明略.

例 3.9 判断下列公式中哪些是永真式,哪些是矛盾式.

(1) $\forall x (F(x) \to G(x))$.
(2) $\exists x (F(x) \land G(x))$.
(3) $\forall x F(x) \to (\exists x \exists y G(x,y) \to \forall x F(x))$.
(4) $\neg (\forall x F(x) \to \exists y G(y)) \land \exists y G(y)$.
(5) $\forall x F(x,y)$.

解 为方便起见,用 A, B, C, D, E 分别记 (1),(2),(3),(4),(5) 中的公式.

(1) 取解释 I_1:个体域为实数集合 $\mathbf{R}$,$\overline{F}(x)$:x 是整数,$\overline{G}(x)$:x 是有理数. 在 I_1 下 A 为真,因而 A 不是矛盾式. 取解释 I_2:个体域仍为 $\mathbf{R}$,$\overline{F}(x)$:x 是无理数,$\overline{G}(x)$:x 能表示成分数. 在 I_2 下 A 为假,所以 A 不是永真式,即 A 是非永真式的可满足式.

(2) 请读者给出 B 的一个成真解释,一个成假解释,从而说明 B 不是永真式,也不是矛盾式,B 是非永真式的可满足式.

(3) 易知 C 是命题公式 $p \to (q \to p)$ 的代换实例,而该命题公式是重言式,所以 C 是永真式.

(4) D 是命题公式 $\neg (p \to q) \land q$ 的代换实例,而该命题公式是矛盾式,所以 D 是矛盾式.

(5) 取解释 I:个体域为自然数集 $\mathbf{N}$,$\overline{F}(x,y)$:$x \geqslant y$. 取赋值 $\sigma_1(y) = 0$. 在解释 I 和赋值 σ_1 下,E 为 $\forall x (x \geqslant 0)$,这是真命题. 在解释 I 下取赋值 $\sigma_2(y) = 1$,在解释 I 和赋值 σ_2 下,E 为 $\forall x (x \geqslant 1)$,这是假命题. 故 E 是非永真式的可满足式.

3.2 一阶逻辑等值演算

3.2.1 一阶逻辑等值式与置换规则

定义 3.10 设 A,B 是一阶逻辑中任意两个公式,若 $A\leftrightarrow B$ 是永真式,则称 A 与 B 是**等值的**. 记作 $A\Leftrightarrow B$,称 $A\Leftrightarrow B$ 是**等值式**.

由定义 3.10 可知,判断公式 A 与 B 是否等值,等价于判断公式 $A\leftrightarrow B$ 是否为永真式. 同命题逻辑中的等值式一样,人们证明出了一些重要的等值式,由这些重要的等值式可以推演出更多的等值式来,这就是一阶逻辑等值演算的内容.

下面给出一阶逻辑中的一些基本而重要的等值式.

第一组 由于命题逻辑中的重言式的代换实例都是一阶逻辑中的永真式,因而第 2 章的 24 个等值式模式给出的代换实例都是一阶逻辑的等值式. 例如:

$$\forall xF(x)\Leftrightarrow\neg\neg\forall xF(x)$$

$$\forall x\exists y(F(x,y)\to G(x,y))\Leftrightarrow\neg\neg\forall x\exists y(F(x,y)\to G(x,y))$$

等都是双重否定律的代换实例. 又如:

$$F(x)\to G(y)\Leftrightarrow\neg F(x)\lor G(y)$$

$$\forall x(F(x)\to G(y))\to\exists zH(z)$$

$$\Leftrightarrow\neg\forall x(F(x)\to G(y))\lor\exists zH(z)$$

等都是蕴涵等值式的代替实例.

第二组 在一阶逻辑中,证明了下面重要的等值式.

1) 消去量词等值式

设个体域为有限集 $D=\{a_1,a_2,\cdots,a_n\}$,则有

(1) $\forall xA(x)\Leftrightarrow A(a_1)\land A(a_2)\land\cdots\land A(a_n)$

(2) $\exists xA(x)\Leftrightarrow A(a_1)\lor A(a_2)\lor\cdots\lor A(a_n)$
(3.26)

2) 量词否定等值式

设 $A(x)$ 是任意的含自由出现个体变项 x 的公式,则

(1) $\neg\forall xA(x)\Leftrightarrow\exists x\neg A(x)$

(2) $\neg\exists xA(x)\Leftrightarrow\forall x\neg A(x)$
(3.27)

式(3.27)的直观解释是容易的. 对于(1),"并不是所有的 x 都有性质 A"与"存在 x 没有性质 A"是一回事. 对于(2),"不存在有性质 A 的 x"与"所有 x 都没有性质 A"是一回事.

3) 量词辖域收缩与扩张等值式

设 $A(x)$ 是任意的含自由出现个体变项 x 的公式,B 中不含 x 的出现,则

(1) $\forall x(A(x)\lor B)\Leftrightarrow\forall xA(x)\lor B$

$\forall x(A(x)\land B)\Leftrightarrow\forall xA(x)\land B$

$\forall x(A(x)\to B)\Leftrightarrow\exists xA(x)\to B$

$\forall x(B\to A(x))\Leftrightarrow B\to\forall xA(x)$
(3.28)

(2) $\exists x(A(x) \vee B) \Leftrightarrow \exists xA(x) \vee B$
$\exists x(A(x) \wedge B) \Leftrightarrow \exists xA(x) \wedge B$
$\exists x(A(x) \to B) \Leftrightarrow \forall xA(x) \to B$ (3.29)
$\exists x(B \to A(x)) \Leftrightarrow B \to \exists xA(x)$

4) 量词分配等值式

设 $A(x), B(x)$ 是任意的含自由出现个体变项 x 的公式,则

(1) $\forall x(A(x) \wedge B(x)) \Leftrightarrow \forall xA(x) \wedge \forall xB(x)$
(2) $\exists x(A(x) \vee B(x)) \Leftrightarrow \exists xA(x) \vee \exists xB(x)$ (3.30)

进行等值演算,除使用以上重要的等值式外,还要使用以下 2 条规则.

(1) 置换规则.

设 $\varPhi(A)$ 是含公式 A 的公式,$\varPhi(B)$ 是用公式 B 取代 $\varPhi(A)$ 中的所有的 A 之后的公式,若 $A \Leftrightarrow B$,则 $\varPhi(A) \Leftrightarrow \varPhi(B)$.

一阶逻辑中的置换规则与命题逻辑中的置换规则形式上完全相同,只是在这里 A, B 是一阶逻辑公式.

(2) 换名规则.

设 A 为一公式,将 A 中某量词辖域中某约束变项的所有出现及相应的指导变元,改成该量词辖域中未曾出现过的某个体变项符号,公式中其余部分不变,设所得公式为 A',则 $A' \Leftrightarrow A$.

例如,$\forall xF(x,y) \Leftrightarrow \forall tF(t,y)$,但不能把 x 换成 y,写成 $\forall yF(y,y)$.

以上给出的重要等值式及 2 个变换规则在一阶逻辑等值演算中均起重要作用,因而必须记住它们并且会灵活地运用.

如果公式中含有既约束出现又自由出现的个体变项,很容易引起混淆,给演算带来不便. 对此,可以用换名规则解决这个问题.

例 3.10 将下面公式化成与之等值的公式,使其没有既是约束出现的又是自由出现的个体变项.

(1) $\forall xF(x,y,z) \to \exists yG(x,y,z)$.
(2) $\forall x(F(x,y) \to \exists yG(x,y,z))$.

解 (1) $\quad \forall xF(x,y,z) \to \exists yG(x,y,z)$
$\Leftrightarrow \forall tF(t,y,z) \to \exists yG(x,y,z)$ (换名规则)
$\Leftrightarrow \forall tF(t,y,z) \to \exists wG(x,w,z)$ (换名规则)

原公式中,x, y 都是既约束出现又自由出现的个体变项,只有 z 仅自由出现. 而在最后得到的公式中,x, y, z, t, w 中再无既是约束出现又是自由出现的个体变项了.

(2) $\quad \forall x(F(x,y) \to \exists yG(x,y,z))$
$\Leftrightarrow \forall x(F(x,y) \to \exists tG(x,t,z))$ (换名规则)

例 3.11 证明:

(1) $\forall x(A(x) \vee B(x)) \not\Leftrightarrow \forall xA(x) \vee \forall xB(x)$.
(2) $\exists x(A(x) \wedge B(x)) \not\Leftrightarrow \exists xA(x) \wedge \exists xB(x)$.

其中,$A(x), B(x)$ 为含 x 自由出现的公式.

证明 (1) 只要证明 $\forall x(A(x) \vee B(x)) \leftrightarrow \forall xA(x) \vee \forall xB(x)$ 不是永真式.

取解释 I 为:个体域为自然数集合 $\mathbf{N}$.$A(x)$ 解释成 $F(x)$:x 是奇数,$B(x)$ 解释成 $G(x)$:x 是偶数.于是左端解释成 $\forall x(F(x)\lor G(x))$,为真命题,而右端解释成 $\forall xF(x)\lor \forall xG(x)$,为假命题,所以该公式存在成假解释,因而它不是永真式.

对于(2)可以类似讨论.

例 3.11 说明,全称量词 $\forall$ 对 $\lor$ 无分配律,存在量词 $\exists$ 对 $\land$ 无分配律.但当 $B(x)$ 换成没有 x 出现的 B 时,则有

$$\forall x(A(x)\lor B)\Leftrightarrow \forall xA(x)\lor B$$
$$\exists x(A(x)\land B)\Leftrightarrow \exists xA(x)\land B$$

这是式(3.28)和式(3.29)中出现的两个等值式.

例 3.12 设个体域为 $D=\{a,b,c\}$,将下面各公式的量词消去.

(1) $\forall x(F(x)\to G(x))$.

(2) $\forall x(F(x)\lor \exists yG(y))$.

(3) $\exists x\forall yF(x,y)$.

解 (1) $\quad \forall x(F(x)\to G(x))$
$\Leftrightarrow (F(a)\to G(a))\land (F(b)\to G(b))\land (F(c)\to G(c))$

(2) $\quad \forall x(F(x)\lor \exists yG(y))$
$\Leftrightarrow \forall xF(x)\lor \exists yG(y)$ (公式(3.28))
$\Leftrightarrow (F(a)\land F(b)\land F(c))\lor (G(a)\lor G(b)\lor G(c))$

如果不用公式(3.28)将量词 $\forall x$ 的辖域缩小,演算过程较长.注意,此时 $\exists yG(y)$ 为与 x 无关的公式 B.

(3) $\quad \exists x\forall yF(x,y)$
$\Leftrightarrow \exists x(F(x,a)\land F(x,b)\land F(x,c))$
$\Leftrightarrow (F(a,a)\land F(a,b)\land F(a,c))\lor (F(b,a)\land F(b,b)\land F(b,c))\lor (F(c,a)\land F(c,b)\land F(c,c))$

在演算中先消去存在量词也可以,得到结果是等值的.

例 3.13 给定解释 I 如下:

(a) 个体域 $D=\{2,3\}$.

(b) $\bar{a}=2$.

(c) $\bar{f}(x)$ 为:$\bar{f}(2)=3,\bar{f}(3)=2$.

(d) $\bar{G}(x,y)$ 为:$\bar{G}(2,2)=\bar{G}(2,3)=\bar{G}(3,2)=1,\bar{G}(3,3)=0$.$\bar{L}(x,y)$ 为:$\bar{L}(2,2)=\bar{L}(3,3)=1,\bar{L}(2,3)=\bar{L}(3,2)=0$.$\bar{F}(x)$ 为:$\bar{F}(2)=0,\bar{F}(3)=1$.

在 I 下求下列各式的真值.

(1) $\forall x(F(x)\land G(x,a))$.

(2) $\exists x(F(f(x))\land G(x,f(x)))$.

(3) $\forall x\exists yL(x,y)$.

(4) $\exists y\forall xL(x,y)$.

解 设以上各式分别为 A,B,C,D.

(1) $A\Leftrightarrow (\bar{F}(2)\land \bar{G}(2,2))\land (\bar{F}(3)\land \bar{G}(3,2))$
$\Leftrightarrow (0\land 1)\land (1\land 1)\Leftrightarrow 0$

(2) $B \Leftrightarrow (\bar{F}(\bar{f}(2)) \wedge \bar{G}(2,\bar{f}(2))) \vee (\bar{F}(\bar{f}(3)) \wedge \bar{G}(3,\bar{f}(3)))$
$\Leftrightarrow (\bar{F}(3) \wedge \bar{G}(2,3)) \vee (\bar{F}(2) \wedge \bar{G}(3,2))$
$\Leftrightarrow (1 \wedge 1) \vee (0 \wedge 1) \Leftrightarrow 1$

(3) $C \Leftrightarrow (\bar{L}(2,2) \vee \bar{L}(2,3)) \wedge (\bar{L}(3,2) \vee \bar{L}(3,3))$
$\Leftrightarrow (1 \vee 0) \wedge (0 \vee 1) \Leftrightarrow 1$

(4) $D \Leftrightarrow \exists y (\bar{L}(2,y) \wedge \bar{L}(3,y))$
$\Leftrightarrow (\bar{L}(2,2) \wedge \bar{L}(3,2)) \vee (\bar{L}(2,3) \wedge \bar{L}(3,3))$
$\Leftrightarrow (1 \wedge 0) \vee (0 \wedge 1) \Leftrightarrow 0$

由(3),(4)的结果也说明量词的次序不能随意颠倒.

例 3.14 证明下列各等值式.

(1) $\neg \exists x (M(x) \wedge F(x)) \Leftrightarrow \forall x (M(x) \rightarrow \neg F(x))$.
(2) $\neg \forall x (F(x) \rightarrow G(x)) \Leftrightarrow \exists x (F(x) \wedge \neg G(x))$.
(3) $\neg \forall x \forall y (F(x) \wedge G(y) \rightarrow H(x,y)) \Leftrightarrow \exists x \exists y (F(x) \wedge G(y) \wedge \neg H(x,y))$.
(4) $\neg \exists x \exists y (F(x) \wedge G(y) \wedge L(x,y)) \Leftrightarrow \forall x \forall y (F(x) \wedge G(y) \rightarrow \neg L(x,y))$.

证明

(1) $\neg \exists x (M(x) \wedge F(x))$
$\Leftrightarrow \forall x \neg (M(x) \wedge F(x))$ （公式(3.27)）
$\Leftrightarrow \forall x (\neg M(x) \vee \neg F(x))$ （置换规则）
$\Leftrightarrow \forall x (M(x) \rightarrow \neg F(x))$ （置换规则）

由此说明例 3.4 中(3)有两种等值的符号化形式.

(2) $\neg \forall x (F(x) \rightarrow G(x))$
$\Leftrightarrow \exists x \neg (F(x) \rightarrow G(x))$ （公式(3.27)）
$\Leftrightarrow \exists x \neg (\neg F(x) \vee G(x))$ （置换规则）
$\Leftrightarrow \exists x (F(x) \wedge \neg G(x))$ （置换规则）

由此说明例 3.4 中(4)有两种等值的符号化形式.

(3) $\neg \forall x \forall y (F(x) \wedge G(y) \rightarrow H(x,y))$
$\Leftrightarrow \exists x \neg (\forall y (\neg (F(x) \wedge G(y)) \vee H(x,y)))$
$\Leftrightarrow \exists x \exists y \neg (\neg (F(x) \wedge G(y)) \vee H(x,y))$
$\Leftrightarrow \exists x \exists y ((F(x) \wedge G(y)) \wedge \neg H(x,y))$

类似可证明(4). 由(3)可知,例 3.5 中(3)的符号化形式式(3.15)与式(3.19)是等值的. (4)的符号化形式式(3.16)与式(3.20)也是等值的.

3.2.2 一阶逻辑前束范式

定义 3.11 设 A 为一个一阶逻辑公式,若 A 具有如下形式:

$$Q_1 x_1 Q_2 x_2 \cdots Q_k x_k B$$

则称 A 为**前束范式**,其中 $Q_i (1 \leqslant i \leqslant k)$ 为 $\forall$ 或 $\exists$,B 为不含量词的公式.

例如,$\forall x \forall y (F(x) \wedge G(y) \rightarrow H(x,y))$
$\forall x \forall y \exists z (F(x) \wedge G(y) \wedge H(z) \rightarrow L(x,y,z))$

等公式都是前束范式,而

$$\forall x(F(x) \to \exists y(G(y) \land H(x,y)))$$
$$\exists x(F(x) \land \forall y(G(y) \to H(x,y)))$$

等都不是前束范式.

定理 3.3（前束范式存在定理） 一阶逻辑中的任何公式都存在与之等值的前束范式.

本定理的证明略去.

称与公式等值的前束范式为该公式的前束范式. 本定理说明,任何公式的前束范式都是存在的,但一般说来,并不唯一.

利用公式(3.27)至公式(3.30)以及 2 条变换规则(置换规则、换名规则)就可以求出公式的前束范式.

例 3.15 求下面公式的前束范式.

(1) $\forall xF(x) \land \neg \exists xG(x)$.

(2) $\forall xF(x) \lor \neg \exists xG(x)$.

解

(1) $\quad \forall xF(x) \land \neg \exists xG(x)$

$\Leftrightarrow \forall xF(x) \land \neg \exists yG(y)$ （换名规则）

$\Leftrightarrow \forall xF(x) \land \forall y \neg G(y)$ （公式(3.27)第二式）

$\Leftrightarrow \forall x(F(x) \land \forall y \neg G(y))$ （公式(3.28)第二式）

$\Leftrightarrow \forall x \forall y(F(x) \land \neg G(y))$ （公式(3.28)第二式）

或者

$\quad \forall xF(x) \land \neg \exists xG(x)$

$\Leftrightarrow \forall xF(x) \land \forall x \neg G(x)$ （公式(3.27)第二式）

$\Leftrightarrow \forall x(F(x) \land \neg G(x))$ （公式(3.30)第一式）

由此可知,(1)中公式的前束范式是不唯一的. 其实,
$$\forall y \forall x(F(x) \land \neg G(y))$$
也是它的前束范式(为什么?).

(2) $\quad \forall xF(x) \lor \neg \exists xG(x)$

$\Leftrightarrow \forall xF(x) \lor \forall x \neg G(x)$ （公式(3.27)第二式）

$\Leftrightarrow \forall xF(x) \lor \forall y \neg G(y)$ （换名规则）

$\Leftrightarrow \forall x(F(x) \lor \forall y \neg G(y))$ （公式(3.28)第一式）

$\Leftrightarrow \forall x \forall y(F(x) \lor \neg G(y))$ （公式(3.28)第一式）

由本例可以看出以下 3 点：

① 由于 $\forall$ 对 $\land$ 适合分配律,所以(1)才有只带一个量词的前束范式. 而 $\forall$ 对 $\lor$ 不适合分配律,因而(2)不可能有带一个量词的前束范式.

② 在使用公式(3.28)和公式(3.29)时一定注意条件,在演算中都用到了 $\forall y \neg G(y)$ 是不含 x 的公式 B 的条件.

③ 公式的前束范式是不唯一的.

例 3.16 求下列各式的前束范式,请读者填出每一步的根据.

(1) $\exists xF(x) \land \forall xG(x)$.

(2) $\forall xF(x) \to \exists xG(x)$.

(3) $\exists x F(x) \to \forall x G(x)$.
(4) $\forall x F(x) \to \exists y G(y)$.

解
(1) $\exists x F(x) \land \forall x G(x)$
      $\Leftrightarrow \exists y F(y) \land \forall x G(x)$
      $\Leftrightarrow \exists y \forall x (F(y) \land G(x))$

(2) $\forall x F(x) \to \exists x G(x)$
      $\Leftrightarrow \forall y F(y) \to \exists x G(x)$
      $\Leftrightarrow \exists y \exists x (F(y) \to G(x))$

(3) $\exists x F(x) \to \forall x G(x)$
      $\Leftrightarrow \exists y F(y) \to \forall x G(x)$
      $\Leftrightarrow \forall y \forall x (F(y) \to G(x))$

(4) $\forall x F(x) \to \exists y G(y)$
      $\Leftrightarrow \exists x \exists y (F(x) \to G(y))$

请读者再写出以上各式的不同形式的前束范式.

例 3.17   求下列各公式的前束范式.
(1) $\forall x F(x,y) \to \exists y G(x,y)$.
(2) $(\forall x_1 F(x_1, x_2) \to \exists x_2 G(x_2)) \to \forall x_1 H(x_1, x_2, x_3)$.

解   解本题时一定注意,哪些个体变项是约束出现,哪些是自由出现,特别要注意哪些既是约束出现又是自由出现的个体变项. 在求前束范式时,要保证它们约束和自由出现的身份与次数都不能改变,并且不能混淆.

(1) $\forall x F(x,y) \to \exists y G(x,y)$
      $\Leftrightarrow \forall t F(t,y) \to \exists w G(x,w)$ (换名规则)
      $\Leftrightarrow \exists t \exists w (F(t,y) \to G(x,w))$ (公式(3.28),(3.29))

(2) $(\forall x_1 F(x_1, x_2) \to \exists x_2 G(x_2)) \to \forall x_1 H(x_1, x_2, x_3)$
      $\Leftrightarrow (\forall x_4 F(x_4, x_2) \to \exists x_5 G(x_5)) \to \forall x_1 (x_1, x_2, x_3)$
      $\Leftrightarrow \exists x_4 \exists x_5 (F(x_4, x_2) \to G(x_5)) \to \forall x_1 H(x_1, x_2, x_3)$
      $\Leftrightarrow \forall x_4 \forall x_5 \forall x_1 ((F(x_4, x_2) \to G(x_5)) \to H(x_1, x_2, x_3))$

习　题

3.1 设个体域为实数集 $\mathbf{R}$,$F(x):x>5$,求下列 0 元谓词的真值.
(1) $F(5)$ (2) $F(\sqrt{2})$ (3) $F(-2)$ (4) $F(\sqrt{6})$
(5) $F(\sqrt{27})$ (6) $F(7.9)$

3.2 设个体域 $D=\{x|x$ 为英语单词$\}$,令 $F(x):x$ 含字母 c. 求下列各 0 元谓词的真值.
(1) $F(about)$ (2) $F(call)$ (3) $F(error)$ (4) $F(erect)$

3.3 将下列命题用 0 元谓词符号化.
(1) 王小山来自山东省或河北省.
(2) 除非李联不怕吃苦,否则她不会取得这样好的成绩.

(3) $\sqrt{2}$ 不是有理数.

(4) 3 大于 2 仅当 3 大于 4.

3.4 设个体域为 $D=\{x|x$ 是人$\}$，$L(x,y):x$ 喜欢 y. 将下列命题符号化.

(1) 所有的人都喜欢赵小宝.

(2) 所有的人都喜欢某些人.

(3) 没有人喜欢所有的人.

(4) 每个人都喜欢自己.

3.5 设个体域为全总个体域，又令 $M(x):x$ 是人. 将题 3.4 中 4 个命题符号化.

3.6 在一阶逻辑中将下面命题符号化，并分别讨论个体域限制为(a),(b)条件时命题的真值.

(1) 凡整数都能被 2 整除.

(2) 有的整数能被 2 整除.

其中，(a) 个体域为整数集合，(b) 个体域为实数集合.

3.7 设个体域为整数集 **Z**，$L(x,y):x+y=x-y$. 求下列各式的真值.

(1) $L(1,1)$.　　　　　　　　(2) $L(2,0)$.

(3) $\forall y L(1,y)$.　　　　　　　(4) $\exists x L(x,2)$.

(5) $\exists x \exists y L(x,y)$.　　　　　(6) $\forall x \exists y L(x,y)$.

(7) $\exists y \forall x L(x,y)$.　　　　　(8) $\forall x \forall y L(x,y)$.

3.8 在一阶逻辑中将下面命题符号化，并分别讨论个体域限制为(a),(b)条件时命题的真值.

(1) 对于任意的 x，均有 $x^2-2=(x+\sqrt{2})(x-\sqrt{2})$.

(2) 存在 x，使得 $x+5=9$.

其中，(a) 个体域为自然数集合，(b) 个体域为实数集合.

3.9 设个体域为整数集 **Z**，确定下列各公式的真值.

(1) $\forall x(x^2>0)$.　　　　　　(2) $\exists x(x^2=0)$.

(3) $\forall x(x^2 \geqslant x)$.　　　　　　(4) $\forall x \exists y(x^2<y)$.

(5) $\exists x \forall y(x<y^2)$.　　　　　(6) $\forall x \exists y(x+y=0)$.

(7) $\exists x \exists y(x^2+y^2=6)$.　　(8) $\forall x \forall y \exists z(z=(x+y)/2)$.

3.10 在一阶逻辑中将下列命题符号化.

(1) 没有不吃饭的人.

(2) 在北京卖菜的人不全是东北人.

(3) 自然数全是整数.

(4) 有的人天天锻炼身体.

3.11 在一阶逻辑中将下列命题符号化.

(1) 火车都比汽车快.

(2) 有的火车比有的汽车快.

(3) 不存在比所有火车都快的汽车.

(4) 说凡是汽车就比火车慢是不对的.

3.12 将下列命题符号化，个体域为实数集合 **R**，并指出各命题的真值.

(1) 对所有的 x,都存在 y,使得 $x \cdot y = 0$.
(2) 存在着 x,对所有的 y 都有 $x \cdot y = 0$.
(3) 对所有 x,都存在着 y,使得 $y = x + 1$.
(4) 对所有的 x 和 y,都有 $x \cdot y = y \cdot x$.

3.13 将下列各公式翻译成自然语言,个体域为整数集 $\mathbf{Z}$,并判断各命题的真假.
(1) $\forall x \forall y \exists z (x - y = z)$.
(2) $\forall x \exists y (x \cdot y = 1)$.
(3) $\exists x \forall y \forall z (x + y = z)$.

3.14 指出下列公式中的指导变元,量词的辖域,各个体变项的自由出现和约束出现.
(1) $\forall x (F(x) \to G(x, y))$.
(2) $\forall x F(x, y) \to \exists y G(x, y)$.
(3) $\forall x \exists y (F(x, y) \land G(y, z)) \lor \exists x H(x, y, z)$.

3.15 给定解释 I 如下:
(a) 个体域 D_I 为实数集 $\mathbf{R}$.
(b) $\bar{a} = 0$.
(c) $\bar{f}(x, y) = x - y, x, y \in D_I$.
(d) $\bar{F}(x, y): x = y, \bar{G}(x, y): x < y, x, y \in D_I$.
说明下列公式在 I 下的含义,并指出各公式的真值.
(1) $\forall x \forall y (G(x, y) \to \neg F(x, y))$.
(2) $\forall x \forall y (F(f(x, y), a) \to G(x, y))$.
(3) $\forall x \forall y (G(x, y) \to \neg F(f(x, y), a))$.
(4) $\forall x \forall y (G(f(x, y), a) \to F(x, y))$.

3.16 给定解释 I 如下:
(a) 个体域 $D = \mathbf{N}$($\mathbf{N}$ 为自然数集).
(b) $\bar{a} = 2$.
(c) D 上函数 $\bar{f}(x, y) = x + y, \bar{g}(x, y) = x \cdot y$.
(d) D 上谓词 $\bar{F}(x, y): x = y$.
及赋值 $\sigma: \sigma(x) = 0, \sigma(y) = 1, \sigma(z) = 2$.
说明下列各式在 I 及 σ 下的含义,并讨论其真值.
(1) $\forall x F(g(x, a), y)$.
(2) $\forall x (F(f(x, a), y) \to \forall y F(f(y, a), x))$.
(3) $\forall x \forall y \exists z F(f(x, y), z)$.
(4) $\exists x F(f(x, y), g(x, z))$.

3.17 判断下列各式的类型.
(1) $F(x, y) \to (G(x, y) \to F(x, y))$.
(2) $\forall x (F(x) \to F(x)) \to \exists y (G(y) \land \neg G(y))$.
(3) $\forall x \exists y F(x, y) \to \exists y \forall x F(x, y)$.
(4) $\exists x \forall y F(x, y) \to \forall y \exists x F(x, y)$.
(5) $\forall x \forall y (F(x, y) \to F(y, x))$.

(6) $\neg(\forall xF(x)\to \exists yG(y))\wedge \exists yG(y)$.

(7) $\exists xF(x,y)$.

(8) $\exists xF(x,y)\to \forall yF(x,y)$.

3.18 (1) 给出一个非闭式的永真式.

(2) 给出一个非闭式的永假式.

(3) 给出一个非闭式的可满足式,但不是永真式.

3.19 证明下面公式既不是永真式也不是矛盾式.

(1) $\forall x(F(x)\to \exists y(G(y)\wedge H(x,y)))$.

(2) $\forall x\forall y(F(x)\wedge G(y)\to H(x,y))$.

3.20 将下列各式的否定号内移,使得否定号只能出现在谓词前.

(1) $\neg \exists x\exists yL(x,y)$.

(2) $\neg \forall x\forall yL(x,y)$.

(3) $\neg \exists x(F(x)\wedge \forall y\neg L(x,y))$.

(4) $\neg \forall x(\exists yL(x,y)\vee \forall yH(x,y))$.

3.21 将下列公式化成与之等值的公式,使其没有既是约束出现的,又是自由出现的个体变项.

(1) $\forall xF(x,y)\wedge \exists yG(x,y,z)$.

(2) $\exists x(F(x,y)\wedge \forall yG(x,y))$.

3.22 证明:

(1) $\forall x(A(x)\to B(x))\not\Leftrightarrow \forall x(A(x)\wedge B(x))$.

(2) $\exists x(A(x)\wedge B(x))\not\Leftrightarrow \exists x(A(x)\to B(x))$.

其中,$A(x),B(x)$为含 x 自由出现的公式.

3.23 设个体域 $D=\{a,b\}$,消去下列各公式的量词.

(1) $\forall x\exists y(F(x)\wedge G(y))$.

(2) $\forall x\exists y(F(x)\wedge G(x,y))$.

(3) $\exists xF(x)\wedge \forall xG(x)$.

(4) $\exists x(F(x,y)\vee \forall yG(y))$.

3.24 设个体域 $D=\{a,b,c\}$,消去下列各公式中的量词.

(1) $\forall xF(x)\to \forall yG(y)$.

(2) $\forall x(F(x)\to \exists yG(y))$.

3.25 设个体域 $D=\{1,2\}$,给出两种不同的解释 I_1 和 I_2,使得下面公式在 I_1 下都是真命题,而在 I_2 下都是假命题.

(1) $\forall x(F(x)\to G(x))$.

(2) $\exists x(F(x)\wedge G(x))$.

3.26 给定公式 $A=\exists xF(x)\to \forall xF(x)$.

(1) 在解释 I_1 中,个体域 $D_1=\{a\}$,证明公式 A 在 I_1 下的真值为 1.

(2) 在解释 I_2 中,个体域 $D_2=\{a_1,a_2,\cdots,a_n\},n\geqslant 2$,$A$ 在 I_2 下的真值还一定是 1 吗? 为什么?

3.27 给定解释 I 如下:

(a) 个体域 $D=\{3,4\}$.
(b) $\bar{f}(x)$ 为 $\bar{f}(3)=4, \bar{f}(4)=3$.
(c) $\bar{F}(x,y)$ 为 $\bar{F}(3,3)=\bar{F}(4,4)=0, \bar{F}(3,4)=\bar{F}(4,3)=1$.
试求下列公式在 I 下的真值.
(1) $\forall x \exists y F(x,y)$.
(2) $\exists x \forall y F(x,y)$.
(3) $\forall x \forall y (F(x,y) \rightarrow F(f(x),f(y)))$.

3.28 在一阶逻辑中将下面命题符号化,要求用两种不同的等值形式.
(1) 没有小于负数的正数.
(2) 相等的两个角未必都是对顶角.

3.29 求下列各式的前束范式.
(1) $\exists x F(x) \rightarrow \forall y G(x,y)$.
(2) $\forall x (F(x,y) \rightarrow \forall y G(x,y,z))$.

3.30 求下列各式的前束范式.
(1) $F(x) \wedge G(x) \rightarrow L(x,y)$.
(2) $\forall x_1 (F(x_1) \rightarrow G(x_1,x_2)) \rightarrow (\exists x_2 H(x_2) \rightarrow \exists x_3 L(x_2,x_3))$.
(3) $\exists x_1 F(x_1,x_2) \rightarrow (H(x_1) \rightarrow \neg \exists x_2 G(x_1,x_2))$.

3.31 将下列命题符号化,要求符号化的公式为前束范式.
(1) 有的汽车比有的火车跑得快.
(2) 有的火车比所有的汽车跑得快.
(3) 说所有的火车比所有汽车都跑得快是不对的.
(4) 说有的飞机比有的汽车慢是不对的.

3.32 求下列各公式的前束范式.
(1) $\exists x F(x) \vee \exists x G(x) \vee L(x,y)$.
(2) $\neg (\forall x F(x) \vee \forall x G(x))$.

第 4 章 关 系

关系是离散数学中刻画元素之间相互联系的一个重要的概念,在计算机科学与技术领域中有着广泛的应用,关系数据库模型就是以关系及其运算作为理论基础的.

最基本的关系是二元关系,即发生在两个个体之间的关系.比如竞赛中间的胜负关系,如果每一场比赛都是在两个对手之间进行,不考虑平局,那么比赛结果 x 胜 y 就可以表示成 $\langle x,y \rangle$,关系 $\{\langle a,b \rangle, \langle c,b \rangle, \langle c,a \rangle\}$ 记录了 3 场比赛的结果.由这个结果不难看出,c 是第一名,a 是第二名,而 b 是最后一名.这就是 $\{a,b,c\}$ 集合上的一个二元关系的例子.

本章主要讨论二元关系.先给出二元关系的定义和表示方法,然后讨论关系的运算、关系的性质,最后研究两类重要的二元关系——等价关系与偏序关系.

4.1 关系的定义及其表示

4.1.1 有序对与笛卡儿积

定义 4.1 由两个元素,比如 x 和 y,按照一定次序构成的二元组称为一个**有序对**,记作 $\langle x,y \rangle$.其中,x 是它的**第一元素**,y 是它的**第二元素**.

直角坐标系中点的坐标如 $(1,-2)$,$(0,5)$ 就是有序对.

在一个有序对中,如果两个元素不相等,那么它们是不能交换次序的.例如,$\langle 0,1 \rangle$ 与 $\langle 1,0 \rangle$ 代表不同的有序对.

两个有序对 $\langle x,y \rangle$ 与 $\langle u,v \rangle$ 相等的充分必要条件是 $x=u$ 且 $y=v$.

例 4.1 设有序对 $\langle x+y,3 \rangle = \langle 3y-2, x+5 \rangle$,那么根据有序对相等的充分必要条件有 $x+y=3y-2$ 和 $3=x+5$,因此得到 $x=-2$,$y=0$.

利用有序对的概念可以定义集合的笛卡儿积.

定义 4.2 设 A,B 为集合,那么以 A 中元素作为第一元素,B 中元素作为第二元素做有序对,所有这样的有序对构成的集合称为 A 与 B 的**笛卡儿积**,记作 $A \times B$.符号化表示为
$$A \times B = \{\langle x,y \rangle \mid x \in A \land y \in B\}$$

例 4.2 设 $A=\{0,1\}$,$B=\{a,b,c\}$,那么
$$A \times B = \{\langle 0,a \rangle, \langle 0,b \rangle, \langle 0,c \rangle, \langle 1,a \rangle, \langle 1,b \rangle, \langle 1,c \rangle\}$$
$$B \times A = \{\langle a,0 \rangle, \langle a,1 \rangle, \langle b,0 \rangle, \langle b,1 \rangle, \langle c,0 \rangle, \langle c,1 \rangle\}$$

有穷集合的笛卡儿积的元素数可以通过下面公式计算:如果 $|A|=m$,$|B|=n$,那么 $|A \times B| = mn$.

不难证明,笛卡儿积运算满足下述性质:
(1) 当 A 或者 B 为空集时,$A \times B$ 也是空集.
(2) 笛卡儿积运算不适合交换律,即 $A \times B \neq B \times A$,除非 $A = B$,$A = \varnothing$ 或者 $B = \varnothing$.
(3) 笛卡儿积运算不适合结合律,即 $(A \times B) \times C \neq A \times (B \times C)$,除非 $A = \varnothing$,$B = \varnothing$ 或者 $C = \varnothing$.
(4) 笛卡儿积运算对并和交运算适合分配律,即
$$A \times (B \cup C) = (A \times B) \cup (A \times C)$$
$$(B \cup C) \times A = (B \times A) \cup (C \times A)$$
$$A \times (B \cap C) = (A \times B) \cap (A \times C)$$
$$(B \cap C) \times A = (B \times A) \cap (C \times A)$$

上面定义的 2 阶笛卡儿积可以推广到 n 阶.

定义 4.3 (1) 由 n 个元素 $x_1, x_2, \cdots, x_n$ 按照一定的顺序排列构成**有序 n 元组**,记作 $\langle x_1, x_2, \cdots, x_n \rangle$.

(2) 设 $A_1, A_2, \cdots, A_n$ 为集合,称
$$A_1 \times A_2 \times \cdots \times A_n = \{\langle x_1, x_2, \cdots, x_n \rangle \mid x_i \in A_i, i = 1, 2, \cdots, n\}$$
为 **n 阶笛卡儿积**.

空间直角坐标系中全体点的集合就是 3 阶笛卡儿积 $\mathbf{R} \times \mathbf{R} \times \mathbf{R}$.

4.1.2 二元关系的定义

下面定义二元关系.

定义 4.4 如果一个集合中的元素都是有序对或者这个集合是空集,则称这个集合是一个**二元关系**,简称**关系**. 关系的名字一般使用大写的英文字母,通常记作 R.

如果有序对 $\langle x, y \rangle \in R$,可以简单记作 xRy,否则记为 $x\cancel{R}y$. 例如,$R = \{\langle a, b \rangle, \langle c, b \rangle, \langle c, a \rangle\}$ 就可以记作 aRb,cRb,cRa.

例 4.3 一些关系的实例.

(1) $R = \{\langle x, y \rangle \mid x, y \in \mathbf{N}, x + y < 3\}$ 是自然数集 $\mathbf{N}$ 上的关系,不难看出
$$R = \{\langle 0, 0 \rangle, \langle 0, 1 \rangle, \langle 0, 2 \rangle, \langle 1, 0 \rangle, \langle 1, 1 \rangle, \langle 2, 0 \rangle\}$$

(2) $C = \{\langle x, y \rangle \mid x, y \in \mathbf{R}, x^2 + y^2 = 1\}$,其中 $\mathbf{R}$ 是实数集,C 是直角坐标平面上点的横坐标与纵坐标之间的关系,满足关系 C 的所有的点恰好构成坐标平面上的单位圆.

(3) 设 A 是计算机专业 03 级学生的学号构成的集合,这些学号从 0305001 到 0305150. B 是课程号的集合,那么关系
$$R = \{\langle x, y \rangle \mid x \in A, y \in B, x \text{ 选修了课程号为 } y \text{ 的课程}\}$$
记录了计算机专业 03 级学生选课的情况.

二元关系也可以推广到 n 元关系,n 元关系中的元素是有序 n 元组. 下面就是一些 n 元关系的例子.

例 4.4 (1) $P = \{\langle x, y, z \rangle \mid x, y, z \in \mathbf{R}, x + 2y + z = 3\}$,$P$ 代表了空间直角坐标系中的一个平面.

(2) 表 4.1 是关系数据库中的一个实体模型,是有关员工的一张简表.

表 4.1

员 工 号	姓 名	年 龄	性 别	工 资
301	张林	50	男	1600
302	王晓云	43	女	1250
303	李鹏宇	47	男	1500
304	赵辉	21	男	900
…	…	…	…	…

表 4.1 中包含了若干员工的记录,每个记录是一个 5 元组,由 5 个字段构成,称为属性.这些元组的集合构成了一个 5 元关系.

n 元关系及其运算构成了关系数据库的理论基础,在实际中有着重要的应用,后面将给出一个简单的例子,本章所涉及的关系均指二元关系.

二元关系中特别重要的是从 A 到 B 的关系与 A 上的关系.

定义 4.5 设 A,B 为集合,$A\times B$ 的任何子集所定义的二元关系称为**从 A 到 B 的二元关系**,当 $A=B$ 时则称为 **A 上的二元关系**.

例 4.5 $A=\{a,b\}$,$B=\{1,2,3\}$,那么
$$R_1=\{\langle a,1\rangle\}, \quad R_2=A\times B, \quad R_3=\varnothing$$
都是从 A 到 B 的关系;
$$R_3, \quad R_4=\{\langle 2,1\rangle,\langle 2,3\rangle\}, \quad R_5=B\times B$$
都是 B 上的二元关系.

设 $|A|=n$,$|B|=m$,那么 $|A\times B|=nm$,$A\times B$ 的不同的子集有 2^{nm} 个,因此,存在 2^{nm} 个不同的从 A 到 B 的二元关系. 从这个结果可以推出,A 上存在有 2^{n^2} 个不同的二元关系. 例如 $|A|=3$,则 A 上有 $2^{3^2}=512$ 个不同的二元关系.

下面是一些 A 上重要关系的实例.

$\varnothing$ 是 A 上的关系,称为**空关系**. 其他的 A 上的关系定义如下.

定义 4.6 设 A 为任意集合,
$$E_A=\{\langle x,y\rangle \mid x\in A \wedge y\in A\}=A\times A$$
$$I_A=\{\langle x,x\rangle \mid x\in A\}$$
E_A,I_A 分别称为**全域关系**与**恒等关系**.

例如,$A=\{1,2\}$,则
$$E_A=\{\langle 1,1\rangle,\langle 1,2\rangle,\langle 2,1\rangle,\langle 2,2\rangle\}$$
$$I_A=\{\langle 1,1\rangle,\langle 2,2\rangle\}$$

给定集合 A,A 上的**小于或等于关系** L_A、**整除关系** D_A、**包含关系** $R_\subseteq$ 定义如下.

定义 4.7
$$L_A=\{\langle x,y\rangle \mid x,y\in A \wedge x\leqslant y\},\text{这里 }A\subseteq \mathbf{R},\mathbf{R}\text{ 为实数集}.$$
$$D_A=\{\langle x,y\rangle \mid x,y\in A \wedge x \text{ 整除 } y\},\text{这里 }A\subseteq \mathbf{Z}^*,\mathbf{Z}^*\text{ 为非 0 整数集}.$$
$$R_\subseteq=\{\langle x,y\rangle \mid x,y\in A \wedge x\subseteq y\},\text{这里 }A\text{ 是集合族}.$$

例如 $A=\{1,2,3\}$，则
$$L_A=\{\langle 1,1\rangle,\langle 1,2\rangle,\langle 1,3\rangle,\langle 2,2\rangle,\langle 2,3\rangle,\langle 3,3\rangle\}$$
$$D_A=\{\langle 1,1\rangle,\langle 1,2\rangle,\langle 1,3\rangle,\langle 2,2\rangle,\langle 3,3\rangle\}$$
$A=\{\varnothing,\{a\},\{b\},\{a,b\}\}$，则 A 上的包含关系是
$$R_{\subseteq}=\{\langle\varnothing,\varnothing\rangle,\langle\varnothing,\{a\}\rangle,\langle\varnothing,\{b\}\rangle,\langle\varnothing,\{a,b\}\rangle,\langle\{a\},\{a\}\rangle,\langle\{a\},\{a,b\}\rangle,$$
$$\langle\{b\},\{b\}\rangle,\langle\{b\},\{a,b\}\rangle,\langle\{a,b\},\{a,b\}\rangle\}$$

类似地，还可以定义 A 上的大于或等于关系、小于关系、大于关系、真包含关系等.

例 4.6 设 $A=\{1,2,\cdots,10\}$，$R=\{\langle x,y\rangle\mid x,y\in A, x+2y\leqslant 8\}$，列出 R 中的所有元素.

解 $R=\{\langle 1,1\rangle,\langle 1,2\rangle,\langle 1,3\rangle,\langle 2,1\rangle,\langle 2,2\rangle,\langle 2,3\rangle,\langle 3,1\rangle,\langle 3,2\rangle,\langle 4,1\rangle,\langle 4,2\rangle,$
$\langle 5,1\rangle,\langle 6,1\rangle\}$

如果称横纵坐标均为整数的点为整点，那么 R 中的全体有序对恰好构成了平面直角坐标系坐标轴的正方向和直线 $x+2y=8$ 所围成的区域（包括直线，但不含坐标轴）内的所有整点.

4.1.3 二元关系的表示

可以使用集合表达式定义二元关系，上面的例子都通过这种方法来表示一个二元关系.除了集合表达式以外，还可以使用关系矩阵和关系图来表示二元关系.关系矩阵通常用于表示从 A 到 B 的关系或者 A 上的关系，这里的 A 和 B 都是有穷集合.关系图只能表示有穷集合 A 上的关系.

定义 4.8 设 $A=\{x_1,x_2,\cdots,x_n\}$，$B=\{y_1,y_2,\cdots,y_m\}$，R 是从 A 到 B 的关系，R 的**关系矩阵**是布尔矩阵 $\boldsymbol{M}_R=(r_{ij})_{n\times m}$，其中 $r_{ij}=1\Leftrightarrow\langle x_i,y_j\rangle\in R$，$i=1,2,\cdots,n$，$j=1,2,\cdots,m$.

当 R 为 A 上的关系时，R 的关系矩阵是 n 阶方阵.

定义 4.9 设 $A=\{x_1,x_2,\cdots,x_n\}$，R 的**关系图**是 $G_R=\langle A,R\rangle$，其中 A 为 G 的结点集，R 为边集. $\forall x_i,x_j\in A$，如果 $\langle x_i,x_j\rangle\in R$，在图中就有一条从 x_i 到 x_j 的有向边.

例 4.7 (1) 设 $A=\{a,b,c,d\}$，$R=\{\langle a,a\rangle,\langle a,b\rangle,\langle a,c\rangle,\langle b,a\rangle,\langle d,b\rangle\}$，$R$ 的关系矩阵如下，关系图如图 4.1 所示.

$$\begin{bmatrix} 1 & 1 & 1 & 0 \\ 1 & 0 & 0 & 0 \\ 0 & 0 & 0 & 0 \\ 0 & 1 & 0 & 0 \end{bmatrix}$$

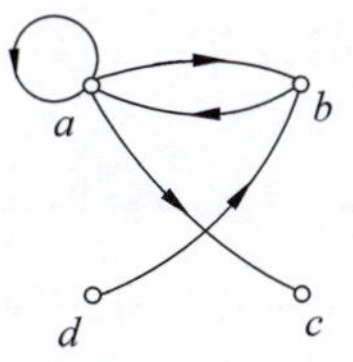

(2) 设 $A=\{a,b,c,d\}$，$B=\{1,2,3\}$，$R=\{\langle a,1\rangle,\langle a,2\rangle,\langle b,1\rangle,\langle b,3\rangle,\langle c,1\rangle,\langle c,2\rangle,\langle c,3\rangle\}$，$R$ 的关系矩阵是

图 4.1

$$\begin{bmatrix} 1 & 1 & 0 \\ 1 & 0 & 1 \\ 1 & 1 & 1 \\ 0 & 0 & 0 \end{bmatrix}$$

不难看出，R 的关系图 G_R 显然是唯一的．如果用列元素的方法给出了 A 与 B 的全体元素，那么从 A 到 B 的关系或者 A 上的关系 R 的矩阵 M_R 也是唯一的．

4.2 关系的运算

二元关系作为集合，可以进行并、交、相对补、对称差等运算．除此之外，还可以定义其他一些常用的关系运算．

4.2.1 关系的基本运算

定义 4.10 设 R 为二元关系，R 的**定义域**、**值域**和**域**分别记作 $\mathrm{dom}R$，$\mathrm{ran}R$，$\mathrm{fld}R$，其中

$$\mathrm{dom}R = \{x \mid \exists y\, (\langle x,y\rangle \in R)\}$$
$$\mathrm{ran}R = \{y \mid \exists x\, (\langle x,y\rangle \in R)\}$$
$$\mathrm{fld}R = \mathrm{dom}R \cup \mathrm{ran}R$$

由定义不难看出，定义域 $\mathrm{dom}R$ 是 R 中所有有序对的第一元素构成的集合，值域 $\mathrm{ran}R$ 是 R 中所有有序对的第二元素构成的集合，$\mathrm{fld}R$ 是 R 中有序对涉及的全体元素的集合．

例 4.8 设 $R=\{\langle a,\{b\}\rangle, \langle c,d\rangle, \langle \{a\},\{d\}\rangle, \langle d,\{d\}\rangle\}$，则
$$\mathrm{dom}R = \{a,c,\{a\},d\}$$
$$\mathrm{ran}R = \{\{b\},d,\{d\}\}$$
$$\mathrm{fld}R = \{a,c,\{a\},d,\{b\},\{d\}\}$$

定义 4.11 设 R 为二元关系，R 的**逆**记作 R^{-1}，其中
$$R^{-1} = \{\langle y,x\rangle \mid \langle x,y\rangle \in R\}$$

不难看出，R^{-1} 就是把 R 的每个有序对的两个元素交换以后得到的关系．如果 R 是整数集 $\mathbf{Z}$ 上的小于关系，那么 R^{-1} 就是 $\mathbf{Z}$ 上的大于关系．类似地，整除关系的逆就是倍数关系．

下面定义两个关系的合成运算．

定义 4.12 设 R,S 为二元关系，R 与 S 的**合成**记作 $R \circ S$，则
$$R \circ S = \{\langle x,z\rangle \mid \exists y\, (\langle x,y\rangle \in R \wedge \langle y,z\rangle \in S)\}$$

例 4.9 设 $R=\{\langle 1,2\rangle, \langle 1,4\rangle, \langle 2,2\rangle, \langle 2,3\rangle\}$，$S=\{\langle 1,1\rangle, \langle 1,3\rangle, \langle 2,3\rangle, \langle 3,2\rangle, \langle 3,3\rangle\}$，那么有
$$R \circ S = \{\langle 1,3\rangle, \langle 2,2\rangle, \langle 2,3\rangle\}$$
$$S \circ R = \{\langle 1,2\rangle, \langle 1,4\rangle, \langle 3,2\rangle, \langle 3,3\rangle\}$$

可以把关系看成是一种作用，如果 $\langle x,y\rangle \in R$，$\langle y,z\rangle \in S$，那么 x 通过 R 的作用变到 y，y 接着通过 S 的作用又变到 z．这就是说，在 R 和 S 的合成作用下将 x 变到了 z，因此，$\langle x,z\rangle \in R \circ S$．这里的 y 起到一个中介的作用，如果对于给定的关系 R 和 S，不存在满足这种条件的中介，那么 $R \circ S = \varnothing$．

从例 4.9 可以看出，合成运算不满足交换律．

怎样求两个关系的合成？下面介绍两种方法．

第一种方法就是利用关系的图示来计算关系的合成，特别要说明的是，这里的图示指的

不是关系图,因为关系图只用于表示 A 上的关系. 此外,这种方法只适用于含有有限个有序对的关系.

给定含有 n 个有序对的关系 R,R 的图示由 n 条有向边构成. 将 $\mathrm{dom}R$ 中的元素画在左边,$\mathrm{ran}R$ 的元素画在右边,如果对于 $x\in\mathrm{dom}R$,$y\in\mathrm{ran}R$,$\langle x,y\rangle\in R$,那么从代表 x 的结点到代表 y 的结点画一条有向边. 所有的 n 条有向边就构成了 R 的图示.

为求 R 与 S 的合成,先画出 R 的图示,在这个图示的后面接上 S 的图示. 如果 $\mathrm{ran}R$ 与 $\mathrm{dom}S$ 含有共同的元素,那么这个元素只能是同一个结点,而不能画成两个结点. 在这个图中如果从 $\mathrm{dom}R$ 的结点 x 经过 2 步有向边到达 $\mathrm{ran}S$ 的结点 z,那么 $\langle x,z\rangle\in R\circ S$. 例 4.9 的 $R\circ S$ 与 $S\circ R$ 的图示见图 4.2.

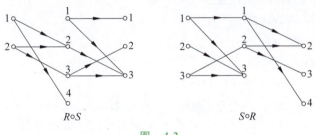

图 4.2

第二种方法是利用关系矩阵的乘法.

考虑例 4.9 中的关系 R 和 S,先将 R 和 S 表示成从一个集合到另一个集合上的关系. 因为 $\mathrm{dom}R=\{1,2\}$,$\mathrm{ran}R=\{2,3,4\}$,$\mathrm{dom}S=\{1,2,3\}$,$\mathrm{ran}S=\{1,2,3\}$,其中 $\mathrm{ran}R\cup\mathrm{dom}S=\{1,2,3,4\}$,那么将 R 看作从 $\mathrm{dom}R$ 到 $\mathrm{ran}R\cup\mathrm{dom}S$ 的关系,而将 S 看作从 $\mathrm{ran}R\cup\mathrm{dom}S$ 到 $\mathrm{ran}S$ 的关系,因此 $R\circ S$ 就是从 $\mathrm{dom}R$ 到 $\mathrm{ran}S$ 的关系. 分别写出 R 和 S 的关系矩阵 $\boldsymbol{M}_R$ 和 $\boldsymbol{M}_S$,然后计算 $\boldsymbol{M}_R$ 和 $\boldsymbol{M}_S$ 的乘积. 注意,元素的相加采用逻辑加,即 $1+0=0+1=1+1=1$,$0+0=0$. 这样得到的结果矩阵就是关系 $R\circ S$ 的关系矩阵. 计算过程如下:

$$\boldsymbol{M}_R\boldsymbol{M}_S = \begin{bmatrix} 0 & 1 & 0 & 1 \\ 0 & 1 & 1 & 0 \end{bmatrix} \begin{bmatrix} 1 & 0 & 1 \\ 0 & 0 & 1 \\ 0 & 1 & 1 \\ 0 & 0 & 0 \end{bmatrix} = \begin{bmatrix} 0 & 0 & 1 \\ 0 & 1 & 1 \end{bmatrix}$$

从而得到 $R\circ S=\{\langle 1,3\rangle,\langle 2,2\rangle,\langle 2,3\rangle\}$,与用图示的方法结果相同.

最后还要说明一点,这里定义的关系合成是右复合运算. 换句话说,$R\circ S$ 中的 R 是第一步作用,而右边的 S 是复合上去的第二步作用. 有的书中采用了左复合的定义,即

$$R\circ S=\{\langle x,z\rangle\mid \exists y(\langle x,y\rangle\in S \land \langle y,z\rangle\in R)\}$$

左复合中的 S 是第一步作用,而左边的 R 是复合上去的第二步作用. 显然两种定义的计算结果是不一样的. 从理论上说,这两种定义都是合理的,正像交通规则,有的国家规定右行,有的国家规定左行一样,只要自己的体系一致就行了.

可以证明关系的运算具有下述性质.

定理 4.1 设 F 是任意的关系,则

(1) $(F^{-1})^{-1}=F$.

(2) $\mathrm{dom}F^{-1}=\mathrm{ran}F$,$\mathrm{ran}F^{-1}=\mathrm{dom}F$.

证明 (1) 任取$\langle x,y \rangle$，由逆的定义有
$$\langle x,y \rangle \in (F^{-1})^{-1} \Leftrightarrow \langle y,x \rangle \in F^{-1} \Leftrightarrow \langle x,y \rangle \in F$$
所以有$(F^{-1})^{-1}=F$．
(2) 任取x，
$$x \in \mathrm{dom}F^{-1} \Leftrightarrow \exists y(\langle x,y \rangle \in F^{-1}) \Leftrightarrow \exists y(\langle y,x \rangle \in F) \Leftrightarrow x \in \mathrm{ran}F$$
所以有$\mathrm{dom}F^{-1} = \mathrm{ran}F$．
同理可证 $\mathrm{ran}F^{-1} = \mathrm{dom}F$．

定理 4.1 说明关系的逆是相互的，求逆运算以后定义域与值域互换．

下面的两个定理都与合成运算的性质相关．

定理 4.2 设F,G,H是任意的关系，则
(1) $(F \circ G) \circ H = F \circ (G \circ H)$．
(2) $(F \circ G)^{-1} = G^{-1} \circ F^{-1}$．

证明 (1) 任取$\langle x,y \rangle$，
$$\langle x,y \rangle \in (F \circ G) \circ H$$
$$\Leftrightarrow \exists t(\langle x,t \rangle \in F \circ G \wedge \langle t,y \rangle \in H)$$
$$\Leftrightarrow \exists t(\exists s(\langle x,s \rangle \in F \wedge \langle s,t \rangle \in G) \wedge \langle t,y \rangle \in H)$$
$$\Leftrightarrow \exists t \exists s(\langle x,s \rangle \in F \wedge \langle s,t \rangle \in G \wedge \langle t,y \rangle \in H)$$
$$\Leftrightarrow \exists s(\langle x,s \rangle \in F \wedge \exists t(\langle s,t \rangle \in G \wedge \langle t,y \rangle \in H))$$
$$\Leftrightarrow \exists s(\langle x,s \rangle \in F \wedge \langle s,y \rangle \in G \circ H)$$
$$\Leftrightarrow \langle x,y \rangle \in F \circ (G \circ H)$$
所以$(F \circ G) \circ H = F \circ (G \circ H)$．
(2) 任取$\langle x,y \rangle$，
$$\langle x,y \rangle \in (F \circ G)^{-1}$$
$$\Leftrightarrow \langle y,x \rangle \in F \circ G$$
$$\Leftrightarrow \exists t(\langle y,t \rangle \in F \wedge \langle t,x \rangle \in G)$$
$$\Leftrightarrow \exists t(\langle x,t \rangle \in G^{-1} \wedge \langle t,y \rangle \in F^{-1})$$
$$\Leftrightarrow \langle x,y \rangle \in G^{-1} \circ F^{-1}$$
所以$(F \circ G)^{-1} = G^{-1} \circ F^{-1}$．

定理 4.3 设R为A上的关系，则
$$R \circ I_A = I_A \circ R = R$$

证明 任取$\langle x,y \rangle$，
$$\langle x,y \rangle \in R \circ I_A$$
$$\Leftrightarrow \exists t(\langle x,t \rangle \in R \wedge \langle t,y \rangle \in I_A)$$
$$\Leftrightarrow \exists t(\langle x,t \rangle \in R \wedge t=y \wedge y \in A)$$
$$\Leftrightarrow \langle x,y \rangle \in R$$
从而有$R \circ I_A = R$，同理可证$I_A \circ R = R$．

定理 4.2 说明合成运算满足结合律，对于多个关系的合成，只要不交换它们的次序，不管谁先参与合成，最后的结果都是一样的．定理 4.3 说明，对于任何A上的关系R，恒等关系对于合成运算是没有贡献的．这里的恒等关系所起的作用，就像普通乘法中的整数 1 一样，

不管什么实数 x,x 与 1 相乘总是等于 x. 具有这种性质的元素称为运算的单位元. 1 是普通乘法的单位元,恒等关系 I_A 是 A 上关系合成运算的单位元. 关于单位元的一般性定义将在后面的 14.1.2 节给以介绍.

以上 3 个定理的证明方法都是第 1 章提到的直接证明法. $\text{dom}\, R$,$\text{ran}\, R$ 是集合,R^{-1} 与 $R \circ S$ 是关系. 为证明相关的等式,实际上采用的是集合相等的证明方法,即证明相互包含. 它们的区别在于,$\text{dom}\, R$ 与 $\text{ran}\, R$ 中任取的是元素 x,而 R^{-1} 与 $R \circ S$ 中任取的是有序对 $\langle x,y \rangle$.

4.2.2 关系的幂运算

由于关系合成满足结合律,因此可以定义关系的幂运算. 这里的关系指的是集合 A 上的关系.

定义 4.13 设 R 为 A 上的关系,n 为自然数,则 R 的 *n* 次幂定义为

(1) $R^0 = \{\langle x,x \rangle | x \in A\} = I_A$.

(2) $R^{n+1} = R^n \circ R$.

这个定义是递归的定义. 对于 A 上的任何关系 R,R 的最低次幂是 0 次幂,等于 A 上的恒等关系 I_A. 由 0 次幂开始,反复使用第(2)条规则,就可以得到 R 的任何正整数次幂. 例如:

$$R^1 = R^0 \circ R = R$$
$$R^2 = R^1 \circ R = R \circ R$$
$$R^3 = R^2 \circ R = (R \circ R) \circ R = R \circ R \circ R$$
$$\vdots$$

由定义 4.13 可以知道,对于 A 上的任何关系 R_1 和 R_2,它们的 0 次幂都是相等的,即 $R_1^0 = R_2^0 = I_A$. R 的 n 次幂就是 n 个 R 的合成.

怎样求出关系 R 的 n 次幂? 这与关系 R 的表示法有关,不同的表示,求法也不同. 如果关系是用集合表达式给出的,那么可以采用关系图示的方法. 为求 R 的 n 次幂,将 R 的图示复制 n 次,第 i 个图示从第 i 层的 A 中的结点到达第 $i+1$ 层的 A 中的结点. 如果从第一层 A 中的结点 x,经过 n 步长的有向路径,可以到达最后一层($n+1$ 层)A 中的结点 y,那么 $\langle x,y \rangle \in R^n$. 如果 R 是用矩阵 $\boldsymbol{M}_R$ 表示的,那么只需计算 $\boldsymbol{M}_R$ 的 n 次方,这就是 R^n 的关系矩阵. 利用关系图求关系幂的方法可能是最方便的. 下面给出具体的做法.

设 R 的关系图是 G_R,先在 R^n 的关系图 G' 中画出与 G_R 相同的 n 个顶点,然后顺序考察 G_R 的每个结点 x. 如果结点 x 到 y 有一条长为 n 的有向通路,那么就在 G' 中加上一条从 x 到 y 的边. 注意,当 $x=y$ 时,得到的是一个过 x 的环. 当所有的结点都检查过,G' 中的边都添加完毕,就得到 R^n 的关系图. 请看下面的例子.

例 4.10 设 $A = \{a,b,c,d\}$,$R = \{\langle a,b \rangle, \langle b,a \rangle, \langle b,c \rangle, \langle c,d \rangle\}$,求 R 的各次幂,分别用矩阵和关系图表示.

解 R 的关系矩阵为

$$\boldsymbol{M} = \begin{bmatrix} 0 & 1 & 0 & 0 \\ 1 & 0 & 1 & 0 \\ 0 & 0 & 0 & 1 \\ 0 & 0 & 0 & 0 \end{bmatrix}$$

则 R^2 的关系矩阵是

$$M^2 = \begin{bmatrix} 0 & 1 & 0 & 0 \\ 1 & 0 & 1 & 0 \\ 0 & 0 & 0 & 1 \\ 0 & 0 & 0 & 0 \end{bmatrix} \begin{bmatrix} 0 & 1 & 0 & 0 \\ 1 & 0 & 1 & 0 \\ 0 & 0 & 0 & 1 \\ 0 & 0 & 0 & 0 \end{bmatrix} = \begin{bmatrix} 1 & 0 & 1 & 0 \\ 0 & 1 & 0 & 1 \\ 0 & 0 & 0 & 0 \\ 0 & 0 & 0 & 0 \end{bmatrix}$$

同理 R^3 和 R^4 的矩阵是

$$M^3 = \begin{bmatrix} 0 & 1 & 0 & 1 \\ 1 & 0 & 1 & 0 \\ 0 & 0 & 0 & 0 \\ 0 & 0 & 0 & 0 \end{bmatrix}, \quad M^4 = \begin{bmatrix} 1 & 0 & 1 & 0 \\ 0 & 1 & 0 & 1 \\ 0 & 0 & 0 & 0 \\ 0 & 0 & 0 & 0 \end{bmatrix}$$

因此 $M^4 = M^2$，即 $R^4 = R^2$. 于是可以得到

$$R^2 = R^4 = R^6 = \cdots, \quad R^3 = R^5 = R^7 = \cdots$$

而 R^0，即 I_A 的关系矩阵是

$$M^0 = \begin{bmatrix} 1 & 0 & 0 & 0 \\ 0 & 1 & 0 & 0 \\ 0 & 0 & 1 & 0 \\ 0 & 0 & 0 & 1 \end{bmatrix}$$

用关系图的方法得到 $R^0, R^1, R^2, R^3, \cdots$ 的关系图如图 4.3 所示.

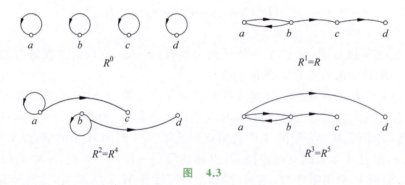

图 4.3

可以证明以下关于幂运算的性质.

定理 4.4 设 A 为 n 元集，R 是 A 上的关系，则存在自然数 s 和 t，使得 $R^s = R^t$.

证明 R 为 A 上的关系，由于 $|A| = n$，A 上的不同关系只有 2^{n^2} 个. 列出 R 的各次幂

$$R^0, R^1, R^2, \cdots, R^{2^{n^2}}, \cdots$$

当所列出的幂的个数超过 A 上关系的总数 2^{n^2} 时，这些幂中必有两个幂相等，即存在自然数 s 和 t 使得 $R^s = R^t$.

在定理 4.4 的证明中实际上用到了**鸽巢原理**. 鸽巢原理的简单形式表述如下：把 $n+1$ 只鸽子放入 n 个巢中，那么存在一个巢，使得其中至少有 2 只或者 2 只以上的鸽子. 鸽巢原理是组合学的重要原理，在许多涉及组合存在性问题的证明中有着重要的应用.

定理 4.4 说明有穷集合上的关系 R 只有有限多个不同的幂.

定理 4.5 设 R 是 A 上的关系，$m,n\in \mathbf{N}$，则

(1) $R^m \circ R^n = R^{m+n}$.

(2) $(R^m)^n = R^{mn}$.

证明 用归纳法.

(1) 对于任意给定的 $m\in \mathbf{N}$，施归纳于 n.

若 $n=0$，则有
$$R^m \circ R^0 = R^m \circ I_A = R^m = R^{m+0}$$

假设 $R^m \circ R^n = R^{m+n}$，则有
$$R^m \circ R^{n+1} = R^m \circ (R^n \circ R) = (R^m \circ R^n) \circ R = R^{m+n+1}$$

所以对一切 $m,n\in \mathbf{N}$ 有 $R^m \circ R^n = R^{m+n}$.

(2) 对于任意给定的 $m\in \mathbf{N}$，施归纳于 n.

若 $n=0$，则有
$$(R^m)^0 = I_A = R^0 = R^{m\times 0}$$

假设 $(R^m)^n = R^{mn}$，则有
$$(R^m)^{n+1} = (R^m)^n \circ R^m = R^{mn} \circ R^m = R^{mn+m} = R^{m(n+1)}$$

所以对一切 $m,n\in \mathbf{N}$ 有 $(R^m)^n = R^{mn}$.

以上定理采用的证明方法是第 1 章提到的数学归纳法. 归纳基础是对 $n=0$ 验证命题为真. 归纳步骤是由命题对 n 为真推出对 $n+1$ 也为真. 当命题中存在多个自然数时，一般是选择其中的一个自然数进行归纳. 这就是说，对其他的自然数要任意给定，然后对选中的那个自然数进行归纳. 比如任意给定 m，然后对 n 进行归纳.

定理 4.6 设 R 是 A 上的关系，若存在自然数 $s,t\ (s<t)$ 使得 $R^s = R^t$，则

(1) 对任何 $k\in \mathbf{N}$ 有 $R^{s+k} = R^{t+k}$.

(2) 对任何 $k,i\in \mathbf{N}$ 有 $R^{s+kp+i} = R^{s+i}$，其中 $p=t-s$.

(3) 令 $S = \{R^0, R^1, \cdots, R^{t-1}\}$，则对于任意的 $q\in \mathbf{N}$ 有 $R^q \in S$.

证明 (1) $R^{s+k} = R^s \circ R^k = R^t \circ R^k = R^{t+k}$.

(2) 对 k 归纳.

若 $k=0$，则有 $R^{s+0p+i} = R^{s+i}$

假设 $R^{s+kp+i} = R^{s+i}$，其中 $p=t-s$，则
$$R^{s+(k+1)p+i} = R^{s+kp+i+p} = R^{s+kp+i} \circ R^p = R^{s+i} \circ R^p = R^{s+p+i} = R^{s+t-s+i} = R^{t+i} = R^{s+i}$$

由归纳法命题得证.

(3) 任取 $q\in \mathbf{N}$，若 $q<t$，显然有 $R^q \in S$. 若 $q\geqslant t$，则根据除法定义存在自然数 k 和 i，使得 $q=s+kp+i$，其中 $0\leqslant i\leqslant p-1$. 于是
$$R^q = R^{s+kp+i} = R^{s+i}$$

而
$$s+i \leqslant s+p-1 = s+t-s-1 = t-1$$

这就证明了 $R^q \in S$.

定理 4.6 给出了 R 的不同幂的个数的一个上界. 也就是说，如果 $R^s = R^t$，那么 R 的不同的幂至多有 t 个. 如果 s 和 t 是使得 $R^s = R^t$ 成立的最小的自然数，那么 R 恰好有 t 个不同的幂. 这里的 $t-s$ 可以看作幂变化的周期. 利用幂的周期性，在某些情况下可以将 R 的比

较高的幂化简成比较低的幂. 回顾例 4.10, 由于 $R^2 = R^4$, 因此 R 的不同的幂至多是 4 个, 即 R^0, R^1, R^2, R^3. 利用这个性质, 有 $R^{100} = R^2$.

4.3 关系的性质

4.3.1 关系性质的定义和判别

本节涉及的关系都是指某个集合 A 上的关系, 所讨论的关系的性质是: 自反性、反自反性、对称性、反对称性和传递性. 下面给出定义.

定义 4.14 设 R 是集合 A 上的关系,

(1) 如果 $\forall x(x \in A \rightarrow \langle x,x \rangle \in R)$, 则称 R 在 A 上**自反**.

(2) 如果 $\forall x(x \in A \rightarrow \langle x,x \rangle \notin R)$, 则称 R 在 A 上**反自反**.

易见, 恒等关系 I_A, 全域关系 E_A, 小于或等于关系 L_A, 整除关系 D_A 都是给定集合 A 上的自反关系. 空关系 $\varnothing$, 小于关系是 A 上反自反的关系.

对于非空的集合 A, 根据关系是否具有自反性和反自反性可以将关系划分为 3 类: 自反但不是反自反的, 反自反但不是自反的, 既不是自反的也不是反自反的.

例 4.11 设 $A = \{a,b,c\}$,

$$R_1 = \{\langle a,a \rangle, \langle b,b \rangle, \langle b,c \rangle, \langle c,c \rangle\}$$
$$R_2 = \{\langle a,b \rangle\}$$
$$R_3 = \{\langle a,a \rangle, \langle a,b \rangle\}$$

这里 R_1 是自反的但不是反自反的, R_2 是反自反的但不是自反的, R_3 既不是自反的也不是反自反的.

对于任何集合 A, 最大的自反关系是 E_A, 最小的自反关系是 I_A, 最大的反自反关系是 $E_A - I_A$, 最小的反自反关系是空关系 $\varnothing$. 可以证明: A 上任何自反关系 R 都满足 $I_A \subseteq R$, A 上任何反自反关系 R 都满足 $R \cap I_A = \varnothing$.

从关系矩阵的特点来看, 自反关系的关系矩阵的主对角线元素全是 1, 反自反关系的关系矩阵的主对角线元素全是 0. 主对角线元素有 1 也有 0 的关系既不是自反的也不是反自反的.

从关系图的特点来看, 自反关系的关系图中每个结点都有过自身的环(从某个结点出发到自己的边), 反自反关系图中每个结点都没有环. 如果有的结点有环, 有的结点没有环, 那么这个关系既不是自反的也不是反自反的.

定义 4.15 设 R 是集合 A 上的关系,

(1) 如果 $\forall x \forall y(x,y \in A \wedge \langle x,y \rangle \in R \rightarrow \langle y,x \rangle \in R)$, 则称 R 在 A 上**对称**.

(2) 如果 $\forall x \forall y(x,y \in A \wedge \langle x,y \rangle \in R \wedge \langle y,x \rangle \in R \rightarrow x = y)$, 则称 R 在 A 上**反对称**.

空关系 $\varnothing$, 恒等关系 I_A, 全域关系 E_A 都是 A 上对称的关系. 空关系 $\varnothing$ 和恒等关系 I_A 也是 A 上反对称的关系. 小于或等于关系、小于关系、整除关系、包含关系等都是相应集合上的反对称关系.

A 上的反对称关系 R 也可以定义为

$$\forall x \forall y(x,y \in A \wedge \langle x,y \rangle \in R \wedge x \neq y \rightarrow \langle y,x \rangle \notin R)$$

这就是说,对于不同的元素 x 和 y,如果 x 与 y 有这种关系,那么 y 与 x 就一定没有这种关系. 比如说对于两个不同的数 x 和 y,如果 $x<y$,那么一定不会有 $y<x$. 可以证明这个定义和定义 4.15(2)是等价的.

对于非空的集合 A,根据关系是否具有对称性和反对称性可以将关系划分为 4 类:对称但不是反对称的,反对称但不是对称的,既是对称的又是反对称的,既不是对称的也不是反对称的.

例 4.12 设 $A=\{a,b,c\}$,
$$R_1=\{\langle a,a\rangle,\langle b,b\rangle,\langle b,c\rangle,\langle c,b\rangle\}$$
$$R_2=\{\langle a,b\rangle,\langle c,a\rangle\}$$
$$R_3=\{\langle a,a\rangle,\langle b,b\rangle\}$$
$$R_4=\{\langle a,b\rangle,\langle b,a\rangle,\langle a,c\rangle\}$$

这里 R_1 是对称的但不是反对称的,R_2 是反对称的但不是对称的,R_3 既是对称的又是反对称的,R_4 既不是对称的也不是反对称的.

对于集合 A,最小的对称关系是空关系 $\varnothing$,最大的对称关系是全域关系 E_A,最小的反对称关系也是空关系 $\varnothing$. 可以证明 A 上任何对称关系 R 都满足 $R=R^{-1}$,任何反对称关系 R 都满足 $R\cap R^{-1}\subseteq I_A$.

从关系矩阵的特点来看,对称关系 R 的关系矩阵 $\mathbf{M}_R$ 也是对称的. 即矩阵 $\mathbf{M}_R$ 的转置矩阵 $\mathbf{M}'_R=\mathbf{M}_R$. 在反对称关系 R 的关系矩阵 $\mathbf{M}_R$ 中,处于对称位置的两个不同元素不能同时为 1. 换句话说,当 $i\neq j$ 时,i 行 j 列的元素 r_{ij} 与 j 行 i 列的元素 r_{ji} 可以同时为 0,可以是一个 1 和一个 0,但是不能同时为 1. 不难看出,如果一个关系矩阵只在主对角线位置的元素有 1,其他元素都是 0,那么这个关系既是对称的也是反对称的.

从关系图的特点来看,在对称关系图的两个结点之间如果有边,一定是一对方向相反的边. 类似地,在反对称关系图的两个结点之间如果有边,一定是一条单方向的边. 如果在一个关系图中,两个结点之间既有单向的边,也有双向的边,那么这个关系既不是对称的,也不是反对称的. 如果关系图中任意两个结点之间都没有边(可以存在过一个结点的环),那么这个关系既是对称的,也是反对称的.

定义 4.16 设 R 是集合 A 上的关系,如果
$$\forall x\forall y\forall z(x,y,z\in A\wedge\langle x,y\rangle\in R\wedge\langle y,z\rangle\in R\to\langle x,z\rangle\in R)$$
则称 R 是**传递**的.

集合 A 上的空关系 $\varnothing$、恒等关系 I_A、全域关系 E_A、小于或等于关系 L_A、整除关系 D_A、包含关系等都是传递关系.

例 4.13 设 $A=\{a,b,c\}$,
$$R_1=\{\langle a,b\rangle,\langle b,c\rangle,\langle a,c\rangle\}$$
$$R_2=\{\langle a,b\rangle,\langle b,a\rangle\}$$
$$R_3=\{\langle a,a\rangle,\langle b,b\rangle\}$$
$$R_4=\{\langle a,b\rangle\}$$

则 R_1,R_3 和 R_4 是传递的,R_2 不是传递的. 考察 R_2,存在 $\langle a,b\rangle$ 和 $\langle b,a\rangle$ 属于 R_2,但是 $\langle a,a\rangle$ 和 $\langle b,b\rangle$ 不属于 R_2. 对于 R_3 和 R_4,无论选什么不同的元素都不能使定义 4.16 中蕴涵式的

前件为真. 根据蕴涵式真值的规定,前件为假的蕴涵式是真命题,因此关系满足定义 4.16 的条件.

可以证明 A 上的关系 R 具有传递性的充分必要条件就是 $R \circ R \subseteq R$,容易验证例 4.13 的 R_2 不满足这个条件. 类似地,也可以根据 R 的关系矩阵 $\mathbf{M}_R$ 来判断关系的传递性. 首先计算 $\mathbf{M}_R$ 的平方 $\mathbf{M} = \mathbf{M}_R^2$,然后针对 $\mathbf{M}$ 中元素为 1 的每个位置检查 $\mathbf{M}_R$ 中相应的位置是否为 1. 如果在 $\mathbf{M}_R$ 中相应的位置都是 1,那么 R 是传递的. 考虑例 4.13 中的关系 R_1,R_1 的关系矩阵 $\mathbf{M}_{R_1}$ 和它的平方是

$$\mathbf{M}_{R_1} = \begin{bmatrix} 0 & 1 & 1 \\ 0 & 0 & 1 \\ 0 & 0 & 0 \end{bmatrix}, \quad \mathbf{M} = \mathbf{M}_{R_1}^2 = \begin{bmatrix} 0 & 0 & 1 \\ 0 & 0 & 0 \\ 0 & 0 & 0 \end{bmatrix}$$

其中 $\mathbf{M}$ 中只有 $r_{13} = 1$,而 $\mathbf{M}_{R_1}$ 中的 r_{13} 也是 1,因此 R_1 是传递的.

根据关系图同样可以判断关系是否具有传递性. 设 $A = \{x_1, x_2, \cdots, x_n\}$,$A$ 上关系 R 的关系图为 G_R. 依次考察 G_R 的每个结点 x_i,$i = 1, 2, \cdots, n$,如果 x_i 经过两步长的有向路径到达 x_j,那么在 G_R 中应该有一条从 x_i 到 x_j 的边. 注意,如果 $i = j$,那么这条边就变成一个过 x_i 的环. 如果找到某个结点不满足这个要求,那么 R 就不是传递的;如果不存在这样的结点,R 就是传递的. 请看下面的例子.

例 4.14 设 A 上关系 R, S, T 的关系图如图 4.4 所示,分析它们的性质.

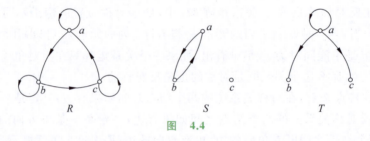

图 4.4

解 R 是自反的、反对称的. S 是反自反的、对称的. T 是反对称的、传递的. 怎样判断传递性呢?在 R 的关系图中有 c 到 a 的边,a 到 b 的边,但是缺少 c 到 b 的边,因此 R 不是传递的. 在 S 的关系图中有 a 到 b 的边,有 b 到 a 的边,但是缺少过 a 及过 b 的环. 而在 T 的关系图中没有破坏传递性质的情况出现.

上述关于关系性质的判别方法总结在表 4.2 中.

表 4.2

关系表示	关系性质				
	自反性	反自反性	对称性	反对称性	传递性
集合表达式	$I_A \subseteq R$	$R \cap I_A = \emptyset$	$R = R^{-1}$	$R \cap R^{-1} \subseteq I_A$	$R \circ R \subseteq R$
关系矩阵	主对角线元素全是 1	主对角线元素全是 0	矩阵是对称矩阵	若 $r_{ij} = 1$,且 $i \neq j$,则 $r_{ji} = 0$	对 $\mathbf{M}^2$ 中 1 所在位置,$\mathbf{M}$ 中相应位置都是 1

续表

关系表示	关系性质				
	自反性	反自反性	对称性	反对称性	传递性
关系图	每个顶点都有环	每个顶点都没有环	如果两个顶点之间有边，一定是一对方向相反的边（无单向边）	如果两点之间有边，一定是一条有向边(无双向边)	如果顶点 x_i 到 x_j 有边, x_j 到 x_k 有边, 则从 x_i 到 x_k 也有边

下面考虑关系的性质和运算的联系. 设 R_1 和 R_2 都是集合 A 上的关系, 可以证明以下命题:

(1) 如果 R_1 和 R_2 都是自反的, 则 R_1^{-1}, $R_1 \cap R_2$, $R_1 \cup R_2$, $R_1 \circ R_2$ 也是自反的.

(2) 如果 R_1 和 R_2 都是反自反的, 则 R_1^{-1}, $R_1 \cap R_2$, $R_1 \cup R_2$, $R_1 - R_2$ 也是反自反的.

(3) 如果 R_1 和 R_2 都是对称的, 则 R_1^{-1}, $R_1 \cap R_2$, $R_1 \cup R_2$, $R_1 - R_2$ 也是对称的.

(4) 如果 R_1 和 R_2 都是反对称的, 则 R_1^{-1}, $R_1 \cap R_2$, $R_1 - R_2$ 也是反对称的.

(5) 如果 R_1 和 R_2 都是传递的, 则 R_1^{-1}, $R_1 \cap R_2$ 也是传递的.

关于这些命题的结果可以总结成表 4.3. 对于保持性质的命题, 就在表中相应的位置打 "√", 否则打 "×". 对于每个 "√", 都可以给出证明; 对于每个 "×", 都可以举出反例.

表 4.3

关系运算	关系性质				
	自反性	反自反性	对称性	反对称性	传递性
R_1^{-1}	√	√	√	√	√
$R_1 \cap R_2$	√	√	√	√	√
$R_1 \cup R_2$	√	√	√	×	×
$R_1 - R_2$	×	√	√	√	×
$R_1 \circ R_2$	√	×	×	×	×

例 4.15 (1) 证明: 如果 R_1 和 R_2 都是反对称的, 则 $R_1 \cap R_2$ 也是反对称的.

(2) 设 R_1 和 R_2 都是传递的, 举出反例说明 $R_1 \circ R_2$ 不一定是传递的.

解 (1) 证明: 任取 $\langle x,y \rangle$ 和 $\langle y,x \rangle$,

$\langle x,y \rangle \in R_1 \cap R_2 \wedge \langle y,x \rangle \in R_1 \cap R_2$

$\Rightarrow \langle x,y \rangle \in R_1 \wedge \langle x,y \rangle \in R_2 \wedge \langle y,x \rangle \in R_1 \wedge \langle y,x \rangle \in R_2$

$\Rightarrow \langle x,y \rangle \in R_1 \wedge \langle y,x \rangle \in R_1$

$\Rightarrow x = y$ （因为 R_1 是反对称的）

因此, $R_1 \cap R_2$ 也是反对称的.

(2) 反例如下:

$A = \{1,2,3\}$, $R_1 = \{\langle 1,1 \rangle, \langle 2,3 \rangle\}$, $R_2 = \{\langle 1,2 \rangle, \langle 3,3 \rangle\}$ 都是传递的, $R_1 \circ R_2 = \{\langle 1,2 \rangle, \langle 2,3 \rangle\}$ 不是传递的.

4.3.2 关系的闭包

设 R 是集合 A 上的关系。如果 R 不具有某些性质，比如说对称性，那么可以通过在 R 中加入最少数量的有序对来扩充 R，使得扩充后的 R 具有对称性。这种经过扩充的 R 称作 R 的对称闭包。类似地也可以构造 R 的自反和传递闭包。下面给出闭包的定义。

定义 4.17 设 R 是非空集合 A 上的关系，R 的自反（对称或传递）闭包是 A 上的关系 R'，使得 R' 满足以下条件：

(1) R' 是自反的（对称的或传递的）。

(2) $R \subseteq R'$。

(3) 对 A 上任何包含 R 的自反（对称或传递）关系 R'' 有 $R' \subseteq R''$。

一般将 R 的自反闭包记作 $r(R)$，对称闭包记作 $s(R)$，传递闭包记作 $t(R)$。

根据闭包定义不难看出，如果 R 已经具有所需要的性质，比如说 R 是对称的，那么 R 的对称闭包就是 R 自身，即 $s(R)=R$。对于自反闭包和传递闭包也有类似的性质。

怎样构造关系的闭包呢？根据关系的 3 种表示方法：集合表达式、关系矩阵和关系图可以得到计算闭包的 3 种方法。

定理 4.7 设 R 为 A 上的关系，则有

(1) $r(R) = R \cup R^0$。

(2) $s(R) = R \cup R^{-1}$。

(3) $t(R) = R \cup R^2 \cup R^3 \cup \cdots$。

证明 这里只证(1)和(3)。(2)的证明与(1)类似。

(1) 只需证明 $R \cup R^0$ 满足闭包定义。

显然 $R \cup R^0$ 包含了 R，由 $I_A \subseteq R \cup R^0$ 可知 $R \cup R^0$ 在 A 上是自反的。下面证明 $R \cup R^0$ 是包含 R 的最小的自反关系。假设 R' 是包含 R 的自反关系，那么 $I_A \subseteq R'$，$R \subseteq R'$，因此

$$R \cup R^0 = I_A \cup R \subseteq R'$$

(3) 先证明 $t(R) \subseteq R \cup R^2 \cup R^3 \cup \cdots$。根据闭包的定义，这里只需证明 $R \cup R^2 \cup R^3 \cup \cdots$ 具有传递性。任取 $\langle x, y \rangle$ 和 $\langle y, z \rangle$，

$$\langle x, y \rangle \in R \cup R^2 \cup R^3 \cup \cdots \land \langle y, z \rangle \in R \cup R^2 \cup R^3 \cup \cdots$$
$$\Rightarrow \exists t (\langle x, y \rangle \in R^t) \land \exists s (\langle y, z \rangle \in R^s)$$
$$\Rightarrow \langle x, z \rangle \in R^t \circ R^s \Rightarrow \langle x, z \rangle \in R^{t+s}$$
$$\Rightarrow \langle x, z \rangle \in R \cup R^2 \cup R^3 \cup \cdots$$

下面证明 $R \cup R^2 \cup R^3 \cup \cdots \subseteq t(R)$。为此只需证明 $R^n \subseteq t(R)$，其中 n 代表任意正整数。这里对 n 进行归纳证明。

$n=1$ 时显然为真。假设对于 $n=k$ 时为真，那么对于任意 $\langle x, y \rangle$，

$$\langle x, y \rangle \in R^{k+1} \Rightarrow \langle x, y \rangle \in R^k \circ R$$
$$\Rightarrow \exists t (\langle x, t \rangle \in R^k \land \langle t, y \rangle \in R)$$
$$\Rightarrow \exists t (\langle x, t \rangle \in t(R) \land \langle t, y \rangle \in t(R))$$
$$\Rightarrow \langle x, y \rangle \in t(R) \quad \text{（由于 } t(R) \text{ 是传递的）}$$

可以证明，对于有穷集合 A 上的关系 R，$t(R) = R \cup R^2 \cup R^3 \cup \cdots \cup R^s$，其中 s 不超过

A 中的元素数.

例 4.16 设 $A=\{a,b,c,d\}$,
$$R=\{\langle a,b\rangle,\langle a,c\rangle,\langle b,c\rangle,\langle c,d\rangle,\langle d,c\rangle\}$$
求 $r(R)$, $s(R)$, $t(R)$.

解 根据定理 4.7 有
$r(R)=R\bigcup R^0=\{\langle a,a\rangle,\langle a,b\rangle,\langle a,c\rangle,\langle b,b\rangle,\langle b,c\rangle,\langle c,c\rangle,\langle c,d\rangle,\langle d,c\rangle,\langle d,d\rangle\}$
$s(R)=R\bigcup R^{-1}=\{\langle a,b\rangle,\langle b,a\rangle,\langle a,c\rangle,\langle c,a\rangle,\langle b,c\rangle,\langle c,b\rangle,\langle c,d\rangle,\langle d,c\rangle\}$
$R^2=\{\langle a,c\rangle,\langle a,d\rangle,\langle b,d\rangle,\langle c,c\rangle,\langle d,d\rangle\}$
$R^3=\{\langle a,d\rangle,\langle a,c\rangle,\langle b,c\rangle,\langle c,d\rangle,\langle d,c\rangle\}$
$R^4=\{\langle a,c\rangle,\langle a,d\rangle,\langle b,d\rangle,\langle c,c\rangle,\langle d,d\rangle\}$
$t(R)=R\bigcup R^2\bigcup R^3\bigcup R^4=\{\langle a,b\rangle,\langle a,c\rangle,\langle a,d\rangle,\langle b,c\rangle,\langle b,d\rangle,\langle c,c\rangle,\langle c,d\rangle,$
$\langle d,c\rangle,\langle d,d\rangle\}$

可以用关系矩阵直接计算关系的自反、对称和传递闭包的矩阵. 设关系 R 及 $r(R)$, $s(R)$, $t(R)$ 的矩阵分别为 $\boldsymbol{M}$, $\boldsymbol{M}_r$, $\boldsymbol{M}_s$, $\boldsymbol{M}_t$, 则
$$\boldsymbol{M}_r=\boldsymbol{M}+\boldsymbol{E}$$
$$\boldsymbol{M}_s=\boldsymbol{M}+\boldsymbol{M}'$$
$$\boldsymbol{M}_t=\boldsymbol{M}+\boldsymbol{M}^2+\boldsymbol{M}^3+\cdots$$

这些公式实际上就是定理 4.7 中公式的直接结果. 考虑例 4.16 中的关系,相关的关系矩阵 $\boldsymbol{M}$, $\boldsymbol{M}_r$, $\boldsymbol{M}_s$, $\boldsymbol{M}_t$ 是

$$\boldsymbol{M}=\begin{bmatrix}0&1&1&0\\0&0&1&0\\0&0&0&1\\0&0&1&0\end{bmatrix}\qquad \boldsymbol{M}_r=\begin{bmatrix}1&1&1&0\\0&1&1&0\\0&0&1&1\\0&0&1&1\end{bmatrix}\qquad \boldsymbol{M}_s=\begin{bmatrix}0&1&1&0\\1&0&1&0\\1&1&0&1\\0&0&1&0\end{bmatrix}$$

$$\boldsymbol{M}_t=\begin{bmatrix}0&1&1&0\\0&0&1&0\\0&0&0&1\\0&0&1&0\end{bmatrix}+\begin{bmatrix}0&0&1&1\\0&0&0&1\\0&0&1&0\\0&0&0&1\end{bmatrix}+\begin{bmatrix}0&0&1&1\\0&0&1&0\\0&0&0&1\\0&0&1&0\end{bmatrix}+\begin{bmatrix}0&0&1&1\\0&0&0&1\\0&0&1&0\\0&0&0&1\end{bmatrix}=\begin{bmatrix}0&1&1&1\\0&0&1&1\\0&0&1&1\\0&0&1&1\end{bmatrix}$$

也可以利用关系图计算关系的闭包. 设关系 R 及 $r(R)$, $s(R)$, $t(R)$ 的关系图分别为 G, G_r, G_s, G_t. 为了构造 G_r,只需在图 G 中缺少环的每个结点加一个环. 为了构造 G_s,只需将 G 中的单向边变成双向边,即对于 G 中的任意两个不同的结点 x 和 y,如果只存在从 x 到 y 的边,那么在图 G_s 中加一条从 y 到 x 的边. 为从图 G 得到 G_t,需要检查每个结点的可达性. 考虑结点 x,如果从 x 经过至多 n(n 是图 G 中的结点数)步长的有向路径到达结点 y,并且 G 中缺少从 x 到 y 的有向边,那么就在 G_t 中加上一条从 x 到 y 的边. 当所有的结点都检查完以后,就得到图 G_t. 注意,当 $y=x$ 时,增加的边 $\langle x,x\rangle$ 实际上是过结点 x 的环. 例如,在例 4.16 的关系中,从 a 可达 b, c, d,但在 R 的关系图中缺少从 a 到 d 的边,因此在传递闭包的关系图中加上从 a 到 d 的边;类似地,还可以加上从 b 到 d 的边,从 c 到 c 的边和从 d 到 d 的边. 图 4.5 给出了 3 个闭包的关系图.

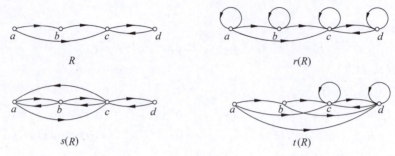

图 4.5

不难看出,在传递闭包 $t(R)$ 的关系图中,从结点 x 到 y 有一条边,当且仅当在 R 的关系图中从结点 x 到 y 存在一条长度至少为 1 的有向路径. 即在图 G 中可以从 x 连通到 y. 关系 R 的传递闭包实际上就是图 G 的连通关系 R^*,其中 R^* 定义如下:

$$R^* = \{\langle x, y \rangle \mid 在 G 中存在一条从 x 到 y 的有向路径\}$$

图的连通性问题是图论研究的重要问题之一,在实际中有着广泛的应用. 例如,通信网络的连通问题、运输路线的规划问题等都涉及图的连通性. 因此,传递闭包的计算需要一个高效率的算法. 一个著名的算法就是沃舍尔(Warshall)算法.

考虑 $n+1$ 个矩阵的序列 $M_0, M_1, \cdots, M_n$,将矩阵 M_k 的 i 行 j 列的元素记作 $M_k[i,j]$. 对于 $k = 0, 1, \cdots, n$,$M_k[i,j] = 1$ 当且仅当在 R 的关系图中存在一条从 x_i 到 x_j 的路径,并且这条路径除端点外中间只经过 $\{x_1, x_2, \cdots, x_k\}$ 中的顶点. 不难看出 M_0 就是 R 的关系矩阵,而 M_n 就对应了 R 的传递闭包. Warshall 算法从 M_0 开始,顺序计算 $M_1, M_2, \cdots$ 直到 M_n 为止.

假设 M_k 已经计算完毕,如何计算 M_{k+1} 呢? 这需要对于每组 i,j,确定 $M_{k+1}[i,j]$ 是否为 1. $M_{k+1}[i,j] = 1$ 当且仅当在 R 的关系图中存在一条从 x_i 到 x_j 并且中间只经过 $\{x_1, x_2, \cdots, x_k, x_{k+1}\}$ 中顶点的路径. 可以将这种路径分成两类:第一类是只经过 $\{x_1, x_2, \cdots, x_k\}$ 中顶点的路径,这时 $M_k[i,j] = 1$. 第二类是经过顶点 x_{k+1} 的路径. 因为回路可以从路径中删除,因此只需考虑经过 x_{k+1} 一次的路径. 这条路径可以分成两段,从 x_i 到 x_{k+1},再从 x_{k+1} 到 x_j,因此有 $M_k[i, k+1] = 1$ 和 $M_k[k+1, j] = 1$. 对于第二类路径的判别,可以利用下面的条件:

$$M_{k+1}[i,j] = 1 \Leftrightarrow M_k[i, k+1] = 1 \wedge M_k[k+1, j] = 1$$

算法 4.1 Warshall 算法.

输入:M (R 的关系矩阵).

输出:M_t ($t(R)$ 的关系矩阵).

1. $M_t \leftarrow M$
2.   for $k \leftarrow 1$ to n do
3.   for $i \leftarrow 1$ to n do
4.   for $j \leftarrow 1$ to n do
5. $M_t[i,j] \leftarrow M_t[i,j] + M_t[i,k] \cdot M_t[k,j]$

注意，上述算法中矩阵加法和乘法中的元素相加都使用逻辑加. 考虑例 4.16 中的关系 R. 利用 Warshall 算法计算的矩阵序列如下：

$$M_0 = \begin{bmatrix} 0 & 1 & 1 & 0 \\ 0 & 0 & 1 & 0 \\ 0 & 0 & 0 & 1 \\ 0 & 0 & 1 & 0 \end{bmatrix}, \quad M_1 = \begin{bmatrix} 0 & 1 & 1 & 0 \\ 0 & 0 & 1 & 0 \\ 0 & 0 & 0 & 1 \\ 0 & 0 & 1 & 0 \end{bmatrix}, \quad M_2 = \begin{bmatrix} 0 & 1 & 1 & 0 \\ 0 & 0 & 1 & 0 \\ 0 & 0 & 0 & 1 \\ 0 & 0 & 1 & 0 \end{bmatrix},$$

$$M_3 = \begin{bmatrix} 0 & 1 & 1 & 1 \\ 0 & 0 & 1 & 1 \\ 0 & 0 & 0 & 1 \\ 0 & 0 & 1 & 1 \end{bmatrix}, \quad M_4 = \begin{bmatrix} 0 & 1 & 1 & 1 \\ 0 & 0 & 1 & 1 \\ 0 & 0 & 1 & 1 \\ 0 & 0 & 1 & 1 \end{bmatrix}.$$

Warshall 算法与前面的矩阵表示法计算所得到的结果是一致的，但是 Warshall 方法效率更高. 下面进行分析. 估计算法效率常用的方法是针对问题选择一个基本运算，然后统计该算法所需要的基本运算的次数，通常认为运算次数较少的算法效率比较高.

以矩阵元素之间的 1 次乘法作为 1 次基本运算，考察一般的矩阵计算方法. 在公式

$$M_t = M + M^2 + M^3 + \cdots + M^n$$

中，为计算 $M^2, M^3, \cdots, M^n$，每次都要做两个 n 阶矩阵相乘的运算，例如 $M^3 = M^2 M$，$M^4 = M^3 M, \cdots$. 两个 n 阶矩阵相乘需要做多少次元素的乘法运算呢？不难看出，为得到结果矩阵的每个元素 r_{ij}，需要做 n 次元素之间的相乘. 即 $r_{ij} = r_{i1} r_{1j} + r_{i2} r_{2j} + \cdots + r_{in} r_{nj}$. 由于矩阵中有 n^2 个元素，总共要做 n^3 次乘法. 因此，利用上述公式直接计算 M_t，需要的乘法次数是 $(n-1)n^3$. 相反，在 Warshall 算法中，第 2 行、第 3 行、第 4 行都是 n 步的循环，因此第 5 行总共被执行 n^3 次，而每次只做 1 次乘法，因此 Warshall 算法总共执行 n^3 次乘法.

最后需要说明的是，计算具有多种性质闭包的运算次序问题. 对于 A 上的关系 R，如果求 R 的同时具有自反、对称、传递 3 种性质的闭包，那么可以采用下面的次序：先计算 R 的自反闭包 $r(R)$，然后计算 $r(R)$ 的对称闭包 $sr(R)$，最后计算 $sr(R)$ 的传递闭包 $tsr(R)$. 可以证明 $tsr(R)$ 就是 R 的自反、对称、传递闭包. 例如，$A = \{1, 2, 3\}$，$R = \{\langle 1,2 \rangle, \langle 1,3 \rangle\}$，那么

$r(R) = \{\langle 1,1 \rangle, \langle 1,2 \rangle, \langle 1,3 \rangle, \langle 2,2 \rangle, \langle 3,3 \rangle\}$

$sr(R) = \{\langle 1,1 \rangle, \langle 1,2 \rangle, \langle 2,1 \rangle, \langle 1,3 \rangle, \langle 3,1 \rangle, \langle 2,2 \rangle, \langle 3,3 \rangle\}$

$tsr(R) = \{\langle 1,1 \rangle, \langle 1,2 \rangle, \langle 1,3 \rangle, \langle 2,1 \rangle, \langle 2,2 \rangle, \langle 2,3 \rangle, \langle 3,1 \rangle, \langle 3,2 \rangle, \langle 3,3 \rangle\}$

注意，千万不要颠倒对称和传递闭包的计算次序. 如果先计算传递闭包，然后再计算对称闭包，那么在计算对称闭包时有可能将传递性丢失. 考虑上面的例子. 如果采用如下的计算过程：

$r(R) = \{\langle 1,1 \rangle, \langle 1,2 \rangle, \langle 1,3 \rangle, \langle 2,2 \rangle, \langle 3,3 \rangle\}$

$tr(R) = r(R)$

$str(R) = sr(R) = \{\langle 1,1 \rangle, \langle 1,2 \rangle, \langle 2,1 \rangle, \langle 1,3 \rangle, \langle 3,1 \rangle, \langle 2,2 \rangle, \langle 3,3 \rangle\}$

那么最终得到的关系 $str(R)$ 就不是传递的，因为其中存在有序对 $\langle 3,1 \rangle, \langle 1,2 \rangle$，但是没有 $\langle 3,2 \rangle$.

4.4 等价关系与偏序关系

前面几节已经讨论了关系的运算以及性质，这里主要介绍两种具有良好性质的关系——等价关系和偏序关系，它们在实际中都有着广泛的应用.

4.4.1 等价关系

定义 4.18 设 R 是集合 A 上的关系，如果 R 是自反的、对称的、传递的，则称 R 为 A 上的**等价关系**. 对于任何元素 $x,y \in A$，如果 xRy，则称 x 与 y 等价，记作 $x \sim y$.

A 上的恒等关系 I_A、全域关系 E_A 是等价关系，而整数集合 $\mathbf{Z}$ 上的小于或等于关系不是等价关系，因为它不是对称的. 在整数集合或者它的子集上有一种重要的等价关系，就是模 n 同余关系 $\equiv$，这个关系将在第 11 章详细介绍. 对于任意整数 x 和 y，$x \equiv y \pmod{n}$ 的含义是 x 与 y 除以 n 的余数相等.

例 4.17 设 $A=\{1,2,3,4,5,6,7\}$，那么 A 上的模 3 等价关系.
$R=\{\langle 1,4\rangle,\langle 1,7\rangle,\langle 4,1\rangle,\langle 4,7\rangle,\langle 7,1\rangle,\langle 7,4\rangle,\langle 2,5\rangle,\langle 5,2\rangle,\langle 3,6\rangle,\langle 6,3\rangle\} \bigcup I_A$
R 的关系图如图 4.6 所示.

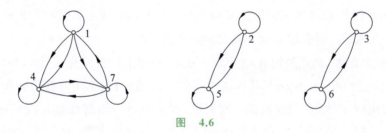

图 4.6

4.4.2 等价类和商集

由于等价关系的存在，将集合 A 的元素划分成若干个子集，彼此等价的元素被分在同一个子集里. 例 4.17 的 1,4,7 除以 3 的余数都是 1，它们在同一个子集里；2 和 5 除以 3 的余数都是 2，它们也在同一个子集里；最后一个子集就是由 3 和 6 构成的子集. 这些子集称作这个等价关系产生的等价类.

定义 4.19 设 R 为集合 A 上的等价关系，x 为 A 上的元素，A 中与 x 等价的全体元素构成的子集称为 x 的**等价类**，记作 $[x]_R$. 在不会混淆的情况下，可以简记为 $[x]$，即
$$[x] = \{y \mid y \in A, xRy\}$$

例 4.17 中的等价类是
$$[1]=[4]=[7]=\{1,4,7\}$$
$$[2]=[5]=\{2,5\}$$
$$[3]=[6]=\{3,6\}$$

下面的定理给出了等价类的性质.

定理 4.8 设 R 是非空集合 A 上的等价关系，则

(1) $\forall x \in A$,$[x]$是 A 的非空子集.
(2) $\forall x,y \in A$,如果 xRy,则 $[x]=[y]$.
(3) $\forall x,y \in A$,如果 $x\not{R}y$,则 $[x]$ 与 $[y]$ 不交.
(4) $\bigcup_{x \in A}[x]=A$①.

证明 (1) 由等价类定义可知,$\forall x \in A$ 有 $[x] \subseteq A$. 由自反性有 xRx,因此 $x \in [x]$,即 $[x]$ 非空.

(2) 任取 z,则有
$$z \in [x] \Rightarrow \langle x,z \rangle \in R \Rightarrow \langle z,x \rangle \in R$$
$$\langle z,x \rangle \in R \land \langle x,y \rangle \in R \Rightarrow \langle z,y \rangle \in R \Rightarrow \langle y,z \rangle \in R$$
从而证明了 $z \in [y]$. 综上所述必有 $[x] \subseteq [y]$. 同理可证 $[y] \subseteq [x]$. 这就得到了 $[x]=[y]$.

(3) 假设 $[x] \cap [y] \neq \varnothing$,则存在 $z \in [x] \cap [y]$,从而有 $z \in [x] \land z \in [y]$,即 $\langle x,z \rangle \in R \land \langle y,z \rangle \in R$ 成立. 根据 R 的对称性和传递性必有 $\langle x,y \rangle \in R$,与 $x\not{R}y$ 矛盾.

(4) 先证 $\bigcup_{x \in A}[x] \subseteq A$. 任取 y,
$$y \in \bigcup_{x \in A}[x] \Leftrightarrow \exists x(x \in A \land y \in [x]) \Rightarrow y \in [x] \land [x] \subseteq A \Rightarrow y \in A$$
从而有 $\bigcup_{x \in A}[x] \subseteq A$. 再证 $A \subseteq \bigcup_{x \in A}[x]$. 任取 y,
$$y \in A \Rightarrow y \in [y] \land y \in A \Rightarrow y \in \bigcup_{x \in A}[x]$$
从而有 $A \subseteq \bigcup_{x \in A}[x]$ 成立. 综上所述得 $\bigcup_{x \in A}[x]=A$.

定义 4.20 A 上的全体等价类构成的集合称作 A 关于等价关系 R 的**商集**,记作 A/R,即
$$A/R = \{[x]_R \mid x \in A\}$$

例 4.17 的商集是
$$A/R = \{\{1,4,7\},\{2,5\},\{3,6\}\}$$
如果 A 上的等价关系是恒等关系或全域关系,那么对应的商集是
$$A/I_A = \{\{1\},\{2\},\{3\},\cdots,\{7\}\}$$
$$A/E_A = \{\{1,2,\cdots,7\}\}$$

例 4.18 设 R 是整数集 $\mathbf{Z}$ 上的模 n 的等价关系,那么根据除以 n 的余数分别为 $0,1,2,\cdots,n-1$,将整数集合划分成 n 个等价类,即
$$[0] = \{nk \mid k \in \mathbf{Z}\}$$
$$[1] = \{nk+1 \mid k \in \mathbf{Z}\}$$
$$\vdots$$
$$[n-1] = \{nk+n-1 \mid k \in \mathbf{Z}\}$$
所有等价类的集合构成的商集是
$$\mathbf{Z}/R = \{[0],[1],\cdots,[n-1]\}$$

---

① $\bigcup_{x \in A}[x]$ 表示 A 中元素构成的所有等价类的并集.

4.4.3 集合的划分

下面讨论集合的划分.

定义 4.21 设 A 为非空集合,若 A 的子集族 π ($\pi \subseteq P(A)$) 满足下面条件:

(1) $\varnothing \notin \pi$.
(2) $\forall x \forall y (x, y \in \pi \land x \neq y \rightarrow x \cap y = \varnothing)$.
(3) $\bigcup_{x \in \pi} x = A$.①

则称 π 是 A 的一个**划分**,称 π 中的元素为 A 的**划分块**.

日常生活中经常遇到划分的例子. 在切蛋糕时就是对蛋糕进行划分,切出的每个块不是空块,两个不同的切块没有公共部分,所有切块合到一起就是原来的蛋糕.

例 4.19 设 $A = \{a, b, c, d\}$,给定 $\pi_1, \pi_2, \pi_3, \pi_4, \pi_5, \pi_6$ 如下:

$$\pi_1 = \{\{a, b, c\}, \{d\}\}$$
$$\pi_2 = \{\{a, b\}, \{c\}, \{d\}\}$$
$$\pi_3 = \{\{a\}, \{a, b, c, d\}\}$$
$$\pi_4 = \{\{a, b\}, \{c\}\}$$
$$\pi_5 = \{\varnothing, \{a, b\}, \{c, d\}\}$$
$$\pi_6 = \{\{a, \{a\}\}, \{b, c, d\}\}$$

则 π_1 和 π_2 是 A 的划分,其他都不是 A 的划分. 因为 π_3 中的两个划分块相交; π_4 中的划分块的并集不等于 A; π_5 中含有空块; π_6 根本不是 A 的子集族.

根据定理 4.8,等价类是 A 的非空子集,因此商集 A/R 是 A 的集合族,且满足:每个等价类不是空集,不同的等价类之间不相交,所有等价类的并集就是集合 A. 根据划分的定义,商集 A/R 就是 A 的划分,称为由等价关系 R 导出的划分.

反过来,给定集合 A 的划分 π,也可以根据如下规则导出 A 上的一个等价关系 R:

xRy 当且仅当 x 与 y 在 π 的同一个划分块中

不难验证这个关系具有自反性、对称性和传递性. 如果划分 π 含有 k 个划分块,即

$$\pi = \{A_1, A_2, \cdots, A_k\}$$

可以证明 π 导出的等价关系满足

$$R = (A_1 \times A_1) \cup (A_2 \times A_2) \cup \cdots \cup (A_k \times A_k)$$

并且 R 导出的划分就是 π.

通过上面的分析可以知道,集合 A 上的等价关系 R 与 A 的划分可以建立一一对应. A 上有多少个不同的等价关系,A 就有多少个不同的划分. 对于 n 元集合 A,A 上的等价关系个数是第二类斯特灵数(Stirling)的和,相关的结果将在第 10 章给出.

例 4.20 给出 $A = \{1, 2, 3\}$ 上所有的等价关系.

解 如图 4.7 所示,先做出 A 的所有划分,从左到右分别记作 $\pi_1, \pi_2, \pi_3, \pi_4, \pi_5$. 这些划分与 A 上的等价关系之间的一一对应是:π_4 对应于全域关系 E_A,π_5 对应于恒等关系 I_A,π_1, π_2 和 π_3 分别对应于等价关系 R_1, R_2 和 R_3. 其中

---

① $\bigcup_{x \in \pi} x$ 表示划分 π 中的所有划分块的并集.

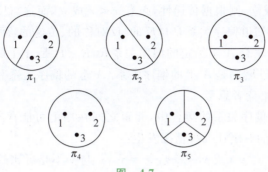

图 4.7

$$R_1 = \{\langle 2,3\rangle, \langle 3,2\rangle\} \cup I_A$$
$$R_2 = \{\langle 1,3\rangle, \langle 3,1\rangle\} \cup I_A$$
$$R_3 = \{\langle 1,2\rangle, \langle 2,1\rangle\} \cup I_A$$

4.4.4 偏序关系

集合 A 上的另一种重要的关系是偏序关系,也称为部分序关系,顾名思义就是 A 上部分元素之间的顺序关系. 这种关系在实际应用中广泛存在. 比如,通常的数之间的大于或等于关系,集合之间的包含关系等都是偏序关系. 下面给出偏序关系的定义.

定义 4.22 非空集合 A 上的自反、反对称和传递的关系称为 A 上的**偏序关系**,简称**偏序**,记作 $\preccurlyeq$.

例如,实数集合上的大于或等于关系、正整数集合上的整除关系、集合 A 上的恒等关系、集合 B 的幂集 $P(B)$ 上的包含关系等都是偏序关系.

设 $\preccurlyeq$ 为集合 A 上的偏序关系,如果 $\langle x,y\rangle \in \preccurlyeq$,记作 $x \preccurlyeq y$,读作"x 小于或等于 y". 这里的"小于或等于"表示的是在偏序中的先后顺序,不是指通常的数的大小. 针对不同的偏序,对于这个"小于或等于"可以给出不同的解释. 例如,偏序 $\preccurlyeq$ 代表正整数集合上的整除关系,那么 $x \preccurlyeq y$ 表示 x 整除 y,或者说 y 被 x 整除. 根据这个解释,可以写 $2 \preccurlyeq 4, 5 \preccurlyeq 5, \cdots$. 如果 $\preccurlyeq$ 代表实数集合上的大于或等于关系,那么不能写 $2 \preccurlyeq 4$,只能写 $4 \preccurlyeq 2$. 尽管这里读成"4 小于或等于 2",只是意味着在大于或等于的序上,4 排在 2 的前面,实际上的含义是 4 大于或等于 2.

定义 4.23 设 R 为非空集合 A 上的偏序关系,$\forall x, y \in A$,如果 $x \preccurlyeq y \lor y \preccurlyeq x$,则称 x 与 y **可比**.

例如,在正整数集合上的小于或等于关系中,任何两个正整数 x 和 y 都是可比的. 而对于整除关系,在任何两个正整数中,不能保证一个整除另一个,例如,2 不能整除 3,3 也不能整除 2. 在整除关系中 2 和 3 是不可比的.

和偏序关系有着密切联系的关系是拟序关系 $\prec$,它和对应的偏序关系的区别在于自反性.

定义 4.24 设 R 为非空集合 A 上的关系,如果 R 是反自反的和传递的,则称 R 是 A 上的**拟序关系**,简称为**拟序**,记作 $\prec$.

不难证明,如果一个关系是拟序关系,那么这个关系一定是反对称的. 因为如果存在 x,

y 使得 $x \prec y$ 且 $y \prec x$ 成立,则根据传递性,必有 $x \prec x$ 成立,而这与反自反性矛盾.

从上面的分析可以知道偏序关系是自反的、反对称的、传递的,而拟序关系是反自反的、反对称的、传递的. 对于集合 A 上给定的偏序关系 R, $R - I_A$ 是 A 上的拟序关系. 相反,对于给定的拟序关系 T, $T \cup I_A$ 则是 A 上的偏序关系. A 上的偏序关系和拟序关系之间存在着一一对应. 这个证明留给读者思考.

下面考虑在定义了偏序关系的集合中,元素之间在序上可能存在哪些不同的情况. 任取两个元素 x 和 y,可能有下述几种情况发生:

$$x \prec y \text{(或 } y \prec x\text{)}, \ x = y, \ x \text{ 与 } y \text{ 不是可比的}$$

如果存在不可比的情况,那么这个偏序在集合中是部分序. 但对某些集合,任何两个元素之间都存在序关系,这就是全序关系.

定义 4.25 设 R 为非空集合 A 上的偏序关系, $\forall x, y \in A$, x 与 y 都是可比的,则称 R 为**全序关系**,简称**全序**(或线序).

存在着许多全序关系,例如数集上的小于或等于关系是全序关系,字典顺序是英文字符串集合上的全序关系,而整除关系不是正整数集合上的全序关系.

定义 4.26 设 R 为非空集合 A 上的偏序, $x, y \in A$, 如果 $x \prec y$ 且不存在 $z \in A$ 使得 $x \prec z \prec y$,则称 y **覆盖** x.

不难看出 y 覆盖 x,意味着在序上 y 是紧跟在 x 后面的元素, y 和 x 之间不允许夹有其他元素. 例如 $\{1, 2, 4, 6\}$ 集合上的整除关系, 2 覆盖 1, 4 和 6 覆盖 2, 但 4 不覆盖 1. 对于全序关系,集合的全体元素根据覆盖的顺序可以排成一条链. 但是对于非全序的偏序关系,如果集合的元素数至少是 2, 那么只能存在由真子集构成的部分链, 而且这种链至少存在 2 条.

如果知道了偏序关系,不难确定集合元素之间的覆盖性质;反之,如果知道了元素之间的覆盖性质,同样也不难得到偏序关系的集合表达式. 因此,对于偏序关系 R, 可以定义 R 的一个子关系——**覆盖关系** T

$$T = \{\langle x, y \rangle \mid \langle x, y \rangle \in R \text{ 且 } y \text{ 覆盖 } x\}$$

如果偏序关系是 R, 且由 R 确定的覆盖关系是 T, 不难证明 T 的自反传递闭包 $rt(T)$ 就等于 R.

4.4.5 偏序集与哈斯图

定义 4.27 集合 A 和 A 上的偏序关系 $\preccurlyeq$ 一起称为**偏序集**,记作 $\langle A, \preccurlyeq \rangle$.

下面是一些偏序集的实例:

整数集 $\mathbf{Z}$ 和数的小于或等于关系 $\leqslant$ 构成偏序集 $\langle \mathbf{Z}, \leqslant \rangle$.

正整数集和数的整除关系构成偏序集,记作 $\langle \mathbf{Z}^+, | \rangle$.

集合 A 的幂集 $P(A)$ 和包含关系 $R_\subseteq$ 构成偏序集 $\langle P(A), R_\subseteq \rangle$.

集合 A 与恒等关系 I_A 构成偏序集,记作 $\langle A, I_A \rangle$.

例 4.21 设 $\langle A, R \rangle$ 和 $\langle B, S \rangle$ 是偏序集,证明 $\langle A \times B, T \rangle$ 也是偏序集,其中关系 T 的定义如下: $\forall \langle x, y \rangle, \langle u, v \rangle \in A \times B, \langle x, y \rangle T \langle u, v \rangle \Leftrightarrow xRu \land ySv$.

证明 $\forall \langle x, y \rangle \in A \times B$, 因为 R, S 都是自反的,因此有 xRx 和 ySy, 从而得到 $\langle x, y \rangle$

$T\langle x,y\rangle$,这就证明了 T 在 $A\times B$ 上是自反的.

$\forall \langle x,y\rangle, \langle u,v\rangle \in A\times B$,

$$\langle x,y\rangle T\langle u,v\rangle \wedge \langle u,v\rangle T\langle x,y\rangle$$
$$\Rightarrow (xRu \wedge ySv) \wedge (uRx \wedge vSy)$$
$$\Rightarrow (xRu \wedge uRx) \wedge (ySv \wedge vSy)$$
$$\Rightarrow x=u \wedge y=v$$
$$\Rightarrow \langle x,y\rangle = \langle u,v\rangle$$

这就证明了 T 在 $A\times B$ 上是反对称的.

$\forall \langle x,y\rangle, \langle u,v\rangle, \langle w,t\rangle \in A\times B$,

$$\langle x,y\rangle T\langle u,v\rangle \wedge \langle u,v\rangle T\langle w,t\rangle$$
$$\Rightarrow xRu \wedge ySv \wedge uRw \wedge vSt$$
$$\Rightarrow xRu \wedge uRw \wedge ySv \wedge vSt$$
$$\Rightarrow xRw \wedge ySt$$
$$\Rightarrow \langle x,y\rangle T\langle w,t\rangle$$

这就证明了 T 在 $A\times B$ 上是传递的.

表示偏序集可以使用哈斯图. 它是利用偏序关系的自反、反对称、传递性进行简化的关系图. 由于覆盖关系与偏序关系的对应性,只要在图中给出覆盖关系的所有信息,就不难得到对应偏序关系的全部信息. 哈斯图就是反映覆盖关系的信息图. 在偏序集 $\langle A,\preccurlyeq\rangle$ 的哈斯图中,A 中的每个元素是一个结点,如果 y 覆盖 x,那么 y 的位置在 x 的位置的上方,并且用一条线段连接 x 和 y. 这里的位置代表了元素之间在偏序意义的"大小",位置在下边的元素按照偏序应该排在前边,而位置在上边的元素按照偏序应该排在后边. 如果从结点 x 到 y 有一条向上的路径,那么在原来的偏序关系中 $x\prec y$. 下面是一些哈斯图的例子.

例 4.22 画出偏序集 $\langle \{1,2,3,4,5,6,7,8,9\}, | \rangle$ 和 $\langle P(\{a,b,c\}), R_{\subseteq}\rangle$ 的哈斯图.

解 这两个哈斯图给在图 4.8 中.

例 4.23 已知偏序集 $\langle A,R\rangle$ 的哈斯图如图 4.9 所示,试求出集合 A 和关系 R 的表达式.

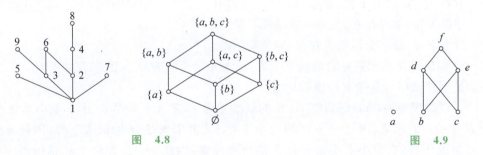

图 4.8　　　　　　　　　　图 4.9

解 $A=\{a,b,c,d,e,f\}$

$R=\{\langle b,d\rangle, \langle b,e\rangle, \langle b,f\rangle, \langle c,d\rangle, \langle c,e\rangle, \langle c,f\rangle, \langle d,f\rangle, \langle e,f\rangle\} \bigcup I_A$

下面考虑偏序集的特殊元素或者子集.

定义 4.28 设 $\langle A,\preccurlyeq\rangle$ 为偏序集,$B\subseteq A$,$y\in B$.

(1) 若 $\forall x(x\in B\to y\leqslant x)$ 成立，则称 y 为 B 的**最小元**.
(2) 若 $\forall x(x\in B\to x\leqslant y)$ 成立，则称 y 为 B 的**最大元**.
(3) 若 $\forall x(x\in B\wedge x\leqslant y\to x=y)$ 成立，则称 y 为 B 的**极小元**.
(4) 若 $\forall x(x\in B\wedge y\leqslant x\to x=y)$ 成立，则称 y 为 B 的**极大元**.

在图 4.8 的偏序集 $\langle\{1,2,\cdots,9\},|\rangle$ 中，最小元和极小元都是 1，没有最大元，但是有 5 个极大元，就是 5,6,7,8,9. 而偏序集 $\langle P(\{a,b,c\}),R_\subseteq\rangle$ 的最大元和极大元都是 $\{a,b,c\}$，最小元和极小元都是 $\varnothing$. 而在图 4.9 的偏序集中，极小元是 a,b 和 c，极大元是 a 和 f，既没有最大元也没有最小元.

可以证明最小元、最大元、极小元、极大元具有下述性质：
(1) 对于有穷集，极小元和极大元一定存在，还可能存在多个.
(2) 最小元和最大元不一定存在，如果存在一定唯一.
(3) 最小元一定是极小元；最大元一定是极大元.
(4) 孤立结点既是极小元，也是极大元.

这里给出性质(2)的证明，其他留给读者思考.

证明 首先看到图 4.9 中的偏序集就不存在最大元和最小元. 假设偏序集存在最小元 x,y. 根据最小元定义，x 和 y 要小于或等于偏序集中所有的元素，因此必有 $x\leqslant y$ 和 $y\leqslant x$ 成立，由于偏序关系的反对称性，$x=y$ 得证.

定义 4.29 设 $\langle A,\leqslant\rangle$ 为偏序集，$B\subseteq A$，$y\in A$.
(1) 若 $\forall x(x\in B\to x\leqslant y)$ 成立，则称 y 为 B 的**上界**.
(2) 若 $\forall x(x\in B\to y\leqslant x)$ 成立，则称 y 为 B 的**下界**.
(3) 令 $C=\{y|y$ 为 B 的上界$\}$，则称 C 的最小元为 B 的**最小上界**或**上确界**.
(4) 令 $D=\{y|y$ 为 B 的下界$\}$，则称 D 的最大元为 B 的**最大下界**或**下确界**.

对于图 4.8 中关于整除关系的偏序集，如果规定 $B=\{2,4,5\}$，$C=\{2,4\}$，那么 B 没有上界和最小上界，下界和最大下界都是 1；而 C 的上界为 4 和 8，最小上界为 4；下界为 2 和 1，最大下界为 2.

可以证明下界、上界、最大下界与最小上界存在下述性质：
(1) 下界、上界、最大下界、最小上界不一定存在.
(2) 如果下界、上界存在，也不一定是唯一的.
(3) 最大下界、最小上界如果存在，则是唯一的.
(4) 子集 B 的最小元就是它的最大下界，最大元就是它的最小上界；反之不对.

下面证明性质(4)，其他留给读者思考.

证明 设偏序集为 $\langle A,\leqslant\rangle$，$B\subseteq A$，$B$ 的最小元为 a. 最大下界是 b. 由于最小元要小于或等于 B 中的所有元素，因此 a 是 B 的一个下界. 又由于 b 是 B 的最大下界，因此 $a\leqslant b$. 另一方面，b 是下界，它要小于或等于 B 中的所有元素，因此 $b\leqslant a$. 综合上述就得到 $a=b$. 同理可证最大元也是它的最小上界.

反过来，B 的最大下界不一定是 B 的最小元，因为这个下界可能不在 B 集合中. 考虑整除关系的偏序集 $\langle\{1,2,\cdots,9\},|\rangle$，令 $B=\{2,3\}$，那么 B 的下界是 1，但是 1 不是 B 的最小元.

下面考虑偏序集的某些特殊子集.

定义 4.30 设 $\langle A, \leqslant \rangle$ 为偏序集，$B \subseteq A$.

(1) 如果 $\forall x, y \in B$，x 与 y 都是可比的，则称 B 是 A 中的一条**链**，B 中的元素个数称为**链的长度**.

(2) 如果 $\forall x, y \in B$，$x \neq y$，x 与 y 都是不可比的，则称 B 是 A 中的一条**反链**，B 中的元素个数称为**反链的长度**.

在偏序集 $\langle \{1, 2, \cdots, 9\}, | \rangle$ 中，$\{1, 2, 4, 8\}$ 是长为 4 的链，$\{1, 4\}$ 是长为 2 的链，$\{2, 3\}$ 是长为 2 的反链. 对于单元集 $\{2\}$，它的长度是 1，既是链也是反链.

偏序集中的链表达了在部分元素中存在的全序关系，而反链则反映了元素之间没有任何序的关系. 图 4.10 是一个保险索赔的流程图. 图中的矩形方框代表处理流程中的任务，圆圈代表某种分支选择. 在对流程进行逻辑分析时可以忽略流程中的循环成分，可以将循环抽象成一个单一的大结点，例如用一个结点 T 代替流程图中的任务 T_7、T_8 和后面的分支结点. 所有的结点构成一个集合，在集合的元素之间存在如下偏序关系：对于任意结点 x 和 y，$x \leqslant y \Leftrightarrow x = y$ 或者 y 必须在 x 完成后才能开始执行.

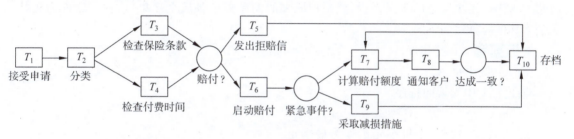

图 4.10

集合和偏序关系构成偏序集，这个偏序集的哈斯图如图 4.11 所示.

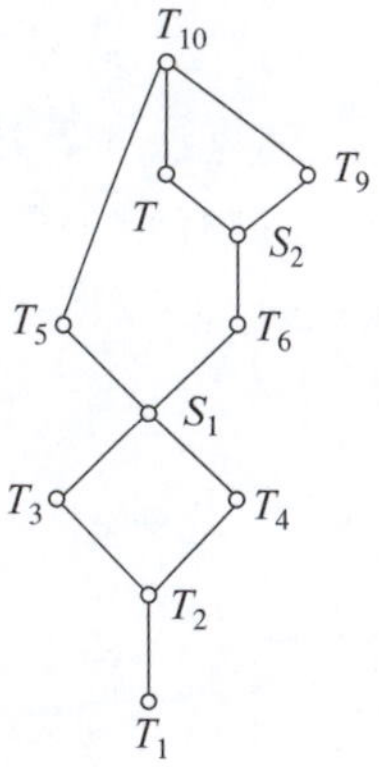

考虑偏序集中的链，最长链有 4 条，其中 2 条分别是 $\{T_1, T_2, T_3, S_1, T_6, S_2, T, T_{10}\}$ 和 $\{T_1, T_2, T_3, S_1, T_6, S_2, T_9, T_{10}\}$，长度都是 8. 它代表了整个流程中必须顺序执行的任务最多有多少个. 如果完成每项任务的时间差距不大，这种最长的链往往反映了完成任务的最少时间. 从提高效率的角度考虑，并行执行是减少总时间的一种途径. 在一个偏序集或者子偏序集中，如果能够将任务按照不相交的链进行分解，那么这些不相交的链是可以在一定程度上并行执行的. 另一方面，如果把偏序集分解成不相交的反链，那么最长的反链长度则代表了在某个时间区间极大可并行执行的任务数. 关于偏序集的分解有下面的定理.

定理 4.9 设 $\langle A, \leqslant \rangle$ 为偏序集，如果 A 中最长的链长度为 n，则该偏序集可以分解为 n 条不相交的反链.

图 4.11

限于篇幅，这里省去证明，仅对定理进行说明. 这个定理称为偏序集的分解定理，是组合数学中重要的存在性定理之一. 这种分解是所有分解方法中反链个数最少的一种分解方法，因为 A 不可能分解成 $n-1$ 条反链. 假若只有 $n-1$ 条反链，那么最长链的 n 个元素中必有 2 个元素被分到同一个反链，显然这与反链的定义矛盾. 有穷偏序集分解成 n 条反链的过程可以采用下面的方法去做.

算法 4.2　偏序集反链分解算法.

输入：偏序集 A.

输出：A 中的反链 $B_1, B_2, \cdots$.

1. $i \leftarrow 1$
2. $B_i \leftarrow A$ 的所有极大元的集合（显然 B_i 是一条反链）
3. 令 $A \leftarrow A - B_i$
4. if $A \neq \varnothing$
5. 　　$i \leftarrow i+1$
6. 　　转 2

注意：从 A 中去掉 B_i 中的元素时，同时去掉连接这些元素与被它覆盖的元素之间的边. 行 2~3 每执行一次，最长链的长度减少 1，同时产生一条新的反链. 因为最长链长度为 n，恰好执行 n 次，算法结束，并得到 n 条反链.

如果只有一台处理器，在有限个任务的调度中需要根据偏序要求对所有的任务安排一个执行顺序. 用集合论的术语来说，就是把原来的偏序集扩张成全序集，这种方法称为拓扑排序. 具体的算法如下.

算法 4.3　拓扑排序.

输入：偏序集 A.

输出：A 中元素的排序.

1. $i \leftarrow 1$
2. 从 A 中选择一个极小元 a_i 作为最小元
3. $A \leftarrow A - \{a_i\}$
4. if $A \neq \varnothing$
5. 　　$i \leftarrow i+1$
6. 　　转 2

和算法 4.2 类似，从 A 中去掉 a_i 时，同时去掉连接 a_i 与覆盖它的元素之间的边. 不难看出，经过有限步算法结束，元素被选出的顺序就是任务的执行顺序. 显然所得到的顺序不是唯一的. 对于图 4.11 的偏序集，一种拓扑排序的结果是

$$T_1, T_2, T_3, T_4, S_1, T_5, T_6, S_2, T_7, T_9, T_{10}$$

习　题

4.1　设 $A=\{1,2\}$，计算 $P(A) \times A$.

4.2　$A=\{0,1\}$，$B=\{1,2\}$，确定 $A \times \{1\} \times B$.

4.3　(1) 证明 $A \subseteq B \wedge C \subseteq D \Rightarrow A \times C \subseteq B \times D$.

　　(2) 命题(1)的逆命题是否正确，证明你的结论.

4.4　$A=\{1,2,3\}$，$B=\{4,5,6,8\}$，列出关系 $R \subseteq A \times B$ 中的有序对.

　　(1) xRy 当且仅当 x 整除 y.

　　(2) xRy 当且仅当 $\gcd(x,y)=1$，即 x 与 y 的最大公约数等于 1.

　　(3) xRy 当且仅当 x 或 y 为素数.

(4) xRy 当且仅当 $x \geqslant y$.
(5) xRy 当且仅当 $x+y<8$.

4.5 设 $A=\{1,2,3\}$，A 上的关系 $R=\{\langle x,y \rangle \mid x=y+1$ 或 $x=y-1\}$，R 的补关系 $\bar{R}$ 也是 A 上的关系，其中 $\bar{R}=\{\langle x,y \rangle \mid \langle x,y \rangle \notin R\}$. 求 $\bar{R}$.

4.6 列出关系 $R=\{\langle a,b,c,d \rangle \mid a,b,c,d \in \mathbf{Z}^+, abcd=6\}$ 中所有的有序 4 元组.

4.7 设 R 是自然数集 $\mathbf{N}$ 上的关系且满足 xRy 当且仅当 $x+2y=10$，其中 $+$ 为普通加法，计算以下各题.
(1) $\mathrm{dom} R$.
(2) $\mathrm{ran} R$.
(3) R^{-1}.

4.8 设 $R=\{\langle a,\{a,\{a\}\}\rangle, \langle\{a\},a\rangle, \langle a,a\rangle\}$，求：
(1) $R \circ R$.
(2) $\mathrm{dom} R$.

4.9 设 R,S 都是二元关系，证明：$\mathrm{dom}(R \cup S) = \mathrm{dom} R \cup \mathrm{dom} S$.

4.10 设 $R=\{\langle \varnothing, \{\varnothing\}\rangle, \langle\{\varnothing\}, \{\varnothing, \{\varnothing\}\}\rangle\}$，计算以下各小题.
(1) R^{-1}.
(2) $R \circ R$.

4.11 设 $R=\{\langle \varnothing, \{\varnothing\}\rangle, \langle\{\varnothing\}, a\rangle, \langle b, \varnothing\rangle\}$，求：
(1) $\mathrm{ran} R$.
(2) $R \circ R$.

4.12 $A=\{0,\pm 1,\pm 2,\pm 3,\pm 4\}$，$R_1$ 和 R_2 为 A 上的关系，其中：
$R_1=\{\langle x,y \rangle \mid x,y \in A, y-1<x<y+2\}$.
$R_2=\{\langle x,y \rangle \mid x,y \in A, x^2 \leqslant y\}$.
令 $R_i(x)=\{y \mid xR_iy\}, i=1,2$，求 $R_1(0)$ 与 $R_2(3)$.

4.13 判断下列各关系是否具有自反性、反自反性、对称性、反对称性、传递性.
(1) R 是自然数集 $\mathbf{N}$ 上的关系，且 xRy 当且仅当 $x+y$ 是偶数.
(2) R 是自然数集 $\mathbf{N}$ 上的关系，且 xRy 当且仅当 $x>y$ 或 $y>x$.
(3) R 是自然数集 $\mathbf{N}$ 上的关系，且 xRy 当且仅当 $|x|+|y| \neq 3$.
(4) R 是有理数集 $\mathbf{Q}$ 上的关系，且 xRy 当且仅当 $y=x+2$.
(5) R 是自然数集 $\mathbf{N}$ 上的关系，且 xRy 当且仅当 $xy=4$.

4.14 设集合 $A=\{a,b,c\}$，R 是 A 上的二元关系，已知 R 的关系矩阵为

$$\boldsymbol{M}_R = \begin{bmatrix} 1 & 0 & 0 \\ 0 & 1 & 1 \\ 0 & 1 & 1 \end{bmatrix}$$

(1) 写出 R 的集合表达式.
(2) 画出 R 的关系图.
(3) 说明 R 具有哪些性质.

4.15 $A=\{0,1,\cdots,7\}$，$\forall x,y \in A$，$xRy \Leftrightarrow 4<x-y$，说明 R 具有什么性质.

4.16 设 $X=\{1,2,3\}$，R 是 X 上的关系，且 $\boldsymbol{M}_R = \begin{bmatrix} 1 & 0 & 0 \\ 1 & 1 & 0 \\ 1 & 0 & 0 \end{bmatrix}$，那么 R 的性质是什么？

4.17 设 $A=\{a,b,c,d,e,f\}$，R 是 A 上的二元关系，其关系定义如下：
$$R=\{\langle a,b\rangle,\langle b,c\rangle,\langle c,a\rangle,\langle e,f\rangle,\langle f,e\rangle\}$$
使用关系矩阵法求最小的自然数 s,t 使得 $s<t$，且 $R^s=R^t$。

4.18 $X=\{a,b,c,d\}$，X 上的关系 R 如图 4.12 所示。求 $r(R), s(R), t(R)$ 的关系图。

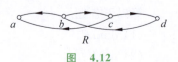

图 4.12

4.19 对于表 4.3 中每个打"×"的命题给出反例。

4.20 已知 $R \subseteq A \times A$ 且 $A=\{a,b,c\}$，R 的关系矩阵为
$$\boldsymbol{M}_R = \begin{bmatrix} 1 & 0 & 0 \\ 0 & 1 & 1 \\ 0 & 1 & 1 \end{bmatrix}$$
求传递闭包 $t(R)$ 的关系矩阵 $\boldsymbol{M}_t$。

4.21 设 R 是 A 上自反的关系，

(1) 证明 $R \circ R^{-1}$ 是 A 上的自反关系。

(2) 证明 $R \circ R^{-1}$ 是 A 上的对称关系。

(3) $R \circ R^{-1}$ 是否为 A 上的传递关系？如果是，给出证明；如果不是，给出反例。

4.22 指出下面命题证明中的错误。

命题：设 R 是集合 A 上的对称、传递的关系，则 R 是自反的。

证：设 $x \in A$，根据对称性由 $\langle x,y \rangle \in R$ 得到 $\langle y,x \rangle \in R$，再使用传递性得到 $\langle x,x \rangle \in R$。从而证明了 R 的自反性。

4.23 $A=\{1,2,3,4,5\}$，$R=\{\langle x,y\rangle \mid x,y \in A \wedge x-y$ 可被 2 整除$\}$，简答以下各题。

(1) 画出 R 的关系图。

(2) R 是否为 A 上的等价关系？如果是，求出 R 的各等价类。

4.24 设集合 $A=\{1,2,3\}$，下列关系 R 中哪些不是等价关系？为什么？

$A=\{\langle 1,1\rangle,\langle 2,2\rangle,\langle 3,3\rangle\}$

$B=\{\langle 1,1\rangle,\langle 2,2\rangle,\langle 3,3\rangle,\langle 3,2\rangle,\langle 2,3\rangle\}$

$C=\{\langle 1,1\rangle,\langle 2,2\rangle,\langle 3,3\rangle,\langle 1,3\rangle\}$

$D=\{\langle 1,1\rangle,\langle 2,2\rangle,\langle 1,2\rangle,\langle 2,1\rangle,\langle 1,3\rangle,\langle 3,1\rangle,\langle 3,3\rangle,\langle 2,3\rangle,\langle 3,2\rangle\}$

4.25 设 $A=\{a,b,c,d\}$，$R=I_A \cup \{\langle a,c\rangle,\langle c,a\rangle,\langle b,d\rangle,\langle d,b\rangle\}$ 为 A 上的等价关系，求出所有的等价类。

4.26 R 为自然数集 $\mathbf{N}$ 上的关系，$\forall x,y \in \mathbf{N}$，$xRy \Leftrightarrow 2 \mid (x+y)$，试确定 R 引起的 $\mathbf{N}$ 的划分。

4.27 设 $A=\{1,2,3,4,5\}$，A 上的划分 $\pi=\{\{1,2\},\{3,4\},\{5\}\}$，给出由 π 所诱导出的 A 上的等价关系 R 的集合表达式。

4.28 设 $A=\{a,b,c,d,e,f\}$，R 是 A 上的二元关系，且 $R=\{\langle a,b\rangle,\langle a,c\rangle,\langle e,f\rangle\}$。设 $R^*=\mathrm{tsr}(R)$，则 R^* 是 A 上的等价关系。

(1) 写出 R^* 的关系表达式。

(2) 写出商集 A/R^*.

4.29 设 $A=\mathbf{Z}^+\times\mathbf{Z}^+$,在 A 上定义二元关系 R 如下:$\langle\langle x,y\rangle,\langle u,v\rangle\rangle\in R$ 当且仅当 $xv=yu$,证明 R 是一个等价关系.

4.30 如果集合 A 上的关系 R 是自反的和对称的,则称 R 是 A 上的**相容关系**. 若 $\langle x,y\rangle$ 属于相容关系 R,则称 x 与 y **相容**. 设 B 是 A 的子集,如果 B 中任何两个元素都是彼此相容的,则称 B 为 A 关于 R 的**相容性分块**. 如果某个相容性分块 B 满足下述性质:$\forall x\in A-B$,x 不能与 B 的所有元素都相容,那么就称 B 是**极大相容性分块**. 令 $A=\{1,2,3,4,5\}$,$R=\{\langle 1,2\rangle,\langle 2,1\rangle,\langle 2,3\rangle,\langle 3,2\rangle,\langle 3,4\rangle,\langle 4,3\rangle,\langle 3,5\rangle,\langle 5,3\rangle,\langle 4,5\rangle,\langle 5,4\rangle\}\cup I_A$,则 R 为 A 上的相容关系,求出 A 关于 R 的所有的极大相容性分块.

4.31 $A=\{a,b,c,d\}$,$\pi_i(i=1,2,3,4)$ 是 A 的划分,
$$\pi_1=\{\{a\},\{b\},\{c\},\{d\}\}$$
$$\pi_2=\{\{a,c\},\{b,d\}\}$$
$$\pi_3=\{\{a,b\},\{c\},\{d\}\}$$
$$\pi_4=\{\{a,b,c,d\}\}$$
设 $\Pi=\{\pi_1,\pi_2,\pi_3,\pi_4\}$,$\leqslant$ 为划分的加细关系,即 $\pi_i\leqslant\pi_j$ 当且仅当 π_i 的每个划分块都包含在 π_j 的某个划分块中,求偏序集 $\langle\Pi,\leqslant\rangle$ 的哈斯图.

4.32 设 $A=\{1,2,3,4,6,8,9\}$,偏序集 $S=\langle A,\leqslant\rangle$,其中 $\leqslant$ 为整除关系.
(1) 画出 S 的哈斯图.
(2) 找出 $\{4,6\}$ 的最大下界和最小上界.

4.33 $A=\{1,2,3,4,6,8,12,24\}$,$\langle A,\leqslant\rangle$ 是偏序集,其中 $\leqslant$ 为整除关系. 画出 $\langle A,\leqslant\rangle$ 的哈斯图.

4.34 图 4.13 是偏序集 $\langle X,\leqslant\rangle$ 的哈斯图.
(1) 求 X 和 $\leqslant$ 的集合表达式.
(2) 求该偏序集的极大元、极小元、最大元、最小元.

4.35 设 $A=\{1,2,3,4\}$,图 4.14 给出了 A 上的两个偏序关系,试画出它们的哈斯图,并指出每个偏序集的极大元、最大元、极小元、最小元.

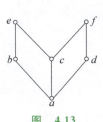

图 4.13

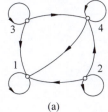 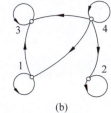

(a)　　　　　　(b)

图 4.14

4.36 设 $A=\{1,2,3,4,5,6\}$,R 为 A 上的整除关系,$A_1=\{2,3,6\}$,$A_2=\{2,3,5\}$,求 A_1 与 A_2 的上界、下界、上确界、下确界.

4.37 $A=\{2,3,\cdots,9\}$,$\leqslant$ 为 A 上偏序,$\forall x,y\in A$,$x\leqslant y\Leftrightarrow(\alpha(x)<\alpha(y))\vee(\alpha(x)=\alpha(y)\wedge x\leqslant y)$. $\alpha(x)$ 表示 x 的互异的质因子个数,画出 $\langle A,\leqslant\rangle$ 的哈斯图.

4.38 在 $A=\{1,2,3\}$ 上可定义多少个偏序关系？其中有多少个是全序关系？

4.39 (1) 设 R 为 A 上的偏序关系，证明 $R-I_A$ 为 A 上的拟序关系．

(2) 设 S 为 A 上的拟序关系，证明 $S\cup I_A$ 为 A 上的偏序关系．

4.40 设 $\langle A,\leqslant\rangle$ 是偏序集，且它的最大反链的长度是 n，证明如果将它分解成链，则链的条数至少是 n．

第 5 章 函 数

函数是极其重要的数学概念,它与二元关系有着密切的联系. 本章首先从关系的概念出发引入函数的定义,然后讨论函数的单射、满射和双射的性质,最后介绍与函数相关的复合与求逆运算.

5.1 函数的定义及其性质

5.1.1 函数的定义

函数是一种特殊的二元关系. 先给出函数的定义.

定义 5.1 设 f 是二元关系,如果对于任意 $x \in \mathrm{dom} f$,都存在唯一的 $y \in \mathrm{ran} f$,使得 xfy 成立,则称 f 为**函数**(或者**映射**). 这时也称 y 为 f 在 x 的**值**,记作 $y = f(x)$.

注意,在上述定义中,符号 $y = f(x)$ 既反映了 y 与 x 的对应关系,也反映了对应的唯一性. 与此不同的是,在关系 R 中,如果与 x 对应的有 y 和 z,$y \neq z$,那么为了表示 y 与 x 的对应关系,只能写 $\langle x, y \rangle \in R$ 或者 xRy,不能写 $y = f(x)$.

函数是一种特殊的关系,关系又是集合,因此函数的相等可以用集合的相等来定义.

定义 5.2 设 f, g 为函数,则
$$f = g \Leftrightarrow f \subseteq g \wedge g \subseteq f$$
根据上述定义,如果两个函数 f 和 g 相等,一定满足下面两个条件:

(1) $\mathrm{dom} f = \mathrm{dom} g$.

(2) $\forall x \in \mathrm{dom} f = \mathrm{dom} g$ 都有 $f(x) = g(x)$.

例如,函数 f 与 g 的对应关系分别是:$f(x) = (x^2 - 1)/(x + 1)$,$g(x) = x - 1$,那么 f 与 g 不相等,因为 $\mathrm{dom} f$ 是不等于 -1 的实数构成的集合,而 $\mathrm{dom} g$ 是实数集合.

在所有函数中,从一个集合到另一个集合的函数是一类非常重要的函数. 后面讨论的函数基本上都是这类函数.

定义 5.3 设 A, B 为集合,如果
$$f \text{ 为函数}, \mathrm{dom} f = A, \mathrm{ran} f \subseteq B$$
则称 f 为**从 A 到 B 的函数**,记作 $f: A \to B$.

例 5.1 下面是一些函数的例子.

(1) $f: \mathbf{N} \to \mathbf{N}, f(x) = x + 1$ 是从 $\mathbf{N}$ 到 $\mathbf{N}$ 的函数.

(2) $g: \mathbf{R} \to \mathbf{R}, g(x) = x^2 + 2x - 1$ 是从 $\mathbf{R}$ 到 $\mathbf{R}$ 的函数.

(3) $h: A \to P(A), h(x) = \{x\}$ 是从集合 A 到幂集 $P(A)$ 的函数.

(4) 设 $V = \{a_1, a_2, \cdots, a_n\}$ 是 n 项任务的集合, 其中每项任务的执行时间都是正整数. 函数 $t: V \to \mathbf{N}$ 表示一个调度方案, 对于任务 a_i, $t(a_i) = t_i$, $i = 1, 2, \cdots, n$. 其中 t_i 是第 i 项任务的开始时间.

下面考虑对 $f: A \to B$ 函数的计数. 设 $|A| = m, |B| = n, m, n > 0$, 那么有多少个不同的从 A 到 B 的函数呢? 考虑某个从 A 到 B 的函数 f, f 应该具有下述形式:

$$f = \{\langle a_1, b_{i_1} \rangle, \langle a_2, b_{i_2} \rangle, \cdots, \langle a_m, b_{i_m} \rangle\}$$

其中 m 个有序对的第二元素选自 B 集合, 每个有 n 种不同的选择, 每一种选法对应了一个函数, 总共有 n^m 种选法, 因此有 n^m 个不同的函数. 使用 B^A 的符号表示所有函数的集合, 那么有下述定义.

定义 5.4 所有从 A 到 B 的函数的集合记作 B^A, 符号化表示为

$$B^A = \{f \mid f: A \to B\}$$

若 $|A| = m$, $|B| = n$, $m, n \neq 0$, 则 $|B^A| = n^m$.

例 5.2 设 $A = \{1, 2, 3\}$, $B = \{a, b\}$, 求 B^A.

解 $B^A = \{f_0, f_1, \cdots, f_7\}$, 其中:

$$f_0 = \{\langle 1, a \rangle, \langle 2, a \rangle, \langle 3, a \rangle\}$$
$$f_1 = \{\langle 1, a \rangle, \langle 2, a \rangle, \langle 3, b \rangle\}$$
$$f_2 = \{\langle 1, a \rangle, \langle 2, b \rangle, \langle 3, a \rangle\}$$
$$f_3 = \{\langle 1, a \rangle, \langle 2, b \rangle, \langle 3, b \rangle\}$$
$$f_4 = \{\langle 1, b \rangle, \langle 2, a \rangle, \langle 3, a \rangle\}$$
$$f_5 = \{\langle 1, b \rangle, \langle 2, a \rangle, \langle 3, b \rangle\}$$
$$f_6 = \{\langle 1, b \rangle, \langle 2, b \rangle, \langle 3, a \rangle\}$$
$$f_7 = \{\langle 1, b \rangle, \langle 2, b \rangle, \langle 3, b \rangle\}$$

下面给出一些重要函数的实例.

定义 5.5 (1) 设 $f: A \to B$, 如果存在 $c \in B$ 使得对所有的 $x \in A$ 都有 $f(x) = c$, 则称 $f: A \to B$ 是**常函数**.

(2) 称 A 上的恒等关系 I_A 为 A 上的**恒等函数**, 对所有的 $x \in A$ 都有 $I_A(x) = x$.

(3) 设 $\langle A, \preccurlyeq \rangle$, $\langle B, \preccurlyeq \rangle$ 为偏序集, $f: A \to B$, 如果对任意的 $x_1, x_2 \in A$, $x_1 \preccurlyeq x_2$, 就有 $f(x_1) \preccurlyeq f(x_2)$, 则称 f 为**单调递增**的; 如果对任意的 $x_1, x_2 \in A$, $x_1 \prec x_2$, 就有 $f(x_1) \prec f(x_2)$, 则称 f 为**严格单调递增**的. 类似地, 也可以定义单调递减和严格单调递减的函数.

(4) 设 A 为集合, 对于任意的 $A' \subseteq A$, A' 的**特征函数** $\chi_{A'}: A \to \{0, 1\}$ 定义为

$$\chi_{A'}(a) = 1 \quad a \in A'$$
$$\chi_{A'}(a) = 0 \quad a \in A - A'$$

(5) 设 R 是 A 上的等价关系, 令

$$g: A \to A/R$$
$$g(a) = [a] \quad \forall a \in A$$

称 g 是从 A 到商集 A/R 的**自然映射**.

例 5.3 （1）给定偏序集 $\langle P(\{a,b\}), R_\subseteq \rangle$, $\langle \{0,1\}, \leqslant \rangle$，其中 $R_\subseteq$ 为包含关系，$\leqslant$ 为一般的小于或等于关系. 令 $f: P(\{a,b\}) \to \{0,1\}$, $f(\emptyset) = f(\{a\}) = f(\{b\}) = 0$, $f(\{a,b\}) = 1$, 则 f 是单调递增的，但不是严格单调递增的.

（2）设 $A = \{a,b,c\}$, A 的每一个子集 A' 都对应于一个特征函数，不同的子集对应于不同的特征函数. 例如：

$$\chi_\emptyset = \{\langle a,0\rangle, \langle b,0\rangle, \langle c,0\rangle\}, \chi_{\{a,b\}} = \{\langle a,1\rangle, \langle b,1\rangle, \langle c,0\rangle\}$$

（3）给定集合 A 和 A 上的等价关系 R，就可以确定一个自然映射 $g: A \to A/R$. 不同的等价关系确定不同的自然映射，如果 $A = \{1,2,3\}$，对于等价关系 $R = \{\langle 1,2\rangle, \langle 2,1\rangle\} \cup I_A$，对应的自然映射是

$$g: A \to A/R, g(1) = g(2) = \{1,2\}, g(3) = \{3\}$$

而对于恒等关系 I_A，自然映射是

$$g: A \to A/I_A, g(1) = \{1\}, g(2) = \{2\}, g(3) = \{3\}$$

在算法分析与设计中经常用到定义在正整数集合上的函数 $f: \mathbf{Z}^+ \to \mathbf{Z}^+$. 例如，二分检索算法最坏情况下的时间复杂度 $f(n) = O(\log n)$[①]，插入排序算法最坏情况下的时间复杂度为 $O(n^2)$，等等. 这里的 n 表示输入规模，检索问题中的 n 表示被检索的线性表中的元素个数，排序问题中的 n 则表示被排序的数组中的元素个数. 函数 $f(n)$ 代表算法所做基本运算的次数. 在二分检索和排序中的基本运算是比较运算. 一般说来，对于规模为 n 的各种输入情况，算法所做基本运算的次数是不一样的. 考虑二分检索，如果输入的 n 个元素是 $1, 2, \cdots, n$，而被检索的元素恰好就是处在中间的那个数，那么通过 1 次比较，算法就结束了，然后输出这个数在数组中的位置. 如果被检索的数是其他数，那么必须通过更多次的比较，才能得到结果. 所谓最坏情况就是对同样长度的数组所做的比较运算次数最多的情况. 对于二分搜索，每比较 1 次，需要检索的数的个数就减少一半，至多经过 $\log n + 1$ 次比较就可以得到结果. 因此，表示基本运算次数的函数的阶是 $\log n$，使用大 O 记号，记作 $O(\log n)$. 如果基本运算的次数与输入规模 n 无关，是个常数，则记作 $O(1)$. 对于同一个问题可以设计各种不同的算法，排序算法就有插入排序、快速排序、归并排序、堆排序等许多算法. 哪种算法效率更高？这依赖于它们的复杂度函数的阶. 阶越高，效率就越低. 不难看出，当 n 增加时，复杂度函数 n^2 显然比 $n\log n$ 增长得更快. 这意味着插入排序比归并排序在 n 较大时效率要低，因此估计算法复杂度函数的阶在算法分析中是经常要做的工作. 关于这方面的应用将在第 10 章和第 13 章给予更详细的介绍.

5.1.2 函数的像与完全原像

函数是特殊的关系，因此关系的各种运算（如并、交、补、求定义域、值域等）都适合于函数. 除此之外，对于从 A 到 B 的函数，还可以求集合的像和完全原像.

定义 5.6 设函数 $f: A \to B$, $A_1 \subseteq A$, $B_1 \subseteq B$.

（1）A_1 在 f 下的像 $f(A_1) = \{f(x) | x \in A_1\}$，当 $A_1 = A$ 时，$f(A)$ 称为函数的**像**.

（2）B_1 在 f 下的**完全原像** $f^{-1}(B_1) = \{x | x \in A \land f(x) \in B_1\}$.

[①] 在算法分析中经常使用 $\log n$ 来表示 $\log_2 n$. 由于 $\log n = \ln n / \ln 2$，因此有 $\log n = \Theta(\ln n)$. 这个等式的含义是：$\log n = O(\ln n)$ 且 $\ln n = O(\log n)$，即 $\ln n$ 与 $\log_2 n$ 的阶相等.

这里要注意函数的值与函数的像之间的区别,函数值 $f(x) \in B$,而像 $f(A_1) \subseteq B$. 一般说来,对于 $A_1 \subseteq A$,$f^{-1}(f(A_1)) \neq A_1$,但是 $A_1 \subseteq f^{-1}(f(A_1))$. 同样地,对于 $B_1 \subseteq B$,也有 $f(f^{-1}(B_1)) \subseteq B_1$. 例如:

$A = \{1,2,3\}$, $B = \{a,b,c\}$, $A_1 = \{1\}$, $B_1 = \{b,c\}$, $f = \{\langle 1,a \rangle, \langle 2,a \rangle, \langle 3,b \rangle\}$

那么

$$f^{-1}(f(A_1)) = f^{-1}(\{a\}) = \{1,2\}, \quad A_1 \subset f^{-1}(f(A_1))$$

$$f(f^{-1}(B_1)) = f(\{3\}) = \{b\}, \quad f(f^{-1}(B_1)) \subset B_1$$

5.1.3 函数的性质

函数的性质指的是函数 $f:A \to B$ 的满射、单射、双射的性质. 下面给出这些性质的定义.

定义 5.7 设 $f:A \to B$,

(1) 若 $\operatorname{ran} f = B$,则称 $f:A \to B$ 是**满射**的.

(2) 若 $\forall y \in \operatorname{ran} f$ 都存在唯一的 $x \in A$ 使得 $f(x) = y$,则称 $f:A \to B$ 是**单射**的.

(3) 若 $f:A \to B$ 既是满射又是单射的,则称 $f:A \to B$ 是**双射**的.

对于单射函数也有另外一个等价的定义. 设 $f:A \to B$,对于 $x_1, x_2 \in A$,如果 $x_1 \neq x_2$,则 $f(x_1) \neq f(x_2)$,那么称 $f:A \to B$ 为单射的. 一般函数从自变量到值的对应规则既允许一对一,也允许多对一;而单射函数只允许一对一的对应,因此,单射函数也称作一对一的函数.

例 5.4 判断下面函数是否为单射、满射、双射的,为什么?

(1) $f:\mathbf{R} \to \mathbf{R}$, $f(x) = -x^2 + 2x - 1$.

(2) $f:\mathbf{Z}^+ \to \mathbf{R}$, $f(x) = \ln x$, $\mathbf{Z}^+$ 为正整数集.

(3) $f:\mathbf{R} \to \mathbf{Z}$, $f(x) = \lfloor x \rfloor$.

(4) $f:\mathbf{R} \to \mathbf{R}$, $f(x) = 2x + 1$.

(5) $f:\mathbf{R}^+ \to \mathbf{R}^+$, $f(x) = (x^2+1)/x$,其中 $\mathbf{R}^+$ 为正实数集.

解 (1) f 在 $x = 1$ 取得极大值 0,因此,不是满射的;$f(0) = f(2) = -1$,因此,不是单射的.

(2) f 是单调上升的,是单射的. 但不满射,$\operatorname{ran} f = \{\ln 1, \ln 2, \cdots\}$.

(3) $\operatorname{ran} f = \mathbf{Z}$,$f$ 是满射的. f 不是单射的,因为 $f(1.4) = f(1.1) = 1$.

(4) f 是满射、单射、双射的,因为它是单调函数并且 $\operatorname{ran} f = \mathbf{R}$.

(5) f 有极小值 $f(1) = 2$,且当 $x \to 0$ 和 $+\infty$ 时,$f(x)$ 都趋于 $+\infty$,因此,它既不是单射的,也不是满射的.

判断函数 $f:A \to B$ 是否为满射、单射、双射的依据是定义. 判断满射就是检查 B 中的每个元素是否都是函数值. 如果在 B 中找到不是函数值的元素,那么 f 就不是满射的. 判断单射的方法就是检查不同的自变量是否对应于不同的值. 对于普通的初等函数,可以通过其图像的单调性质来确定. 如果函数图像是严格单调上升(或者严格单调下降),那么函数是单射的.

例 5.5 对给定的 A,B 和 f,判断是否构成函数 $f:A \to B$. 如果是,说明 $f:A \to B$ 是否为单射、满射、双射的;如果不是,请说明理由,并根据要求进行计算.

(1) $A=\{1,2,3,4,5\}$, $B=\{6,7,8,9,10\}$, $f=\{\langle 1,8\rangle,\langle 3,9\rangle,\langle 4,10\rangle,\langle 2,6\rangle,\langle 5,9\rangle\}$.
(2) A,B 同(1), $f=\{\langle 1,7\rangle,\langle 2,6\rangle,\langle 4,5\rangle,\langle 1,9\rangle,\langle 5,10\rangle\}$.
(3) A,B 同(1), $f=\{\langle 1,8\rangle,\langle 3,10\rangle,\langle 2,6\rangle,\langle 4,9\rangle\}$.
(4) $A=B=\mathbf{R}$, $f(x)=x^3$.
(5) $A=B=\mathbf{R}^+$, $f(x)=x/(x^2+1)$.
(6) $A=B=\mathbf{R}\times\mathbf{R}$, $f(\langle x,y\rangle)=\langle x+y,x-y\rangle$, 令 $L=\{\langle x,y\rangle\,|\,x,y\in\mathbf{R}\wedge y=x+1\}$, 计算 $f(L)$.
(7) $A=\mathbf{N}\times\mathbf{N}$, $B=\mathbf{N}$, $f(\langle x,y\rangle)=|x^2-y^2|$. 计算 $f(\mathbf{N}\times\{0\})$, $f^{-1}(\{0\})$.

解 (1) 能构成 $f:A\to B$, $f:A\to B$ 既不是单射的,也不是满射的. 因为 $f(3)=f(5)=9$, 且 $7\notin\mathrm{ran}f$.

(2) 不能构成 $f:A\to B$, 因为 f 不是函数. $\langle 1,7\rangle\in f$ 且 $\langle 1,9\rangle\in f$, 与函数定义矛盾.

(3) 不能构成 $f:A\to B$, 因为 $\mathrm{dom}f=\{1,2,3,4\}\neq A$.

(4) 能构成 $f:A\to B$, 且 $f:A\to B$ 是双射的.

(5) 能构成 $f:A\to B$, $f:A\to B$ 既不是单射的,也不是满射的. 因为该函数在 $x=1$ 取极大值 $f(1)=1/2$. 函数不是单调的, 且 $\mathrm{ran}f\neq\mathbf{R}^+$.

(6) 能构成 $f:A\to B$, 且 $f:A\to B$ 是双射的. $f(L)=\{\langle 2x+1,-1\rangle\,|\,x\in\mathbf{R}\}=\mathbf{R}\times\{-1\}$.

(7) 能构成 $f:A\to B$, $f:A\to B$ 既不是单射的,也不是满射的. 因为 $f(\langle 1,1\rangle)=f(\langle 2,2\rangle)=0$, $2\notin\mathrm{ran}f$. 且
$$f(\mathbf{N}\times\{0\})=\{n^2-0^2\,|\,n\in\mathbf{N}\}=\{n^2\,|\,n\in\mathbf{N}\}$$
$$f^{-1}(\{0\})=\{\langle n,n\rangle\,|\,n\in\mathbf{N}\}$$

例 5.6 设 $f_1,f_2,f_3,f_4\in\mathbf{R}^\mathbf{R}$, 且
$$f_1(x)=\begin{cases}1 & x\geqslant 0\\ -1 & x<0\end{cases}$$
$$f_2(x)=x$$
$$f_3(x)=\begin{cases}-1 & x\in\mathbf{Z}\\ 1 & x\notin\mathbf{Z}\end{cases}$$
$$f_4(x)=1$$

令 E_i 是由 f_i 导出的等价关系, $i=1,2,3,4$, 即 $xE_iy\Leftrightarrow f_i(x)=f_i(y)$. 令 S 是 4 个划分的集合 $\{\mathbf{R}/E_1,\mathbf{R}/E_2,\mathbf{R}/E_3,\mathbf{R}/E_4\}$, 在 S 上如下定义划分之间的加细关系 T:
$$\langle\mathbf{R}/E_i,\mathbf{R}/E_j\rangle\in T\Leftrightarrow\forall x(x\in\mathbf{R}/E_i\to\exists y(y\in\mathbf{R}/E_j\wedge x\subseteq y))$$
即对于 $\mathbf{R}/E_i$ 的任何划分块 x, 都存在 $\mathbf{R}/E_j$ 的划分块 y 使得 y 包含 x, 那么 $\langle\mathbf{R}/E_i,\mathbf{R}/E_j\rangle$ 属于 T, 即划分 $\mathbf{R}/E_i$ 是划分 $\mathbf{R}/E_j$ 的加细. 不难证明 T 是 S 上的偏序.

(1) 画出偏序集 $\langle S,T\rangle$ 的哈斯图.
(2) $g_i:\mathbf{R}\to\mathbf{R}/E_i$ 是自然映射,求 $g_i(0)$, $i=1,2,3,4$.
(3) 对每个 i, 说明 g_i 的性质(单射、满射、双射).

解 (1) 因为 E_2 是恒等关系,对应的划分 $\mathbf{R}/E_2$ 具有无数个划分块,每块只含有 1 个元素,是最细的划分,因此在加细关系的偏序集中为最小元. E_4 是全域关系,对应的划分 $\mathbf{R}/E_4$ 只有 1 个划分块,是最粗的划分,因此在加细关系的偏序集中是最大元. E_1 对应的划

分 $\mathbf{R}/E_1$ 有 2 个划分块，所有的非负实数构成一块，所有的负数构成另一块。因此 $\mathbf{R}/E_1$ 比 $\mathbf{R}/E_2$ 粗，比 $\mathbf{R}/E_4$ 细，介于它们之间。类似地，E_3 对应的划分 $\mathbf{R}/E_3$ 也由两块构成，所有的整数在一块，其他的实数在另一块。它也介于 $\mathbf{R}/E_1$ 和 $\mathbf{R}/E_2$ 之间。不难看出，$\mathbf{R}/E_1$ 与 $\mathbf{R}/E_3$ 之间不存在加细关系，它们是不可比的。因此哈斯图如图 5.1 所示。

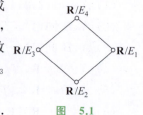

图 5.1

(2) $g_i(0)$ 是所有与 0 等价的元素构成的集合，$i=1,2,3,4$. 因此

$$g_1(0)=\{x \mid x \in \mathbf{R} \wedge x \geqslant 0\},\ g_2(0)=\{0\},$$
$$g_3(0)=\mathbf{Z},\ g_4(0)=\mathbf{R}$$

(3) g_1,g_2,g_3,g_4 都是满射的；其中 g_2 是双射的。

例 5.7 对于给定的集合 A 和 B 构造双射函数 $f:A\to B$.

(1) $A=P(\{1,2,3\})$，$B=\{0,1\}^{\{1,2,3\}}$.

(2) 设 A,B 为实数区间，其中 $A=[0,1]$，$B=[1/4,1/2]$.

(3) $A=\mathbf{Z}$，$B=\mathbf{N}$.

(4) 设 A,B 为实数区间，其中 $A=[\pi/2,3\pi/2]$，$B=[-1,1]$.

解 (1) $A=\{\varnothing,\{1\},\{2\},\{3\},\{1,2\},\{1,3\},\{2,3\},\{1,2,3\}\}$. $B=\{f_0,f_1,\cdots,f_7\}$，其中：

$$f_0=\{\langle1,0\rangle,\langle2,0\rangle,\langle3,0\rangle\}$$
$$f_1=\{\langle1,0\rangle,\langle2,0\rangle,\langle3,1\rangle\}$$
$$f_2=\{\langle1,0\rangle,\langle2,1\rangle,\langle3,0\rangle\}$$
$$f_3=\{\langle1,0\rangle,\langle2,1\rangle,\langle3,1\rangle\}$$
$$f_4=\{\langle1,1\rangle,\langle2,0\rangle,\langle3,0\rangle\}$$
$$f_5=\{\langle1,1\rangle,\langle2,0\rangle,\langle3,1\rangle\}$$
$$f_6=\{\langle1,1\rangle,\langle2,1\rangle,\langle3,0\rangle\}$$
$$f_7=\{\langle1,1\rangle,\langle2,1\rangle,\langle3,1\rangle\}$$

令 $f:A\to B$，且满足

$$f(\varnothing)=f_0,\ f(\{1\})=f_1,\ f(\{2\})=f_2,\ f(\{3\})=f_3,$$
$$f(\{1,2\})=f_4,\ f(\{1,3\})=f_5,\ f(\{2,3\})=f_6,\ f(\{1,2,3\})=f_7$$

(2) 令 $f:[0,1]\to[1/4,1/2]$，$f(x)=(x+1)/4$.

(3) 将 $\mathbf{Z}$ 中元素以下列顺序排列并与 $\mathbf{N}$ 中元素对应。

$$\mathbf{Z}:\quad 0\quad -1\quad 1\quad -2\quad 2\quad -3\quad 3\quad \cdots$$
$$\downarrow\quad \downarrow\quad \downarrow\quad \downarrow\quad \downarrow\quad \downarrow\quad \downarrow$$
$$\mathbf{N}:\quad 0\quad 1\quad 2\quad 3\quad 4\quad 5\quad 6\quad \cdots$$

则这种对应所表示的函数是

$$f:\mathbf{Z}\to\mathbf{N},\quad f(x)=\begin{cases}2x & x\geqslant 0\\ -2x-1 & x<0\end{cases}$$

(4) 令 $f:[\pi/2,3\pi/2]\to[-1,1]$，$f(x)=\sin x$.

例 5.8 设 $f:\mathbf{R}\times\mathbf{R}\to\mathbf{R}\times\mathbf{R}$

$$f(\langle x,y\rangle)=\langle x+y,x-y\rangle$$

证明 f 既是满射的,也是单射的.

证明 任取 $\langle u,v\rangle\in \mathbf{R}\times\mathbf{R}$,存在 $\langle \frac{u+v}{2},\frac{u-v}{2}\rangle$ 使得

$$f\left(\left\langle \frac{u+v}{2},\frac{u-v}{2}\right\rangle\right)=\langle u,v\rangle$$

因此,f 是满射的.

对于任意的 $\langle x,y\rangle,\langle u,v\rangle\in \mathbf{R}\times\mathbf{R}$,有

$$f(\langle x,y\rangle)=f(\langle u,v\rangle)\Rightarrow \langle x+y,x-y\rangle=\langle u+v,u-v\rangle$$
$$\Rightarrow x+y=u+v,x-y=u-v\Rightarrow x=u,y=v$$
$$\Rightarrow \langle x,y\rangle=\langle u,v\rangle$$

因此,f 是单射的.

5.2 函数的复合与反函数

函数可以进行各种运算,复合运算和求反函数的运算是最重要的运算.

5.2.1 函数的复合

函数的复合就是关系的合成,所有关系合成的性质对于函数复合都是成立的,这里只讨论有关函数复合的一些特殊性质. 先给出关于函数复合运算的定理. 这个定理说明两个函数复合以后还是函数,同时给出了复合函数的定义域与函数值的计算规则.

定理 5.1 设 f,g 是函数,则 $f\circ g$ 也是函数,且满足

(1) $\mathrm{dom}(f\circ g)=\{x\mid x\in \mathrm{dom}f \wedge f(x)\in \mathrm{dom}g\}$.

(2) $\forall x\in \mathrm{dom}(f\circ g)$ 有 $f\circ g(x)=g(f(x))$.

证明 先证明 $f\circ g$ 是函数. 因为 f,g 是关系,所以 $f\circ g$ 也是关系. 若对某个 $x\in \mathrm{dom}(f\circ g)$ 有 $xf\circ gy_1$ 和 $xf\circ gy_2$,则

$$\langle x,y_1\rangle\in f\circ g \wedge \langle x,y_2\rangle\in f\circ g$$
$$\Rightarrow \exists t_1(\langle x,t_1\rangle\in f \wedge \langle t_1,y_1\rangle\in g)\wedge \exists t_2(\langle x,t_2\rangle\in f \wedge \langle t_2,y_2\rangle\in g)$$
$$\Rightarrow \exists t_1 \exists t_2(t_1=t_2 \wedge \langle t_1,y_1\rangle\in g \wedge \langle t_2,y_2\rangle\in g) \quad (f \text{ 为函数})$$
$$\Rightarrow y_1=y_2 \quad (g \text{ 为函数})$$

所以 $f\circ g$ 为函数.

再证明结论(1)和结论(2). 任取 x,

$$x\in \mathrm{dom}(f\circ g)$$
$$\Rightarrow \exists t \exists y(\langle x,t\rangle\in f \wedge \langle t,y\rangle\in g)$$
$$\Rightarrow \exists t(x\in \mathrm{dom}f \wedge t=f(x) \wedge t\in \mathrm{dom}g)$$
$$\Rightarrow x\in \{x\mid x\in \mathrm{dom}f \wedge f(x)\in \mathrm{dom}g\}$$

任取 x,

$$x\in \mathrm{dom}f \wedge f(x)\in \mathrm{dom}g$$
$$\Rightarrow \langle x,f(x)\rangle\in f \wedge \langle f(x),g(f(x))\rangle\in g$$

$$\Rightarrow \langle x, g(f(x))\rangle \in f \circ g$$
$$\Rightarrow x \in \mathrm{dom}(f \circ g) \wedge f \circ g(x) = g(f(x))$$

所以(1)和(2)得证.

从这个定理可知,复合函数 $f \circ g$ 的定义域可能小于 f 的定义域,而它的值域也可能小于 g 的值域. 它们之间的关系满足:
$$\mathrm{dom}(f \circ g) \subseteq \mathrm{dom} f, \mathrm{ran}(f \circ g) \subseteq \mathrm{ran} g$$

推论 1 设 f, g, h 为函数,则 $(f \circ g) \circ h$ 和 $f \circ (g \circ h)$ 都是函数,且
$$(f \circ g) \circ h = f \circ (g \circ h)$$

证明 由上述定理和关系合成运算的可结合性得证.

推论 2 设 $f: A \to B, g: B \to C$,则 $f \circ g: A \to C$,且 $\forall x \in A$ 都有 $f \circ g(x) = g(f(x))$.

证明 由上述定理知 $f \circ g$ 是函数,且
$$\mathrm{dom}(f \circ g) = \{x \mid x \in \mathrm{dom} f \wedge f(x) \in \mathrm{dom} g\}$$
$$= \{x \mid x \in A \wedge f(x) \in B\} = A$$
$$\mathrm{ran}(f \circ g) \subseteq \mathrm{ran} g \subseteq C$$

因此 $f \circ g: A \to C$,且 $\forall x \in A$ 有 $f \circ g(x) = g(f(x))$.

下面考虑函数的单射、满射、双射的性质与函数复合运算之间的关系.

定理 5.2 设 $f: A \to B, g: B \to C$.

(1) 如果 $f: A \to B, g: B \to C$ 都是满射的,则 $f \circ g: A \to C$ 也是满射的.

(2) 如果 $f: A \to B, g: B \to C$ 都是单射的,则 $f \circ g: A \to C$ 也是单射的.

(3) 如果 $f: A \to B, g: B \to C$ 都是双射的,则 $f \circ g: A \to C$ 也是双射的.

证明 (1) 任取 $c \in C$,由 $g: B \to C$ 的满射性,$\exists b \in B$ 使得 $g(b) = c$. 对于这个 b,由 $f: A \to B$ 的满射性,$\exists a \in A$ 使得 $f(a) = b$. 由合成定理有
$$f \circ g(a) = g(f(a)) = g(b) = c$$

从而证明了 $f \circ g: A \to C$ 是满射的.

(2) 假设存在 $x_1, x_2 \in A$ 使得
$$f \circ g(x_1) = f \circ g(x_2)$$

由合成定理有
$$g(f(x_1)) = g(f(x_2))$$

因为 $g: B \to C$ 是单射的,故 $f(x_1) = f(x_2)$. 又由于 $f: A \to B$ 也是单射的,所以 $x_1 = x_2$. 从而证明 $f \circ g: A \to C$ 是单射的.

(3) 由(1)和(2)得证.

定理 5.2 说明函数的复合运算能够保持函数单射、满射、双射的性质. 但这个定理的逆命题不为真,即如果 $f \circ g: A \to C$ 是单射(或满射、双射)的,不一定有 $f: A \to B$ 和 $g: B \to C$ 都是单射(或满射、双射)的. 考虑集合 $A = \{a_1, a_2, a_3\}, B = \{b_1, b_2, b_3, b_4\}, C = \{c_1, c_2, c_3\}$. 令
$$f = \{\langle a_1, b_1\rangle, \langle a_2, b_2\rangle, \langle a_3, b_3\rangle\}$$
$$g = \{\langle b_1, c_1\rangle, \langle b_2, c_2\rangle, \langle b_3, c_3\rangle, \langle b_4, c_3\rangle\}$$

$$f \circ g = \{\langle a_1, c_1\rangle, \langle a_2, c_2\rangle, \langle a_3, c_3\rangle\}$$

那么 $f: A \to B$ 和 $f \circ g: A \to C$ 都是单射的,但 $g: B \to C$ 不是单射的. 考虑集合 $A = \{a_1, a_2, a_3\}$, $B = \{b_1, b_2, b_3\}$, $C = \{c_1, c_2\}$. 令

$$f = \{\langle a_1, b_1\rangle, \langle a_2, b_2\rangle, \langle a_3, b_2\rangle\}$$
$$g = \{\langle b_1, c_1\rangle, \langle b_2, c_2\rangle, \langle b_3, c_2\rangle\}$$
$$f \circ g = \{\langle a_1, c_1\rangle, \langle a_2, c_2\rangle, \langle a_3, c_2\rangle\}$$

那么 $g: B \to C$ 和 $f \circ g: A \to C$ 是满射的,但 $f: A \to B$ 不是满射的.

下面考虑恒等函数在复合运算中的作用.

定理 5.3 设 $f: A \to B$,则 $f = f \circ I_B = I_A \circ f$.

定理 5.3 的证明可以采用集合相等的证明方法,这个证明留给读者思考.

推论 设 $f: A \to A$,则 $f = f \circ I_A = I_A \circ f$.

任何 A 上的函数 f 与 I_A 进行复合都等于 f,就像普通加法与 0 相加或者普通乘法与 1 相乘一样. 这里的 0, 1 和 I_A 都称为相关运算的单位元,关于单位元的性质将在后面第 14 章给出详细的介绍. 推论说明了 I_A 是 A 上的函数复合运算的单位元.

5.2.2 反函数

下面考虑函数的求逆运算. 任给函数 f,它的逆 f^{-1} 不一定是函数,只是一个二元关系. 任给单射函数 $f: A \to B$,则 f^{-1} 是函数,且是从 $\mathrm{ran} f$ 到 A 的双射函数,但不一定是从 B 到 A 的双射函数. 对于双射函数 $f: A \to B$,容易证明 $f^{-1}: B \to A$ 是从 B 到 A 的双射函数.

定理 5.4 设 $f: A \to B$ 是双射的,则 $f^{-1}: B \to A$ 也是双射的.

证明 因为 f 是函数,所以 f^{-1} 是关系,且

$$\mathrm{dom} f^{-1} = \mathrm{ran} f = B, \quad \mathrm{ran} f^{-1} = \mathrm{dom} f = A$$

对于任意的 $x \in B = \mathrm{dom} f^{-1}$,假设有 $y_1, y_2 \in A$ 使得 $\langle x, y_1 \rangle \in f^{-1} \wedge \langle x, y_2 \rangle \in f^{-1}$ 成立,则由逆的定义有 $\langle y_1, x \rangle \in f \wedge \langle y_2, x \rangle \in f$. 根据 f 的单射性可得 $y_1 = y_2$,从而证明了 f^{-1} 是函数,且由 $\mathrm{ran} f^{-1} = A$ 知 f^{-1} 是满射的.

若存在 $x_1, x_2 \in B$ 使得 $f^{-1}(x_1) = f^{-1}(x_2) = y$,从而有

$$\langle x_1, y \rangle \in f^{-1} \wedge \langle x_2, y \rangle \in f^{-1}$$
$$\Rightarrow \langle y, x_1 \rangle \in f \wedge \langle y, x_2 \rangle \in f \Rightarrow x_1 = x_2 \quad \text{(因为 } f \text{ 是函数)}$$

从而证明了 f^{-1} 的单射性.

对于双射函数 $f: A \to B$,称 $f^{-1}: B \to A$ 是它的**反函数**.

例 5.9 设 $f: \mathbf{R} \to \mathbf{R}$, $g: \mathbf{R} \to \mathbf{R}$

$$f(x) = \begin{cases} x^2 & x \geq 3 \\ -2 & x < 3 \end{cases}$$
$$g(x) = x + 2$$

求 $f \circ g$, $g \circ f$. 如果 f 和 g 存在反函数,求出它们的反函数.

解

$$f \circ g: \mathbf{R} \to \mathbf{R}$$
$$f \circ g(x) = \begin{cases} x^2 + 2 & x \geq 3 \\ 0 & x < 3 \end{cases}$$

$$g \circ f: \mathbf{R} \to \mathbf{R}$$
$$g \circ f(x) = \begin{cases} (x+2)^2 & x \geqslant 1 \\ -2 & x < 1 \end{cases}$$

$f: \mathbf{R} \to \mathbf{R}$ 不是双射的，不存在反函数；$g: \mathbf{R} \to \mathbf{R}$ 是双射的，它的反函数是
$$g^{-1}: \mathbf{R} \to \mathbf{R}, \qquad g^{-1}(x) = x - 2$$

函数 f 的反函数具有下述性质.

定理 5.5 设 $f: A \to B$ 是双射的，则
$$f^{-1} \circ f = I_B, \qquad f \circ f^{-1} = I_A$$

证明 根据定理 5.4 可知 $f^{-1}: B \to A$ 也是双射的. 由合成基本定理可知 $f^{-1} \circ f: B \to B$，$f \circ f^{-1}: A \to A$，且它们都是恒等函数.

对于双射函数 $f: A \to A$，根据上述定理有 $f^{-1} \circ f = f \circ f^{-1} = I_A$.

关系和函数是离散数学的基本概念，在离散系统建模中有着重要的应用. 下面给出几个例子.

例 5.10 关系代数(relation algebra).

关系代数是关系数据库的基础. 一个通讯录可以看作一个简单的关系数据库，其中的分组，如同学组、同事组、朋友组等都可以看作不同的关系. 每个关系都是若干元组的集合，元组 $\langle A_1, A_2, \cdots, A_n \rangle$ 代表该关系有 n 个属性. 例如，通讯录的朋友组 R 可能含有下述信息：$\langle 2, 李明, 50, 融创大厦 A 座 502, 13341556347, liming@hotmail.com.cn \rangle$，该信息是由编号、姓名、年龄、地址、手机号、E-mail 6 个属性构成的六元组. 表 5.1 给出了具有 4 条信息的关系 R.

表 5.1

编 号	姓 名	年 龄	地 址	手 机 号	E-mail
1	张晓光	34	科斯公司市场部	13520145678	zhxg@gmail.com.cn
2	李 明	50	融创大厦 A 座 502	13341556347	liming@hotmail.com.cn
3	王 恒	43	求实中学	13124567336	wheng@qq.com.cn
4	石海生	27	大华公司网络中心	13822253689	Shihs@hotmail.com.cn

为了得到相关的查询结果，数据库中定义了几种基本操作：并、交、差、笛卡儿积、选择、投影. 设 R 与 S 是具有相同属性的 m 元关系，其中的 m 个属性记作 $A_1, A_2, \cdots, A_m$，这些基本操作说明如下：

(1) $R \cup S$ 的元组既含有 R 的元组，也含有 S 的元组.

(2) $R \cap S$ 的元组是同时存在于 R 和 S 中的元组.

(3) $R - S$ 的元组只在 R 中但不在 S 中.

投影 $\pi_{A_{i_1}, A_{i_2}, \cdots, A_{i_n}}(R)$ 是从 m 阶笛卡儿积 $A_1 \times A_2 \times \cdots \times A_m$ 到 n 阶笛卡儿积 $A_{i_1} \times A_{i_2} \times \cdots \times A_{i_n}$ 的部分映射，$\pi_{A_{i_1}, A_{i_2}, \cdots, A_{i_n}}(R)$ 表示只选取 R 中属性为 $A_{i_1}, A_{i_2}, \cdots, A_{i_n}$ 的列. 例如，对表 5.1 中的关系 R 进行投影运算，$\pi_{姓名, 手机号, E\text{-}mail}(R)$ 的查询结果如表 5.2 所示.

表 5.2

姓　名	手机号	E-mail
张晓光	13520145678	zhxg@gmail.com.cn
李　明	13341556347	liming@hotmail.com.cn
王　恒	13124567336	wheng@qq.com.cn
石海生	13822253689	Shihs@hotmail.com.cn

选择操作可以看作对关系的限制,它是从 R 的所有元组中选出满足某个约束条件的元组. 表达式 $\pi_{年龄<50}(R)$ 要求查询输出 R 中年龄小于 50 的人,查询结果如表 5.3 所示.

表 5.3

编号	姓　名	年　龄	地　　址	手机号	E-mail
1	张晓光	34	科斯公司市场部	13520145678	zhxg@gmail.com.cn
3	王　恒	43	求实中学	13124567336	wheng@qq.com.cn
4	石海生	27	大华公司网络中心	13822253689	Shihs@hotmail.com.cn

设关系 R 是形如 $\langle A_1, A_2, \cdots, A_m \rangle$ 的 m 元组构成的集合,关系 S 是形如 $\langle B_1, B_2, \cdots, B_n \rangle$ 的 n 元组构成的集合,这里的 $A_1, \cdots A_m, B_1, \cdots, B_n$ 都是属性. 那么笛卡儿积 $R \times S$ 是由 $m \times n$ 个形如 $\langle A_1, \cdots, A_m, B_1, \cdots, B_n \rangle$ 的 $m+n$ 元组构成的集合. 每个 R 中的 m 元组与每个 S 中的 n 元组都可以构成一个 $m+n$ 元组. 例如,关系 R 的属性是商品标号与名称, S 的属性是商品名称、价格与规格. 其中:

$$R = \{\langle 1, abc \rangle, \langle 2, cabel \rangle\}, S = \{\langle cabel, 300, 25 \rangle, \langle sin, 190, 15 \rangle, \langle cod, 60, 5 \rangle\}$$

那么

$$R \times S = \{\langle 1, abc, cabel, 300, 25 \rangle, \langle 1, abc, sin, 190, 15 \rangle, \langle 1, abc, cod, 60, 5 \rangle, \\ \langle 2, cabel, cabel, 300, 25 \rangle, \langle 2, cabel, sin, 190, 15 \rangle, \langle 2, cabel, cod, 60, 5 \rangle\}$$

如果 R 与 S 有相同的属性,上述定义中的关系的笛卡儿积包含了较多的冗余信息,因此可以定义连接(join)操作,此操作仅仅对 R 与 S 中的公共属性值相同的元组配对. 例如,上述例子中的 R 与 S 的自然连接的结果是 $\{\langle 2, cabel, 300, 25 \rangle\}$. 如果加上选择条件,还可以定义更复杂的 θ 连接操作. 限于篇幅,这里不再赘述. 关系代数是关系数据库的理论基础,其基本性质可以用集合、关系和映射来描述.

例 5.11 工作流系统的网模型.

工作流是为业务流程建模而引入的技术,目前已经广泛应用于办公自动化、工业流程控制等众多领域. Aalst 用工作流网 WF_net 对工作流进行建模,它的基础就是 Petri 网. 下面给出 WF_net 的定义.

WF_net 是三元组 $\langle P, T, F \rangle$,其中, P 是库所(place)集合, T 是变迁(transition)集合, F 称为流关系. 它们之间满足以下条件:

(1) $P \cap T = \varnothing$.

(2) $P \cup T \neq \varnothing$.

(3) $F \subseteq P \times T \cup T \times P$.

(4) $\text{dom}F \cup \text{ran}F = P \cup T$,其中:
$$\text{dom}F = \{x \mid \exists y(\langle x,y\rangle \in F)\}, \quad \text{ran}F = \{y \mid \exists x(\langle x,y\rangle \in F)\}$$
(5) 存在起始库所 $i \in P$,使得 $\cdot i = \varnothing$,这里 $\cdot i = \{j \mid \langle j,i\rangle \in F\}$,称为 i 的前集.
(6) 存在终止库所 $o \in P$,使得 $o^{\cdot} = \varnothing$,这里 $o^{\cdot} = \{j \mid \langle o,j\rangle \in F\}$,称为 o 的后集.
(7) 每个结点 $x \in P \cup T$,都处在从 i 到 o 的一条路径上.

前面 4 个条件是一般 Petri 网所满足的条件. 条件(1)表明库所和变迁是两类不同的元素. 条件(2)说明网中至少含有 1 个元素. 条件(3)是关于流关系的基本性质,流关系反映的是资源的流动. 资源可以从库所到变迁,也可以从变迁到库所,同一类元素之间没有流动. 不属于 $\text{dom}F \cup \text{ran}F$ 的库所或变迁是孤立结点,不参与资源流动. 条件(4)表示网中没有孤立结点. 最后 3 个条件是工作流网所特有的. 对于任意库所 p,p 的前集 $\cdot p$ 指的是有边通向 p 的全体变迁的集合,p 的后集 $p^{\cdot}$ 指的是从 p 出发的边所指向的全体变迁的集合.

条件(5)~条件(7)说明起始库所 i 没有进入边,终止库所 o 没有出发边,并且网中没有冗余的结点. 与实际业务流程对应,变迁代表流程中的活动. 活动之间通过库所连接,库所起到流程控制的作用. 活动之间的逻辑关系可以是顺序、分支等多种结构. 起始库所 i 中的托肯(token,也称作"令牌",用小黑点表示)代表一个案例.

在 WF_net 中变迁分成 4 类: "与分支(and-split)""或分支(or-split)""与连接(and-join)"和"或连接(or-join)",分别用图 5.2 中的 4 种符号表示.

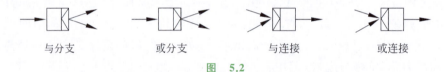

与分支　　　或分支　　　与连接　　　或连接

图 5.2

"与分支"变迁发生后,其后集中的所有库所都有托肯;"或分支"变迁发生后,根据发生的结果,其后集中只有一个库所有托肯;"与连接"变迁发生的前提条件是:其前集的所有库所都有托肯;"或连接"变迁发生的前提条件是:其前集中的某一个库所有托肯.

一个论文评审的工作流网模型如图 5.3 所示. 其中,14 个变迁的含义分别是

T_1:收到论文,邀请三个评审人.

T_2:在预定时间内得到第一份评审意见.

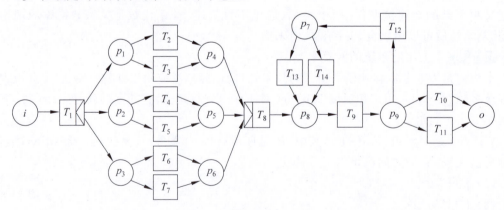

图 5.3

T_3：在预定时间内没得到第一份评审意见.
T_4：在预定时间内得到第二份评审意见.
T_5：在预定时间内没得到第二份评审意见.
T_6：在预定时间内得到第三份评审意见.
T_7：在预定时间内没得到第三份评审意见.
T_8：汇总评审意见.
T_9：决定是否接受论文.
T_{10}：接受论文.
T_{11}：不接受论文.
T_{12}：再邀请其他评审人.
T_{13}：在预定时间收到评审意见.
T_{14}：在预定时间没收到评审意见.

采用集合、关系的概念可以对上述工作流网给出形式化描述,设该工作流网为 WF_net＝$\langle P, T, F \rangle$,其中：

$$P = \{i, o, p_1, p_2, \cdots, p_9\}$$
$$T = \{T_1, T_2, \cdots, T_{14}\}$$
$$\begin{aligned}F = \{&\langle i, T_1 \rangle, \langle T_1, p_1 \rangle, \langle T_1, p_2 \rangle, \langle T_1, p_3 \rangle, \langle p_1, T_2 \rangle, \\ &\langle p_1, T_3 \rangle, \langle p_2, T_4 \rangle, \langle p_2, T_5 \rangle, \langle p_3, T_6 \rangle, \langle p_3, T_7 \rangle, \\ &\langle T_2, p_4 \rangle, \langle T_3, p_4 \rangle, \langle T_4, p_5 \rangle, \langle T_5, p_5 \rangle, \langle T_6, p_6 \rangle, \\ &\langle T_7, P_6 \rangle, \langle p_4, T_8 \rangle, \langle p_5, T_8 \rangle, \langle p_6, T_8 \rangle, \langle T_8, p_8 \rangle, \\ &\langle p_8, T_9 \rangle, \langle T_9, p_9 \rangle, \langle p_9, T_{10} \rangle, \langle p_9, T_{11} \rangle, \langle p_9, T_{12} \rangle, \\ &\langle T_{12}, p_7 \rangle, \langle p_7, T_{13} \rangle, \langle p_7, T_{14} \rangle, \langle T_{13}, p_8 \rangle, \\ &\langle T_{14}, p_8 \rangle, \langle T_{10}, o \rangle, \langle T_{11}, o \rangle\}\end{aligned}$$

$\cdot i = \varnothing; o\cdot = \varnothing$；每个结点都恰好在一条从 i 到 o 的路径上.

依照流程,首先发生变迁 T_1(收到论文,邀请 3 个评审人). 这是一个"与分支"变迁,其后集中的库所 p_1、p_2 和 p_3 都有托肯. T_2、T_3 表示第一个评审人的评审结果：收到评审意见或者没收到评审意见. 类似地,T_4、T_5、T_6、T_7 表示另外 2 份评审结果. T_8 将评审意见汇总,T_9 提交编辑部决定是否接受该论文. T_{10} 表示接受论文,T_{11} 表示拒绝论文,T_{12} 表示需要再找人评审. 与前面类似,评审结果有两种：及时收到评审意见(T_{13}),没收到评审意见(T_{14}). 这些仍旧需要提交编辑部再次讨论决定. 只要到达接受论文或者拒绝论文,这都将导致处理流程的结束.

建立了基于 Petri 网的工作流模型,并利用 Petri 网的描述能力和分析方法对流程的某些性质进行分析,就可以对流程进行化简,还可以进行计算机模拟.

习 题

5.1 从下面各题的备选答案中选出一个正确的答案.

(1) 设 $X = \{a, b, c, d\}, Y = \{1, 2, 3\}, f = \{\langle a, 1 \rangle, \langle b, 2 \rangle, \langle c, 3 \rangle\}$,则 f 是
   A. 从 X 到 Y 的二元关系,但不是从 X 到 Y 的函数

B. 从 X 到 Y 的函数,但不是满射的,也不是单射的

C. 从 X 到 Y 的满射函数,但不是单射的

D. 从 X 到 Y 的双射函数

(2) 下面定义中的哪些 f 是从实数集 $\mathbf{R}$ 到 $\mathbf{R}$ 的双射函数?

A. $f(x)=1, x>0; f(x)=-1, x\leqslant 0$

B. $f(x)=\ln x, x>0$

C. $f(x)=1/(x^3+8), x\neq -2$

D. $f(x)=x^3+8$

5.2 设 $f: \mathbf{Z}\times\mathbf{Z}\to\mathbf{Z}$, $\mathbf{Z}$ 为整数集, $\forall \langle n,k\rangle\in\mathbf{Z}\times\mathbf{Z}, f(\langle n,k\rangle)=n^2 k$, 求 f 的值域.

5.3 设 $A=\{a,b\}, B=\{0,1,2\}$, 计算 $B^A=\{f \mid f: A\to B\}$.

5.4 设 $f: \mathbf{R}\to\mathbf{R}, f(x)=x^2-3x+2$, 其中 $\mathbf{R}$ 为实数集, 计算以下各小题.

(1) $f(5)$.

(2) $f^{-1}(\{-6\})$.

(3) $f(\{1,3\})$.

5.5 $A=\{a_1,a_2,a_3\}, B=\{b_1,b_2,b_3,b_4\}, \sigma$ 为从 A 到 B 的函数, $\sigma=\{\langle a_1,b_1\rangle, \langle a_2,b_4\rangle, \langle a_3,b_2\rangle\}$, 说明 σ 是否为单射、满射和双射的.

5.6 设 $A=\{a,b,c\}, R=\{\langle a,b\rangle, \langle b,a\rangle\}\cup I_A$ 是 A 上的等价关系, 设自然映射 $g: A\to A/R$, 求 $g(a)$.

5.7 设 $f: \mathbf{N}\times\mathbf{N}\to\mathbf{N}, f(\langle x,y\rangle)=x+y+1$,

(1) 说明 f 是否为单射和满射的. 如果不是请说明理由.

(2) 令 $A=\{\langle x,y\rangle \mid x,y\in\mathbf{N}$ 且 $f(\langle x,y\rangle)=3\}$, 求 A.

(3) 令 $B=\{f(\langle x,y\rangle) \mid x,y\in\{1,2,3\}$ 且 $x=y\}$, 求 B.

5.8 指出下列函数中哪些是双射的? 其中 $\mathbf{R}$ 是实数集, $\mathbf{N}$ 为自然数集.

(1) $f: \mathbf{R}\to\mathbf{R}, f(x)=x^2-x$.

(2) $f: \mathbf{R}\to\mathbf{R}, f(x)=x^3$.

(3) $f: \mathbf{N}\to\mathbf{N}, f(x)=x+5$.

(4) $f: \mathbf{R}\to\mathbf{R}^+, f(x)=2^x, \mathbf{R}^+=\{x \mid x\in\mathbf{R}\wedge x>0\}$.

(5) $f: \mathbf{N}\to\mathbf{N}, f(x)=2x$.

(6) $f: \mathbf{N}\to\mathbf{N}, f(x)=|x|$.

5.9 设 $f: \mathbf{Z}^2\to\mathbf{Z}, f(\langle n,k\rangle)=n^2 k$, 其中 $\mathbf{Z}$ 为整数集.

(1) f 是满射的吗? 为什么?

(2) f 是单射的吗? 为什么?

(3) 求 $f^{-1}(\{0\})$.

(4) 求 $f^{-1}(\mathbf{N})$.

(5) 求 $f(\mathbf{Z}\times\{1\})$.

5.10 设 $f: \mathbf{R}\to\mathbf{R}, \mathbf{R}$ 为实数集, 对下面各个 f, 判断它是否为单射、满射或双射的. 如果它不是单射的, 给出 x_1 和 x_2, 使得 $x_1\neq x_2$ 但 $f(x_1)=f(x_2)$. 如果它不是满射的, 计算 $f(\mathbf{R})$.

(1) $f(x)=x^2$.

(2) $f(x)=E[x]$,其中 $E[x]$ 表示小于或等于 x 的最大整数.

5.11 试给出一个单射而非满射的函数.

5.12 设 $f: \mathbf{N} \to \mathbf{N} \times \mathbf{N}$, $f(n)=\langle n,n+1 \rangle$.
(1) 说明 f 是否为单射和满射的,并说明理由.
(2) f 的反函数是否存在?如果存在,求出这个反函数.
(3) 求 ran$f$.

5.13 设 $f: \mathbf{R} \times \mathbf{R} \to \mathbf{C}$, $f(\langle x,y \rangle)=x+y\mathrm{i}, \mathrm{i}^2=-1$,说明 f 是否为单射、满射、双射的,计算 $f^{-1}(\{4+2\mathrm{i}\})$.

5.14 (1) 确定函数 $f: \mathbf{N} \times \mathbf{N} \to \mathbf{N}$, $f(\langle x,y \rangle)=xy$ 是否为单射、满射、双射的,如果不是请说明理由.计算 $f(\mathbf{N} \times \{1\})$, $f^{-1}(\{0\})$.
(2) 设 $f: \mathbf{N} \times \mathbf{N} \to \mathbf{N}$, $f(\langle x,y \rangle)=|x-y|$,说明 f 有什么性质(单射、满射、双射的),计算 $f(\mathbf{N} \times \{0\})$ 和 $f^{-1}(\{0\})$.

5.15 设 $R[t]$ 为 t 的实系数多项式的集合,$R_n[t] \subseteq R[t], n \in \mathbf{N}, R_n[t]$ 为 t 的 n 次实系数多项式的集合.定义函数 $f: R[t] \to R[t]$, $f(g(t))=g^2(t)$.求 $f(R_0[t])$,$f^{-1}(\{t^2+2t+1\})$,$f^{-1}(f(\{t-1,t^2-1\}))$.

5.16 设 $f: \mathbf{N} \times \mathbf{N} \to \mathbf{N}$, $f(\langle x,y \rangle)=x^2+y^2$,说明 f 是否为单射的、满射的.计算 $f^{-1}(\{0\})$, $f(\{\langle 0,3 \rangle, \langle 1,2 \rangle\})$.

5.17 设 $\mathbf{R}$ 为实数集,$f: \mathbf{R} \to \mathbf{R}$, $f(x)=x^2-x+2$, $g: \mathbf{R} \to \mathbf{R}$, $g(x)=x-3$.
(1) 求 $f \circ g, g \circ f$.
(2) 如果 f 和 g 存在反函数,求出它们的反函数.

5.18 设 $f: \mathbf{Z} \to \mathbf{Z}$, $f(x)=x+5$,其中 $\mathbf{Z}$ 为整数集.
(1) 说明 f 是否为满射和单射的.
(2) f^{-1} 还是函数吗?若是,写出 f^{-1} 的函数表达式;若不是,请说出理由.

5.19 设 $\mathbf{R}$ 为实数集,映射 σ, τ 满足 $\sigma: \mathbf{R} \to \mathbf{R}$, $\sigma(x)=x^2+2x+1$, $\tau: \mathbf{R} \to \mathbf{R}$, $\tau(x)=x/2$.
(1) 求 $\tau \circ \sigma, \sigma \circ \tau$.
(2) 对于 τ, σ 中的双射函数求反函数.

5.20 设 A, B 为有限集,且 $|A|=m, |B|=n$,如果从 A 到 B 存在单射、满射或双射函数,那么 m 与 n 应该满足的条件是什么?

5.21 设 $\sigma: \mathbf{R} \to \mathbf{R}$, $\sigma(x)=\begin{cases} x^2 & x \geq 3 \\ -2 & x < 3 \end{cases}$, $\tau: \mathbf{R} \to \mathbf{R}$, $\tau(x)=x+2$,求 $\sigma \circ \tau, \tau \circ \sigma$.

5.22 对于以下给定的每组集合 A 和 B,构造从 A 到 B 的双射函数.
(1) $A=2\mathbf{Z}=\{2k \mid k \in \mathbf{Z}\}, B=\mathbf{N}$,其中 $\mathbf{Z}$ 为整数集,$\mathbf{N}$ 为自然数集.
(2) $A=\mathbf{R}, B=(0,+\infty)$,其中 $\mathbf{R}$ 为实数集.
(3) $A=P(\{a,b\}), B=\{0,1\}^{\{a,b\}}$,其中 A 为 $\{a,b\}$ 的幂集,$B=\{f \mid f: \{a,b\} \to \{0,1\}\}$.

5.23 设 $f, g \in \mathbf{N}^\mathbf{N}$, $\mathbf{N}$ 为自然数集,且
$$f(x)=\begin{cases} x+1 & x=0,1,2,3 \\ 0 & x=4 \\ x & x \geq 5 \end{cases}$$

$$g(x) = \begin{cases} \dfrac{x}{2} & x \text{ 为偶数} \\ 3 & x \text{ 为奇数} \end{cases}$$

(1) 求 $f \circ g$，并讨论它的性质(是否为单射或满射的).

(2) 设 $A = \{0,1,2\}$，$B = \{0,1,5,6\}$，求 A 在 $f \circ g$ 下的像 $f \circ g(A)$ 和 B 的完全原像 $(f \circ g)^{-1}(B)$.

5.24 设满射函数 $f: A \to A$，且 $f \circ f = f$，证明 $f = I_A$.

5.25 设 $f: A \to B$ 为单射函数，$G: P(A) \to P(B)$，$G(X)$ 为 X 在 f 下的像. 证明 G 也是单射的.

5.26 已知集合 A, B，其中 $A \neq \varnothing$，$\langle B, \leqslant \rangle$ 是偏序集，定义 B^A 上的二元关系 R 如下：
$$fRg \Leftrightarrow f(x) \leqslant g(x), \forall x \in A$$

(1) 证明 R 为 B^A 上的偏序.

(2) 给出 $\langle B^A, R \rangle$ 存在最大元的充分必要条件和最大元的一般形式.

5.27 $f: A \to B$ 导出的 A 上的等价关系 R 定义如下：$R = \{\langle x, y \rangle \mid x, y \in A \text{ 且 } f(x) = f(y)\}$. 设 $f_1, f_2, f_3, f_4 \in \mathbf{N}^{\mathbf{N}}$，且

$f_1(n) = n, \quad \forall n \in \mathbf{N}$

$f_2(n) = 1, \quad n \text{ 为奇数}; \quad f_2(n) = 0, \quad n \text{ 为偶数}$

$f_3(n) = j, \quad n = 3k + j, \quad j = 0, 1, 2, \quad k \in \mathbf{N}$

$f_4(n) = j, \quad n = 6k + j, \quad j = 0, 1, \cdots, 5, \quad k \in \mathbf{N}$

R_i 为 f_i 导出的等价关系，$i = 1, 2, 3, 4$.

(1) 求商集 $\mathbf{N}/R_i$，$i = 1, 2, 3, 4$.

(2) 画出偏序集 $\langle \{\mathbf{N}/R_1, \mathbf{N}/R_2, \mathbf{N}/R_3, \mathbf{N}/R_4\}, \leqslant \rangle$ 的哈斯图，其中 $\leqslant$ 为划分间的加细关系(见例 5.6).

(3) 求 $H = \{10k \mid k \in \mathbf{N}\}$ 在 f_1, f_2, f_3, f_4 下的像.

5.28 证明定理 5.3.

第 6 章　图

6.1 图的基本概念

6.1.1 无向图与有向图

为了给出无向图和有向图的严格定义,先给出无序积与多重集合的概念.

两个元素构成的集合 $\{a,b\}$ 称为**无序对**. 设 A,B 为二集合,称
$$\{\{a,b\}|a\in A \wedge b\in B\}$$
为 A 与 B 构成的**无序积**,记作 $A\&B$. 为方便起见,将无序积 $A\&B$ 的元素无序对 $\{a,b\}$ 记为 (a,b). 例如,取 $A=\{a,b,c\}, B=\{1,2\}$,则

$A\&B = B\&A = \{(a,1),(a,2),(b,1),(b,2),(c,1),(c,2)\}$

$A\&A = \{(a,a),(a,b),(a,c),(b,b),(b,c),(c,c)\}$

$B\&B = \{(1,1),(1,2),(2,2)\}$

需要注意,无序积中的无序对的两个元素不分次序,同时又可以是相同的,如上例中的 $(a,a),(b,b),(c,c),(1,1),(2,2)$ 等.

元素可以重复出现的集合称为**多重集合**,简称**多重集**. 元素在多重集合中出现的次数称为该元素的**重复度**. 例如,在多重集 $\{a,b,b,c,c,d,d,d\}$ 中, a,b,c,d 的重复度分别为 1, 2, 2, 3. 在多重集 $\{(a,a),(a,b),(a,b)\}$ 中,元素 $(a,a),(a,b)$ 的重复度分别为 1, 2. 当将集合 $\{1,2,3\}$ 看成多重集时,1,2,3 的重复度均为 1.

下面先给出无向图的定义.

定义 6.1　一个**无向图** G 是一个二元组 $\langle V,E\rangle$,即 $G=\langle V,E\rangle$,其中 V 是一个非空的有穷集合,称为 G 的**顶点集**, V 中的元素称为**顶点**或**结点**; E 是无序积 $V\&V$ 的一个有穷的多重子集,称 E 为 G 的**边集**,其元素称为**无向边**或简称为**边**.

在一个图 $G=\langle V,E\rangle$ 中,为了表示 V,E 分别是 G 的顶点集和边集,常将 V 记成 $V(G)$, E 记成 $E(G)$.

无向图的另一种更直观的表示方法是用图形表示,用小圆圈表示 V 中的顶点,用连接顶点 a,b 的线段 (a,b). 在画图过程中,顶点的位置和边的形状及边之间是否除顶点外还相交都是比较随意的. 反之给定一个图 $G=\langle V,E\rangle$ 的图形表示,也很容易将该图的顶点集和边集写出来,不过一般情况下不需要这样做. 在有些图的图形中,顶点不标定名字,只都用小圆圈表示,称这样的图为**非标定图**. 自然地,称顶点标定名字的图为**标定图**. 给定图 $G=\langle V,E\rangle$,其中, $V=\{v_1,v_2,v_3,v_4,v_5\}, E=\{(v_1,v_2),(v_1,v_2),(v_1,v_3),(v_3,v_2),(v_3,v_3),$

$(v_3,v_4)\}$,图 6.1(a)给出了 G 的图形表示.在标定图中还可以给边另起名字.如在图 6.1 中(a)中,$e_1=(v_1,v_2)$,$e_2=(v_1,v_2)$,$e_3=(v_1,v_3)$ 等.

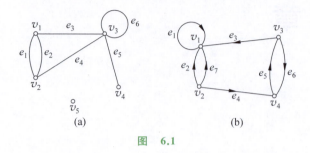

图 6.1

下面再给出有向图的定义.

定义 6.2 一个**有向图** D 是一个二元组 $\langle V,E \rangle$,即 $D=\langle V,E \rangle$,其中**顶点集** V 同无向图中的顶点集;边集 E 是卡氏积 $V \times V$ 的有穷的多重子集,其中元素称为**有向边**或简称**为边**.

同无向图的情况类似,有时用 $V(D)$,$E(D)$ 分别表示有向图 D 的顶点集和边集.也可以用图形表示有向图,与无向图图形的区别是用带箭头的线段表示有向边,表示边 $\langle a,b \rangle$ 的线段上的箭头从 a 指向 b.给定有向图 $D=\langle V,E \rangle$,其中,$V=\{v_1,v_2,v_3,v_4\}$,$E=\{\langle v_2,v_1 \rangle,\langle v_2,v_1 \rangle,\langle v_3,v_4 \rangle,\langle v_4,v_3 \rangle,\langle v_3,v_1 \rangle,\langle v_2,v_4 \rangle,\langle v_1,v_1 \rangle\}$,其图形为图 6.1(b)所示.

无向图和有向图通称为**图**.习惯上用 G 表示无向图,D 表示有向图.有时也用 G 泛指一个图(有向的或无向的),而 D 只表示有向图.

关于图还有下述概念.

(1) 有 n 个顶点的图称作 n **阶图**.

(2) 没有边(即边集 $E=\varnothing$)的图称作**零图**.1 阶零图称作**平凡图**.平凡图只有一个顶点,没有边.

(3) 在定义中规定顶点集非空,但在图的运算中可能产生顶点集为空集的结果.为此规定顶点集为空集的图称作**空图**,记作 $\varnothing$.

(4) 在无向图 $G=\langle V,E \rangle$ 中,设 $e=(v_i,v_j)\in E$,称 v_i,v_j 是 e 的**端点**,e 与 $v_i(v_j)$ **关联**.若 $v_i \neq v_j$,则称 $v_i(v_j)$ 与 e 的**关联次数**为 1;若 $v_i=v_j$,则称 v_i 与 e 的关联次数为 2;若 v_k 不是 e 的端点,则称 v_k 与 e 的关联次数为 0.

若两个顶点之间至少有一条边,则称这两个顶点**相邻**.若两条边至少有一个共同的端点,则称这两条边**相邻**.

例如,在图 6.1(a)中,v_1 和 v_2 是 e_1 的端点,v_1 与 v_2,v_3 相邻,而与 v_4,v_5 不相邻.e_1 与 e_2,e_3,e_4 相邻,而与 e_5,e_6 不相邻.

(5) 在有向图 $D=\langle V,E \rangle$ 中,设 $e=\langle v_i,v_j \rangle \in E$,称 v_i,v_j 是 e 的**端点**,v_i 是 e 的**始点**,v_j 是 e 的**终点**.e 与 $v_i(v_j)$ **关联**.

若从 v_i 到 v_j 有一条边,则称这两个顶点**相邻**,并称 v_i **邻接到** v_j,v_j **邻接于** v_i.若一条边的终点是另一条边的始点,则称这两条边**相邻**.

例如,在图 6.1(b)中,e_2 的始点是 v_2,终点是 v_1,v_1 和 v_2 是 e_2 的端点.v_3 与 v_1,v_4 相邻,v_3 邻接到 v_1,v_4 邻接到 v_3.e_5 与 e_3,e_4,e_6 相邻,e_2 与 e_1 相邻,但与 e_3,e_4,e_7 不相邻,当

然与 e_5, e_6 也不相邻.

（6）在无向图和有向图中,没有边关联的顶点称作**孤立点**,两个端点重合的边称作**环**.

例如,图 6.1(a)中 v_5 是孤立点, e_6 是环. (b)中没有孤立点, e_1 是环.

6.1.2　顶点的度数与握手定理

定义 6.3　设 $G=\langle V,E\rangle$ 为一无向图, $v_i \in V$,称 v_i 作为边的端点的次数之和为 v_i 的**度数**,简称为**度**,记作 $d_G(v_i)$. 在不引起混淆情况下,简记为 $d(v_i)$. 注意,每个环提供给它的端点 2 度.

设 $D=\langle V,E\rangle$ 为一个有向图, $v_i \in V$,称 v_i 作为边的始点的次数之和为 v_i 的**出度**,记作 $d_D^+(v_i)$,简称为 $d^+(v_i)$；称 v_i 作为边的终点的次数之和为 v_i 的**入度**,记作 $d_D^-(v_i)$,简记为 $d^-(v_i)$；称 v_i 作为边的端点的次数之和为 v_i 的**度数**或**度**,记作 $d_D(v_i)$,简记为 $d(v_i)$. 显然, $d(v_i)=d^+(v_i)+d^-(v_i)$.

在图 6.1(a)中, $d(v_1)=d(v_2)=3, d(v_3)=5, d(v_4)=1, d(v_5)=0$. 在图 6.1(b)中, $d^+(v_1)=1$ (由环 e_1 提供的), $d^-(v_1)=4, d(v_1)=5. d^+(v_2)=3, d^-(v_2)=0, d(v_2)=3, \cdots$.

在图中,称度数为 1 的顶点为**悬挂顶点**,与它关联的边为**悬挂边**. 在图 6.1(a)中, v_4 是悬挂顶点, e_5 是悬挂边.

另外,称 $\Delta(G)=\max\{d(v)|v\in V(G)\}$ 为 G 的**最大度**, $\delta(G)=\min\{d(v)|v\in V(G)\}$ 为 G 的**最小度**. 在不会引起混淆的情况下,常把 $\Delta(G)$ 简记作 Δ,把 $\delta(G)$ 简记作 δ. 在图 6.1(a)中, $\Delta=5, \delta=0$. 图 6.1(b)中, $\Delta=5, \delta=3$.

设 D 为一有向图,又称

$$\Delta^+(D)=\max\{d^+(v) \mid v \in V(D)\}$$

为 D 的**最大出度**；称

$$\delta^+(D)=\min\{d^+(v) \mid v \in V(D)\}$$

为 D 的**最小出度**；称

$$\Delta^-(D)=\max\{d^-(v) \mid v \in V(D)\}$$

为 D 的**最大入度**；称

$$\delta^-(D)=\min\{d^-(v) \mid v \in V(D)\}$$

为 D 的**最小入度**. 在不引起混淆的情况下,常将 $\Delta^+(D), \delta^+(D), \Delta^-(D), \delta^-(D)$ 分别简记为 $\Delta^+, \delta^+, \Delta^-, \delta^-$.

下面给出图论中的基本定理.

定理 6.1　设 $G=\langle V,E\rangle$ 为任意一图(无向的或有向的), $V=\{v_1,v_2,\cdots,v_n\}$,边的条数 $|E|=m$,则

$$\sum_{i=1}^{n}d(v_i)=2m$$

证明　图中任何一条边均有两个端点. 在计算各顶点的度数之和时,每条边提供 2 度,当然 m 条边共提供 $2m$ 度,这就是各顶点的度数之和.

此定理常常被称为**握手定理**,它有下面推论.

推论　任何图(有向图或无向图)中,度数为奇数的顶点个数是偶数.

证明 设 $G=\langle V,E\rangle$ 为任意一图. 设

$$V_1=\{v\mid v\in V\wedge d(v)\text{为奇数}\}$$
$$V_2=\{v\mid v\in V\wedge d(v)\text{为偶数}\}$$

显然有 $V_1\cap V_2=\varnothing$，$V_1\cup V_2=V$. 由握手定理可知，

$$2m=\sum_{v\in V}d(v)=\sum_{v\in V_1}d(v)+\sum_{v\in V_2}d(v)$$

由于 $2m$，$\sum\limits_{v\in V_2}d(v)$ 为偶数，所以 $\sum\limits_{v\in V_1}d(v)$ 也为偶数. 可是，$v\in V_1$ 时，$d(v)$ 为奇数，偶数个奇数之和才能为偶数，所以 $|V_1|$ 为偶数. 这就证明了我们的结论.

对于有向图来说，还有下面定理.

定理 6.2 设 $D=\langle V,E\rangle$ 为一有向图，$V=\{v_1,v_2,\cdots,v_n\}$，$|E|=m$，则

$$\sum_{i=1}^n d^+(v_i)=\sum_{i=1}^n d^-(v_i)=m$$

证明 在有向图中，每条边均有一个始点和一个终点. 于是在计算 D 中各顶点的出度之和及入度之和时，每条边各提供一个出度和一个入度. 当然 m 条边共提供 m 个出度和 m 个入度，因而定理成立.

设 $V=\{v_1,v_2,\cdots,v_n\}$ 为 n 阶图 G 的顶点集，称 $d(v_1),d(v_2),\cdots,d(v_n)$ 为 G 的 **度数列**. 图 6.1(a) 的度数列为 3,3,5,1,0，其中有 4 个奇数. 图 6.1(b) 的度数列为 5,3,3,3，全是奇数. 对于有向图还可分出出度列和入度列. 在图 6.1(b) 中，出度列为 1,3,2,1；入度列为 4,0,1,2.

例 6.1 （1）以下两组数能构成无向图的度数列吗？为什么？

① 2,3,4,5,6,7　② 1,2,2,3,4

（2）已知图 G 中有 11 条边，有 1 个 4 度顶点，4 个 3 度顶点，其余顶点的度数均小于或等于 2，问 G 中至少有几个顶点？

（3）已知 5 阶有向图 D 的顶点集 $V=\{v_1,v_2,v_3,v_4,v_5\}$. 它的度数列和出度列分别为 3,3,2,3,3 和 1,2,1,2,1. 试求 D 的入度列.

解 （1）①中有 3 个奇度，所以不能构成图的度数列，否则将与握手定理的推论矛盾.

②中有两个奇度，可以找到多个图以②作度数列. 图 6.2 中的两个图均以②为度数列.

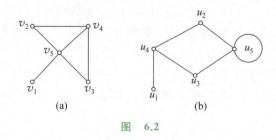

图 6.2

（2）由握手定理可知，G 中各顶点的度数之和为 22. 1 个 4 度顶点，4 个 3 度顶点共占去 16 度. 还剩下 6 度，其余顶点的度数若全是 2，还需要 3 个顶点，所以 G 中至少有 $1+4+3=8$ 个顶点.

（3）对于任意的 $v_i\in V(D)$，均有

$$d(v_i) = d^+(v_i) + d^-(v_i)$$

因而 $d^-(v_i) = d(v_i) - d^+(v_i)$,容易算出入度列为 2,1,1,1,2.

例 6.2 无向图 G 有 11 条边,2,3,4,5,6 度顶点各 1 个,其余顶点均为悬挂顶点(即 1 度顶点),求 G 中悬挂顶点个数.

解 设 G 有 x 个悬挂顶点.由握手定理立即可解出 x:

$$2m = 22 = \sum d(v_i) = 20 + x$$

可知 $x = 2$.

例 6.3 设 n 阶 m 条边的无向图 G 中,$m = n+1$,证明 G 中存在顶点 $v, d(v) \geqslant 3$.

证明 用归谬法(反证法)证明之.

否则,$\forall v \in V(G)$,均有 $d(v) \leqslant 2$,则由握手定理有

$$2(n+1) = 2n+2 = \sum d(v_i) \leqslant 2n$$

即 $2n+2 \leqslant 2n$,这是个矛盾.所以,存在 $v, d(v) \geqslant 3$.

例 6.4 证明:空间不存在有奇数个面且每个面均有奇数条棱的多面体.

证明 用归谬法(反证法)证明之.假设存在多面体 P,它有奇数个面,且每个面均有奇数条棱.做无向图 $G = \langle V, E \rangle$,$V = \{v \mid v \text{ 为 } P \text{ 的面}\}$,记 $V = \{v_1, v_2, \cdots, v_n\}$,则 n 为奇数,$E = \{(u,v) \mid u, v \in V \land u \text{ 与 } v \text{ 有公共棱}\}$,记 $|E| = m$.由握手定理可知,

$$2m = \sum_{i=1}^{n} d(v_i)$$

$d(v_i)$ 全为奇数,n 为奇数,奇数个奇数之和为奇数,故上面等式是个矛盾,所以原命题为真.

例 6.5 设 G 为 9 阶无向图,G 的每个顶点的度数不是 5 就是 6.证明 G 中至少有 5 个 6 度顶点或至少有 6 个 5 度顶点.

证明 方法一:用分情况证明法.

设 G 中 5 度顶点与 6 度顶点的个数分别为 n_1 和 n_2,由握手定理推论可知,n_1 必为偶数,因而 n_1 只能为 0,2,4,6,8.所以,n_1, n_2 的取值只有下面 5 种情况:

(1) $n_1 = 0, n_2 = 9$.
(2) $n_1 = 2, n_2 = 7$.
(3) $n_1 = 4, n_2 = 5$.
(4) $n_1 = 6, n_2 = 3$.
(5) $n_1 = 8, n_2 = 1$.

(1),(2),(3)至少有 5 个 6 度顶点,(4),(5)至少有 6 个 5 度顶点.

方法二:用反证法.

否则,G 中至多有 4 个 6 度顶点,并且至多有 5 个 5 度顶点,但由握手定理的推论可知,G 至多有 4 个 5 度顶点,这蕴涵着 G 中至多有 8 个顶点,与 G 为 9 阶图矛盾,故原命题为真.

6.1.3 简单图、完全图、正则图、圈图、轮图、方体图

定义 6.4 在无向图中,关联一对顶点的无向边如果多于 1 条,称这些边为**平行边**,平行边的条数称为**重数**.

在有向图中,关联一对顶点的有向边如果多于 1 条,并且它们的始点与终点相同(即它

们的方向相同),则称这些边为**有向平行边**,简称**平行边**.

含平行边的图称为**多重图**. 既不含平行边也不含环的图称为**简单图**.

易知,n 阶简单无向图的 $\Delta \leqslant n-1$.

图 6.1(a)中,e_1 与 e_2 是平行边,该图既有平行边,又有环,当然不是简单图. 图 6.1(b) 中,e_2 与 e_7 是平行边,但 e_5 与 e_6 不是平行边(它们的方向不同). 当然它也不是简单图. 图 6.2(a)是既无平行边也无环的图,因而它是简单图. 图 6.2(b)也不是简单图(因为它含环).

在本小节下面的几个定义,都是针对简单图定义的.

定义 6.5 设 $G=\langle V,E\rangle$ 是 n 阶无向简单图. 若 G 中的任何顶点都与其余的 $n-1$ 个顶点相邻,则称 G 为 n 阶**无向完全图**,记作 K_n.

设 $D=\langle V,E\rangle$ 是 n 阶有向简单图. 若对于任意的顶点 $u,v \in V(u \neq v)$,既有 $\langle u,v\rangle \in E$, 又有 $\langle v,u\rangle \in E$,则称 D 是 n 阶**有向完全图**.

在图 6.3 中,图 6.3(a),图 6.3(b)分别是无向完全图 K_3 和 K_5,图 6.3(c)是 3 阶有向完全图.

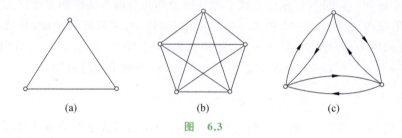

图 6.3

在无向完全图 K_n 中,边数 $m = C_n^2 = \dfrac{n(n-1)}{2}$,在 n 阶有向完全图中,边数 $m = 2C_n^2 = n(n-1)$.

定义 6.6 设 $G=\langle V,E\rangle$ 是无向简单图. 若 $\Delta(G)=\delta(G)=k$(各顶点度数均等于 k), 则称 G 为 k-**正则图**.

图 6.3(a)为 2-正则图,图 6.3(b)为 4-正则图. 其实,K_n 都是正则图,且为 $(n-1)$-正则图. 请读者举出 5 阶 2-正则图,6 阶 3-正则图的例子.

由握手定理可知,n 阶 k-正则图的边数 $m = k \cdot n/2$.

定义 6.7 (1) 设 $G=\langle V,E\rangle$ 为 $n(n \geqslant 3)$ 阶无向简单图,$V=\{v_1,v_2,\cdots,v_n\}$,$E=\{(v_1,v_2),(v_2,v_3),\cdots,(v_{n-1},v_n),(v_n,v_1)\}$,则称 G 为 n 阶**无向圈图**,简称 n **阶圈图**,记作 C_n.

(2) 设 $D=\langle V,E\rangle$ 为 $n(n \geqslant 2)$ 阶有向简单图,$V=\{v_1,v_2,\cdots,v_n\}$,$E=\{\langle v_1,v_2\rangle,\langle v_2,v_3\rangle,\cdots,\langle v_{n-1},v_n\rangle,\langle v_n,v_1\rangle\}$,则称 D 为 n 阶**有向圈图**,也可记作 C_n.

在图 6.4 中,图 6.4(a),图 6.4(b),图 6.4(c)分别为无向圈图 C_3,C_4 和 C_5,而图 6.4(d), 图 6.4(e),图 6.4(f)分别为有向圈图 C_3,C_4,C_5. 无向圈图 C_n 均为 2-正则图.

定义 6.8 在无向圈 $C_{n-1}(n \geqslant 4)$ 内放置一个顶点,使该顶点与 C_{n-1} 上的每个顶点均相邻,所得简单图称为 n **阶轮图**,记作 W_n.

图 6.5(a),图 6.5(b),图 6.5(c)所示分别为 W_4,W_5 和 W_6.

定义 6.9 设 $G=\langle V,E\rangle$ 为 $2^n(n \geqslant 1)$ 阶无向简单图,

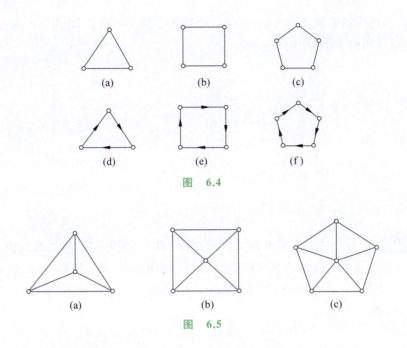

图 6.4

图 6.5

$$V = \{v \mid v = \alpha_1\alpha_2\cdots\alpha_n, \alpha_i = 0 \text{ 或 } 1, i = 1, 2, \cdots, n\}$$
$E = \{(u,v) \mid u, v \in V \wedge u \text{ 与 } v \text{ 有且仅有一位数字不同}\}$，则称 G 为 **n 方体图**，记作 Q_n.
图 6.6(a),(b),(c)分别为 Q_1, Q_2, Q_3.

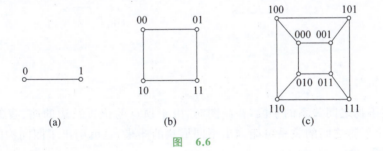

图 6.6

6.1.4 子图、补图

定义 6.10 设 $G = \langle V, E \rangle$，$G' = \langle V', E' \rangle$ 是两个图（两图同为无向的，或同为有向的）. 若 $V' \subseteq V$ 且 $E' \subseteq E$，则称 G' 是 G 的**子图**，G 是 G' 的**母图**，记作 $G' \subseteq G$；若 $G' \subseteq G$ 且 $G' \neq G$（即 $V' \subset V$ 或 $E' \subset E$），则称 G' 是 G 的**真子图**；若 $G' \subseteq G$，且 $V' = V$，则称 G' 是 G 的**生成子图**.

设 $\varnothing \neq V_1 \subseteq V$，以 V_1 为顶点集，以两个端点均在 V_1 中的全体边为边集的 G 的子图称为 V_1 导出的**导出子图**，记作 $G[V_1]$.

设 $\varnothing \neq E_1 \subseteq E$，以 E_1 为边集，以 E_1 中的边关联的顶点的全体为顶点集的 G 的子图称为 E_1 导出的**导出子图**，记作 $G[E_1]$.

图 6.7(a)、图 6.7(b) 和图 6.7(c) 都是图 6.7(a)的子图，其中图 6.7(b)和图 6.7(c)是真子图. 图 6.7(a)和图 6.7(c)是图 6.7(a)的生成子图. 图 6.7(b)既可以看成 $V_1 = \{d, e, f\}$ 的导

出子图 $G[V_1]$，也可以看成 $E_1=\{e_5,e_6,e_7\}$ 的导出子图 $G[E_1]$．图 6.7(c) 又可看成 $E_2=\{e_1,e_3,e_5,e_7\}$ 导出的子图 $G[E_2]$．

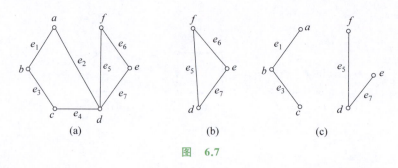

图　6.7

定义 6.11　设 $G=\langle V,E\rangle$ 是 n 阶无向简单图．以 V 为顶点集，以所有能使 G 成为完全图 K_n 的添加边组成的集合为边集的图称为 G **相对于 K_n 的补图**，简称为 G 的**补图**，记作 $\bar{G}$．

图 6.8(b) 是图 6.8(a) 的补图，当然图 6.8(a) 也是图 6.8(b) 的补图．显然，K_n 的补图为 n 阶零图，反之亦然．

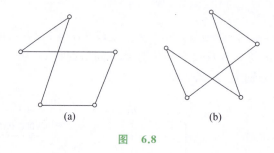

图　6.8

6.1.5　图的同构

图是描述事物之间关系的手段，在画图时，由于顶点的位置及边的曲、直都没有什么规定，因而同一个事物之间的关系可能画出不同形状的图来，这就引出了图同构的概念．

定义 6.12　设 $G_1=\langle V_1,E_1\rangle$，$G_2=\langle V_2,E_2\rangle$ 为两个无向图 (有向图)．若存在双射函数 $f:V_1\to V_2$，使得对于任意的 $e=(v_i,v_j)\in E_1$ 当且仅当 $e'=(f(v_i),f(v_j))\in E_2(e=\langle v_i,v_j\rangle\in E_1$ 当且仅当 $e'=\langle f(v_i),f(v_j)\rangle\in E_2)$，且 e 与 e' 的重数相同，则称 G_1 与 G_2 **同构**，记作 $G_1\cong G_2$．

从定义不难看出，图之间的同构关系是等价关系．若 $G_1=\langle V_1,E_1\rangle$，$G_2=\langle V_2,E_2\rangle$ 同构，则必有 $|V_1|=|V_2|$，$|E_1|=|E_2|$．若它们都是标定图，可调整一个图的顶点次序，使 G_1 与 G_2 有相同的度数列．我们还可以找出同构的两个图所应满足的许多必要条件，但这些条件不是充分的．到目前为止，还没有找到判断两个图是否同构的简便方法，只能对一些简单图根据定义进行判别．另外，可用破坏必要条件的方法来判断某些图之间不是同构的．

在图 6.9 中，(a)$\cong$(b)，(c)$\cong$(d)，(e)$\cong$(f)．在图 (a) 和图 (b) 中，设 $f:V_1\to V_2$，v_1,v_2,v_3,v_4,v_5 分别为 a,b,c,d,e 的像，可简记为 $a\leftrightarrow v_1,b\leftrightarrow v_2,c\leftrightarrow v_3,d\leftrightarrow v_4,e\leftrightarrow v_5$．可验证，在这个映射下，保持边与顶点之间的关联关系，所以 (a)$\cong$(b)．类似可证 (c)$\cong$(d)，(e)$\cong$(f)．但 (c) 不同构于 (e)，在 (c) 中存在着彼此相邻的 3 个顶点，但在 (e) 中不存在彼此相邻的 3 个

顶点,所以(c)与(e)不同构.图之间的同构关系具有传递性,因而(c)与(f)也不同构.

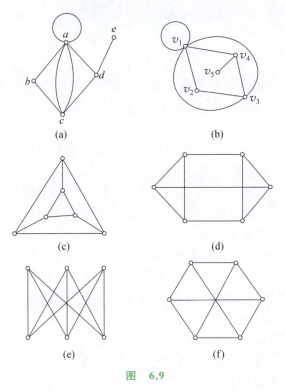

图 6.9

例 6.6 画出 4 阶 3 条边的所有非同构的无向简单图.

解 用握手定理及推论、简单图的性质($\Delta \leqslant n-1$)解本题.由握手定理可知,画出的图度数之和应为 6,将 6 分配给 4 个顶点,每个顶点至少得 0,至多得 3(因为 $\Delta \leqslant 4-1=3$),又要求其中含偶数个奇数,于是所得图的度数列只有 3 种:① 1,1,1,3;② 1,1,2,2;③ 0,2,2,2.再根据每种度数列画出所有非同构的图,本题中,每种度数均有一个非同构的无向简单图,因而共有 3 个非同构的无向简单图满足要求,如图 6.10(a),(b),(c)所示.有时同一个度数列可以对应多个非同构的无向简单图,见例 6.7.

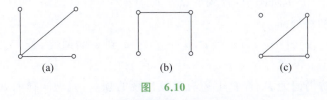

图 6.10

例 6.7 画出以 1,1,1,2,2,3 为度数列的 3 个非同构的无向简单图.

解 图 6.11 所示 3 个无向简单图均以 1,1,1,2,2,3 为度数列,它们彼此非同构.

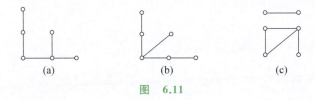

图 6.11

6.2　图的连通性

6.2.1　通路与回路

通路与回路是图论中的两个重要而又基本的概念，本节将给出这两个概念。本节中所给出的定义一般说来既适合无向图，又适合有向图，否则将加以说明或重新给出关于有向图所涉及的定义。

定义 6.13　给定图 $G=\langle V,E\rangle$。设 G 中顶点和边的交替序列为 $\Gamma=v_0e_1v_1e_2\cdots e_lv_l$。

若 Γ 满足如下条件：v_{i-1} 和 v_i 是 e_i 的端点（G 为有向图时，要求 v_{i-1} 是 e_i 的始点，v_i 是 e_i 的终点），$i=1,2,\cdots,l$，则称 Γ 为 v_0 到 v_l 的**通路**。v_0,v_l 分别称为此通路的起点和终点。Γ 中所含边的数目 l 称为 Γ 的**长度**。当 $v_0=v_l$ 时，称通路为**回路**。

若 Γ 中所有边各异，则称 Γ 为**简单通路**，此时，又若 $v_0=v_l$，则称 Γ 为**简单回路**。

若 Γ 的所有顶点各异，所有边也各异，则称 Γ 为**初级通路**或**路径**。此时，又若 $v_0=v_l$，则称 Γ 为**初级回路**或**圈**，并将长度为奇数的圈称为**奇圈**，长度为偶数的圈称为**偶圈**。

若 Γ 中有边重复出现，则称 Γ 为**复杂通路**，又若 $v_0=v_l$，则称 Γ 为**复杂回路**。

对定义 6.13 给出下面几点说明。

(1) 回路是通路的特殊情况。

(2) 初级通路(回路)是简单通路(回路)，但反之不真。

(3) 通路(回路)表示法如下：

① 定义给出的顶点与边的交替序列表示法：$\Gamma=v_0e_1v_1e_2\cdots e_lv_l$，回路：$v_0e_1v_1e_2\cdots e_lv_0$（因 $v_l=v_0$）。

② 也可以只用边表示通路(回路)：$\Gamma=e_1e_2\cdots e_l$，若为回路，则 e_1 与 e_l 相邻。

③ 在简单图中，也可以只用顶点表示通路(回路)：$\Gamma=v_0v_1\cdots v_{l-1}v_l$，回路：$v_0v_1\cdots v_{l-1}v_0$（$v_l=v_0$）。

(4) 在无向图中，长度为 1 的圈由环给出，长度为 2 的圈由两条平行边给出。在简单图中，圈长至少为 3。在有向图中，长度为 1 的圈由环给出。有向简单图中，圈长至少为 2。

定理 6.3　在一个 n 阶图中，若从顶点 u 到 $v(u\neq v)$ 存在通路，则从 u 到 v 存在长度小于或等于 $n-1$ 的初级通路。

证明　设 $\Gamma=v_0e_1v_1\cdots e_lv_l(v_0=u,v_l=v)$ 为 u 到 v 的通路，若 Γ 上无重复出现的顶点，则 Γ 为初级通路。否则必存在 $t<s$，$v_t=v_s$，在 Γ 中去掉 v_t 到 v_s 的一段，所得通路仍为 u 到 v 的通路。不妨仍记为 Γ。若 Γ 上还有重复出现的顶点，就做同样的处理，直到无重复出现的顶点为止。最后得到的通路是 u 到 v 的初级通路。显然它的长度应小于或等于 $n-1$。

类似可证下面定理。

定理 6.4　在一个 n 阶图中，如果存在 v 到自身的简单回路，则从 v 到自身存在长度不超过 n 的初级回路。

6.2.2　无向图的连通性与连通度

定义 6.14　在无向图 G 中，若顶点 v_i 与 v_j 之间存在通路，则称 v_i 与 v_j 是**连通的**。规

定 v_i 与自身是连通的.

若无向图 G 是平凡图,或 G 中任二顶点都是连通的,则称 G 是**连通图**,否则称 G 是**非连通图**.

设 $G=\langle V,E\rangle$ 为一无向图,设
$$R=\{\langle x,y\rangle | x,y\in V \text{ 且 } x \text{ 与 } y \text{ 连通}\}$$
则 R 是自反的,对称的,并且是传递的,因而 R 是 V 上的等价关系. 设 R 的不同的等价类分别为 $V_1,V_2,\cdots,V_k$,称它们的导出子图 $G[V_1],G[V_2],\cdots,G[V_k]$ 为 G 的**连通分支**,其连通分支的个数记为 $p(G)$. 若 G 是连通图,则 $p(G)=1$. 若 $p(G)\geqslant 2$,则 G 一定是非连通图.

设 v_i,v_j 为无向图 G 中的任意两个顶点. 若 v_i 与 v_j 是连通的,则称 v_i 与 v_j 之间长度最短的通路为 v_i 与 v_j 之间**短程线**. 短程线的长度称为 v_i 与 v_j 之间的**距离**,记作 $d(v_i,v_j)$. 若 v_i 与 v_j 不连通,规定 $d(v_i,v_j)=\infty$. 距离有如下性质:

(1) $d(v_i,v_j)\geqslant 0$,并且当且仅当 $v_i=v_j$ 时,等号成立.

(2) 满足三角不等式,即对于任意 3 个顶点 v_i,v_j,v_k,有 $d(v_i,v_j)+d(v_j,v_k)\geqslant d(v_i,v_k)$.

(3) $d(v_i,v_j)=d(v_j,v_i)$.

在图 6.12 中,a 与 d 之间的短程线有两条:acd, aed,$d(a,d)=2$. a 与 g 之间的短程线有一条:afg,$d(a,g)=2$. 易知,$d(a,b)=1$,$d(a,h)=\infty$.

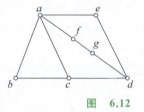

图 6.12

对于无向连通 G 来说,常由删除 G 中的一些顶点或删除一些边,而破坏其连通性. 所谓从 G 中删除顶点 v,是指从 G 中去掉 v 及其关联的一切边. 从 G 中删除顶点集子集 V' 是指从 G 中删除 V' 中的所有顶点. 用 $G-v$ 表示从 G 中删除 v,用 $G-V'$ 表示从 G 中删除 V'.

所谓从 G 中删除边 e,是指从 G 中去掉边 e,记作 $G-e$. 删除边集的子集 E',是指从 G 中删除 E' 中所有边,记作 $G-E'$.

设图 G 为图 6.13 中(a)所示. $G-a$ 为图 6.13(b)所示,$G-e$ 为(c)所示,$G-\{a,c\}$ 为图 6.13(d)所示. $G-e_6$ 为图 6.13(e)所示,$G-\{e_2,e_5\}$ 为图 6.13(f)所示.

定义 6.15 设无向图 $G=\langle V,E\rangle$. 若存在顶点集 $V'\subset V$,使得 $p(G-V')>p(G)$,而对于任意的 $V''\subset V'$,均有 $p(G-V'')=p(G)$,则称 V' 是 G 的**点割集**. 若图 G 的某个点割集中只有一个顶点,则称该顶点为**割点**.

若存在边子集 $E'\subset E$,使得 $p(G-E')>p(G)$,而对于任意的 $E''\subset E'$,均有 $p(G-E'')=p(G)$,则称 E' 是 G 的**边割集**,简称**割集**. 若 G 的某边割集中只有一条边,则称该边为**割边**或称为**桥**.

在图 6.13(a)中,$\{e\}$,$\{a,c\}$,$\{a,d\}$ 等都是点割集,其中 e 是割点. 而 $\{a\}$,$\{b,e\}$,$\{a,c,d\}$ 等都不是点割集. $\{e_6\}$,$\{e_1,e_5\}$,$\{e_1,e_3\}$ 等都是边割集,其中 e_6 是桥. 而 $\{e_1,e_6\}$,$\{e_2,e_3,e_4\}$ 等都不是边割集.

关于点割集和边割集,有以下几点说明:

(1) 完全图 K_n 无点割集,因为从 K_n 中删除 $k(k\leqslant n-1)$ 个顶点后,所得图仍然是连通的.

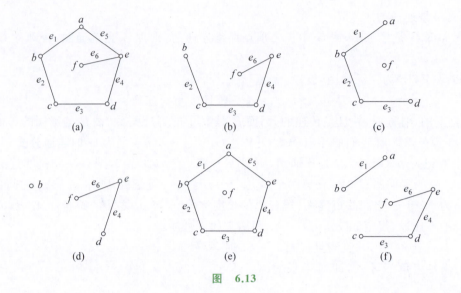

图 6.13

(2) n 阶零图既无点割集,也无边割集.

(3) 若 G 是连通图,E' 为 G 的边割集,则 $p(G-E')=2$. 理由如下:显然 $p(G-E')\geqslant 2$. 又任取 $e\in E'$,令 $E''=E'-\{e\}$. 根据定义,$p(G-E'')=p(G)=1$. 而删去一条边至多增加一个连通分支,故 $p(G-E')=2$.

(4) 若 G 是连通图,V' 是 G 的点割集,则 $p(G-V')\geqslant 2$. 而且可能 $p(G-V')>2$,这是因为删去一个顶点可能产生多个连通分支.

对一个连通图来说,若它存在点割集和边割集,就可以用含元素个数最少的点割集和边割集来刻画它的连通程度.

定义 6.16 设 G 为一个无向连通图. 设

$$\kappa(G)=\min\{|V'|\,|\,V' \text{是} G \text{的点割集或} V' \text{使}(G-V') \text{只有一个顶点}\}$$

则称 $\kappa(G)$ 为 G 的**点连通度**. 令

$$\lambda(G)=\min\{|E'|\,|\,E' \text{是} G \text{的边割集}\}$$

则称 $\lambda(G)$ 为 G 的**边连通度**.

规定非连通图的点连通度和边连通度都是 0.

从定义可以看出以下几点:

(1) 若 G 是平凡图,则 $\kappa(G)=\lambda(G)=0$. 这里约定:$\min\varnothing=0$.

(2) 若 G 是完全图 K_n,由于 G 无点割集,当删除 $n-1$ 个顶点后,G 成为平凡图,所以 $\kappa(G)=n-1$.

(3) 若 G 中存在割点,则 $\kappa(G)=1$;若 G 中存在割边(桥),则 $\lambda(G)=1$.

在图 6.13(a)中图既有割点 e,又有桥 e_6,所以它的 κ 与 λ 均为 1. 圈图 $C_n(n\geqslant 3)$ 的 $\kappa=\lambda=2$. 而轮图 $W_n(n\geqslant 4)$ 的 $\kappa=\lambda=3$.

对于任何图 G 来说,它的点连通度 κ,边连通度 λ 与最小度 δ 有如下定理给出的关系.

定理 6.5 对于任何无向图 G,有

$$\kappa(G)\leqslant\lambda(G)\leqslant\delta(G)$$

6.2.3 有向图的连通性及其分类

定义 6.17 设 $D=\langle V,E\rangle$ 为一有向图. 设 v_i,v_j 为 D 中任意两个顶点. 若从 v_i 到 v_j 有通路, 则称 v_i 可达 v_j. 规定 v_i 到自身总是可达的. 设 v_i,v_j 为 D 中任意两个顶点. 若 v_i 可达 v_j,v_j 也可达 v_i, 则称 v_i 与 v_j 是相互可达的. v_i 与自身是相互可达的.

同无向图的情况类似, 若 v_i 可达 v_j, 则称 v_i 到 v_j 长度最短的通路为 v_i 到 v_j 的短程线, 短程线的长度称为 v_i 到 v_j 的距离, 记作 $d\langle v_i,v_j\rangle$. $d\langle v_i,v_j\rangle$ 除记法及无对称性外, 有与 $d(v_i,v_j)$ 相类似的性质.

定义 6.18 设 D 为一有向图. 如果略去 D 中各边的方向所得无向图是连通图, 则称 D 是弱连通图或连通图. 若 D 中任意两个顶点至少一个可达另一个, 则称 D 是单向连通图. 若 D 中任意两个顶点都是相互可达的, 则称 D 是强连通图.

显然, 一个有向图是强连通的, 它一定是单向连通的; 若是单向连通的, 它必为弱连通的. 但反之都不真.

图 6.14 所示各图中, 图 (a) 是强连通的, 当然也是单向连通和弱连通的. 图 (b) 是单向连通的, 也是弱连通的, 但不是强连通的. 图 (c) 是弱连通的, 不是单向连通的, 更不是强连通的.

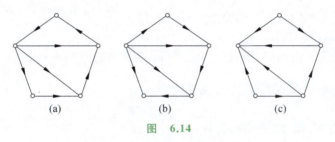

图 6.14

可用下面方法来判断一个有向图 D 是否为强连通的或是否为单向连通的.
判别法 1: 若有向图 D 中存在经过每个顶点至少一次的回路, 则 D 是强连通的.
判别法 2: 若有向图 D 中存在经过每个顶点至少一次的通路, 则 D 是单向连通的.
由判别法 1 可知图 6.14(a) 是强连通的, 图 6.14(b) 是单向连通的.
其实, 判别法给出的条件也是必要的.

6.3 图的矩阵表示

从以上的讨论可知, 一个图可以用集合来表示, 也可以用图形来表示. 另外还可以用矩阵来表示, 这便于用代数方法来研究图的性质, 也便于用计算机来处理图. 用矩阵表示图, 必须将图的顶点和边编号. 在本节中, 主要讨论图的关联矩阵, 有向图的邻接矩阵, 无向图的相邻矩阵, 以及可达矩阵.

6.3.1 无向图的关联矩阵

设无向图 $G=\langle V,E\rangle, V=\{v_1,v_2,\cdots,v_n\}, E=\{e_1,e_2,\cdots,e_m\}$, 令 m_{ij} 为顶点 v_i 与边 e_j

的关联次数,则称$(m_{ij})_{n\times m}$为G的**关联矩阵**,记作$M(G)$.

m_{ij}的可能取值有3种:$0(v_i$与e_j不关联),$1(v_i$与e_j关联次数为1),$2(v_i$与e_j关联次数为2,即e_j是以v_i为端点的环).

例6.8 求图6.15所示无向图的关联矩阵.

解 设图6.15所示图为G,它的关联矩阵为

$$M(G) = \begin{bmatrix} 1 & 1 & 1 & 0 & 0 & 0 \\ 0 & 1 & 1 & 0 & 1 & 0 \\ 0 & 0 & 0 & 1 & 1 & 0 \\ 1 & 0 & 0 & 1 & 0 & 2 \end{bmatrix}$$

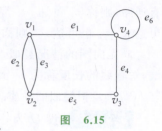

图 6.15

通过对$M(G)$的分析,可以看出关联矩阵$(m_{ij})_{n\times m}$有下面诸条性质:

(1) $\sum_{i=1}^{n} m_{ij} = 2(j=1,2,\cdots,m)$,即$M(G)$各列元素之和为2,这正说明每条边关联两个顶点(环关联的两个顶点重合).

(2) $\sum_{j=1}^{m} m_{ij} = d(v_i)$,即$M(G)$第$i$行元素之和为$v_i$的度数,$i=1,2,\cdots,n$.

(3) $\sum_{i=1}^{n} d(v_i) = \sum_{i=1}^{n}\sum_{j=1}^{m} m_{ij} = \sum_{j=1}^{m}\sum_{i=1}^{n} m_{ij} = \sum_{j=1}^{m} 2 = 2m$,这正是握手定理的内容——各顶点度数之和等于边数的2倍.

(4) 第j列与第k列相同,当且仅当e_j与e_k是平行边.

(5) $\sum_{j=1}^{m} m_{ij} = 0$,当且仅当顶点$v_i$为孤立点.

6.3.2 有向无环图的关联矩阵

设有向无环图$D=\langle V,E \rangle$,$V=\{v_1,v_2,\cdots,v_n\}$,$E=\{e_1,e_2,\cdots,e_m\}$.令

$$m_{ij} = \begin{cases} 1 & v_i \text{为} e_j \text{的始点} \\ 0 & v_i \text{与} e_j \text{不关联} \\ -1 & v_i \text{是} e_j \text{的终点} \end{cases}$$

则称$(m_{ij})_{n\times m}$为D的**关联矩阵**,记作$M(D)$.

例6.9 求图6.16所示有向无环图D的关联矩阵.

解

$$M(D) = \begin{bmatrix} -1 & 1 & 0 & 0 & 0 & -1 & 1 \\ 0 & -1 & 1 & 0 & 0 & 0 & 0 \\ 0 & 0 & -1 & -1 & -1 & 0 & -1 \\ 1 & 0 & 0 & 1 & 1 & 0 & 0 \end{bmatrix}$$

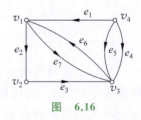

图 6.16

容易看出$M(D)$有如下性质:

(1) 每列恰好有一个1和一个-1,这是因为每条边有一个始点和一个终点(注意规定图中无环).

(2) 1的总个数等于-1的总个数,等于边数. 这是定理6.1的内容.

(3) 第 i 行中 1 的个数等于 v_i 的出度，-1 的个数等于 v_i 的入度.
(4) 第 j 列和第 k 列相同当且仅当 e_j 和 e_k 是平行边.
(5) 第 i 行全为 0 当且仅当 v_i 是孤立点.

6.3.3 有向图的邻接矩阵

设有向图 $D=\langle V,E\rangle$，$V=\{v_1,v_2,\cdots,v_n\}$，$|E|=m$. 令 $a_{ij}^{(1)}$ 为顶点 v_i 邻接到顶点 v_j 的边的条数，称 $(a_{ij}^{(1)})_{n\times n}$ 为 D 的**邻接矩阵**，记作 $A(D)$.

例 6.10 求如图 6.17 所示有向图 D 的邻接矩阵.

解
$$A(D)=\begin{bmatrix}1 & 2 & 1 & 0 \\ 0 & 0 & 1 & 0 \\ 0 & 0 & 0 & 1 \\ 0 & 0 & 1 & 0\end{bmatrix}$$

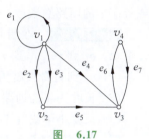

图 6.17

邻接矩阵有如下诸条性质：

(1) $\sum_{j=1}^{n} a_{ij}^{(1)} = d^+(v_i)$. 这说明第 i 行元素之和为 v_i 的出度，$i=1,2,\cdots,n$. 进而

$$\sum_{i=1}^{n}\sum_{j=1}^{n} a_{ij}^{(1)} = \sum_{i=1}^{n} d^+(v_i) = m$$

这说明各顶点的出度之和为 D 中边数 m.

(2) $\sum_{i=1}^{n} a_{ij}^{(1)} = d^-(v_j)$. 这说明第 j 列元素之和为 v_j 的入度，$j=1,2,\cdots,n$. 同样，

$$\sum_{j=1}^{n}\sum_{i=1}^{n} a_{ij}^{(1)} = \sum_{j=1}^{n} d^-(v_j) = m$$

这说明各顶点的入度之和为 D 中边数.

可以利用 $A(D)$ 计算 D 的各种长度的通路和回路数. 需要说明的是，这里不是在同构意义下，而是在定义意义下计算通路和回路数. 2 条通路或回路，只要表示它们的点边序列（或点序列，边序列）不同，就认为它们是不同的. 特别地，图形中的一条回路以不同的顶点作为始点和终点，在定义意义下认为它们是不同的. 如在图 6.17 中，$v_3v_4v_3$ 和 $v_4v_3v_4$ 在定义意义下是 2 条回路，而在图形中它们是一个回路. 对于通路，它在图形中的表示和定义意义下的表示是一致的. 如 e_2e_5 和 e_3e_5 是 2 条从 v_1 到 v_3 的长度为 2 的通路. 而在同构意义下，给定长度的通路和回路都只有一条. 在下面的叙述中把回路包含在通路中.

定理 6.6 设 A 为有向图 D 的邻接矩阵，D 的顶点集 $V=\{v_1,v_2,\cdots,v_n\}$，则 $A^l(l\geqslant 1)$ 的元素 $a_{ij}^{(l)}$ 是 v_i 到 v_j 长度为 l 的通路数，$\sum_{i,j} a_{ij}^{(l)}$ 是 D 中长度为 l 的通路总数，其中 $\sum_{i} a_{ii}^{(l)}$ 是 D 中长度为 l 的回路总数.

证明 只需证明 $a_{ij}^{(l)}$ 是 v_i 到 v_j 长度 l 的通路数. 对 l 做归纳证明.

归纳基础：当 $l=1$ 时，长度为 1 的通路是一条边，由邻接矩阵的定义，结论成立.

归纳步骤：假设当 $l\geqslant 1$ 时结论成立，考虑 v_i 到 v_j 长度为 $l+1$ 的通路数. 一条 v_i 到 v_j

长度为 $l+1$ 的通路由 v_i 到某个 v_k 长度为 l 的通路和边 $\langle v_k, v_j \rangle$ 构成. 根据归纳假设, $a_{ik}^{(l)}$ 是 v_i 到 v_k 长度为 l 的通路数, 而 $a_{kj}^{(1)}$ 是 v_k 到 v_j 的边数. 于是, $a_{ik}^{(l)} \cdot a_{kj}^{(1)}$ 是 v_i 到 v_k 再加一条边到 v_j 长度为 $l+1$ 的通路数, 从而 v_i 到 v_j 长度为 $l+1$ 的通路数为

$$\sum_k a_{ik}^{(l)} \cdot a_{kj}^{(1)} = a_{ij}^{(l+1)}$$

即对 $l+1$ 结论也成立.

推论 设 $B_l = A + A^2 + \cdots + A^l (l \geqslant 1)$, 则 B_l 的元素 $b_{ij}^{(l)}$ 是 D 中 v_i 到 v_j 长度小于或等于 l 的通路数, $\sum_{i,j} b_{ij}^{(l)}$ 是 D 中长度小于或等于 l 的通路总数, 其中 $\sum_i b_{ii}^{(l)}$ 是 D 中长度小于或等于 l 的回路总数.

例 6.10(续) 在图 6.17 中,

(1) v_1 到 v_4, v_4 到 v_1 长度为 3 的通路各为多少条?

(2) v_1 到自身长度为 1, 2, 3, 4 的回路各为多少条?

(3) 长度为 4 的通路总数为多少条? 其中有多少条是回路?

(4) 长度小于或等于 4 的回路有多少条?

解 根据定理 6.6, 只需写出 D 的邻接矩阵 A 的前 4 次幂.

$$A = \begin{bmatrix} 1 & 2 & 1 & 0 \\ 0 & 0 & 1 & 0 \\ 0 & 0 & 0 & 1 \\ 0 & 0 & 1 & 0 \end{bmatrix} \quad A^2 = \begin{bmatrix} 1 & 2 & 3 & 1 \\ 0 & 0 & 0 & 1 \\ 0 & 0 & 1 & 0 \\ 0 & 0 & 0 & 1 \end{bmatrix}$$

$$A^3 = \begin{bmatrix} 1 & 2 & 4 & 3 \\ 0 & 0 & 1 & 0 \\ 0 & 0 & 0 & 1 \\ 0 & 0 & 1 & 0 \end{bmatrix} \quad A^4 = \begin{bmatrix} 1 & 2 & 6 & 4 \\ 0 & 0 & 0 & 1 \\ 0 & 0 & 1 & 0 \\ 0 & 0 & 0 & 1 \end{bmatrix}$$

(1) v_1 到 v_4, v_4 到 v_1 长度为 3 的通路数由 A^3 中 $a_{14}^{(3)} = 3$ 和 $a_{41}^{(3)} = 0$ 给出, 即分别为 3 条和 0 条.

(2) v_1 到 v_1 长度为 1, 2, 3, 4 的回路数分别为 $a_{11}^{(1)} = 1$, $a_{11}^{(2)} = 1$, $a_{11}^{(3)} = 1$, $a_{11}^{(4)} = 1$ 给出, 即都是 1 条.

(3) D 中长度为 4 的通路总数为 A^4 中全体元素之和 $\sum_{i=1}^{4} \sum_{j=1}^{4} a_{ij}^{(4)} = 16$ 给出, 即 16 条, 其中回路数为 $\sum_{i=1}^{4} a_{ii}^{(4)} = 3$ 给出, 即 3 条.

(4) D 中长度小于或等于 4 的回路数为 $\sum_{l=1}^{4} \sum_{i=1}^{4} a_{ii}^{(l)}$, 其结果为 $1 + 3 + 1 + 3 = 8$.

6.3.4 有向图的可达矩阵

设有向图 $D = \langle V, E \rangle$, 其中 $V = \{v_1, v_2, \cdots, v_n\}$, 令

$$p_{ij} = \begin{cases} 1 & \text{若 } v_i \text{ 可达 } v_j \\ 0 & \text{否则} \end{cases} \quad 1 \leqslant i, j \leqslant n$$

称 $(p_{ij})_{n \times n}$ 为 D 的**可达矩阵**, 记作 $P(D)$, 简记 P.

有向图的可达矩阵有下述性质：
(1) 主对角线上的元素全为 1，即 $p_{ii}=1, 1 \leqslant i \leqslant n$.
(2) D 是强连通的当且仅当 $\boldsymbol{P}(D)$ 的元素全为 1.
(3) 根据定理 6.3，$p_{ij}=1$ 当且仅当 $b_{ij}^{(n-1)} \neq 0, 1 \leqslant i, j \leqslant n$ 且 $i \neq j$.

例 6.10（续） 写出图 6.17 的可达矩阵，并问：它是强连通的吗？

解
$$\boldsymbol{B}_3 = \boldsymbol{A} + \boldsymbol{A}^2 + \boldsymbol{A}^3 = \begin{bmatrix} 3 & 6 & 8 & 4 \\ 0 & 0 & 2 & 1 \\ 0 & 0 & 1 & 2 \\ 0 & 0 & 2 & 1 \end{bmatrix}$$

由性质(1)和(3)，得
$$\boldsymbol{A} = \begin{bmatrix} 1 & 1 & 1 & 1 \\ 0 & 1 & 1 & 1 \\ 0 & 0 & 1 & 1 \\ 0 & 0 & 1 & 1 \end{bmatrix}$$

该图不是强连通的，但由 $\boldsymbol{P}$ 可以看出，它是单连通的.

类似地，无向图也有相邻矩阵和可达矩阵. 设无向简单图 $G = \langle V, E \rangle$，其中 $V = \{v_1, v_2, \cdots, v_n\}$，令 $a_{ij}^{(1)}$ 为顶点 v_i 与 v_j 之间边的条数，称 $(a_{ij}^{(1)})_{n \times n}$ 为 G 的**相邻矩阵**，记作 $\boldsymbol{A}(G)$.

令
$$p_{ij} = \begin{cases} 1 & \text{若 } v_i \text{ 可达 } v_j \\ 0 & \text{否则} \end{cases} \quad 1 \leqslant i, j \leqslant n$$

称 $(p_{ij})_{n \times n}$ 为 G 的**可达矩阵**，记作 $\boldsymbol{P}(G)$，简记 $\boldsymbol{P}$.

$\boldsymbol{A}(G)$ 和 $\boldsymbol{P}(G)$ 都是对称的. 与有向图的邻接矩阵类似，也可以用相邻矩阵的幂求 G 中各种长度的通路数和回路数.

例 6.11 写出图 6.18 所示无向图 G 的相邻矩阵，并求 v_1 到 v_2 长度为 3 的通路数和 v_1 到 v_1 长度为 3 的回路数.

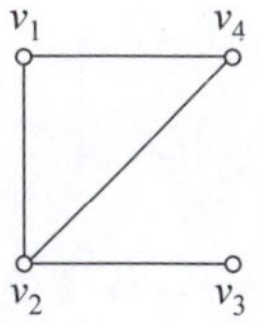

解 G 的相邻矩阵
$$\boldsymbol{A} = \begin{bmatrix} 0 & 1 & 0 & 1 \\ 1 & 0 & 1 & 1 \\ 0 & 1 & 0 & 0 \\ 1 & 1 & 0 & 0 \end{bmatrix}$$

图 6.18

计算
$$\boldsymbol{A}^2 = \begin{bmatrix} 2 & 1 & 1 & 1 \\ 1 & 3 & 0 & 1 \\ 1 & 0 & 1 & 1 \\ 1 & 1 & 1 & 2 \end{bmatrix} \quad \boldsymbol{A}^3 = \begin{bmatrix} 2 & 4 & 1 & 3 \\ 4 & 2 & 3 & 4 \\ 1 & 3 & 0 & 1 \\ 3 & 4 & 1 & 2 \end{bmatrix}$$

由 $a_{12}^{(3)}=3$，v_1 到 v_2 长度为 3 的通路有 3 条，它们是 $v_1v_2v_1v_2, v_1v_2v_3v_2, v_1v_4v_1v_2$. 由 $a_{11}^{(3)}=2$，v_1 到 v_1 长度为 3 的回路有 2 条，它们是 $v_1v_2v_4v_1, v_1v_4v_2v_1$. 这 2 条回路在图中是一条回路.

6.4 几种特殊的图

本节将介绍二部图、欧拉图、哈密顿图和平面图.

6.4.1 二部图

今有 4 个工人 a_1, a_2, a_3, a_4, 4 项任务 b_1, b_2, b_3, b_4. 已知工人 a_1 熟悉任务 b_1, b_2, b_3; a_2 熟悉 b_2, b_3; a_3 只熟悉 b_4; a_4 熟悉 b_3 和 b_4. 问：如何分配任务才能使每人都有一项自己熟悉的任务，且每项任务都有一人来完成？其实，只要以 $V=\{a_1, a_2, a_3, a_4, b_1, b_2, b_3, b_4\}$ 为顶点集，若 a_i 熟悉 b_j, 就在 a_i 与 b_j 之间连边，得边集 E, 构成无向图 $G=\langle V, E\rangle$, 如图 6.19 所示.

由图显而易见，分配 a_1 去完成 b_1, a_2 去完成 b_2, a_3 去完成 b_4, a_4 去完成 b_3 就能满足要求.

现在来分析图 6.19. 在此图中，a_1, a_2, a_3, a_4 彼此不相邻，b_1, b_2, b_3, b_4 也彼此不相邻. 像这样的图称为二部图. 下面给出它的严格定义. 本节只讨论无向图.

定义 6.19 若能将无向图 $G=\langle V, E\rangle$ 的顶点集 V 分成两个不相交的子集 V_1 和 V_2（即 $V_1 \cap V_2 = \varnothing$ 且 $V_1 \cup V_2 = V$），使得 G 中任何一条边的两个端点一个属于 V_1, 另一个属于 V_2, 则称 G 为**二部图**（有的书上称其为**偶图、双图，或二分图**），V_1, V_2 称为**互补顶点子集**. 若 G 是二部图，常将 G 记为 $G=\langle V_1, V_2, E\rangle$, 其中 V_1, V_2 是互补顶点子集. 由定义可以看出，n 阶零图（含平凡图）都是二部图.

又若 V_1 中任一顶点与 V_2 中任一顶点均有且仅有一条边相关联，则称二部图 G 为**完全二部图**. 若 $|V_1|=r, |V_2|=s$, 则记完全二部图为 $K_{r,s}$. 图 6.20(a)为 $K_{2,3}$, 图 6.20(b)为 $K_{3,3}$.

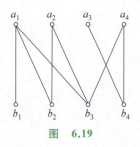

图 6.19

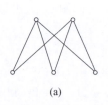

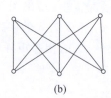

图 6.20

在完全二部图 $K_{r,s}$ 中，它的顶点数 $n=r+s$, 边数 $m=r \cdot s$.

定理 6.7 无向图 $G=\langle V, E\rangle$ 是二部图当且仅当 G 中无奇数长度的回路.

证明 必要性. 已知 $G=\langle V_1, V_2, E\rangle$ 为二部图，要证明 G 中无奇数长度的回路. 若 G 中无回路，结论显然成立. 若 G 中有回路，设 C 为一条回路，$C = v_{i_1} v_{i_2} \cdots v_{i_l} v_{i_1}$, $l \geqslant 2$. 不妨设 $v_{i_1} \in V_1$, 则 $v_{i_1}, v_{i_3}, \cdots, v_{i_{l-1}} \in V_1$, $v_{i_2}, v_{i_4}, \cdots, v_{i_l} \in V_2$. 显然 l 为偶数，而 C 的长度为 l, 所以 C 为偶圈.

充分性. 已知 G 中无奇数长的回路，要证明 G 是二部图. 若 G 是零图，结论显然成立. 下面不妨设 G 是连通图. 设 v_0 为 G 中任一顶点，令

$$V_1 = \{v \mid v \in V(G) \wedge d(v_0, v) \text{为偶数}\}$$
$$V_2 = \{v \mid v \in V(G) \wedge d(v_0, v) \text{为奇数}\}$$

则 $V_1 \neq \varnothing$, $V_2 \neq \varnothing$, 且 $V_1 \cap V_2 = \varnothing$, $V_1 \cup V_2 = V$. 只要证明 V_1 中任二顶点不相邻, V_2 中的任二顶点也不相邻. 否则, 必存在 $v_i, v_j \in V_1$ (或它们属于 V_2), 使得边 $e = (v_i, v_j) \in E$. 设 v_0 到 v_i 和 v_j 的短程线分别为 Γ_1 和 Γ_2, 则 Γ_1 和 Γ_2 的长度均为偶数(或均为奇数). 于是 $\Gamma_1 \cup e \cup \Gamma_2$ 是 G 中奇数长的回路, 这与已知矛盾. 所以 G 是二部图.

由定理 6.7 可知, 图 6.21(a) 和 (f) 不是二部图, 因为它们中均含奇数长的回路. 而图 6.21(b), (c), (d) 和 (e) 均为二部图, 每个图中实心点集 V_1 和空心点集 V_2 都是互补顶点子集. 在画图时, 通常将 V_1 放在图的上方, V_2 放在图的下方, 这 4 个图分别画成图 6.21(b′), (c′), (d′), (e′) 所示的样子, 称为标准形式.

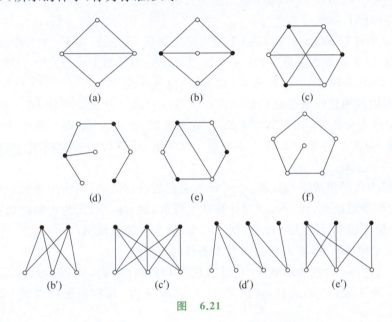

图 6.21

定义 6.20 设二部图 $G = \langle V_1, V_2, E \rangle$, $E' \subseteq E$. 若 E' 中的边互不相邻, 则称 E' 是 G 的**匹配**. 如果在 E' 中再添加任意一条边后所得到的边子集不再是匹配, 则称 E' 是 G 的**极大匹配**. G 中边数最多的匹配称为 G 的**最大匹配**.

又设 $|V_1| \leqslant |V_2|$, E' 是 G 的匹配. 若 $|E'| = |V_1|$, 则称 E' 是 V_1 到 V_2 的**完备匹配**. 当 $|V_1| = |V_2|$ 时, 完备匹配称为**完美匹配**.

在图 6.22 中, 图 6.22(a) 和图 6.22(b) 中的实线边是完备匹配, 而图 6.22(c) 中的实线边是最大匹配, 但不是完备匹配.

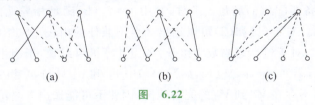

图 6.22

下述定理给出二部图有完备匹配的充分必要条件.

定理 6.8（Hall 定理） 设二部图 $G=\langle V_1,V_2,E\rangle$，其中 $|V_1|\leq|V_2|$，则 G 中存在 V_1 到 V_2 的完备匹配当且仅当 V_1 中任意 $k(k=1,2,\cdots,|V_1|)$ 个顶点至少与 V_2 中的 k 个顶点相邻.

定理中的条件常称为**相异性条件**.

定理的必要性显然，充分性的证明从略.

图 6.22(c) 中，上面有两个顶点只与下面的一个顶点相邻，不满足相异性条件，因而图 6.22(c) 不存在完备匹配.

定理 6.9 设二部图 $G=\langle V_1,V_2,E\rangle$，其中 $|V_1|\leq|V_2|$. 如果存在正整数 t，使得 V_1 中每个顶点至少关联 t 条边，而 V_2 中每个顶点至多关联 t 条边，则 G 中存在 V_1 到 V_2 的完备匹配. 这个条件称作 t **条件**.

证明 V_1 中任意 $k(1\leq k\leq|V_1|)$ 个顶点至少关联 kt 条边，而 V_2 中每个顶点至多关联 t 条边，所以这 kt 条边至少关联 V_2 中 k 个顶点，故 V_1 中任意 k 个顶点至少与 V_2 中的 k 个顶点相邻. 由 Hall 定理，G 中存在从 V_1 到 V_2 的完备匹配.

Hall 定理中的相异性条件是二部图存在完备匹配的充分必要条件，而 t 条件只是二部图有完备匹配的充分条件，而不是必要条件. 在图 6.22 中，(a) 不满足 t 条件，但有完备匹配.

例 6.12 某中学有 3 个课外活动小组：数学组、计算机组和生物组. 今有赵、钱、孙、李、周 5 名学生. 已知：

(1) 赵、钱为数学组成员，赵、孙、李为计算机组成员，孙、李、周为生物组成员；

(2) 赵为数学组成员，钱、孙、李为计算机组成员，钱、孙、李、周为生物组成员；

(3) 赵为数学组和计算机组成员，钱、孙、李、周为生物组成员.

问在以上 3 种情况下，能否选出 3 名不兼任的组长？

解 用 v_1,v_2,v_3 分别表示数学组、计算机组和生物组. u_1,u_2,u_3,u_4,u_5 分别表示赵、钱、孙、李、周. 若 u_i 是 v_j 的成员，就在 u_i 与 v_j 之间连边. 每种情况都对应一个二部图，如图 6.23 所示.

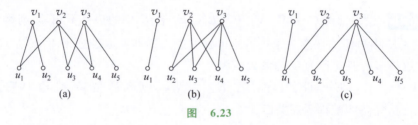

图 6.23

记 $V_1=\{v_1,v_2,v_3\}$，$V_2=\{u_1,u_2,u_3,u_4\}$. 选 3 名不兼任的组长就是在对应的二部图中求 V_1 到 V_2 的完备匹配. (a) 满足 t 条件，其中 $t=2$，(b) 满足相异性条件，都存在 V_1 到 V_2 的完备匹配. 因此，对于(1)和(2)可以选出 3 名不兼任的组长. 不难给出这样的方案，而且有多种方案. 例如，对于(1)，赵当数学组长，孙当计算机组组长，李当生物组组长. 这对应于(a)中取匹配 $\{(v_1,u_1),(v_2,u_3),(v_3,u_4)\}$. (c) 中 v_1 和 v_2 只与 u_1 相邻，不满足相异性条件. 根据 Hall 定理，不存在 V_1 到 V_2 的完备匹配，因此不可能选出 3 名不兼任的组长. 事实上，数学组和计算机组只有赵一人，如果要求不兼任，赵只能当其中一个组的组长，没有第二个人来任另一个组的组长.

6.4.2 欧拉图

18 世纪,普鲁士的哥尼斯堡城(哥尼斯堡城即现在俄罗斯境内的加里宁格勒)有一条贯穿全城的普雷格尔河,河中有两个岛屿,有七座桥将两岸与岛屿及岛屿之间连接,如图 6.24(a)所示. 当时,当地人们热衷于一个难题:一个散步者怎样不重复地走完七桥,最后回到出发点. 这就是哥尼斯堡七桥问题. 试验者很多,但都没成功.

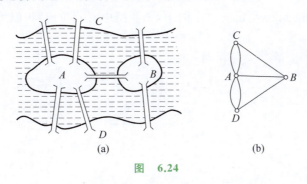

图 6.24

为了寻找答案,瑞士数学家昂哈德·欧拉(Leonhard Euler)对此问题进行研究,他将 4 块陆地抽象成 4 个顶点 A,B,C,D. 若两块陆地之间有桥,就在代表它们的顶点之间连边,如图 6.24(b)所示. 哥尼斯堡七桥问题就是要寻找经过图中每条边一次且仅一次的简单回路. 欧拉在 1736 年的论文中指出,这样的回路是不存在的,从而得出哥尼斯堡七桥问题无解的结论. 这就是欧拉回路的来源.

定义 6.21 设 $G=\langle V,E\rangle$ 是连通图(无向的或有向的). G 中经过每条边一次并且仅一次的通路称作**欧拉通路**;G 中经过每条边一次且仅一次的回路称作**欧拉回路**;具有欧拉回路的图称为**欧拉图**.

注意,只有欧拉通路无欧拉回路的图不是欧拉图. 在图 6.25 中,图(a),(d)都既无欧拉回路,也无欧拉通路. 图(b),(e)均只有欧拉通路,但无欧拉回路. 所以,图(a),(b),(d),(e) 4 个图都不是欧拉图. 而图(c),(f)中均存在欧拉回路,所以它们都是欧拉图. 其中一个是无向欧拉图,一个是有向欧拉图.

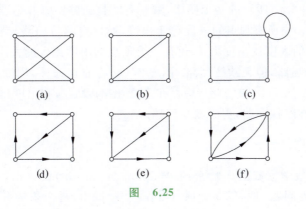

图 6.25

下面给出存在欧拉回路和欧拉通路的充分必要条件.

定理 6.10 无向图 G 有欧拉回路,当且仅当 G 是连通图且无奇度顶点.

G 有欧拉通路但无欧拉回路,当且仅当 G 是连通图且恰好有两个奇度顶点. 在恰好有两个奇度顶点的连通图中,每条欧拉通路都以这两个奇度顶点为端点.

证明从略.

图 6.24(b)中的 4 个顶点都是奇度的,根据这个定理,它没有欧拉回路,甚至也没有欧拉通路,因此哥尼斯堡七桥问题无解.

例 6.13 判断图 6.26 给出的多个图中,哪些图中有欧拉通路,但无欧拉回路? 哪些图是欧拉图?

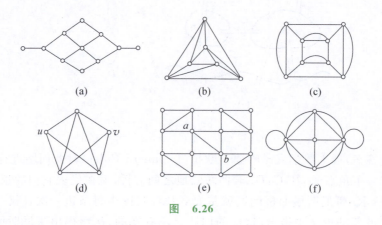

图 6.26

解 图 6.26(d)和(e)两个图均各有两个奇度顶点,因而它们都存在欧拉通路,但无欧拉回路. 图 6.26(a)和(f)两图中的奇度顶点个数分别为 8 和 4,因而不可能存在欧拉通路,更无欧拉回路. 图 6.26(b)和(c)两图中均无奇度顶点,因而都存在欧拉回路,即它们都是欧拉图.

对于连通的有向图是否有欧拉通路或回路,由下面定理给出判断.

定理 6.11 有向图 D 有欧拉回路,当且仅当 D 是连通的且所有顶点的入度等于出度.

有向图 D 有欧拉通路但无欧拉回路,当且仅当 D 是连通的,且除了两个例外的顶点外,其余顶点的入度均等于出度,这两个例外的顶点中,一个顶点的入度比出度大 1,另一个顶点的入度比出度小 1.

例 6.14 在图 6.27 所示的多个图中,哪些有欧拉通路? 哪些是欧拉图?

解 在图 6.27(a)中所有顶点的入度等于出度,所以有欧拉回路,是欧拉图. 图 6.27(d), (f)中均有一个顶点的入度比出度大 1,还有一个顶点的出度比入度大 1,其余顶点的入度等于出度,所以有欧拉通路,但无欧拉回路. 图 6.27(e)为非连通图,因而不可能有欧拉通路,更无欧拉回路. 在图 6.27(b)和(c)中,均存在入度比出度大 2,和出度比入度大 2 的顶点,因而它们都不可能存在欧拉通路,更无欧拉回路.

6.4.3 哈密顿图

1859 年爱尔兰数学家威廉·哈密顿(William Hamilton)设计出一个在正十二面体上的游戏——周游世界问题. 他将 20 个顶点看作 20 个城市,每一条棱看作一条公路,要求从一个城市出发,沿着公路经过每一个城市一次且仅一次,最后回到出发的城市. 如果把正十

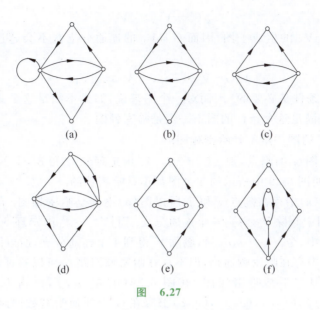

图 6.27

二面体投影到平面上,如图 6.28 所示,就是要在图中找一条经过每一个顶点恰好一次的回路. 这就是哈密顿回路的来源.

定义 6.22 设 $G=\langle V,E\rangle$ 为一图(无向的或有向的). G 中经过每个顶点一次且仅一次的通路称作**哈密顿通路**; G 中经过每个顶点一次且仅一次的回路称作**哈密顿回路**;若 G 中存在哈密顿回路,则称 G 为**哈密顿图**.

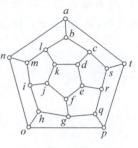

图 6.28

从定义不难看出以下 3 点:
(1) 存在哈密顿通路(回路)的图一定是连通图.
(2) 哈密顿通路是初级通路,哈密顿回路是初级回路.
(3) 若 G 中存在哈密顿回路,则它一定存在哈密顿通路,但反之不真.

还应该指出,只有哈密顿通路,无哈密顿回路的图不叫哈密顿图.

图 6.28 中 *abcdefghijklmnopqrsta* 是一条哈密顿回路. 在图 6.26 所示的 6 个无向图中,图(a)只有哈密顿通路,无哈密顿回路,所以它不是哈密顿图. 其余各图中均有哈密顿回路(当然也有哈密顿通路),因而它们都是哈密顿图.

在图 6.27 所示的 6 个有向图中,除了图(e)外,都有哈密顿通路. 其中,图(b),(c),(f)只有哈密顿通路,无哈密顿回路,所以它们都不是哈密顿图. 而图(a),(d)有哈密顿回路,所以它们都是哈密顿图.

与欧拉图的情况不同,直到目前,人们还没有找到哈密顿图的简单的充要条件,寻找这个条件是图论中的一个难题. 目前人们只找到一些判断存在性的充分条件和一些必要条件,下面介绍一个哈密顿图的必要条件.

定理 6.12 设无向图 $G=\langle V,E\rangle$ 为哈密顿图, V_1 是 V 的任意真子集,则
$$p(G-V_1)\leqslant |V_1|$$
其中,$p(G-V_1)$ 为从 G 中删除 V_1 后所得图的连通分支数.

证明 因为 G 是哈密顿图,所以 G 中存在哈密顿回路. 设 C 为一条哈密顿回路,则 V_1 中的所有顶点在 C 上有些彼此相邻,有些不相邻. 于是

$$p(C-V_1) \leqslant |V_1|$$

可是 $C-V_1$ 是 $G-V_1$ 的生成子图,因而 $G-V_1$ 的连通分支数不会超过 $C-V_1$ 的连通分支数,故

$$p(G-V_1) \leqslant p(C-V_1) \leqslant |V_1|$$

定理中给出的条件是必要的.因而对一个图来说,如果不满足这个必要条件,它一定不是哈密顿图.但是,满足这个条件的图不一定是哈密顿图.

推论 有割点的图一定不是哈密顿图.

证明 设 v 为图 G 的割点,则 $p(G-v) \geqslant 2$. 由定理 6.12 可知,G 不是哈密顿图.

例 6.15 证明图 6.29 中所示的 4 个图都不是哈密顿图.

解 在图 6.29(a)中存在割点 u 和 v,所以图(a)不会是哈密顿图.在图(b)中,令 $V_1=\{a,b,c,d,e\}$,从图中删除 V_1 得到 6 个连通分支.而 $|V_1|=5$,由定理 6.12 可知图(b)不是哈密顿图.在图(c)中,令 $V'=\{a,b,c\}$,删除 V' 得到 4 个连通分支,所以图(c)也不是哈密顿图(注意图 6.29(c)中存在哈密顿通路,但不存在哈密顿回路).可以验证,图 6.29(d)满足定理 6.12 中的条件,但它不是哈密顿图.在图 6.29(d)中,a,f,g 均为 2 度顶点,因而边 (a,b),(a,c),(d,f),(f,c),(e,g),(g,c) 都应在 G 中任何哈密顿回路上.但这是不可能的.因为如若如此,c 在回路上要出现 3 次,这与哈密顿回路的定义相矛盾.但图中存在哈密顿通路,如 $abcgedf$ 就是图中的一条哈密顿通路.

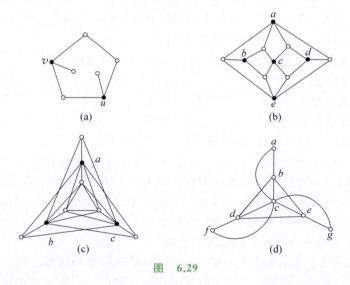

图 6.29

下面给出一些充分条件,定理的证明都略去.

定理 6.13 设 G 是 $n(n \geqslant 3)$ 阶无向简单图,若对于 G 中每一对不相邻的顶点 u,v,均有

$$d(u)+d(v) \geqslant n-1$$

则 G 中存在哈密顿通路.又若

$$d(u)+d(v) \geqslant n$$

则 G 中存在哈密顿回路,即 G 为哈密顿图.

推论 设 G 是 $n(n \geqslant 3)$ 阶无向简单图,若 $\delta(G) \geqslant \dfrac{n}{2}$,则 G 是哈密顿图.

由推论可知,对于完全图 K_n,当 $n \geq 3$ 时为哈密顿图,完全二部图 $K_{r,s}$,当 $r=s \geq 2$ 时为哈密顿图.

还必须指出,定理 6.13 给出的条件是哈密顿图的充分条件,但不是必要条件. 6 阶圈图 C_6 显然是哈密顿图,但 C_6 不满足定理 6.13 中的条件.

关于有向图中的哈密顿通路有下面定理.

定理 6.14 在 $n(n \geq 2)$ 阶有向图 $D=\langle V,E \rangle$ 中,如果略去所有有向边的方向,所得无向图中含生成子图 K_n,则 D 中存在哈密顿通路.

以上给出的定理和推论,要么是哈密顿图的必要条件,要么是充分条件,就是没有充分必要条件,这就给我们判断一个图是否为哈密顿图带来了很大不便. 证明一个图是哈密顿图的最直接的方法是找到一条哈密顿回路,也可以通过证明它满足某个充分条件,如满足定理 6.13 或推论中的条件. 而证明一个图不是哈密顿图只能通过证明它破坏某个必要条件. 这些必要条件,除了定理 6.12 中给出的外,还有许多. 设 n 阶图 G 是哈密顿图,则 G 应满足以下诸条件:

(1) G 必须是连通图. 这是因为 G 中存在经过每个顶点的圈,故 G 是连通的.

(2) G 中的边数 m 必须大于或等于顶点数 n. G 中任何一条哈密顿回路中都具有 n 个顶点, n 条边,所以 G 中边数不能小于顶点数.

(3) 若 G 中存在 2 度顶点 v,即 $d(v)=2$,则与 v 关联的两条边 e_i, e_j 必须在 G 中的任何哈密顿回路上.

(4) G 中必须在每条哈密顿回路中出现的边,不能构成边数小于 n 的初级回路(圈). 若有这样的圈存在,它扩展不成 G 中的哈密顿回路,这与 G 是哈密顿图矛盾.

……

若 G 破坏以上诸条件中的任何一条,它都不会是哈密顿图.

例 6.16 今有 a,b,c,d,e,f,g 共 7 个人,已知下列事实:

a 会讲英语;

b 会讲英语和汉语;

c 会讲英语、意大利语和俄语;

d 会讲日语和汉语;

e 会讲德语和意大利语;

f 会讲法语、日语和俄语;

g 会讲法语和德语.

能否将这 7 个人安排就座圆桌旁,使得每个人都能与两边的人交谈?

解 做无向图 $G=\langle V,E \rangle$, $V=\{a,b,c,d,e,f,g\}$, $E=\{(u,v)|u,v \in V$ 且 $u \neq v$ 且 u 与 v 会讲同一种语言$\}$,如图 6.30 所示. 在图中, u 与 v 相邻当且仅当他们会讲同一种语言. 问题就变成了图中是否存在哈密顿回路(也即 G 为哈密顿图). 不难看出 $C=acegfdba$ 为 G 中的一条哈密顿回路,因而可以按 C 中顶点顺序安排座次,这样,相邻的两个人都会讲同一种语言,因而能交谈.

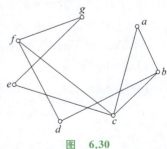

图 6.30

6.4.4 平面图

在图的理论探讨和实际应用中,平面图都具有重要意义.下面将讨论平面图理论中的一些基本概念及平面图的判断.在本节中专门讨论无向图,因而下面所谈图都是指无向图.

定义 6.23 图 G 如果能以这样的方式画在平面上:除顶点处外没有边交叉出现,则称 G 为**平面图**.画出的没有边交叉出现的图称为 G 的**平面嵌入**或**平面表示**.无平面嵌入的图称为**非平面图**.

在图 6.31 所示的图中,图(a)为 K_4,图(b)是它的平面嵌入,所以 K_4 是平面图.单看图(b),它当然也是平面图.图(c)是 K_5,无论怎样改变画法,边的交叉是不能全去掉的,图(d)是 K_5 的边交叉最少的画法.图(e)是 $K_{3,3}$.同 K_5 类似,无论如何画,边的交叉是不能全去掉的,图(f)是 $K_{3,3}$ 的边的交叉最少的画法.我们将证明,K_5,$K_{3,3}$ 都不是平面图.

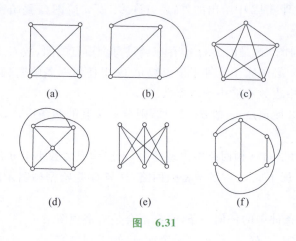

图 6.31

在讨论平面图的基本概念及性质时,所谈平面图,一般是指它的平面嵌入.

定义 6.24 设 G 是一个平面图,G 的边将所在平面划分成若干个区域,每个区域称为 G 的一个**面**.其中面积无限的区域称为**无限面**或**外部面**,面积有限的区域称为**内部面**或**有限面**.包围每个面的所有边构成的回路组称为该面的**边界**,边界的长度称为该面的**次数**.面 R_i 的次数记作 $\deg(R_i)$,常将外部面记成 R_0.

在定义 6.24 中所指的回路可能是初级回路(圈),可能是简单回路,也可能是复杂回路.特别地,非连通的平面图的外部面的边界是由几条回路组成的.

图 6.32(a)是连通平面图,它有 4 个面,其中 R_1,R_2,R_3 是内部面,R_0 是外部面.R_1 的边界为 $abda$,$\deg(R_1)=3$. R_2 的边界为 $bcdb$,$\deg(R_2)=3$. R_3 的边界为 $efge$,$\deg(R_3)=3$. R_0 的边界为 $dabcdegfed$,它是一个复杂回路,$\deg(R_0)=9$.图 6.32(b)是非连通的平面图.它有 3 个面,$\deg(R_1)=4$,$\deg(R_2)=3$,R_0 的边界由 $v_1v_2v_3v_4v_1$ 和 $v_5v_6v_7v_8v_7v_5$ 两条回路组成,$\deg(R_0)=9$.

定理 6.15 在一个平面图 G 中,所有面的次数之和为边数的 2 倍,即
$$\sum_{i=1}^{r}\deg(R_i)=2m$$
其中,r 为 G 的面数,m 为边数.

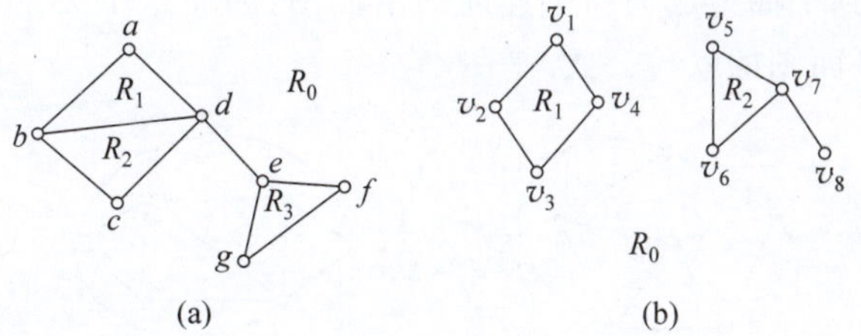

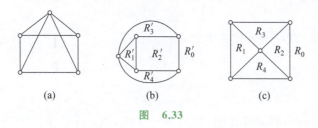

图　6.32

证明　对于 G 中的任意一条边 e，它或者是某两个面的公共边界，或者只出现在一个面的边界中. 当 e 是两个面的公共边界时，在每个面的边界上 e 都出现一次，因而对各面次数之和的贡献为 2. 当 e 只出现在一个面的边界中时，e 一定在这条边界上出现两次，因而对各面次数之和的贡献也为 2. 所以定理的结论成立.

关于平面图的平面嵌入，还应指出两点：

(1) 同一个平面图 G 可以有不同形状的平面嵌入，但它们都是与 G 同构的；

(2) 平面图 G 的外部面，可以通过改变顶点的位置由 G 的任何面充当.

图 6.33 中，图(b)，(c) 都是图(a) 的平面嵌入，它们的形状不同，但都与图(a) 同构. 图(b) 中的有限面 R_2'，在图(c) 中变成了无限面 R_0，R_0' 变成了图(c) 中的 R_2.

图　6.33

定义 6.25　设 G 为一个简单平面图. 如果在 G 的任意不相邻的顶点之间再加一条边，所得图为非平面图，则称 G 为**极大平面图**.

当 $n \leqslant 4$ 时，K_n 都是极大平面图. K_5 删除任意一条边所得图也是极大平面图. 图 6.33 中所示的图不是极大平面图，在这个图中添加一条四边形的对角线后仍是平面图.

极大平面图有以下性质：

(1) 极大平面图是连通的；

(2) $n(n \geqslant 3)$ 阶平面图是极大平面图的充分必要条件是它的每个面的次数都为 3.

性质(1) 的证明很简单. 设 G 是一个非连通的平面图，在它的两个连通分支的外部面的边界上各取一个顶点. 在这两个顶点之间添加一条边，仍为平面图，故 G 不是极大平面图.

性质(2) 的证明略去. 利用性质(2) 可以方便地判断一个平面图是否是极大平面图.

在图 6.34(a) 中各面均由三角形围成，它是极大平面图. 而图 6.34(b) 则不是极大平面图，它的外部面由 4 条边围成.

下面讨论连通平面图中顶点数、边数、面数之间的关系. 1750 年，数学家欧拉指出，任何一个凸多面体的顶点数 n、棱数 e 和面数 f 之间满足关系式：

$$n - e + f = 2$$

可以把凸多面体投影到平面上成为一个连通的平面图,因而这个关系对连通的平面图也成立,这就是下述关于平面图的**欧拉公式**.

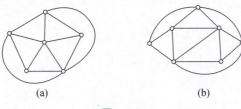

图 6.34

定理 6.16 设 G 为任意的连通的平面图,则
$$n-m+r=2$$
其中,n 为 G 的顶点数,m 为边数,r 为面数.

证明 对边数 m 作归纳法.当 $m=0$ 时,由 G 的连通性可知,G 必为孤立点,因而 $n=1$,$r=1$(即只有一个外部面),结论自然成立.

设 $m-1$($m \geqslant 1$)时结论成立,要证明 m 时结论也成立.

若 G 中有一个悬挂点 v,删除 v,得 $G'=G-v$,则 G' 是连通的,当然还是平面图.G' 中顶点数 $n'=n-1$,边数 $m'=m-1$,面数没变,即 $r'=r$.由归纳假设应有
$$n'-m'+r'=2$$
将 $n'=n-1$,$m'=m-1$,$r'=r$ 代入上式,得
$$(n-1)-(m-1)+r=2$$
经过整理,得
$$n-m+r=2$$

若 G 中没有悬挂点,则必存在圈.设 C 为一个圈,边 e 在 C 上.令 $G'=G-e$,所得图 G' 仍连通,$n'=n$,$m'=m-1$,$r'=r-1$.由归纳假设得
$$n'-m'+r'=2$$
即
$$n-(m-1)+(r-1)=2$$
经过整理,得
$$n-m+r=2$$
得证 m 时结论也成立.

推论 G 是具有 k($k \geqslant 2$)个连通分支的平面图,则
$$n-m+r=k+1$$
其中,n,m,r 分别是 G 的阶数、边数、面数.

证明 设 G 的 k 个连通分支的顶点数、边数和面数分别为 n_i,m_i,r_i,其中 $1 \leqslant i \leqslant k$.由欧拉公式得
$$n_i - m_i + r_i = 2, \quad 1 \leqslant i \leqslant k$$
求和得
$$\sum_{i=1}^{k} n_i - \sum_{i=1}^{k} m_i + \sum_{i=1}^{k} r_i = 2k$$

显然，$n = \sum_{i=1}^{k} n_i, m = \sum_{i=1}^{k} m_i$. 又注意到每个分支有一个外部面，而 G 只有一个外部面，故 $r = \sum_{i=1}^{k} r_i - k + 1$. 代入上式，得到

$$n - m + r = k + 1$$

例 6.17 设 G 是 $n(n \geqslant 3)$ 阶 m 条边的简单平面图，证明：
(1) 当 G 是极大平面图时，$m = 3n - 6$.
(2) 当 G 不是极大平面图时，$m < 3n - 6$.

证明 只需证明(1). 由极大平面图的性质(2)，有

$$2m = 3r$$

代入欧拉公式

$$n - m + \frac{2}{3}m = 2$$

整理得

$$m = 3n - 6$$

定理 6.17 设 G 是连通的平面图，且每个面的次数至少为 $l(l \geqslant 3)$，则

$$m \leqslant \frac{l}{l-2}(n-2)$$

其中，m 为 G 的边数，n 为顶点数.

证明 由定理 6.15 及本定理中的条件可知：

$$2m = \sum_{i=1}^{r} \deg(R_i) \geqslant l \cdot r \tag{1}$$

其中，r 为 G 的面数. 由于 G 是连通的平面图，因而满足欧拉公式，从中解出 r

$$r = 2 - n + m \tag{2}$$

将式(2)代入式(1)，经过整理，得

$$m \leqslant \frac{l}{l-2}(n-2)$$

例 6.18 证明 K_5 和 $K_{3,3}$ 都不是平面图.

证明 K_5 的顶点数 $n = 5$，边数 $m = 10$. 若 K_5 是平面图，则它的每个面的次数至少为 3. 由定理 6.15 得

$$10 \leqslant \frac{3}{3-2}(5-2) = 9$$

这是个矛盾，因而 K_5 不是平面图.

$K_{3,3}$ 有 6 个顶点，9 条边. 若 $K_{3,3}$ 是平面图，它的每个面的次数至少为 4，由定理 6.15 得

$$9 \leqslant \frac{4}{4-2}(6-2) = 8$$

这又是个矛盾，所以 $K_{3,3}$ 也不是平面图.

$K_5, K_{3,3}$ 是两个特殊的非平面图，在平面图的判断上起很重要的作用.

在讨论平面图的判断之前，首先介绍消去 2 度顶点、插入 2 度顶点、同胚、初等收缩等概念.

在图 6.35(a) 中，从左到右的变换称为消去 2 度顶点 w. 图 6.35(b) 中从左到右的变换称为插入 2 度顶点 w.

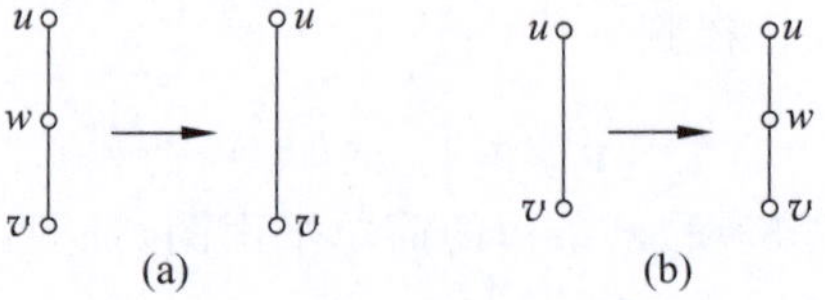

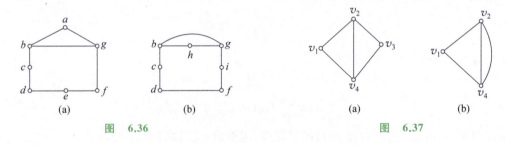

图 6.35

定义 6.26 如果两个图 G_1, G_2 同构，或经过反复插入或消去 2 度顶点后同构，则称 G_1 与 G_2 **同胚**.

在图 6.36 中，图(b)是经过图(a)消去 2 度顶点 a, e, 插入 2 度顶点 h, i 而得到的，图(a)与图(b)是同胚的.

定义 6.27 图中边 (u, v) 的收缩由下面方法给出：删除边 (u, v)，将 u 与 v 重合，所得顶点记为 u（或 v），使 u（或 v）关联除边 (u, v) 外，原来 u 与 v 关联的一切边.

在图 6.37 中，图(a)中边 (v_2, v_3) 的收缩所得图由图(b)中图给出.

图 6.36   图 6.37

1930 年，库拉图斯基(Kuratowski)给出了一个图是平面图的充分必要条件，这就是下面两个定理，称作**库拉图斯基定理**. 因为证明复杂，故省去证明.

定理 6.18 一个图是平面图当且仅当它不含与 K_5 同胚的子图，也不含与 $K_{3,3}$ 同胚的子图.

定理 6.19 一个图是平面图当且仅当它没有可以收缩到 K_5 的子图，也没有可以收缩到 $K_{3,3}$ 的子图.

例 6.19 证明图 6.38 中的 4 个图都是非平面图.

证明 在图 6.38(a)中消去顶点 a, b, c, d, e, 得到 K_5, 故(a)与 K_5 同胚. 由定理 6.18, 它不是平面图. 也可以用定理 6.19 证明(a)不是平面图，收缩边 $(a, v_1), (b, v_2), (c, v_3), (d, v_4), (e, v_5)$, 得到 K_5.

图(b)称为彼得松图，去掉两条虚线边得到的子图与 $K_{3,3}$ 同胚，所以彼得松图不是平面图. 也可以用收缩边得到 K_5.

图(c)去掉两条带双杠的边得到 $K_{3,3}$, 所以它不是平面图.

图(d)去掉两条虚线边得到的子图与 K_5 同胚，所以它不是平面图. 另外，如果保留虚线边，去掉 4 条带双杠的边得到的图与 $K_{3,3}$ 同胚.

例 6.20 画出所有非同构的 6 阶 11 条边的连通的简单非平面图.

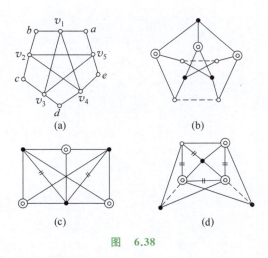

图 6.38

解 若图 G 是非平面图,则它的母图也必然是非平面图. 已知 K_5 和 $K_{3,3}$ 都是非平面图,因而将它们再增加若干个顶点和若干条边所得图仍然是非平面图. 根据题目要求,所要求的非平面图一定是由 K_5 增加一个顶点、增加一条边得到,或者由 $K_{3,3}$ 增加 2 条边得到. 而由 K_5 增加一个顶点、一条边所得的非同构的简单图只有两个,如图 6.39(a) 和 (b) 所示. 由 $K_{3,3}$ 增加两条边得到的非同构的简单图也只有两个,如图 6.39(c) 和 (d) 所示.

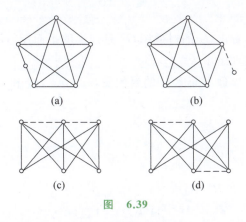

图 6.39

定义 6.28 设平面图 $G=\langle V,E \rangle$, G 有 m 条边 $e_1,e_2,\cdots,e_m$, r 个面 $R_1,R_2,\cdots,R_r$. 用下述方法构造图 G^*: 在 G 的每一个面 R_i 中任取一点 v_i^* 作为 G^* 的顶点. 记 $V^* = \{v_1^*,v_2^*,\cdots,v_r^*\}$. 对每一条边 e_k, 若 e_k 是 R_i 和 R_j 的公共边界 ($i \neq j$), 则连接对应顶点 v_i^* 和 v_j^*, 记 $e_k^* = (v_i^*,v_j^*)$. e_k^* 与 e_k 相交. 若 e_k 只在 G 的一个面 R_i 的边界中出现,则以 R_i 中的顶点 v_i^* 为顶点做环 e_k^* 与 e_k 相交. 记 $E^* = \{e_1^*,e_2^*,\cdots,e_m^*\}$. 称 $G^* = \langle V^*,E^* \rangle$ 为 G 的**对偶图**.

在图 6.40 中,由实心点和虚线边构成的图为由空心点和实线边构成的图的对偶图.

对偶图是相对于平面嵌入而言的. 同一平面图的不同平面嵌入(它们当然是同构的)的对偶图可能不同构. 例如,图 6.41(a) 和 (b) 中空心点和实线边构成的图是同一个平面图的两个平面嵌入. 它们的对偶图是实心点和虚线边构成的图. 这两个图不同构,一个的最大度

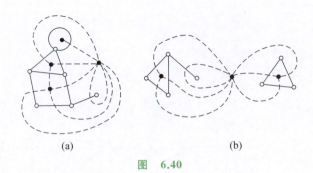

图 6.40

数是 5，另一个最大度数是 4.

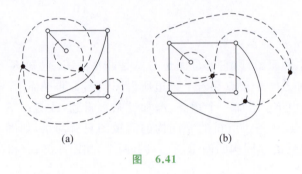

图 6.41

从对偶图的定义不难看出，G 的对偶图 G^* 是连通的平面图．G 与 G^* 的顶点数、边数与面数之间的关系由下面定理给出．

定理 6.20 设 G^* 是连通平面图 G 的对偶图，n^*, m^*, r^* 和 n, m, r 分别为 G^* 和 G 的顶点数、边数和面数，则

(1) $n^* = r$．

(2) $m^* = m$．

(3) $r^* = n$．

(4) 设 G^* 的顶点 v_i^* 在 R_i 中，则
$$d(v_i^*) = \deg(R_i), \quad i = 1, 2, \cdots, r$$

证明 由对偶图的定义可知，(1)，(2)，(4) 的成立是显然的．下面证明 (3) 成立．

由于 G 与 G^* 都是连通的平面图，因而顶点数、边数、面数之间都满足欧拉公式：
$$n - m + r = 2 \qquad ①$$
$$n^* - m^* + r^* = 2 \qquad ②$$

由式②得
$$r^* = 2 - n^* + m^* \qquad ③$$

将 $n^* = r, m^* = m$ 代入式③，得
$$r^* = 2 - r + m$$

由式①知
$$2 - r + m = n$$

得证

$$r^* = n$$

在定理 6.20 中,将 G 连通改为 G 具有 $k(k \geq 2)$ 个连通分支的平面图,定理的结论中,(1),(2),(4)均不变,只是(3)中 $r^* = n - k + 1$(请读者证明之).

例 6.21 试证明:平面图 G 的对偶图 G^* 为欧拉图当且仅当 G 的每个面的次数均为偶数.

证明 先证必要性.只需证,对于任意的 G 的面 R_i,$\deg(R_i)$ 为偶数.设 G^* 的顶点 v_i^* 位于 R_i 中,由定理 6.20 可知,$\deg(R_i) = d(v_i^*)$,由于 G^* 为欧拉图,所以 $d(v_i^*)$ 为偶数,于是 $\deg(R_i)$ 为偶数.

再证充分性.只需证 G^* 连通并且无奇度顶点.由平面图的对偶图都是连通的,再利用定理 6.20 可知,G^* 各顶点的度数均为偶数,所以 G^* 为欧拉图.

由例 6.21 不难看出,若 G 为二部图并且是平面图,则 G 的对偶图 G^* 均为欧拉图.

最后介绍图的着色问题和四色定理.

定义 6.29 设无向图 G 无环,对 G 的每个顶点涂一种颜色,使相邻的顶点涂不同的颜色,称为图 G 的一种**点着色**,简称**着色**.若能用 k 种颜色给 G 的顶点着色,则称 G 是 **k-可着色的**.

图的着色问题就是要用尽可能少的颜色给图着色.图 6.42 中给出各图的着色,不难验证所用的颜色数是最少的.图 6.42(a)和(b)是圈图,偶圈要用 2 种颜色,奇圈要用 3 种颜色.图 6.42(c)和(d)是轮图,奇阶轮图要用 3 种颜色,偶阶轮图要用 4 种颜色.

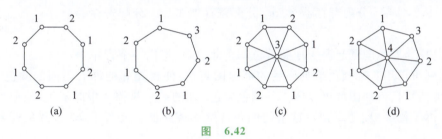

图 6.42

例 6.22 给出图 6.43 所示各图颜色尽可能少的着色.

(a) (b) (c)

图 6.43

解 图 6.43(a)是二部图,可以用两种颜色着色,显然它也至少要用两种颜色,如图 6.44(a)所示.图 6.43(b)是彼得松图,里面的 5 个顶点是一个圈,要用 3 种颜色.给它们着色后,不难仍用这 3 种颜色给外面的 5 个顶点着色,如图 6.44(b)所示.对于图 6.43(c),先用 3 种颜色给最外面的 3 个顶点着色,然后仍用这 3 种颜色给中层的 3 个顶点着色.由于每个顶点都与最外面的 2 个顶点相邻,故着色的方法是唯一的.最后,最里面的顶点由于与中层的 3 个顶点相邻,必须用第 4 种颜色着色,如图 6.44(c)所示.

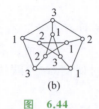

图 6.44

着色问题与哈密顿回路问题,至今没有找到有效的算法.

图着色问题有着广泛的应用.当我们试图在有冲突的情况下分配资源时,就会自然地产生这个问题.

例 6.23 一个程序有 6 个变量 $x_i, i=1,2,\cdots,6$,其中,x_1 与 x_4, x_5;x_2 与 x_5, x_6;x_3 与 x_4, x_6;x_4 与 x_1, x_3, x_5, x_6;x_5 与 x_1, x_2, x_4, x_6;x_6 与 x_2, x_3, x_4, x_5 要同时使用.计算机编译程序要给每一个变量分配一个寄存器.为安全起见,要同时使用的两个变量不能分配同一个寄存器.编译这个程序至少要使用几个寄存器?如何分配?

解 做无向图 $G=\langle V,E \rangle$,其中 $V=\{x_1,x_2,x_3,x_4,x_5,x_6\}$,$E=\{(x_i,x_j) \mid x_i$ 与 x_j 要同时使用,$i \neq j, i,j=1,2,\cdots,6\}$,如图 6.45 所示.

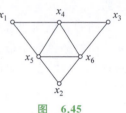

图 6.45

不难看出,给这个图着色至少需要 3 种颜色:x_4, x_5, x_6 分别着颜色 1,2,3,x_1 着颜色 3,x_2 着颜色 1,x_3 着颜色 2.按照这种方式分配寄存器可以保证不会产生冲突,分配方案是:x_4, x_5, x_6 分别分配寄存器 1,2,3,x_1 分配寄存器 3,x_2 分配寄存器 1,x_3 分配寄存器 2.

在历史上,着色问题起源于地图着色.19 世纪 50 年代一个青年学生注意到可以用 4 种颜色给英格兰的郡地图着色,使得相邻的郡着不同的颜色.在这个基础上,他猜想任何地图都可以用 4 种颜色着色.他的弟弟是德摩根的学生,他把哥哥的这个想法告诉了德摩根.德摩根对这个问题非常感兴趣并把它公布于众.这就是著名的**四色猜想**.

地图是连通无桥平面图的平面嵌入,每一个面是一个国家(或省、市、区等).若两个国家有公共的边界,则称这两个国家是相邻的.对地图的每个国家涂上一种颜色,使相邻的国家涂不同的颜色,称为对**地图的面着色**,简称**地图着色**.地图着色问题就是要用尽可能少的颜色给地图着色.

地图的面着色可以转化成平面图的点着色.地图是无桥的平面图,它的对偶图无圈.由于地图上的国家与它的对偶图的顶点一一对应,且两个国家相邻当且仅当对应的顶点相邻,因此,可以把地图的面着色转化成它的对偶图的点着色.由于平面图的对偶图是平面图,从而地图着色(面着色)可以归结于平面图的点着色.因此,四色猜想的提法后来变成:任何平面图都是 4-可着色的.1890 年希伍德证明任何平面图都是 5-可着色的,称作五色定理.此后一直没有什么进展,直到 1976 年两位美国数学家阿佩尔和黑肯终于证明了它,从而使得四色猜想成为**四色定理**.阿佩尔和黑肯的证明是根据前人的证明思路,用计算机完成的.他们证明,如果四色猜想不成立,则存在一个反例,这个反例大约有 2000 种(后来有人简化到 600 多种)可能,然后他们用计算机分析了所有这些可能,都没有导致反例,从而证明四色猜想成立.但是,对四色定理的研究并没有到此结束,他们的证明毕竟是用计算机完成的.寻找相对短的、能被人阅读和检查的证明,仍是数学家追求的目标.

定理 6.21(四色定理) 任何平面图都是 4-可着色的.

习　　题

6.1 无向图 G 如图 6.46 所示.
(1) 写出 G 的顶点集 V 和边集 E,并指出 G 的阶数 n 和边数 m 各为多少.
(2) 写出各顶点的度数,并验证握手定理及握手定理的推论.
(3) 求出 G 的最大度 Δ 和最小度 δ.
(4) 指出 G 中的平行边、环、孤立点、悬挂顶点与悬挂边.
(5) 要使 G 成为简单图,至少要去掉几条边?

6.2 有向图 D 如图 6.47 所示.
(1) 写出 D 中各顶点的度数、出度和入度,并验证握手定理.
(2) 写出 D 的 $\Delta, \Delta^+, \Delta^-, \delta, \delta^+, \delta^-$.
(3) D 中有平行边吗?
(4) 要使 D 成为简单图,至少要去掉几条边?

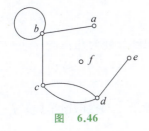

图 6.46

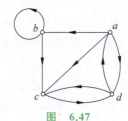

图 6.47

6.3 已知无向图 G 的边数 $m=13$,3 个 2 度顶点,2 个 3 度顶点,1 个 4 度顶点,其余的顶点均为 5 度顶点. 试求 G 中 5 度顶点的个数.

6.4 设无向图 G 有 12 条边,已知 G 中有 6 个 3 度顶点,其余顶点的度数均小于 3,问 G 中至少有几个顶点?

6.5 7 阶无向图中,2 度、3 度、4 度、5 度顶点的个数分别为 1,3,2,1. 试求 G 的边数 m.

6.6 你能画出一个 7 阶,每个顶点的度数都是 3 的无向图吗?

6.7 (1) 请画一个 7 阶无向图 G,使各顶点的度数分别为 1,3,3,4,6,6,7.
(2) 证明不存在 7 阶无向简单图 G,以 1,3,3,4,6,6,7 为度数列.

6.8 设 $d_1, d_2, \cdots, d_n$ 为 n 个互不相同的正整数,证明不存在以 $d_1, d_2, \cdots, d_n$ 为度数列的无向简单图.

6.9 设 n 阶图 G 中有 m 条边,证明:
$$\delta(G) \leqslant \frac{2m}{n} \leqslant \Delta(G)$$

6.10 无向简单图 G_1 与 G_2 如图 6.48 所示,画出它们的补图,G_1 与 G_2 中有自补图(若 $G \cong \overline{G}$,则称 G 为自补图)吗?

6.11 试证明图 6.49 所示的两个 5 阶无向简单图 G_1 与 G_2 都是自补图.

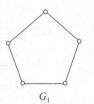 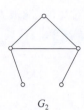

图 6.48　　　　　　　　　　　　图 6.49

6.12　设 G 为 $n(n\geqslant 2)$ 阶无向简单图,证明:若 G 为自补图,则 $n=4k$ 或 $n=4k+1$,其中 k 为正整数.

6.13　设 G_1 与 G_2 都是 n 阶无向简单图,证明:$G_1\cong G_2$ 当且仅当 $\overline{G}_1\cong\overline{G}_2$.

6.14　已知 5 阶 3 条边的非同构的无向简单图共有 4 个,问 5 阶 7 条边的非同构的无向简单图共有几个?

6.15　画出 K_4 的 2 条边的所有非同构的生成子图.

6.16　设 G_1,G_2,G_3 均为 4 阶 2 条边的无向简单图,证明它们中至少有两个是同构的.

6.17　3 阶有向完全图的 0,1,2,3,4,5,6 条边的非同构的生成子图各有几个?

6.18　设 G 为 $n(n\geqslant 3$ 且为奇数)阶无向简单图,证明 G 与 $\overline{G}$ 中奇度顶点个数相等.

6.19　无向图 G 如图 6.50 所示.

(1) G 中最长的圈长为几?最短的圈长为几?

(2) G 中最长的简单回路长度为几?最短的简单回路长度为几?

(3) 求出 G 的 $\delta,\Delta,\kappa,\lambda$.

6.20　有向图 D 如图 6.51 所示.

(1) D 中有多少条非同构的初级回路(圈)?有多少条非同构的简单回路?

(2) 求 a 到 d 的短程线和距离.

(3) 求 d 到 a 的短程线和距离.

(4) D 是哪类连通图?

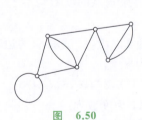 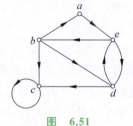

图 6.50　　　　　　　　　　　　图 6.51

6.21　设 G 为 n 阶无向简单图,若 G 不连通,证明 G 的补图 $\overline{G}$ 必连通.

6.22　6 阶 2-正则图有几种非同构的情况?

6.23　已知 3-正则图 G 的阶数 n 与边数 m 满足 $m=2n-3$,证明 G 只有两种非同构的情况.

6.24　写出图 6.46 的关联矩阵.

6.25　设有向图 $D=\langle V,E\rangle$,其中 $V=\{v_1,v_2,v_3,v_4\}$,$E=\{e_1,e_2,e_3,e_4,e_5\}$,其关联矩阵为

$$M(D) = \begin{bmatrix} 1 & 1 & 0 & 1 & 1 \\ 0 & -1 & 1 & 0 & 0 \\ 0 & 0 & -1 & -1 & -1 \\ -1 & 0 & 0 & 0 & 0 \end{bmatrix}$$

求：
(1) 各顶点的入度、出度和度数.
(2) 平行边.

6.26 有向图 $D = \langle V, E \rangle$ 如图 6.51 所示.
(1) D 中 a 到 d 长度分别为 1,2,3,4,5 的通路各有多少条？
(2) D 中 a 到 d 长度小于或等于 3 的通路有多少条？
(3) D 中 a 到自身长度为 1,2,3,4,5 的回路各有多少条？
(4) D 中 d 到自身长度小于或等于 3 的回路有多少条？
(5) D 中长度等于 5 的通路(不含回路)有多少条？
(6) D 中长度等于 5 的回路有多少条？
(7) D 中长度小于或等于 5 的通路有多少条？其中有多少条是回路？
(8) 写出 D 的可达矩阵.

6.27 无向图 G 如图 6.46 所示，求：
(1) a 到 c 长度为 1,2,3,4 的通路数.
(2) a 到自身长度为 1,2,3,4 的回路数.
(3) G 的可达矩阵.

6.28 设无向图 G 中只有两个奇度顶点 u 和 v，证明：u 与 v 必连通.

6.29 设 v 为无环无向图 G 中一条割边的一个端点，证明：v 为割点当且仅当 v 不是悬挂顶点.

6.30 判断图 6.52 所示 3 个图中哪些是二部图？并将是二部图的画出标准形式.

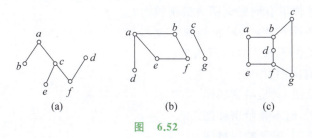

图 6.52

6.31 n 为何值时，圈图 C_n 为二部图？

6.32 n 为何值时，K_n 为二部图？

6.33 为什么轮图 W_n 不是二部图？

6.34 今有甲、乙、丙 3 人去完成任务 a, b, c，已知甲能胜任 a, b, c，乙能胜任 a, b，丙能胜任 b, c. 做二部图 $G = \langle V_1, V_2, E \rangle$，其中，$V_1 = \{甲, 乙, 丙\}$，$V_2 = \{a, b, c\}$，$E = \{(u, v) \mid u \in V_1, v \in V_2,$ 并且 u 能胜任 $v\}$. 请画出 G 的图形，并且根据图形给出尽量多的分配任务方案，使得每个人去完成自己能胜任的一项任务.

6.35 图 6.53 中各二部图是否满足相异性条件？是否满足 t 条件？是否有完备匹配？

(a)

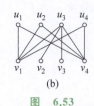
(b)

(c)

图 6.53

6.36 某公司有 6 个部门要招聘员工，限定每位应聘者至多申请 2 个部门，考核结果有 10 人符合条件. 根据这 10 人的申请，每个部门至少有 2 人申请. 问：这 6 个部门是否都能招聘到人？为什么？

6.37 有 4 名学生被录取为硕士研究生：张生、王庆、李民和赵久，有 4 位硕导：刘教授、孙教授、周教授和宋教授. 学生报考导师的情况如下：张生报考刘教授和宋教授，王庆报考孙教授和周教授，李民报考刘教授、孙教授和周教授，赵久只报考周教授. 问：4 位教授是否能恰好每人录取一名硕士研究生？

6.38 画出一些无向简单欧拉图，要求：
(1) 偶数个顶点，偶数条边.
(2) 奇数个顶点，奇数条边.
(3) 偶数个顶点，奇数条边.
(4) 奇数个顶点，偶数条边.

6.39 (1) 在什么条件下无向完全图 K_n 为欧拉图？
(2) 在什么条件下有向完全图为欧拉图？
(3) 在什么条件下轮图 W_n 为欧拉图？
(4) 在什么条件下完全二部图 $K_{r,s}$ 为欧拉图？

6.40 (1) 在什么条件下无向完全图 K_n 为哈密顿图？
(2) 在什么条件下有向完全图为哈密顿图？
(3) 在什么条件下 W_n 为哈密顿图？
(4) 在什么条件下 $K_{r,s}$ 为哈密顿图？

6.41 画一个简单有向图，使它
(1) 既是欧拉图，又是哈密顿图.
(2) 是欧拉图，但不是哈密顿图.
(3) 不是欧拉图，但是哈密顿图.
(4) 既不是欧拉图，也不是哈密顿图.

6.42 证明：有桥的图不是哈密顿图.

6.43 证明：有桥的图不是欧拉图.

6.44 图 6.54 中哪些有欧拉回路？哪些有欧拉通路但无欧拉回路？为什么？

6.45 图 6.55 中哪些有欧拉回路？哪些有欧拉通路但无欧拉回路？为什么？

6.46 图 6.56 中哪些有哈密顿回路？哪些有哈密顿通路但无哈密顿回路？为什么？

6.47 判断图 6.57 所示两个图是否为哈密顿图.

6.48 一名青年生活在城市 A，准备假期到郊区景点 B,C,D 去旅游，然后回到 A. 图 6.58

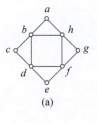 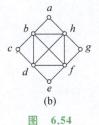 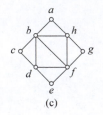

(a)   (b)   (c)

图 6.54

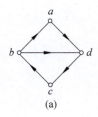 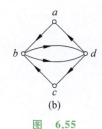 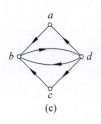

(a)   (b)   (c)

图 6.55

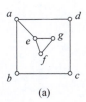 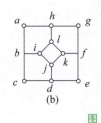 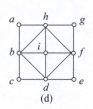

(a)   (b)   (c)   (d)

图 6.56

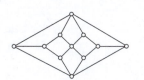 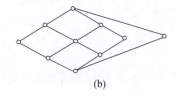

(a)   (b)

图 6.57

给出了 A,B,C,D 的位置及它们之间的距离(公里). 问: 该青年如何走行程最短？

6.49 某工厂生产由 6 种不同颜色的纱织成的双色布. 已知在品种中, 每种颜色至少分别和其他 5 种颜色中的 3 种颜色相搭配. 证明: 可以挑出 3 种双色布, 它们恰有 6 种不同的颜色.

6.50 求图 6.59 所示非连通的平面图各面的次数, 并验证定理 6.15 (即各面次数之和等于边数的两倍).

6.51 试将图 6.60 所示的平面图的内部面 R_1 变成外部面.

6.52 证明图 6.61 所示无向图为极大平面图.

6.53 若 G 是一个非平面图并且任意删除一条边后都是平面图, 则称 G 是**极小非平面图**. 试给出两个 7 阶的非同构的极小非平面图.

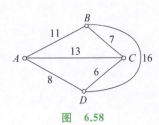
图 6.58

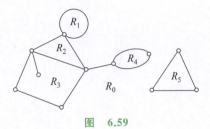
图 6.59

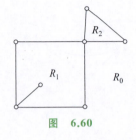
图 6.60

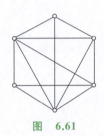
图 6.61

6.54 已知 7 阶连通平面图 G 有 6 个面,求 G 的边数 m.

6.55 已知具有 3 个连通分支的平面图 G 有 4 个面,9 条边,求 G 的阶数 n.

6.56 证明图 6.62 所示两个图均为非平面图.

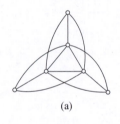
(a)

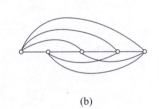
(b)

图 6.62

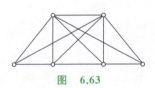
图 6.63

6.57 证明图 6.63 所示无向图为平面图.

6.58 画出轮图 W_5 的对偶图 W_5^*,并证明 $W_5 \cong W_5^*$.

6.59 G 为 n 阶 m 条边,每个面的次数至少为 4 的连通的平面图,证明:$m \leqslant 2n-4$.

6.60 给下列各图的顶点着色最少要用多少种颜色?

(1) 7 阶圈图 C_7.

(2) 8 阶圈图 C_8.

(3) 9 阶轮图 W_9.

(4) 10 阶轮图 W_{10}.

(5) n 阶完全图 K_n.

(6) 二部图 $K_{s,t}$.

6.61 给图 6.56 中各图用尽量少的颜色着色.

6.62 某大学计算机专业三年级有 5 门选修课,其中课程 1 与 2,1 与 3,1 与 4,2 与 4,2 与 5,3 与 4,3 与 5 均有人同时选修. 问:安排这 5 门课的考试至少需要几个时间段?

6.63 假设当两台无线发射设备的距离小于 200km 时不能使用相同的频率. 现有 6 台设

备，表 6.1 给出它们之间的距离（单位：km），那么它们至少需要几个不同的频率？

表 6.1

	1	2	3	4	5	6
1	0	120	250	345	160	180
2		0	125	240	150	210
3			0	160	320	380
4				0	288	321
5					0	100
6						0

6.64 有 6 名博士生要进行论文答辩，答辩委员会的成员分别为 $A_1=\{$张教授,李教授,王教授$\}$，$A_2=\{$李教授,赵教授,刘教授$\}$，$A_3=\{$张教授,刘教授,王教授$\}$，$A_4=\{$赵教授,刘教授,王教授$\}$，$A_5=\{$张教授,李教授,孙教授$\}$，$A_6=\{$李教授,刘教授,王教授$\}$，那么这次论文答辩必须安排在多少个不同的时间？

第 7 章 树及其应用

树是图论中最重要的概念之一. 它在许多领域中,特别是在计算机科学领域中得到了广泛的应用. 本章介绍无向树及有向树的概念、性质及其应用.

谈到树,自然会想起自然界的树,有树根、树枝、树叶. 在图论中讨论树时,有些术语就来源于自然界的树.

特别声明:本章所谈回路均指初级回路或简单回路.

7.1 无 向 树

7.1.1 无向树的定义及其性质

定义 7.1 连通不含回路的无向图称为**无向树**,简称**树**. 常用 T 表示一棵树. 每个连通分支都是树的非连通无向图称为**森林**. 平凡图称为**平凡树**.

在图 7.1 中,图(a)为平凡树,图(b)为 2 棵树组成的森林,图(c)为 1 棵无向树.

设 $T=\langle V,E\rangle$ 为一棵无向树,$v\in V$. 若 $d(v)=1$,则称 v 为 T 的**树叶**. 图 7.1(c)中,a,b,c,d 均为树叶. 若 $d(v)\geqslant 2$,则称 v 为**分支点**,e,f,g 均为分支点.

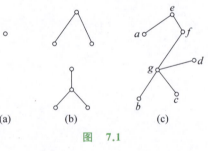

图 7.1

下述定理给出树的多条充分必要条件.

定理 7.1 设 $G=\langle V,E\rangle$,$|V|=n$,$|E|=m$. 下面各命题是等价的:

(1) G 连通不含回路(即 G 为树);

(2) G 的每对顶点之间有唯一的一条路径;

(3) G 是连通的,且 $m=n-1$;

(4) G 中无回路,且 $m=n-1$;

(5) G 中无回路,但在 G 的任何两个不相邻的顶点之间增加一条新边,就得到唯一的一条初级回路;

(6) G 是连通的,但删去任何一条边后,所得图就不连通,即 G 的每条边均为桥.

证明 (1)⇒(2). 设 u,v 为 G 中任意两个顶点. 由 G 的连通性,u,v 之间有通路,因而必有路径. 若路径多于一条,必形成回路,这与 G 中无回路矛盾.

(2)⇒(3). 由于 G 中任意两个顶点之间均有路径,所以任意两个顶点均是连通的,故 G 是连通的. 下面用第二数学归纳法证明 $m=n-1$.

当 $n=1$ 时,G 为平凡树,$m=0$,结论显然成立.

设 $n \leqslant k(k \geqslant 1)$ 时结论成立,证明 $n=k+1$ 时结论也成立. 设 $e=(u,v)$ 为 G 中一条边,由(2)知,u 与 v 之间除路径 uv 外无别的通路,因而 $G-e$ 得两个连通分支 G_1 与 G_2. 设它们的顶点数和边数分别为 $n_1,n_2;m_1,m_2$. 易知 $n_1 \leqslant k$ 且 $n_2 \leqslant k$. 由归纳假设得 $m_1=n_1-1$,$m_2=n_2-1$. 从而 $m=m_1+m_2+1=n_1-1+n_2-1+1=n-1$.

(3)⇒(4). 只要证明 G 中无回路. 若 G 中有回路,从回路中删去任意一条边后,所得图仍然连通,若所得图中再有回路,再从回路中删去一条边,直到所得图中无回路为止. 设共删去 $r(r \geqslant 1)$ 条边所得图为 G'. G' 无回路,但仍是连通的,即 G' 为树. 由(1)⇒(2)⇒(3),所以 G' 中 $m'=n'-1$. 而 $n'=n,m'=m-r$. 于是得 $m-r=n-1$,即 $m=n-1+r(r \geqslant 1)$,这与已知条件矛盾.

(4)⇒(5). 由条件(4)易证 G 是连通的. 否则设 G 有 $k(k \geqslant 2)$ 个连通分支 $G_1,G_2,\cdots,G_k$. 设 G_i 有 n_i 个顶点,m_i 条边,$i=1,2,\cdots,k$. 由(4)知,每个连通分支都是树,由(1)⇒(2)⇒(3),因而 $m_i=n_i-1,i=1,2,\cdots,k$. 于是 $n=n_1+n_2+\cdots+n_k=m_1+1+m_2+1+\cdots+m_k+1=m+k(k \geqslant 2)$,这与已知 $m=n-1$ 矛盾. 因而 G 是连通的,又是无回路的,即 G 是树. 由(1)⇒(2),G 中任意两个不相邻的顶点 u 与 v 之间存在唯一的路径 P_{uv},P_{uv} 再加新边 (u,v) 形成唯一的圈.

(5)⇒(6). 首先证明 G 是连通的. 否则设 G_1,G_2 是 G 的两个连通分支. v_1 为 G_1 中的一个顶点,v_2 为 G_2 中的一个顶点. 在 G 中加边 (v_1,v_2) 不形成回路,这与已知条件矛盾. 若 G 中存在边 $e=(u,v)$,$G-e$ 仍连通,说明在 $G-e$ 中存在 u 到 v 的通路. 此通路与 e 构成 G 中回路,这与 G 中无回路矛盾.

(6)⇒(1). 只需证 G 中无回路. 若 G 中含回路 C,删除 C 上任何一条边后,所得的图仍连通,与(6)中条件矛盾.

除了由定理7.1给出的树的充分必要条件外,树还有下述重要的必要条件.

定理 7.2 设 $T=\langle V,E \rangle$ 是 n 阶非平凡的无向树,则 T 至少有两片树叶.

证明 由树的定义易知,非平凡的树中,任何顶点的度数均大于或等于1. 设 G 中有 k 个1度顶点,即 k 片树叶,则其余 $n-k$ 个分支点的度数均大于或等于2. 由握手定理可知
$$2m=\sum d(v_i) \geqslant k+2(n-k)$$
由定理7.1知 $m=n-1$,代入上式,得 $k \geqslant 2$. 这说明 T 至少有两片树叶.

例 7.1 已知一棵无向树 T 中有4度、3度、2度的分支点各1个,其余的顶点均为树叶,那么 T 中有几片树叶?

解 设 T 有 x 片树叶,则 T 的阶数 $n=3+x$,由定理7.1及握手定理得
$$4+2x=4+3+2+x$$
解出 $x=5$,即 T 有5片树叶.

例 7.2 满足例7.1中度数列的无向树在同构的意义下是唯一的吗?

解 在同构意义下不是唯一的. 图7.2所示的两棵树的度数列均满足例7.1,但它们是非同构的.

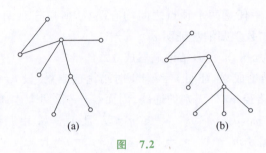

图 7.2

例 7.3 画出 6 阶所有非同构的无向树.

解 设所求树的顶点数为 n, 边数为 m. 由题设已知, $n=6$.

(1) 由无向树的性质可知, $m=n-1=5$.

(2) 由树的定义可知, $1\leqslant d(v_i)\leqslant 5, i=1,2,\cdots,5$.

(3) 由握手定理可知

$$\sum_{i=1}^{5}d(v_i)=2m=10$$

将 10 度分配给 6 个顶点, 由以上的分析可知, 只有下面 5 种分配方案:

① 1,1,1,1,1,5;
② 1,1,1,1,2,4;
③ 1,1,1,1,3,3;
④ 1,1,1,2,2,3;
⑤ 1,1,2,2,2,2.

显然不同的度数方案对应的无向树是非同构的. 同时还应该特别注意, 同一种方案可能对应不止 1 棵非同构的树. 在以上 5 种方案中, ④对应 2 棵非同构的无向树, 由 3 度顶点是否夹在两个 2 度顶点之间而定. 其余 4 种方案各对应 1 棵非同构的树. 所得 6 棵非同构的树如图 7.3 所示. 其中图 7.3(d) 与 (e) 都对应方案④; 图 7.3(a), (b), (c) 分别对应方案①, ②, ③; 图 7.3(f) 对应方案⑤.

例 7.4 画出度数列为 1,1,1,2,2,2,3 的所有非同构的 7 阶无向树.

解 画出所有 n 阶非同构的无向树不是易事, 但当 n 较小时还是容易画出的. 本题是 7 阶非同构无向树度数分配方案中的一种, 它有 3 个 2 度顶点, 1 个 3 度顶点, 3 度顶点与 1 个 2 度顶点相邻、与 2 个 2 度顶点相邻、与 3 个 2 度顶点都相邻, 所得 3 棵树显然是非同构的, 再无其他情况, 所以共有 3 棵非同构的树, 如图 7.4(a), (b), (c) 所示.

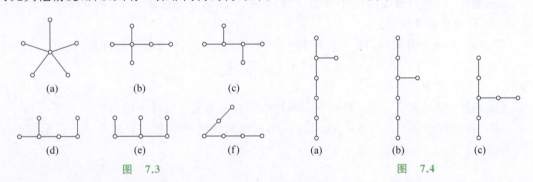

图 7.3   图 7.4

7.1.2 生成树

定义 7.2 设 $G=\langle V,E \rangle$ 是无向连通图,T 是 G 的生成子图,并且 T 是树,则称 T 是 G 的**生成树**.G 在 T 中的边称为 T 的**树枝**.G 不在 T 中的边称为 T 的**弦**.T 的所有弦的集合的导出子图称为 T 的**余树**.

根据定理 7.1,n 阶 m 条边的连通图的生成树有 $n-1$ 条树枝和 $m-n+1$ 条弦.

在图 7.5 所示图中,图(b)为图(a)的一棵生成树,图(c)为图(b)的余树.注意,余树虽然称作"树",但它不一定连通,也不一定不含回路,因而余树不一定是树,更不一定是生成树.

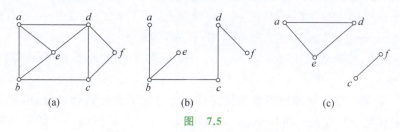

图 7.5

定理 7.3 任何无向连通图 G 都存在生成树.

证明 若 G 中无回路,则 G 是树,于是 G 本身就是 G 的生成树.若 G 中含回路 C,在 C 中任意删去一条边,不影响图的连通性.若所得图中还有回路,就在此回路中再删去一条边.继续这一过程,直到所得图中无回路为止.设最后的图为 T,则 T 是 G 的生成树.

推论 设 n 阶无向简单连通图 G 中有 m 条边,则 $m \geqslant n-1$.

证明 由定理 7.3 可知,G 中存在生成树.设生成树中有 m' 条树枝,$m'=n-1$.因而,$m \geqslant m' = n-1$.

例 7.5 给出图 7.6(a)中所示图的两棵非同构的生成树 T_1 和 T_2,并指出它们的树枝和弦.

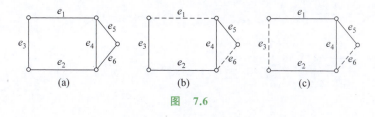

图 7.6

解 在图 7.6(b)和(c)中,实边所示的图都是图 7.6(a)的生成树,设它们分别为 T_1 和 T_2,它们显然是非同构的.e_2,e_3,e_4,e_5 为 T_1 的树枝,e_1,e_6 为 T_1 的弦.e_1,e_2,e_4,e_5 为 T_2 的树枝,e_3,e_6 为 T_2 的弦.

例 7.6 设 $G=\langle V,E \rangle$ 为无向连通图,试分析:G 中什么样的边不在 G 的任何生成树中?什么样的边在 G 的任何生成树中?

解 若 G 中有环,因为环为回路,所以环不能在任何生成树中.若 G 中有桥,则桥在任何生成树中,否则得到的生成树是不连通的,这与树的定义相矛盾.

在实践中,有时不仅需要用图表示事物之间是否有某种关系,而且需要用数量来进一步表示这种关系. 例如, 一张公路图, 不仅要表示出两个城市之间是否有公路, 而且要标出公路的长度. 为此, 可以用顶点表示城市, 用边表示两个城市之间有一条公路, 并把这条公路的长度标在这条边的旁边. 这就是带权图.

定义 7.3 对图 G 的每条边 e 附加上一个实数 $w(e)$, 称 $w(e)$ 为边 e 的**权**. G 连同附加在各边的权称为**带权图**, 常记作 $G=\langle V,E,W\rangle$.

定义 7.4 设无向连通带权图 $G=\langle V,E,W\rangle$, T 是 G 的一棵生成树. T 各边的权之和称为 T 的权, 记作 $W(T)$. G 的所有生成树中权最小的生成树称为 G 的**最小生成树**.

下面介绍求最小生成树的**避圈法**(Kruskal 算法).

设 n 阶无向连通带权图 $G=\langle V,E,W\rangle$ 有 m 条边. 不妨设 G 中没有环(若有环则将所有的环删去), 将 m 条边按权从小到大顺序排列, 设为 $e_1,e_2,\cdots,e_m$.

取 e_1 在 T 中, 然后依次检查 $e_2,e_3,\cdots,e_m$. 若 e_j 与 T 中的边不能构成回路, 则取 e_j 在 T 中, 否则弃去 e_j.

例 7.7 某单位建设局域网需要铺设光缆, 光缆连接的建筑物的位置、建筑物之间可以铺设光缆的线路及线路的长度(单位:m)如图 7.7 所示. 如何铺设才能使光缆的总长度最短?

解 根据题目的要求, 应该按照图的一棵最小生成树铺设光缆. 用避圈法依次取边如下: (C,D), (F,G), (C,G), (G,H), (A,C), (B,C), (H,I), (B,E). 求得图的最小生成树如 7.8 所示. 光缆总长度为
$$2+2+3+3+4+5+5+7=31(\text{m}).$$
当然, 最小生成树不是唯一的. 如可以用 (A,D) 代替 (A,C), 用 (E,F) 代替 (B,E), 总长度不变.

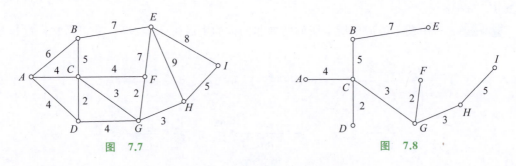

图 7.7　　　　　　　　　　　图 7.8

7.2　根树及其应用

一个有向图 D, 如果略去各边的方向后所得无向图为无向树, 则称 D 为**有向树**. 在有向树中, 最重要的是根树, 它在计算机专业的数据结构、数据库等专业课程中占据极其重要的位置. 本节主要讨论根树及它的应用.

7.2.1　根树及其分类

定义 7.5 一棵非平凡的有向树, 如果有一个顶点的入度为 0, 其余顶点的入度均为 1,

则称此有向树为**根树**. 在根树中, 入度为 0 的顶点称为**树根**; 入度为 1, 出度为 0 的顶点称为**树叶**; 入度为 1, 出度大于 0 的顶点称为**内点**, 内点和树根统称为**分支点**.

图 7.9(a) 为一棵根树. v_0 为树根, v_1, v_3, v_5, v_6, v_7 均为树叶, v_2, v_4 为内点, v_0, v_2, v_4 为分支点. 在画根树时, 今后总是把树根放在最上方, 有向边的方向都向下或向斜下方, 有向边的方向均省去, 如将图 7.9(a) 画成 (b) 的样子.

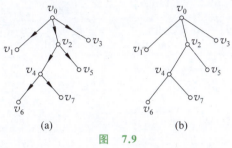

图 7.9

在根树中, 从树根到任一顶点 v 的通路长度称为 v 的**层数**, 记作 $l(v)$, 称层数相同的顶点在同一层上. 层数最大顶点的层数称为**树高**, 记 $h(T)$ 为根树 T 的高度. 在图 7.9 所示根树 T 中, 树根 v_0 处在第 0 层上, $l(v_0)=0, v_1, v_2, v_3$ 处在第 1 层上, $l(v_i)=1, i=1,2,3$. v_4, v_5 处在第 2 层上, $l(v_j)=2, j=4,5$. v_6, v_7 处在第 3 层上, $l(v_k)=3, k=6,7$. $h(T)=3$. 有的书上规定, 树根的层数为 1, 它的下一层顶点的层数为 2, ……. 希望读者注意区分.

一棵根树可以看成一棵家族树:

若顶点 a 邻接到顶点 b, 则称 b 为 a 的**儿子**, a 为 b 的**父亲**; 若 b, c 的父亲相同, 则称 b, c 为**兄弟**; 若 $a \neq d$, 且 a 可达 d, 则称 a 为 d 的**祖先**, d 为 a 的**后代**.

在图 7.9 中, v_1, v_2, v_3 是兄弟, 它们的父亲是 v_0. v_4, v_5 是兄弟, 它们的父亲是 v_2. v_6, v_7 是兄弟, 它们的父亲是 v_4. v_0 以外的所有顶点都是 v_0 的后代, v_0 是它们的祖先.

在根树 T 中, 设 a 是一个非根顶点, 称 a 及其后代导出的子图 T' 为 T 的以 a 为根的**根子树**.

定义 7.6 如果将根树每一层上的顶点都规定次序, 这样的根树称为**有序树**.

次序可全标在顶点处, 也可以全标在边上. 标出的次序不一定是连续的数.

根据根树各分支点有儿子的多少, 以及顶点是否排序, 可将根树分成若干类.

定义 7.7 设 T 为一棵非平凡的根树. 若 T 的每个分支点至多有 r 个儿子, 则称 T 为 **r 元树**; 若 T 的每个分支点都恰有 r 个儿子, 则称 T 为 **r 元正则树**; 若 r 元正则树 T 是有序的, 则称 T 为 **r 元有序树**; 若 r 元正则树 T 是有序的, 则称 T 是 **r 元有序正则树**; 若 T 是 r 元正则树, 且所有树叶的层数均为树高 $h(T)$, 则称 T 为 **r 元完全正则树**; 若 T 是 r 元完全正则树, 且 T 是有序的, 则称 T 为 **r 元有序完全正则树**.

在所有的 r 元树中, 2 元树最重要, 2 元树又称为 **2 叉树**.

下面讨论 2 元树的应用.

7.2.2 最优树与哈夫曼算法

定义 7.8 设 2 元树 T 有 t 片树叶 $v_1, v_2, \cdots, v_t$, 权分别为 $w_1, w_2, \cdots, w_t$, 称 $W(T) = \sum_{i=1}^{t} w_i l(v_i)$ 为 T 的**权**, 其中 $l(v_i)$ 是 v_i 的层数. 在所有有 t 片树叶且权分别为 $w_1, w_2, \cdots, w_t$ 的 2 元树中, 权最小的 2 元树称为带权 $w_1, w_2, \cdots, w_t$ 的**最优 2 元树**.

在图 7.10 中所示的 3 棵树 T_1, T_2, T_3 都是权为 1, 3, 4, 5, 6 的 2 元树, 它们的权分别

为:$W(T_1)=(1+4+5)\times 2+(3+6)\times 3=47, W(T_2)=3\times 1+4\times 2+5\times 3+(1+6)\times 4=54, W(T_3)=(6+3+5)\times 2+(1+4)\times 3=43.$

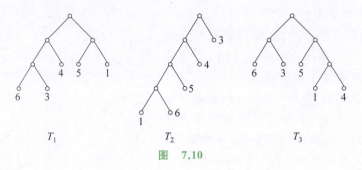

图 7.10

下面给出求最优 2 元树的算法.

Huffman 算法:

给定实数 $w_1, w_2, \cdots, w_t$.

(1) 作 t 片树叶 $v_1, v_2, \cdots, v_t$, 分别以 $w_1, w_2, \cdots, w_t$ 为权. 令 $A=\{v_1, v_2, \cdots, v_t\}, i=t+1$.

(2) 若 $|A|=1$, 则计算结束.

(3) 在 A 中取 2 个权最小的顶点 v_j, v_k. 引入一个新顶点 v_i, 其权为 $w_i = w_j + w_k$, 并将 v_j, v_k 作为 v_i 的儿子.

(4) 令 $A = (A - \{v_j, v_k\}) \cup \{v_i\}$, $i = i+1$, 转 (2).

$W(T)$ 等于所有分支点的权之和, 即 $W(T) = w_{t+1} + w_{t+2} + \cdots + w_{2t-1}$.

例 7.8 求带权 $1, 3, 4, 5, 6$ 的最优 2 元树, 并计算它的权 $W(T)$.

解 为了熟悉算法, 下面将计算最优树的过程在图 7.11 中分步骤给出. 最优树由图 7.11(d) 给出, 它的权 $W(T) = 42$. 根据这个结果, 图 7.10 中的 3 棵树都不是最优树.

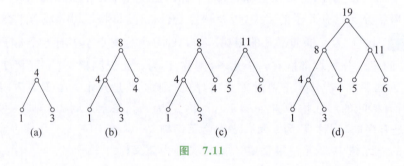

图 7.11

7.2.3 最佳前缀码

通信中要用二进制串表示数字、字母和符号, 通常都采用等长的编码. 在某些特殊情况下, 字符按照一定的频率出现, 此时可以用不等长的编码提高效率, 使得译文的总长度最短. 但是不等长的编码必须满足一些要求. 例如, 如果用 0 表示 A, 01 表示 B, 10 表示 C, 那么 010 既可以表示 AC, 又可以表示 BA. 这显然是不行的. 问题就出在 0 和 01 上. 当看到 01…时, 不知道是应该把 0 译成 A, 还是把 01 译成 B. 为此引入下述前缀码的概念.

定义 7.9 设 $\alpha_1\alpha_2\cdots\alpha_{n-1}\alpha_n$ 为长度为 n 的符号串，称其子串 $\alpha_1\alpha_2\cdots\alpha_i(0\leqslant i\leqslant n)$ 为该符号串的**前缀**。

设 $A=\{\beta_1,\beta_2,\cdots,\beta_m\}$ 为一个符号串集合。若对于任意的 $\beta_i,\beta_j\in A, i\neq j, \beta_i, \beta_j$ 互不为前缀，则称 A 为**前缀码**。若符号串 $\beta_i(i=1,2,\cdots,m)$ 中只出现 0,1 两个符号，则称 A 为 **2 元前缀码**。

例如，$\{1,01,001,000\}$，$\{00,10,11,011,0100,0101\}$ 都是前缀码。而 $\{1,01,111,1100\}$ 不是前缀码，因为 1 是 111 和 1100 的前缀。

可用 2 元树产生 2 元前缀码。给定一棵 2 元树 T，设它有 t 片树叶。设 v 为 T 的一个分支点，则 v 至少有一个儿子，至多有两个儿子。若 v 有两个儿子，在由 v 引出的两条边上，左边的标上 0，右边的标上 1。若 v 只有一个儿子，在由 v 引出的边上可标上 0，也可标上 1。设 v_i 是 T 的任意一片树叶，从树根到 v_i 的通路上各边的标号组成的 0,1 符号串放在 v_i 处，t 片树叶处的 t 个符号串组成的集合为一个 2 元前缀码。这是因为 v_i 处的符号串的前缀是树根到 v_i 的通路中从树根开始的一段上的 0,1 串，它不可能与其余树叶处的符号串相同。正则 2 元树产生的 2 元前缀码是唯一的。但是，非正则 2 元树，由于只有一个儿子的分支点的边上可以标 0，也可以标 1，所以它产生的前缀码不是唯一的。

图 7.12 所示的 2 元树产生的前缀码为 $\{00,10,11,010,0110,0111\}$。

设 m 个字符在通信中出现的频率分别为 $p_1,p_2,\cdots,p_m$，使用 2 元前缀码 $\beta_1,\beta_2,\cdots,\beta_m$ 表示这 m 个字符。记 $l_i=|\beta_i|$，$w_i=100p_i$，$1\leqslant i\leqslant m$，那么传输 100 个字符所需的平均码长为 $l=\sum_{i=1}^{m}l_iw_i$。称平均码长 l 最短的 2 元前缀码为**最佳前缀码**。现在构造一棵 2 元树生成前缀码 $\beta_1,\beta_2,\cdots,\beta_m$，注意到 β_i 所在树叶的层数恰好为 l_i，因而权为 $w_1,w_2,\cdots,w_m$ 的最优 2 元树生成的前缀码就是最佳前缀码。

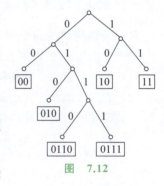
图 7.12

例 7.9 设通信中八进制数字出现的频率如下：

0：30%	1：20%
2：15%	3：10%
4：10%	5：5%
6：5%	7：5%

求传输它们的最佳前缀码。

解 用 100 乘各频率，并由小到大排序，得 $w_1=5, w_2=5, w_3=5, w_4=10, w_5=10, w_6=15, w_7=20, w_8=30$ 为 8 个权（记住它们与数字的对应关系）。用 Huffman 算法求得的最优 2 元树如图 7.13 所示。

图中方框中的 8 个码字组成的集合是最佳前缀码。8 个码字对应的数字如下：

01—0	101—4
11—1	0 001—5
001—2	00 001—6
100—3	00 000—7

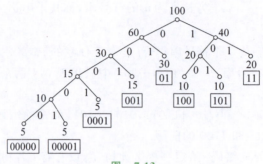

图 7.13

用完全等长的码字传输八进制数字,如 000 传 0,001 传 1,……,要传输按例 7.9 中比例出现的八进制数字 10 000 个,所用二进制数位为 30 000 个,这与数字出现的频率是无关的. 但若用最佳前缀码传输它们,所需二进制数位为

$$(3000+2000)\times 2+(1500+1000+1000)\times 3+500\times 4+(500+500)\times 5=27\,500$$

比用长为 3 的等长码字传输节省二进制数位 2500 个,效率提高 $2500/30\,000\approx 8.3\%$.

7.2.4 根树的周游及其应用

对于一棵根树的每个顶点都访问一次且仅访问一次称为**行遍**或**周游**一棵树.

对于 2 元有序正则树有以下 3 种周游或行遍方法.

(1) **中序行遍法**:其访问次序为:左子树,树根,右子树.

(2) **前序行遍法**:其访问次序为:树根,左子树,右子树.

(3) **后序行遍法**:其访问次序为:左子树,右子树,树根.

对于图 7.14 所示根树按中序、前序、后序行遍的周游结果分别为

$$(d\underline{b}(h\underline{e}i))\underline{a}(f\underline{c}g)$$
$$\underline{a}(\underline{b}d(\underline{e}hi))(\underline{c}fg)$$
$$(d(hie)b)(fgc)\underline{a}$$

其中,$\underline{v}$ 表示 v 为根子树的根.

利用 2 元有序树可以表达算式,然后根据不同的访问方法得到算式的不同表示和相应的算法.

用 2 元有序树存放算式时,把运算符放在分支点上,变量和常量放在树叶上,每个分支点上的运算符的运算对象是以该分支点的儿子为树根的子树(树叶)存放的子式(变量或常量).

例如,存放算式

$$((a-b*c)*d+e)\div(f*g+h)$$

的 2 元有序树如图 7.15 所示. 访问这棵树,中序行遍法访问结果为

$$(((a-(b*c))*d)+e)\div((f*g)+h)$$

前序行遍法访问结果为

$$\div(+(*(-a(*bc))d)e)(+(*fg)h)$$

后序行遍法访问结果为

$$((((a(bc*))-)d*)e+)((fg*)h+)\div$$

对于中序行遍法的访问结果,利用四则运算的规则,可去掉一些括号,得到

$$((a-b*c)*d+e)\div(f*g+h)$$

正是原式,所以中序行遍法访问,其结果是还原算式.

对于前序行遍法访问结果,将全部括号去掉,得如下结果:

$$\div+*-a*bcde+*fgh$$

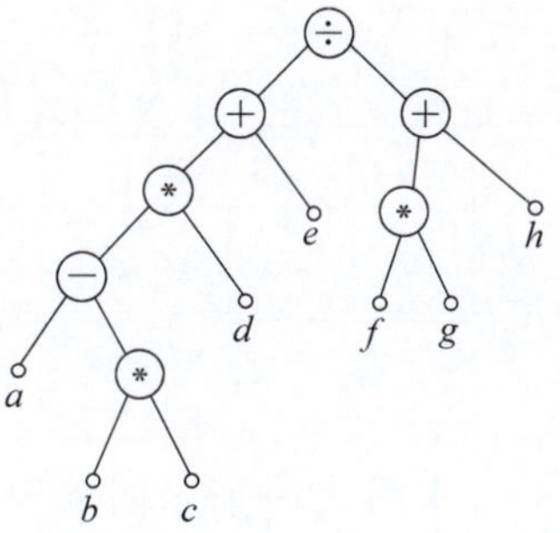

对这个表达式规定,从右到左,每个运算符对它后面紧邻的两个数(对于一元运算符是一个数)进行运算,其计算结果恰好是算式的计算结果.因为运算符在运算对象的前面,因而称此种表示法为前缀符号法,也称为波兰符号法.

对于后序行遍法的访问结果,省去全部括号,得结果为

$$abc*-d*e+fg*h+\div$$

对这个表达式规定,从左到右,每个运算符对它前面紧邻的两个数(对于一元运算符是一个数)进行运算,其计算结果也恰好是算式的计算结果.因为运算符在参加运算对象的后面,所以称此种表示法为后缀符号法,也称为逆波兰符号法.

图 7.15

习 题

7.1 证明:树都是二部图.

7.2 证明:除平凡树外,树都不是欧拉图.

7.3 证明:除平凡树外,树都不是哈密顿图.

7.4 证明:树都是平面图.

7.5 哪些完全二部图是树?

7.6 无向完全图 $K_n(n\geq 1)$ 中有树吗?

7.7 2,3,4,5 阶非同构的无向树各有多少棵? 请画出图形.

7.8 树 T 有 2 个 4 度顶点,3 个 3 度顶点,其余顶点全是树叶,问 T 有几片树叶?

7.9 无向树 T 有 7 片树叶,3 个 3 度顶点,其余顶点的度数均为 4,求 T 的阶数 n.

7.10 无向树 T 中有 n_i 个顶点的度数为 i,$i=2,3,\cdots,k$,其余顶点全为树叶,问 T 中有几片树叶?

7.11 下面两组数中,哪个(些)可以为无向树的度数列? 若是树的度数列,请画出两棵非同构的无向树.

(1) 1,1,2,3,3,4.

(2) 1,1,1,1,1,3,3,4.

7.12 设 T 为任意的无向树,问 T 的点连通度 κ 和边连通度 λ 分别是多少?

7.13 图 7.16 所示无向图共有几棵非同构的生成树? 画出它们来.

7.14 图 7.17 所示无向图共有几棵非同构的生成树?

7.15 图 7.18 所示无向图共有几棵非同构的生成树?

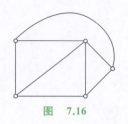
图 7.16

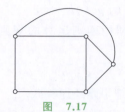
图 7.17

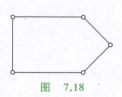
图 7.18

7.16 求图 7.19 所示两个带权图中的最小生成树, 并计算它们的权.

7.17 求图 7.20 所示带权无向图的最小生成树, 并计算它的权.

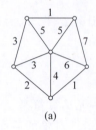
(a)

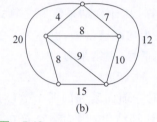
(b)

图 7.19

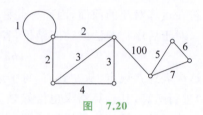
图 7.20

7.18 锅炉房到各楼可铺设暖气管道的线路及距离(m)如图 7.21 所示, 试设计暖气管道的线路使得管道总长度最短.

7.19 根据图 7.22 所示根树 T 回答下列问题.

(1) T 有几个内点?

(2) T 有几个分支点?

(3) T 有几片树叶?

(4) T 的高度 $h(T)$ 为几?

(5) T 是几元树?

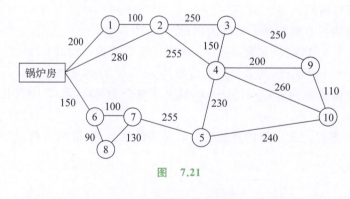
图 7.21

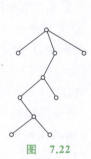
图 7.22

7.20 画出 4 阶所有非同构的根树, 并指明它们都是几元树.

7.21 设 m 和 t 分别为 2 元正则树 T 的边数和树叶数, 证明: $m=2(t-1)$, 阶数 n 为奇数.

7.22 设 T 是 $r(r\geq 2)$ 元正则树, i 和 t 分别为分支点数和树叶数, 证明: $t=(r-1)i+1$.

7.23 求高为 h 的 2 元完全正则树 T 的顶点数 n, 边数 m 和树叶数 t.

7.24 求高为 h 的 r 元完全正则树 T 的树叶数 t 和分支点数 i.

7.25　画一棵权为 0.5,1,2,3.5,4,5,6.8,7.2,10 的最优 2 元树,并计算它的权.

7.26　下面给出的符号串集合中,哪些是前缀码?
$$B_1 = \{0,10,110,1111\}$$
$$B_2 = \{1,01,001,000\}$$
$$B_3 = \{1,11,101,001,0011\}$$
$$B_4 = \{b,c,aa,ac,aba,abb,abc\}$$
$$B_5 = \{b,c,a,aa,ac,abc,abb,aba\}$$

7.27　用图 7.23 中的 2 元树产生一个 2 元前缀码.

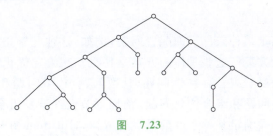

图　7.23

7.28　设 7 个字母在通信中出现的频率如下:
$$a:35\% \quad\quad b:20\%$$
$$c:15\% \quad\quad d:10\%$$
$$e:10\% \quad\quad f:5\%$$
$$g:5\%$$

(1) 以频率(或乘 100)为权,求最优 2 元树.

(2) 利用所求 2 元树找出每个字母的前缀码.

(3) 传输 10 000 个按上述比例出现的字母需要传输多少个二进制数位?比用长度为 3 的等长码子传输省了多少个二进制数位?

7.29　图 7.24 所示的 2 元树表达一个算式.

(1) 按中序行遍法写出算式.

(2) 用波兰符号法表示算式.

(3) 用逆波兰符号法表示算式.

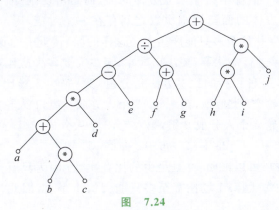

图　7.24

第 8 章

组合计数基础

组合学主要研究满足某种条件下的配置问题,例如,这种配置是否存在?如果存在,能够有多少种不同的配置方案?这些具体的方案是什么?在给定优化函数的情况下,最优的配置是什么?这些分别属于组合存在性问题、计数问题、枚举问题和优化问题.限于篇幅,本书主要讨论组合计数问题和组合优化问题.前面章节已经涉及组合优化问题,例如,图论中的最小生成树就是一棵满足某种条件的最优生成树,Huffman 树对应的前缀码是最优前缀码等.第 8 章到第 10 章将集中讨论组合计数问题.组合计数在许多学科中都会用到,特别是在计算机的算法设计与分析中用于估计算法的复杂度函数.本章将引入基本的组合计数规则和公式.

下面介绍解决组合问题的一些常用的技巧.

1. 一一对应的思想

先看两个例子.

例 8.1 如图 8.1 所示,有一个 $3 \times 3 \times 3$ 的立方体,问至少需要切多少次才能切成 27 个边长为 1 的小立方体?在切割时允许将切下的若干个方块任意放置,并一起切割.

一种可能的方法就是沿着图中的直线进行切割,总共切 6 次,就可以得到所有的小立方体.有没有更好的切割方法?我们不可能枚举所有的切割方法,但是可以使用一一对应的技术证明不可能存在少于 6 次的切法.考虑处在原来的大正方体中心位置的小立方体,它由 6 个面构成,每个面都不是原来立方体的面,而是由切割产生的新面.在这个小立方体的面与切割次数之间存在一一对应,因

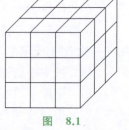

图 8.1

为每切割 1 次,能够产生并且至多只能产生 1 个这样的面.因此 6 个面至少需要切割 6 次.

例 8.2 50 个选手进行淘汰赛,要决出冠军,至少需要多少次比赛?

解 答案是 49 次.一种可行的比赛方法是分组.第一轮 25 场比赛;进入第二轮,25 个人可以分成 12 组,1 人轮空.类似地,第三轮 13 个人分成 6 组,1 人轮空;第四轮 7 人需要分成 3 组,1 人轮空;第五轮 4 个人分成 2 组,第六轮,2 个人分成 1 组.总的比赛次数为

$$25+12+6+3+2+1=49$$

使用一一对应的技巧可以证明 49 是最少的比赛次数.因为只有 1 个冠军是优胜者,其他的人都要通过比赛被淘汰掉.1 场比赛至多只能淘汰 1 个人,因此,为了淘汰 49 个人,至少需要 49 场比赛.

有许多典型的组合计数问题,如选取问题、非降路径问题、棋盘布棋问题、不定方程的非负整数解问题、整数拆分问题、放球问题等,对于这些问题已经得到相应的公式或者求解的方法,换句话说,已经建立了相应的组合计数模型. 当遇到其他组合计数问题的时候,如果可以与这些典型的计数模型建立一一对应,那么就可以直接应用有关的结果来求解. 这是一种非常有用的方法.

2. 数学归纳法

本书第 1 章已经介绍了数学归纳法. 这是证明有关自然数命题的一种有力工具. 组合数学中涉及的问题,很多都是自然数,因此常常会用到数学归纳法.

3. 上下界逼近的思想

为了确定一个计数的结果,有时需要分别证明这个数的上界和下界. 当上界与下界的值相等时,这个数就被唯一确定下来了. 例 8.1 就使用了这种思想. 首先给出一种切割 6 次的方法,这样就证明了 6 是最少切割次数的一个上界. 然后证明了无论用什么切割方法都至少需要 6 次才能完成切割任务,这样就证明了 6 也是问题的下界. 上界与下界都等于 6,因此最少的切割次数就是 6.

下面开始讨论基本的计数规则和公式.

8.1 基本计数规则

组合学有两个基本的计数规则——加法法则和乘法法则.

8.1.1 加法法则

加法法则:事件 A 有 m 种产生方式,事件 B 有 n 种产生方式,当 A 与 B 产生的方式不重叠时,"事件 A 或 B"有 $m+n$ 种产生方式.

加法法则使用的条件是事件 A 与 B 产生的方式不能重叠. 也就是说,每一种产生的方式不能同时属于两种事件. 例如,从一个班上选择社团的成员,有 6 个学生参加爱心社,5 个学生参加登山社,那么当这两个社团的成员不重叠时,参加爱心社或者登山社的学生有 $6+5=11$ 人. 这里使用了加法法则.

加法法则可以推广到 n 个事件的情况. 设 $A_1, A_2, \cdots, A_n$ 是 n 个事件,它们的产生方式分别有 $p_1, p_2, \cdots, p_n$ 种,当其中任何两个事件产生的方式都不重叠时,事件"A_1 或 A_2 或 $\cdots$ 或 A_n"有 $p_1+p_2+\cdots+p_n$ 种产生的方式.

8.1.2 乘法法则

乘法法则:事件 A 有 m 种产生方式,事件 B 有 n 种产生方式,当 A 与 B 产生的方式彼此独立时,"事件 A 与 B"有 mn 种产生方式.

乘法法则使用的条件是事件 A 与 B 产生的方式彼此独立. 换句话说,事件 A 对产生方式的选择不影响事件 B 对产生方式的选择,反之也对. 例如,从 a, b, c, d 中选择 2 个字母构成有序对,如果每个字母至多出现 1 次,问有多少种选法?有序对的第一元素可以有 4 种选法,第二元素也可以从 a, b, c, d 中选择. 但是当第一元素确定以后,它只能从剩下的 3 个字母中独立进行选取,因此总的选法数不是 $4 \times 4 = 16$,而是 $4 \times 3 = 12$.

乘法法则也可以推广到 n 个事件的情况. 设 $A_1, A_2, \cdots, A_n$ 是 n 个事件,它们的产生方式分别有 $p_1, p_2, \cdots, p_n$ 种,当其中任何两个事件产生的方式都彼此独立时,事件"A_1 与 A_2 与 $\cdots$ 与 A_n"有 $p_1 p_2 \cdots p_n$ 种产生的方式.

8.1.3 分类处理与分步处理

加法法则与乘法法则经常结合起来使用. 在组合计数时,往往需要将被计数的个体分成若干不同的类,先分类计数,然后使用加法法则计数总数. 这种方法就是分类处理. 有时被计数的方法需要分几步才能构成,那么需要分别计数每一步独立的方法,然后使用乘法法则计数总数. 这种方法就是分步处理. 分类处理与分步处理可能会嵌套使用. 例如,先分类,在计数每类元素时再分步处理;也可能先分步,在计数每步的方式时又需要分类处理.

例 8.3 设 A, B, C 是 3 个城市,从 A 到 B 有 3 条道路,从 B 到 C 有 2 条道路,从 A 直接到 C 有 4 条道路,问从 A 到 C 有多少种不同的方式?

解 将从 A 到 C 的方式分成两类:经过 B,不经过 B. 这两类方法数加起来等于总方法数. 再考虑其中经过 B 的方式,这需要分步处理,即从 A 到 B 的方式数乘以从 B 到 C 的方式数. 因此,从 A 到 C 的方法数是 $N = 3 \times 2 + 4 = 10$.

例 8.4 求 1400 的不同的正因子个数.

解 1400 的素因子分解式为
$$1400 = 2^3 \cdot 5^2 \cdot 7$$
因此,1400 的正因子形式都是 $2^i \cdot 5^j \cdot 7^k$,其中,$0 \leqslant i \leqslant 3, 0 \leqslant j \leqslant 2, 0 \leqslant k \leqslant 1$. 由于 i, j, k 的选择是独立的,这是一个分步处理的问题. i 的选法有 4 种,j 的选法有 3 种,k 的选法有 2 种,根据乘法法则,1400 有 $N = 4 \times 3 \times 2 = 24$ 个正因子.

8.2 排列与组合

下面考虑**选取问题**(组合计数模型 1).

设 n 元集合 S,从 S 中选取 r 个元素. 那么不同的选法有多少种?如表 8.1 所示,根据选取元素是否有序,是否允许重复,可以将选取问题分为 4 个子类型:集合的排列、集合的组合、多重集的排列和多重集的组合.

例如,从 20 个人中选出 10 个人排成一排,那么这是一个有序的、不允许重复的选取问题,因为选出的人排列的位置不一样对应于不同的选法,而且每个人在排列中至多出现 1 次. 如果选出的 10 个人不是排成一排,而是组成一个兴趣小组,那么唯一确定选法的是哪些人参加小组,而与选择的顺序无关. 这是一个无序的、不允许重复的选取问题. 如果被选择的不是人而是字母,例如从英文字母中选择 6 个字母组成字符序列,并且允许序列中的字符重复出现,那么这是一个有序的允许重复选取问题. 如果只是选出一组 6 个字符,并且允许字符重复出现,那么就变成一个无序的允许重复的选取问题. 对不同类型的选取问题计数的方法不一样. 对于集合的排列与组合问题,可以通过加法法则与乘法法则得到相应的计数公式.

表 8.1

次 序	重 复	
	不重复选取	重复选取
有序选取	集合的排列	多重集的排列
无序选取	集合的组合	多重集的组合

对于多重集的排列与组合,只能对某些特殊情况得到计数公式,一般性的求解方法将在后面两章讨论.

8.2.1 集合的排列与组合

下面考虑集合的排列与组合.

定义 8.1 从 n 元集 S 中有序、不重复选取的 r 个元素称为 S 的一个 r-排列,S 的所有 r-排列的个数记作 $P(n,r)$.

引入阶乘符号 $n!=n\times(n-1)\times(n-2)\cdots2\times1$,规定 $0!=1$,那么定理 8.1 给出了 $P(n,r)$ 的值.

定理 8.1 设 n,r 为自然数,则

$$P(n,r)=\begin{cases}\dfrac{n!}{(n-r)!} & n\geqslant r \\ 0 & n<r\end{cases}$$

证明 显然当 $n<r$ 时不存在满足条件的排列. 下面考虑 $n\geqslant r$ 的情况. 首先确定排列中的第一个元素,有 n 种选择的方式. 然后确定排列的第二个元素,它只能取自剩下的 $n-1$ 个元素,有 $n-1$ 种选法. 类似地,选择第三个元素,第四个元素,……,第 r 个元素的方式数依次为 $n-2,n-3,\cdots,n-r+1$. 根据乘法法则,总的选法数为

$$n(n-1)(n-2)\cdots(n-r+1)=\dfrac{n!}{(n-r)!}$$

当 $r=n$ 时,称排列为 S 的**全排列**. 容易看出全排列数等于 $n!$.

上面的排列均指线排列. 如果规定选出的元素不是按照顺序排成一列,而是排成一个圆圈,那么这种排列称为**环排列**. 设线排列的 r 个元素依次为 $a_1,a_2,\cdots,a_r$,将 a_1 接在 a_r 的后边组成一个环排列. 按照这种方法,线排列 $a_2,a_3,\cdots,a_r,a_1$ 也可以构成相同的环排列. 只要相邻关系不变,这 r 个元素中的任何一个作为线排列的首元素,首尾相连所构成的环排列都相同. 因此环排列数是线排列数的 $1/r$. 从而得到 n 元集 S 的 r-环排列数满足下面的公式:

$$S \text{ 的 } r\text{-环排列数}=\dfrac{P(n,r)}{r}$$

定义 8.2 从 n 元集 S 中无序、不重复选取的 r 个元素称为 S 的一个 r-**组合**,S 的所有 r-组合的个数记作 $C(n,r)$.

定理 8.2 给出了关于 $C(n,r)$ 的公式.

定理 8.2 设 n,r 为自然数,则

$$C(n,r)=\begin{cases}\dfrac{P(n,r)}{r!}=\dfrac{n!}{r!(n-r)!} & n\geqslant r \\ 0 & n<r\end{cases}$$

证明 用分步处理的方法构成 r-排列. 首先无序地选出 r 个元素,然后再构造这 r 个元素的全排列. 无序选择 r 个元素的方法数是 $C(n,r)$,针对每种选法,能构造 $r!$ 个不同的全排列,根据乘法法则,不同的 r-排列数满足

$$P(n,r)=C(n,r)r!$$

定理得证.

推论 设 n, r 为正整数，则

(1) $C(n, r) = \dfrac{n}{r} C(n-1, r-1)$.

(2) $C(n, r) = C(n, n-r)$.

(3) $C(n, r) = C(n-1, r-1) + C(n-1, r)$.

证明 (1) 将定理 8.2 的公式代入即可.

(2) 证明一：将定理 8.2 的公式代入，化简后两边相等.

也可以采用组合分析的方法给出公式(2)的证明. 所谓组合分析方法, 就是设计出一个组合计数问题, 使得公式两边都对应于这个问题的计数结果. 下面给出这个公式的组合证明.

证明二(组合证明)：设 $S = \{1, 2, \cdots, n\}$ 是 n 元集合, 对于 S 的任意 r-组合 $A = \{a_1, a_2, \cdots, a_r\}$, 都存在一个 S 的 $n-r$ 组合 $S - A$ 与之对应. 显然不同的 r 组合对应了不同的 $n-r$ 组合, 反之也对, 因此 S 的 r 组合数恰好与 S 的 $(n-r)$-组合数相等.

(3) 利用定理 8.2 得

$$\begin{aligned}
C(n-1, r-1) + C(n-1, r) &= \frac{(n-1)!}{(r-1)!(n-r)!} + \frac{(n-1)!}{r!(n-1-r)!} \\
&= \frac{(n-1)!}{(r-1)!(n-r-1)!} \left(\frac{1}{n-r} + \frac{1}{r} \right) \\
&= \frac{n}{r(n-r)} \cdot \frac{(n-1)!}{(r-1)!(n-r-1)!} \\
&= \frac{n!}{r!(n-r)!} \\
&= C(n, r)
\end{aligned}$$

以上推论可以看作递推的公式, 它可以把对应于较大的 n 或 r 的组合数 $C(n, r)$ 用对应于较小的 n' 或 r' 的组合数来表示. (3)中的公式称作 **Pascal 公式**, 它的图形表示就是著名的杨辉三角形. 利用这个公式可以由较小的组合数逐步求出所有的较大的组合数. 图 8.2 给出了这种求法的示意图. 例如 $C(5, 3)$, 其上层相邻的位置恰好为 $C(4, 2) = 6$, $C(4, 3) = 4$, 于是有 $C(5, 3) = 6 + 4 = 10$.

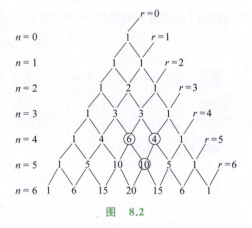

图 8.2

利用上述的排列组合公式能够解决不重复的选取问题.

例 8.5 从 1~300 中任取 3 个数使得其和能被 3 整除有多少种方法？

解 令
$$A = \{1, 4, \cdots, 298\}$$
$$B = \{2, 5, \cdots, 299\}$$
$$C = \{3, 6, \cdots, 300\}$$

根据问题的要求将选法分成以下几类.

分别取自 A,B,C 中的一个集合： 各 $C(100,3)$
A,B,C 各取 1 个： $C(100,1)^3$

根据加法法则和乘法法则,总选法数

$$N = 3C(100,3) + 100^3 = 1\,485\,100$$

例 8.6 （1）m 个男孩,n 个女孩排成一排,如果女孩不相邻,有多少种方法?

（2）如果排成一个圆圈,结果又是什么?

解 （1）先排好男孩,这对应于 m 元集合的全排列问题,有 $m!$ 种方法.为使得女孩不相邻,将男孩看作格子分界,将女孩放入格子中间,m 个男孩构成了 $m+1$ 个格子(包含男孩的全排列之外的头尾两个位置在内),从中选出 n 个放入女孩,选法数是 $P(m+1,n)$.根据乘法法则所求的方法数是 $m!\,P(m+1,n)$.

（2）与(1)不同的是,这里的排列是环排列.m 个元素的环排列数是 $(m-1)!$,这就是男孩排列成圆圈的方法数.接着放入女孩,环排列构成的格子数是 m 个,因此放女孩的方法数为 $P(m,n)$,那么所求的方法数为 $(m-1)!\,P(m,n)$.

例 8.7 设 A 为 n 元集,问:

(1) A 上的自反关系有多少个?

(2) A 上的反自反关系有多少个?

(3) A 上的对称关系有多少个?

(4) A 上的反对称关系有多少个?

(5) A 上既不对称也不是反对称的关系有多少个?

解 （1）在 A 上自反关系对应的关系矩阵中,主对角线元素都是 1,其他位置的元素可以是 1,也可以是 0,每个位置有 2 种选择.这种位置有 n^2-n 个,根据乘法法则,自反关系的个数是 2^{n^2-n}.

（2）与(1)类似,反自反关系也有 2^{n^2-n} 个.

（3）考虑 A 上对称关系的矩阵.采用分步处理的方法,先考虑主对角线上的元素.对于主对角线的每个位置,元素可以选择 0 或 1,有 2 种选法,总共有 2^n 种方法.再考虑不在主对角线位置的元素,它们的值的选择并不是完全独立的.因为矩阵是对称的,i 行 j 列的元素 r_{ij} 必须与 j 行 i 列的元素 r_{ji} 相等.因此,当矩阵的上三角元素(或下三角元素)的值确定以后,另一半对称位置的元素就完全确定了.这种能够独立选择 0 或 1 的位置有 $(n^2-n)/2$ 个.因此,根据乘法法则,构成矩阵的方法数为 $2^n 2^{\frac{n^2-n}{2}} = 2^{\frac{n^2+n}{2}}$.

（4）类似于(3)的分析,也采用分步处理的方法,区别在于对非主对角线位置元素取值的约束条件不一样.将这些位置分成 $(n^2-n)/2$ 组,每组包含处在对称位置的两个元素 r_{ij} 和 r_{ji},其中 $i \neq j$.根据反对称的性质,r_{ij} 与 r_{ji} 的取值有 3 种可能:①$r_{ij}=1,r_{ji}=0$;②$r_{ij}=0$,$r_{ji}=1$;③$r_{ij}=r_{ji}=0$.

因此,所有这些位置元素的选择方法数为 $3^{\frac{n^2-n}{2}}$.由乘法法则,考虑到主对角线元素的选取,总方法数为 $2^n 3^{\frac{n^2-n}{2}}$.

（5）可以按照下面的方法计算 A 上既不是对称也不是反对称关系的数目.先找出 A 上所有关系的总数,然后减去 A 上对称关系的数目和反对称关系的数目.这样,对于那些既对称的也反对称的关系,就被减去两次,因此应该再加上这种关系的个数.A 上的关系总

数为 2^{n^2}；既对称也反对称的关系都是恒等关系的子集，有 2^n 个；从而得到所求的关系个数是 $2^{n^2} - \left(2^{\frac{n^2+n}{2}} + 2^n 3^{\frac{n^2-n}{2}}\right) + 2^n$.

例 8.8 1000! 的末尾有多少个 0？

解 $1000! = 1000 \times 999 \times 998 \times \cdots \times 2 \times 1$

将上面的每个因子进一步分解，若 1000! 的分解式中有 i 个 5，j 个 2，那么 $\min(i,j)$ 就是 0 的个数.

$1,\cdots,1000$ 中有 500 个数是 2 的倍数，因此 $j > 500$. 再考虑 i. $1,2,\cdots,1000$ 中有 200 个数是 5 的倍数，其中 40 个是 25 的倍数. 而一个数是 25 的倍数，则意味着它的分解式中至少含有 2 个 5. 因此，在 1000! 的分解式中还需要增加 40 个 5. 类似地，还有 8 个是 125 的倍数，这就需要再增加 8 个 5；1 个数是 625 的倍数，再增加 1 个 5. 总计 1000! 的分解式中含有 $i = 200 + 40 + 8 + 1 = 249$ 个 5. 从而得到 $\min(i,j) = 249$.

8.2.2 多重集的排列与组合

设多重集 $S = \{n_1 \cdot a_1, n_2 \cdot a_2, \cdots, n_k \cdot a_k\}$，其中含有 k 种元素，对于 $i = 1,2,\cdots,k$，n_i 表示第 i 种元素 a_i 在 S 中出现的次数，一般 $0 < n_i < +\infty$. 多重集用于处理允许重复的选取问题，当 $n_i = +\infty$ 时表示有足够多的 a_i 以备选取. 关于允许重复的选取，只有某些特殊情况可以得到计数公式，一般情况下只能利用生成函数或包含排斥原理来求解，这些技术将在后面两章给予介绍.

设多重集 $S = \{n_1 \cdot a_1, n_2 \cdot a_2, \cdots, n_k \cdot a_k\}$，且 $n = n_1 + n_2 + \cdots + n_k$，称 S 的全体元素组成的排列为 S 的**全排列**. 下面讨论 S 的 r-排列在特殊情况下的一些结果.

定理 8.3 （1）当 $r = n$ 时，S 的全排列数

$$N = \frac{n!}{n_1! \cdot n_2! \cdots n_k!}$$

（2）若 $r \leq n_i, i = 1,2,\cdots,k$ 时，S 的 r-排列数是 k^r.

证明 （1）在 n 个位置中先选择 n_1 个位置放 a_1，有 $C(n, n_1)$ 种方法；再从剩下的 $n - n_1$ 个位置选择 n_2 个位置放 a_2，有 $C(n-n_1, n_2)$ 种方法；$\cdots$；最后在 $n - n_1 - n_2 - \cdots - n_{k-1}$ 个位置中选择 n_k 个位置放 a_k，有 $C(n-n_1-n_2-\cdots-n_{k-1}, n_k)$ 方法. 根据乘法法则，

$$N = C(n, n_1) C(n-n_1, n_2) \cdots C(n-n_1-n_2-\cdots-n_{k-1}, n_k)$$

$$= \frac{n!}{n_1!(n-n_1)!} \cdot \frac{(n-n_1)!}{n_2!(n-n_1-n_2)!} \cdots \frac{(n-n_1-\cdots-n_{k-1})!}{n_k! \cdot 0!}$$

$$= \frac{n!}{n_1! \cdot n_2! \cdots n_k!}$$

（2）r 个位置中的每个位置都有 k 种选法，由乘法法则得 k^r.

多重集 $S = \{n_1 \cdot a_1, n_2 \cdot a_2, \cdots, n_k \cdot a_k\}$ 的全排列数也记作 $\binom{n}{n_1 n_2 \cdots n_k}$，其中 $n = n_1 + n_2 + \cdots + n_k$. 这个数也称作**多项式系数**. 关于它的性质在 8.4 节还会进一步讨论.

再考虑多重集 S 的 r-组合.

定理 8.4 当 $r \leq n_i, i = 1,2,\cdots,k$ 时，多重集 S 的 r-组合数 $N = C(k+r-1, r)$.

证明 可以使用一一对应的思想来证明这个定理.

S 的一个 r-组合为 S 的一个子多重集 $\{x_1 \cdot a_1, x_2 \cdot a_2, \cdots, x_k \cdot a_k\}$, 其中
$$x_1 + x_2 + \cdots + x_k = r, \quad x_i \text{ 为非负整数}, \quad i = 1, 2, \cdots, k$$

这个方程称为**不定方程**, 可以在它的非负整数解 $x_1, x_2, \cdots, x_k$ 和 r 个 1、k 个 0 的排列之间建立一一对应: 对于解 $x_1, x_2, \cdots, x_k$, 排列具有下述形式:

$$\underbrace{1\,1\,\cdots\,1}_{x_1 \text{个} 1}\,0\,\underbrace{1\,1\,\cdots\,1}_{x_2 \text{个} 1}\,0\,\cdots\,0\,\underbrace{1\,1\,\cdots\,1}_{x_k \text{个} 1}$$

其中 $k-1$ 个 0 将 r 个 1 分成 k 段, 每段含有 1 的个数分别为 $x_1, x_2, \cdots, x_k$. 不难看出, 这个排列是多重集 $S = \{r \cdot 1, (k-1) \cdot 0\}$ 的全排列, 根据定理 8.3, 这样的排列有

$$N = \frac{(r+k-1)!}{r!\,(k-1)!} = C(k+r-1, r)$$

个, 因此 S 的 r-组合数是 $C(k+r-1, r)$.

下面是使用选取模型或者不定方程解的计数模型来处理组合问题的实例. 解题的关键在于将实际问题与适当的计数模型之间建立对应关系, 然后应用相应的计数公式.

例 8.9 r 个相同的球放到 n 个不同的盒子里, 每个盒子球数不限, 求放球的方法数.

解 设 n 个不同盒子的球数依次记为 $x_1, x_2, \cdots, x_n$, 则满足下述方程
$$x_1 + x_2 + \cdots + x_n = r, \quad x_1, x_2, \cdots, x_n \text{ 为非负整数}$$

根据不定方程的解的个数公式, 放球方法数是
$$N = C(n+r-1, r)$$

例 8.10 排列 26 个字母, 使得 a 与 b 之间恰有 7 个字母, 求排列的方法数 N.

解 采用分步处理的方法. 先固定 a 和 b, 中间插入 7 个字母, 构成一个结构, 有 $2P(24,7)$ 种方法. 将这个结构看作一个大字母与其余 17 个字母进行全排列, 有 18! 种排列的方法. 根据乘法法则, $N = 2P(24,7) 18!$.

例 8.11 把 $2n$ 个人分成 n 组, 每组 2 人, 求不同的分法数 N.

解 先计数 n 个不同的组的分法, 然后除以组的排列数, 就得到所求的分法数.

将 $2n$ 个不同的人分到 n 个不同的组, 先从 $2n$ 个人中选 2 个人分入第一组; 然后从剩下的 $2n-2$ 个人中选 2 个人分入第二组, $\cdots$, 最后从 $2n-(2n-2)=2$ 个人中选 2 个人分入第 n 组. 根据乘法法则, 分法数是

$$C(2n,2) C(2n-2,2) \cdots C(2,2)$$
$$= \frac{2n!}{(2n-2)!\,2} \frac{(2n-2)!}{(2n-4)!\,2} \cdots \frac{2!}{0!\,2} = \frac{(2n)!}{2^n}$$

所求的分法数是
$$N = \frac{(2n)!}{2^n n!}$$

例 8.12 9 本不同的书, 其中 4 本红皮, 5 本白皮.

(1) 9 本书的排列方式有多少种?

(2) 若白皮书必须放在一起, 那么有多少种方法?

(3) 若白皮书必须放在一起, 红皮书也必须放在一起, 那么有多少种方法?

(4) 若白皮和红皮书必须相间, 有多少种方法?

解 （1）9本书的排列方式有 9! 种.

（2）先放白皮书有 5! 种方法,将这些白皮书看成一个整体,与 4 本红皮书进行全排列,有 5! 种排列的方法,根据乘法法则所求的方法数是 5!5!.

（3）白皮书的放法种数是 5!,红皮书的放法种数是 4!,将所有的红皮书看成一本书,所有的白皮书也看成一本书,进行排列的方法数是 2!. 由乘法法则,所求的方法数为 5!4!2!.

（4）先放白皮书,有 5! 种方法. 每本红皮书只能放在两本白皮书之间,有 4! 种方法. 总计有 5!4! 种方法.

例 8.13 从 $S=\{1,2,\cdots,n\}$ 中选择 k 个不相邻的数,有多少种方法?

解 使用一一对应的思想求解这个计数问题. 设 $a_1,a_2,\cdots,a_k$ 是选出的 k 个数,由这 k 个数对应生成另外的 k 个数 $b_1,b_2,\cdots,b_k$. 产生规则是 $b_i=a_i-(i-1),i=1,2,\cdots,k$. 例如原来的数是 3,6,8,14,那么生成的数为 3,5,6,11. 不难看出,对于两组不同的 k 个数 a_1, $a_2,\cdots,a_k$ 与 $a_1',a_2',\cdots,a_k'$,生成的两组数 $b_1,b_2,\cdots,b_k$ 与 $b_1',b_2',\cdots,b_k'$ 也不相同. 反之,如果生成的两组数不相同,那么原来的两组数也不相同. 它们之间存在一一对应关系. 只需计数生成的序列 $b_1,b_2,\cdots,b_k$ 有多少个,就可以得到原来问题的解. 由于所有的 b_i 允许相邻,且 b_k 至多是 $n-(k-1)$,因此这些序列的个数就是从 $\{1,2,\cdots,n-(k-1)\}$ 中无序选取 k 个元素的方法数,从而得到问题的解是 $C(n-(k-1),k)=C(n-k+1,k)$.

利用组合公式也可以证明一些涉及整除的命题.

例 8.14 证明 k 个连续正整数的乘积可以被 $k!$ 整除.

证明 设这 k 个连续正整数为 $n+1,n+2,\cdots,n+k$. 从 $n+k$ 个不同的元素中选取 k 个元素的方法数是 $C(n+k,k)$,即

$$N = \frac{(n+k)!}{n!\,k!} = \frac{(n+1)(n+2)\cdots(n+k)}{k!}$$

因为 N 是对方法的计数,一定是正整数,命题得证.

8.3 二项式定理与组合恒等式

这一节主要讨论组合数的性质、组合数序列的求和以及组合恒等式的证明等内容. 本节首先引入一个新的符号 $\binom{n}{k}$,当 n 与 k 都是自然数时,它就等于组合数 $C(n,k)$. 在第 10 章将会看到,这个符号在 n 与 k 不是自然数时也有意义. 为了使得恒等式的结构看起来更为清晰,本节涉及的组合恒等式中大量使用了这个符号. 组合数 $C(n,k)$ 与二项式展开式有着密切的联系,也称作**二项式系数**. 为了得到相关的组合恒等式,需要用到二项式定理.

8.3.1 二项式定理

首先给出二项式定理.

定理 8.5（二项式定理） 设 n 是正整数,对一切 x 和 y,有

$$(x+y)^n = \sum_{k=0}^{n} \binom{n}{k} x^k y^{n-k}$$

证明一 对 n 进行归纳.

$n=1$，左边 $=x+y$，右边 $=\binom{1}{0}x^0y^1+\binom{1}{1}x^1y^0=x+y$，命题为真.

假设对于 n 命题为真，即 $(x+y)^n=\sum_{k=0}^{n}\binom{n}{k}x^ky^{n-k}$，那么

$$(x+y)^{n+1}=x\sum_{k=0}^{n}\binom{n}{k}x^ky^{n-k}+y\sum_{k=0}^{n}\binom{n}{k}x^ky^{n-k}$$

$$=x^{n+1}+\sum_{k=0}^{n-1}\binom{n}{k}x^{k+1}y^{n-k}+\sum_{k=1}^{n}\binom{n}{k}x^ky^{n-k+1}+y^{n+1}$$

$$=x^{n+1}+\sum_{k=1}^{n}\binom{n}{k-1}x^ky^{n+1-k}+\sum_{k=1}^{n}\binom{n}{k}x^ky^{n-k+1}+y^{n+1}$$

$$=\binom{n+1}{0}x^0y^{n+1}+\sum_{k=1}^{n}\left(\binom{n}{k-1}+\binom{n}{k}\right)x^ky^{n+1-k}+\binom{n+1}{n+1}x^{n+1}y^0$$

$$=\sum_{k=0}^{n+1}\binom{n+1}{k}x^ky^{n+1-k}$$

根据数学归纳法，命题得证.

注意，在以上证明最后一步的化简中使用了 Pascal 公式. 下面给出二项式定理的另一个更加简单的证明——组合证明.

证明二 组合证明.

当乘积被展开时其中的项都是下述形式：x^iy^{n-i}，$i=0,1,2,\cdots,n$. 而构成形如 x^iy^{n-i} 的项，必须从 n 个和 $(x+y)$ 中选 i 个提供 x，其他的 $n-i$ 个提供 y. 因此，x^iy^{n-i} 的系数是 $\binom{n}{i}$，定理得证.

在二项式定理中令 $y=1$ 可以得到以下推论.

推论 设 n 是正整数，则

$$(1+x)^n=\sum_{k=0}^{n}\binom{n}{k}x^k$$

利用二项式定理可以计算二项展开式中某些项的系数.

例 8.15 求在 $(2x-3y)^{25}$ 的展开式中 $x^{12}y^{13}$ 的系数.

解 由二项式定理

$$(2x+(-3y))^{25}=\sum_{i=0}^{25}\binom{25}{i}(2x)^{25-i}(-3y)^i$$

令 $i=13$ 得到展开式中 $x^{12}y^{13}$ 的系数，即

$$\binom{25}{13}2^{12}(-3)^{13}=-\frac{25!}{13!\ 12!}2^{12}3^{13}$$

8.3.2 组合恒等式

下面给出有关二项式系数的恒等式，这些恒等式也称为组合恒等式.

第一组：递推式.

(1) $\binom{n}{k} = \binom{n}{n-k}$ $n, k \in \mathbf{N}, n \geqslant k$

(2) $\binom{n}{k} = \dfrac{n}{k}\binom{n-1}{k-1}$ $n, k \in \mathbf{Z}^+, n \geqslant k$

(3) $\binom{n}{k} = \binom{n-1}{k} + \binom{n-1}{k-1}$ $n, k \in \mathbf{Z}^+, n > k$

以上公式的证明已经在 8.2 节给出过. 递推式在计算组合数的序列和或恒等式证明中经常用到,主要用于组合数的化简或者变形.

第二组:变下项的求和式.

(4) $\sum_{k=0}^{n}\binom{n}{k} = 2^n$ $n \in \mathbf{N}$

(5) $\sum_{k=0}^{n}(-1)^k\binom{n}{k} = 0$ $n \in \mathbf{N}$

上述公式的组合数 $\binom{n}{k}$ 中的 n 不变,k 随项的标号而改变,简称为变下项的求和公式. 这些公式的证明主要使用二项式定理或者组合分析方法.

证明公式(4).

方法一:在二项式定理中令 $x = y = 1$ 即可.

方法二:组合分析法. 设 $S = \{1, 2, \cdots, n\}$,下面计数 S 的所有子集. 一种方法就是分类处理,将所有的子集按照含有元素的多少进行分类. n 元集合的 k 子集个数是 $\binom{n}{k}$,根据加法法则,子集总数是 $\sum_{k=0}^{n}\binom{n}{k}$. 另一种方法是分步处理,为构成 S 的子集 A,依次考虑元素 $1, 2, \cdots, n$ 是否加入 A. 每个元素有两种选择,根据乘法法则,子集总数是 2^n.

公式(5)的证明和公式(4)类似,也可以使用二项式定理如组合分析两种方法. 这里将证明留给读者思考.

以上的求和是简单和与交错和,其中恒等式的每项系数为 1 或者 -1. 在更为复杂的恒等式中组合数的下项以及系数都随项的序号而改变,这种和是变系数的和,下面的公式(6)和公式(7)就属于这种类型.

(6) $\sum_{k=0}^{n} k\binom{n}{k} = n2^{n-1}$ $n \in \mathbf{Z}^+$

(7) $\sum_{k=0}^{n} k^2\binom{n}{k} = n(n+1)2^{n-2}$ $n \in \mathbf{Z}^+$

公式(6)和公式(7)的证明方法有两种:可以使用二项式定理和有关级数求导的技术,也可以利用公式(2)消去变系数,再使用公式(4)或者公式(5)进行化简. 这里先使用前一种方法证明公式(6),然后使用后一种方法证明公式(7).

证明公式(6).由二项式定理有

$$(1+x)^n = \sum_{k=0}^{n}\binom{n}{k}x^k$$

两边求导数得

$$n(1+x)^{n-1} = \sum_{k=1}^{n} \binom{n}{k} k x^{k-1}$$

在上面的公式中令 $x=1$，且有 $0\binom{n}{0}=0$，于是得到公式(6).

证明公式(7).

$$\begin{aligned}
\sum_{k=0}^{n} k^2 \binom{n}{k} &= \sum_{k=1}^{n} k^2 \frac{n}{k}\binom{n-1}{k-1} & \text{消去变系数} \\
&= \sum_{k=1}^{n} k n \binom{n-1}{k-1} \\
&= n \sum_{k=1}^{n} [(k-1)+1] \binom{n-1}{k-1} & \text{常量外提} \\
&= n \sum_{k=1}^{n} (k-1) \binom{n-1}{k-1} + n \sum_{k=1}^{n} \binom{n-1}{k-1} & \text{拆项} \\
&= n \sum_{k=0}^{n-1} k \binom{n-1}{k} + n \cdot 2^{n-1} & \text{改变求和的下限} \\
&= n(n-1) 2^{n-2} + n \cdot 2^{n-1} \\
&= n(n+1) 2^{n-2} & \text{利用公式(6)}
\end{aligned}$$

公式(4)～公式(7)主要用于有关组合数的求和与恒等式证明.

第三组：变上项的求和式.

公式(8)中的组合数 $\binom{l}{k}$ 中的下项 k 不变，而上项 l 随项的序号改变，是变上项的求和式.

(8) $\displaystyle\sum_{l=0}^{n} \binom{l}{k} = \binom{n+1}{k+1} \qquad n, k \in \mathbf{N}$

证明公式(8). 使用组合分析的方法. 令 $S = \{a_1, a_2, \cdots, a_{n+1}\}$ 为 $n+1$ 元集合. 等式右边是 S 的 $k+1$ 元子集数. 考虑另一种分类计数的方法. 将所有的 $k+1$ 元子集分成如下 $n+1$ 类：

第 1 类 含 a_1，剩下的 k 个元素取自 $\{a_2, \cdots, a_{n+1}\}$，有 $\binom{n}{k}$ 种取法；

第 2 类 不含 a_1，含 a_2，剩下的 k 个元素取自 $\{a_3, \cdots, a_{n+1}\}$，有 $\binom{n-1}{k}$ 种方法；

$\vdots$

第 $n+1$ 类 不含 $a_1, a_2, \cdots, a_n$，含 a_{n+1}，剩下的 k 个元素取自空集，有 $\binom{0}{k}$ 种方法.

根据加法法则，等式左边也是 S 的 $k+1$ 子集个数.

实际上在上述公式中，等式左边的项当 $l < k$ 时都等于 0.

公式(8)主要用于有关组合数序列的求和或者证明组合恒等式.

第四组：乘积项的转换公式.

(9) $\binom{n}{r}\binom{r}{k} = \binom{n}{k}\binom{n-k}{r-k}$ $n \geq r \geq k$, $n, r, k \in \mathbf{N}$

可以使用已知的组合恒等式来证明上述公式,也可以使用组合分析的方法.这里采用组合分析的方法.

证明公式(9). 公式左边计数了先从 n 元集 S 中选取 r 个元素,然后在这 r 个元素中再选 k 个元素的方法. 公式右边的 $\binom{n}{k}$ 是从 S 中直接选取 k 子集的方法数. 显然前一种方法选择的同一个 k-子集会重复出现. 例如,从集合 $\{a,b,c,d,e\}$ 中先选 4-子集,然后从这些 4-子集再选 3-子集. 那么 3-子集 $\{b,c,d\}$ 可能被选出 2 次,一次是从 4-子集 $\{a,b,c,d\}$ 中选出的,另一次是从 4-子集 $\{b,c,d,e\}$ 中选出的. 下面计算采用第一种方法时同一个 k-子集重复出现的次数. 换句话说,就是计算有多少个 r-子集能够选出相同的 k-子集. 设 k-子集为 A,一个 r 子集中除了 A 的元素外,剩下的 $r-k$ 个元素取自 $S-A$. 因此有 $\binom{n-k}{r-k}$ 个 r-子集能生成相同的 k 子集. 这就证明了等式左边的值恰好是 $\binom{n}{k}$ 的 $\binom{n-k}{r-k}$ 倍.

这个公式能够改变组合数的上、下项,在组合数求和时经常会用到.

第五组:积之和.

公式(10)和公式(11)是组合数的积之和的形式.

(10) $\sum_{k=0}^{r} \binom{m}{k}\binom{n}{r-k} = \binom{m+n}{r}$ $m, n, r \in \mathbf{N}, r \leq \min(m,n)$

(11) $\sum_{k=0}^{n} \binom{m}{k}\binom{n}{k} = \binom{m+n}{m}$ $m, n \in \mathbf{N}$

注意到公式(11)是公式(10)的特例. 在公式(10)中令 $r=n$ 就可以得到

$$\sum_{k=0}^{n} \binom{m}{k}\binom{n}{n-k} = \binom{m+n}{n}$$

其中,$\binom{n}{n-k} = \binom{n}{k}$,$\binom{m+n}{n} = \binom{m+n}{m}$.

对于公式(10),可以使用二项式定理和组合分析的方法完成证明. 这里使用组合分析的方法. 考虑集合 $A = \{a_1, a_2, \cdots, a_m\}$,$B = \{b_1, b_2, \cdots, b_n\}$. 等式右边计数了从这两个集合中选出 r 个元素的方法. 将这些选法按照含有 A 中元素的个数 k 进行分类,$k = 0, 1, \cdots, r$. 考虑含有 A 中 k 个元素的选法数. 先确定 A 中的 k 个元素,有 $\binom{m}{k}$ 种方式,接着确定 B 中的 $r-k$ 个元素,有 $\binom{n}{n-k}$ 种方法. 由乘法法则,恰含 k 个 A 中元素的方法有 $\binom{m}{k}\binom{n}{n-k}$ 种,根据加法法则对 k 求和公式得证.

到此为止,已经给出了 11 个主要的组合恒等式. 总结有关组合恒等式的证明方法,大致有以下几种:

(1) 已知恒等式代入并化简;

(2) 使用二项式定理比较相同项的系数；
(3) 利用二项式定理以及幂级数的求导或者积分；
(4) 数学归纳法；
(5) 组合分析方法.

此外，涉及组合数的序列求和的方法主要有：
(1) 利用 Pascal 公式不断归并相关的项；
(2) 级数求和；
(3) 观察和的计算结果，然后使用归纳法证明；
(4) 利用已知的恒等式.

上述方法在计数问题中可能会用到，应该熟练掌握它们.

例 8.16 求和.

(1) $\sum_{l=0}^{k} \binom{n+l}{l}$.

(2) $\sum_{k=1}^{n} (-1)^{k-1} \frac{1}{k+1} \binom{n}{k}$.

解 (1) 将第一项 $\binom{n}{0}$ 改写为 $\binom{n+1}{0}$，然后不断使用 Pascal 公式将最前面的两项合并.

$$\sum_{l=0}^{k} \binom{n+l}{l} = \binom{n}{0} + \binom{n+1}{1} + \binom{n+2}{2} + \cdots + \binom{n+k}{k}$$

$$= \left(\binom{n+1}{0} + \binom{n+1}{1}\right) + \binom{n+2}{2} + \cdots + \binom{n+k}{k}$$

$$= \left(\binom{n+2}{1} + \binom{n+2}{2}\right) + \binom{n+3}{3} + \cdots + \binom{n+k}{k}$$

$$= \cdots = \binom{n+k}{k-1} + \binom{n+k}{k} = \binom{n+k+1}{k}$$

(2) 利用公式(2)消去变系数，然后利用公式(5)求和.

$$\sum_{k=1}^{n} (-1)^{k-1} \frac{1}{k+1} \binom{n}{k} = \sum_{k=1}^{n} (-1)^{k+1} \frac{1}{k+1} \binom{n}{k}$$

$$= \sum_{k=1}^{n} (-1)^{k+1} \frac{1}{n+1} \binom{n+1}{k+1}$$

$$= \frac{1}{n+1} \sum_{k=1}^{n} (-1)^{k+1} \binom{n+1}{k+1}$$

$$= \frac{1}{n+1} \sum_{k=2}^{n+1} (-1)^{k} \binom{n+1}{k}$$

$$= \frac{1}{n+1} \left[\sum_{k=0}^{n+1} (-1)^{k} \binom{n+1}{k} - 1 + \binom{n+1}{1} \right]$$

$$= \frac{1}{n+1} (-1 + n + 1)$$

$$= \frac{n}{n+1}$$

8.3.3 非降路径问题

非降路径问题有广泛的应用,可以作为一种组合计数模型.下面讨论这个计数问题的相关结果.

非降路径问题(组合计数模型2) 考察图 8.3. 设 m,n 是正整数,从 $(0,0)$ 点到 (m,n) 点的非降路径是一条折线,这条折线由 $m+n$ 次移动构成,每次允许向上或者向右移动一步. 问不同的非降路径有多少条?

不同的路径取决于 $m+n$ 步的选择,其中包含 m 步向右,n 步向上. 这种路径条数等于从 $m+n$ 个位置中选 m 个位置的方法数,即 $\binom{m+n}{m}$ 或 $\binom{m+n}{n}$.

下面考虑这个问题的其他情况.

给定非负整数 a,b,m,n,其中 $a\leqslant m$, $b\leqslant n$. 从 (a,b) 点到 (m,n) 点的非降路径数等于从 $(0,0)$ 点到 $(m-a,n-b)$ 点的非降路径数,这相当于坐标进行了平移. 根据上面的公式,这种路径条数等于 $\binom{m-a+n-b}{m-a}$.

设 a,b,c,d,m,n 是非负整数,其中 $a\leqslant c\leqslant m$, $b\leqslant d\leqslant n$. 从 (a,b) 点经过 (c,d) 点到 (m,n) 点的非降路径数等于从 (a,b) 点到 (c,d) 点的非降路径与从 (c,d) 点到 (m,n) 点的非降路径数之积.

下面是带限制条件的非降路径问题,这种计数可以采用组合对应的方法解决.

考虑从 $(0,0)$ 点到 (n,n) 点除端点外中间不接触对角线 $y=x$ 的非降路径数 N. 这种路径被对角线划分成条数相等的两半. 考虑对角线下方的路径. 如图 8.4 所示,这种路径经过 $(1,0)$ 点,再经过 $(n,n-1)$ 点,最后到达 (n,n) 点. 路径数等于从 $(1,0)$ 点到 $(n,n-1)$ 点非降路径总数减去其中那些从 $(1,0)$ 点到 $(n,n-1)$ 点、中间接触过对角线的非降路径数 N_1.

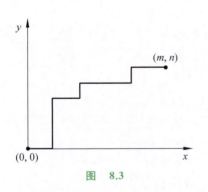

图 8.3

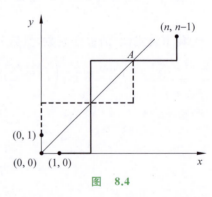

图 8.4

根据上面的公式,非降路径总数等于 $\binom{2n-2}{n-1}$,下面计算 N_1. 一条接触过对角线的非降路径在对角线上可能接触不止一次,那么存在一个最后的接触点 A. A 把这条路径分成前后两个部分:从 $(1,0)$ 点到 A 的路径与从 A 到 $(n,n-1)$ 点的路径. 将路径的前半部分按照对角线 $y=x$ 反射成一条从 $(0,1)$ 点到 A 点的非降路径(如图中虚线所示). 这就在对角线下方从 $(1,0)$ 点到 $(n,n-1)$ 点且中间接触过对角线的路径与从 $(0,1)$ 点到 $(n,n-1)$ 点的路

径之间构造了一一对应. 因此, $N_1 = \binom{2n-2}{n}$. 从而得到

$$N = 2\left[\binom{2n-2}{n-1} - \binom{2n-2}{n}\right] = \frac{2}{n}\binom{2n-2}{n-1}$$

可以使用非降路径数的计数模型证明组合恒等式,下面采用这种方法证明公式(10).

例 8.17 设 m,r,n 为正整数,其中 $r \leqslant m,n$,证明组合恒等式

$$\sum_{k=0}^{r}\binom{m}{k}\binom{n}{r-k} = \binom{m+n}{r}$$

证明 证明的关键是选择合适的非降路径模型. 等式右边计数了从 $(0,0)$ 点到 $(m+n-r,r)$ 点的非降路径. 等式左边的和是分类计数非降路径,不同的类由参数 k 决定,其中 $k=0,1,\cdots,r$,表示这类非降路径经过某条直线上的点不同. 对于给定的 k,乘积则表示这条非降路径由两段构成. 正如图 8.5 所示,前一段是 $(0,0)$ 点到 $(m-k,k)$ 点的路径,有 $\binom{m}{k}$ 条. 后一段是从 $(m-k,k)$ 点到 $(m+n-r,r)$ 点的非降路径. 这些路径与从 $(0,0)$ 点到 $(n-r+k,r-k)$ 点的非降路径一样多,有 $\binom{n}{r-k}$ 条. 根据乘法法则和加法法则,左边的等式也恰好计数了从 $(0,0)$ 点到 $(m+n-r,r)$ 点的非降路径.

利用非降路径模型也可以解决实际的组合计数问题. 请看下面的例子.

例 8.18 求集合 $\{1,2,\cdots,n\}$ 上的单调递增函数个数.

解 考虑集合 $\{1,2,\cdots,n\}$ 上的单调递增函数 $f:\{1,2,\cdots,n\} \longrightarrow \{1,2,\cdots,n\}$. 如图 8.6 所示,可以将自变量看作横坐标,对应的函数值看作纵坐标,得到 n 个点. 在图上增加 $(1,1)$ 和 $(n+1,n)$ 两个点,并按照下面的方法连接这 $n+2$ 个点:如果 $f(1)$ 不等于 1,那么从 $(1,1)$ 开始向上连接到 $(1,f(1))$ 点. 从 $(1,f(1))$ 点先向右再向上连接到 $(2,f(2))$ 点,依照"先向右,后向上"的规则顺次连接 $(3,f(3)),\cdots$,直到 $(n+1,n)$ 点. 而这条连线恰好构成从 $(1,1)$ 点到 $(n+1,n)$ 点的一条非降路径. 显然这种非降路径与单调函数是一一对应的,只需计数非降路径条数就得到所求的单调函数个数. 根据公式,非降路径数是 $\binom{2n-1}{n}$. 因此,集合 $\{1,2,\cdots,n\}$ 上的单调递增函数个数也是 $\binom{2n-1}{n}$.

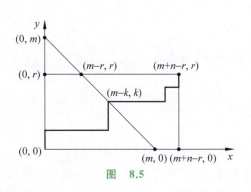

图 8.5

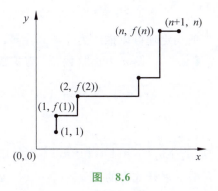

图 8.6

可以将上述结论推广. 设 $A=\{1,2,\cdots,m\}$, $B=\{1,2,\cdots,n\}$, 那么从 A 到 B 的单调函数个数等于从 $(1,1)$ 到 $(m+1,n)$ 的非降路径数的两倍, 即 $2\binom{m+n-1}{m}$.

例 8.19 在计算机算法的设计中,栈是一种很重要的数据结构. 下面考虑一个涉及栈输出的计数问题. 设有正整数 $1,2,\cdots,n$,从小到大排成一个队列. 将这些整数按照排列的次序依次压入一个栈(即后进先出栈). 当后面的整数进栈的时候,已经在栈中的整数可以在任何时刻输出. 问可能有多少种不同的输出序列? 例如整数 $1,2,3$ 可能的输出序列有 $1,2,3$;对应的操作是:1 进栈,1 出栈,2 进栈,2 出栈,3 进栈,3 出栈. 也可能输出 $1,3,2$;对应的操作是:1 进栈,1 出栈,2 进栈,3 进栈,3 出栈,2 出栈.

解 将进栈、出栈分别记作 x, y,一个输出对应了 n 个 x, n 个 y 的排列,且排列的任何前缀中的 x 的个数不少于 y 的个数. 考虑非降路径的模型,从 $(0,0)$ 点出发,将排列中的 x 看作向右走一步,y 看作向上走一步,就可以得到一条从 $(0,0)$ 点到 (n,n) 点的不穿过对角线的非降路径.

如图 8.7 所示,任何一条从 $(0,0)$ 点到 (n,n) 点的穿过对角线的非降路径对应于一条从 $(-1,1)$ 点到 (n,n) 点的非降路径. 从 $(0,0)$ 点到 (n,n) 点的非降路径总数为 $\binom{2n}{n}$ 条,从 $(-1,1)$ 点到 (n,n) 点的非降路径数为 $\binom{2n}{n-1}$ 条,因此,不同的输出序列个数是

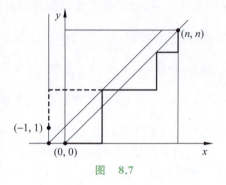

图 8.7

$$N = \binom{2n}{n} - \binom{2n}{n-1} = \frac{(2n)!}{n!\,n!} - \frac{(2n)!}{(n-1)!\,(n+1)!}$$
$$= \frac{1}{n+1}\binom{2n}{n}$$

这个问题也可以使用生成函数的方法求解,有关的说明将在 10.2 节给出.

8.4 多项式定理与多项式系数

8.4.1 多项式定理

二项式定理可以推广为**多项式定理**.

定理 8.6 设 n 为正整数,x_i 为实数,$i=1,2,\cdots,t$. 那么有

$$(x_1+x_2+\cdots+x_t)^n = \sum_{\substack{满足 n_1+n_2+\cdots+n_t=n \\ 的非负整数解}} \binom{n}{n_1\,n_2\cdots n_t} x_1^{n_1} x_2^{n_2}\cdots x_t^{n_t}$$

这里 $\binom{n}{n_1\,n_2\cdots n_t} = \frac{n!}{n_1!\,n_2!\cdots n_t!}$,称为**多项式系数**.

证明 展开式中的项 $x_1^{n_1} x_2^{n_2}\cdots x_t^{n_t}$ 是如下构成的:在 n 个因式中选 n_1 个因式贡献 x_1,从剩下的 $n-n_1$ 个因式选 n_2 个因式贡献 x_2,$\cdots$,从剩下的 $n-n_1-n_2-\cdots-n_{t-1}$ 个因式中

选 n_t 个因式贡献 x_t. 根据乘法法则,这种项的个数是

$$\binom{n}{n_1}\binom{n-n_1}{n_2}\cdots\binom{n-n_1-\cdots-n_{t-1}}{n_t}=\frac{n!}{n_1!\ n_2!\ \cdots n_t!}=\binom{n}{n_1 n_2 \cdots n_t}$$

不难看出二项式定理是多项式定理的特殊情况. 当 $t=2$ 时有

$$\binom{n}{n_1 n_2}=\frac{(n_1+n_2)!}{n_1!\ n_2!}=C(n,n_1)$$

因此,多项式定理就变成了二项式定理.

多项式定理有下面的推论.

推论 1 在多项式定理的展开式中,右边不同的项数为不定方程 $n_1+n_2+\cdots+n_t=n$ 的非负整数解的个数 $\binom{n+t-1}{n}$.

证明 根据定理 8.6,项 $x_1^{n_1} x_2^{n_2} \cdots x_t^{n_t}$ 中的指数和方程 $n_1+n_2+\cdots+n_t=n$ 的非负整数解之间存在一一对应.

推论 2 $\sum \binom{n}{n_1 n_2 \cdots n_t}=t^n$,其中求和是对方程 $n_1+n_2+\cdots+n_t=n$ 的所有的非负整数解求和.

证明 在多项式公式中令 $x_i=1, i=1,2,\cdots,t$.

例 8.20 求 $(2x_1-3x_2+5x_3)^6$ 中 $x_1^3 x_2 x_3^2$ 的系数.

解 由多项式定理得

$$\binom{6}{3\ 1\ 2} 2^3 \cdot (-3) \cdot 5^2 = \frac{6!}{3!\ 1!\ 2!} 8 \cdot (-3) \cdot 25 = -36\ 000$$

8.4.2 多项式系数

多项式系数 $\binom{n}{n_1 n_2 \cdots n_t}$ 经常在一些组合问题中出现,回顾 8.2.2 节,它恰好是多重集 $S=\{n_1 \cdot a_1, n_2 \cdot a_2, \cdots, n_t \cdot a_t\}$ 的全排列数,同时它也对应了 n 个不同的球放到 t 个不同的盒子里,使得第一个盒子含有 n_1 个球,第二个盒子含有 n_2 个球,$\cdots\cdots$,第 t 个盒子含有 n_t 个球的方法数. 先从 n 个球中选出 n_1 个球放入第一个盒子,然后从剩下的 $n-n_1$ 个球中选出 n_2 个球放入第二个盒子,$\cdots\cdots$,最后从 $n-n_1-n_2-\cdots-n_{t-1}$ 个球中选 n_t 个球放入第 t 个盒子,根据乘法法则,放球的方法数恰好为

$$\binom{n}{n_1}\binom{n-n_1}{n_2}\cdots\binom{n-n_1-\cdots-n_{t-1}}{n_t}=\frac{n!}{n_1!\ n_2!\ \cdots n_t!}=\binom{n}{n_1 n_2 \cdots n_t}$$

与二项式系数类似,多项式系数 $\binom{n}{n_1 n_2 \cdots n_t}$ 也存在一些恒等式. 常见的恒等式除了上述的推论 2 以外,还有下面的恒等式

$$\binom{n}{n_1 n_2 \cdots n_t}=\binom{n-1}{(n_1-1)n_2 \cdots n_t}+\binom{n-1}{n_1(n_2-1)\cdots n_t}+\cdots+\binom{n-1}{n_1 n_2 \cdots (n_t-1)}$$

这个恒等式是关于多项式系数的递推公式,可以采用组合分析的方法加以证明. 等式

左边计数了 n 个不同的球放到 t 个不同的盒子里,并且要求第一个盒子里含有 n_1 个球,第二个盒子里含有 n_2 个球,……,第 t 个盒子里含有 n_t 个球的方法数. 任取一个球,比如说 a_1,然后将所有的放球方法如下进行分类:

a_1 放到第一个盒子的方法数为 $\binom{n-1}{(n_1-1)n_2\cdots n_t}$;

a_1 放到第二个盒子的方法数为 $\binom{n-1}{n_1(n_2-1)n_3\cdots n_t}$;

$\vdots$

a_1 放到第 t 个盒子的方法数为 $\binom{n-1}{n_1 n_2\cdots(n_t-1)}$.

由加法法则等式右边也计数了总的放球方法数.

回顾 8.2 节多重集排列问题,多项式系数 $\binom{n}{n_1 n_2\cdots n_t}$ 恰好就是多重集 $S=\{n_1\cdot a_1, n_2\cdot a_2,\cdots,n_t\cdot a_t\}$ 的全排列数,上面的证明进一步指出多项式系数也计数了 n 个不同的球放到 t 个不同的盒子里,并且要求第一个盒子里含有 n_1 个球,第二个盒子里含有 n_2 个球,……,第 t 个盒子里含有 n_t 个球的方法数. 放球问题也是一个重要的组合计数模型,这里计数的只是它的一个子类. 其他情况的计数结果将在第 10 章介绍.

习 题

8.1 从去掉大小王的 52 张扑克牌中取出 5 张牌,若其中有 4 张点数一样,则有多少种取法?若第一张牌是红桃,第二张牌不是 K,则有多少种取法?

8.2 从集合 $\{1,2,\cdots,1000\}$ 中选出 3 个数使得其和是 4 的倍数,问有多少种方法?

8.3 从 $S=\{1,2,\cdots,20\}$ 中选出 4 个数使得其和是 3 的倍数,问有多少种选法?

8.4 有多少个十进制 3 位数的数字恰有一个 8 和一个 9?

8.5 由 1,2,3,4 这 4 种数字能构成多少个大于 230 的 3 位数?

8.6 从集合 $\{1,2,\cdots,9\}$ 中选取不同数字构成 7 位数,如果 5 和 6 不相邻,则有多少种方法?

8.7 在 1~1000(包括 1 和 1000 在内)有多少个整数的各位数字之和小于 7?

8.8 用数字 0,1,2,3,4,5 能组成多少个没有重复数字且比 34521 大的 5 位数?

8.9 有多少个大于 5400,不含 2 和 7,且各位数字不重复的整数?

8.10 设有 k 种明信片,每种张数不限. 现在要分别寄给 n 个朋友,$k\geqslant n$,若给每个朋友寄 1 张明信片,有多少种寄法?若给每个朋友寄 1 张明信片,但每个人得到的明信片都不相同,则有多少种寄法?若给每个朋友寄 2 张不同的明信片(不同的人可以得到相同的明信片),则有多少种寄法?

8.11 设有 k 类明信片,且第 i 类明信片的张数是 A_i,$i=1,2,\cdots,k$. 把它们全部送给 n 个朋友,问有多少种方法?

8.12 由满足不等式 $x_1+x_2+x_3<5$ 的非负整数解 x_1,x_2,x_3 构成的有序三元组 $\langle x_1,x_2,x_3\rangle$ 的个数是多少?

8.13 把 10 个不同的球放到 6 个不同的盒子里,允许空盒,且前 2 个盒子球的总数至多是

4,则有多少种方法?

8.14 书架上有 24 卷百科全书,从其中选 5 卷使得任何 2 卷都不相继,问这样的选法有多少种?

8.15 由集合 $\{5\cdot a, 1\cdot b, 1\cdot c, 1\cdot d, 1\cdot e\}$ 中的全体元素构成字母序列,求:

(1) 没有 a 相邻的序列个数.

(2) b,c,d,e 中的任何两个字母都不相邻的序列个数.

8.16 满足不等式 $x_1+x_2+x_3 \leqslant 7$ 的非负整数解的个数是多少?

8.17 设 $S=\{1,2,\cdots,n+1\}$,从 S 中选择 3 个数构成有序三元组 $\langle x,y,z\rangle$ 使得 $z>x$ 且 $z>y$.

(1) 证明:若 $z=k+1$,则这样的有序三元组恰为 k^2 个.

(2) 将所有的有序三元组按照 $x=y, x<y, x>y$ 分成 A, B, C 三组,证明:

$$|A|=\binom{n+1}{2}, \quad |B|=|C|=\binom{n+1}{3}$$

(3) 由(1)和(2)证明恒等式:

$$1^2+2^2+\cdots+n^2=\binom{n+1}{2}+2\binom{n+1}{3}$$

8.18 有 n 个整数 $a_1,a_2,\cdots,a_n$,满足 $a_1<a_2<\cdots<a_n$. 从中选出两组数,每组至少含 1 个数,且要求第一组的最小数大于第二组的最大数,问有多少种方案?

8.19 根据 IPv4 网络协议,每个计算机的地址是 32 位二进制数字构成的串. 其中 A 类地址第一位是 0,接着 7 位是网络标识,再接着 24 位是主机标识. B 类地址前两位是 10,接着 14 位网络标识,再接着 16 位主机标识. C 类地址前 3 位是 110,接着 21 位网络标识,再接着 8 位主机标识. 此外,A 类地址中全 1 不能作为网络标识,在三类地址中全 0 和全 1 都不能作为主机标识. 问按照 IPv4 协议,在 Internet 中有多少个有效的计算机地址?

8.20 假设计算机系统的每个用户有一个 4~6 个字符的登录密码,每个字符是大写字母或者十进制数字,且每个密码必须至少包含一个数字. 问有多少个可能的登录密码?

8.21 从 $S=\{\infty\cdot 0, \infty\cdot 1, \infty\cdot 2\}$ 中取 n 个数做排列,若不允许相邻位置的数相同,问有多少种排法?

8.22 给出多重集 $\{2\cdot a, 1\cdot b, 3\cdot c\}$ 的所有的 3-排列与 3-组合.

8.23 有 3 只蓝球,2 只红球,2 只黄球排成一列,若黄球不相邻,则有多少种方法?

8.24 由 m 个 A 和 n 个 B 构成序列,其中 m,n 为正整数. 如果要求每个 A 后面至少跟着 1 个 B,问有多少个不同的序列?

8.25 $A=\{1,2,\cdots,n\}, S\subseteq A$,其中 n 为给定正整数. 如果 S 的每个元素都不小于 S 的元素个数 $|S|$,就称 S 是饱满的(这里认为空集是饱满的). 令 $N(n)$ 表示 A 的饱满子集的个数.

(1) 导出关于 $N(n)$ 的公式.

(2) 计算 $N(8)$.

8.26 证明:

(1) $\sum_{k=0}^{n} \binom{n}{k} 2^k = 3^n$.

(2) $\sum_{k=0}^{n} (-1)^k \binom{n}{k} 3^{n-k} = 2^n$.

(3) $\sum_{k=1}^{n+1} \frac{1}{k} \binom{n}{k-1} = \frac{2^{n+1}-1}{n+1}$.

8.27 求和：

(1) $\sum_{k=0}^{m} \binom{n-k}{m-k}$.

(2) $\binom{r+0}{0}\binom{m-0}{n-0} + \binom{r+1}{1}\binom{m-1}{n-1} + \cdots + \binom{r+n}{n}\binom{m-n}{n-n}$.

8.28 证明组合恒等式：

(1) $\sum_{k=2}^{n-1} (n-k)^2 \binom{n-1}{n-k} = n(n-1)2^{n-3} - (n-1)^2$.

(2) $\sum_{k=r}^{n} (-1)^k \binom{n}{k}\binom{k}{r} = 0$.

8.29 证明：$\sum_{k=0}^{n-1} \binom{n}{k}\binom{n}{k+1} = \frac{(2n)!}{(n-1)!(n+1)!}$.

8.30 求和：$\sum_{k=0}^{n} C(2n, 2k)$.

8.31 设 $3n+1$ 个球中恰好有 n 个相同，证明从这 $3n+1$ 个球中选 n 个球的方案数是 2^{2n}.

第 9 章 容斥原理

容斥原理是一个重要的组合计数定理,主要解决有穷集合中具有某些性质或者不具有某些性质的元素的计数,例如一般多重集的 r-组合计数问题、错位排列计数问题等. 本章主要讨论容斥原理的基本形式及其应用,限于篇幅,这里不考虑它的推广形式.

9.1 容斥原理及其应用

9.1.1 容斥原理的基本形式

我们经常会遇到对集合中不具有某种性质的元素进行计数的问题. 考虑下面的例子.

例 9.1 设集合 $S=\{1,2,3\}$,求 S 上既不是对称也不是反对称的关系个数.

解 先计算 S 中的关系总数,等于 $2^{3^2}=2^9=512$. 然后计算 S 中对称关系的个数,根据第 4 章的结果,这个数应该等于 $2^{\frac{3^2+3}{2}}=2^6=64$. 接着,计算反对称关系的个数,是 $2^3 \cdot 3^{\frac{3^2-3}{2}}=2^3 \cdot 3^3=216$. 最后还需要知道既对称也反对称的关系的个数,是 $2^3=8$ 个. 为了得到所求的结果,应该从关系总数中减去对称关系的个数、反对称关系的个数. 但是这样一来,同时具有对称性和反对称性的关系就被减去了 2 次,因此需要在上述结果中再加上这种关系的个数,最终得到如下结果:

$$512-(64+216)+8=240$$

上述求解方法就是使用容斥原理的一个简单的例子.

下面给出容斥原理.

定理 9.1 设 S 为有穷集,$P_1,P_2,\cdots,P_m$ 是 m 种性质,A_i 是 S 中具有性质 P_i 的元素构成的子集,$\overline{A_i}$ 是 A_i 相对于 S 的补集,其中 $i=1,2,\cdots,m$. 那么 S 中不具有性质 $P_1,P_2,\cdots,P_m$ 的元素数为

$$|\overline{A}_1 \cap \overline{A}_2 \cap \cdots \cap \overline{A}_m| = |S| - \sum_{i=1}^{m}|A_i| + \sum_{1 \leqslant i<j \leqslant m}|A_i \cap A_j| - \sum_{1 \leqslant i<j<k \leqslant m}|A_i \cap A_j \cap A_k| + \cdots + (-1)^m |A_1 \cap A_2 \cap \cdots \cap A_m|$$

证明 可以使用数学归纳法对 m 进行归纳,也可以使用组合分析的方法,这里给出的是组合分析的方法. 只需要证明:如果 S 中的元素 x 具有 m 种性质中的任何一种,那么它对等式右边的计数贡献是 0;如果不具有任何性质,则对等式右边的计数贡献是 1. 下面分别

讨论这两种情况.

若 x 不具有任何性质,则 x 在 S 中出现 1 次,但是 x 不会出现在任何 A_i 中,其中 $i=1,2,\cdots,m$. 因此 x 对等式右边的贡献为

$$1-0+0-0+\cdots+(-1)^m \cdot 0 = 1$$

若 x 具有 n 条性质,$1 \leqslant n \leqslant m$,则 x 在 S 中出现 1 次,在 $\sum_{i=1}^{m} |A_i|$ 中出现 $\binom{n}{1}$ 次,在 $\sum_{1 \leqslant i<j \leqslant m} |A_i \cap A_j|$ 中出现 $\binom{n}{2}$ 次,$\cdots\cdots$,在 $(-1)^m |A_1 \cap A_2 \cap \cdots \cap A_m|$ 中出现 $\binom{n}{m}$ 次,因此对等式右边的贡献为

$$1 - \binom{n}{1} + \binom{n}{2} - \cdots + (-1)^m \binom{n}{m} = \sum_{k=0}^{n} (-1)^k \binom{n}{k} = 0$$

推论 S 中至少具有其中一条性质的元素数为

$$|A_1 \cup A_2 \cup \cdots \cup A_m| = \sum_{i=1}^{m} |A_i| - \sum_{1 \leqslant i<j \leqslant m} |A_i \cap A_j| + \sum_{1 \leqslant i<j<k \leqslant m} |A_i \cap A_j \cap A_k| + \cdots + (-1)^{m-1} |A_1 \cap A_2 \cap \cdots \cap A_m|$$

证明 根据集合论的知识可以知道,

$$|A_1 \cup A_2 \cup \cdots \cup A_m| = |S| - \overline{|A_1 \cup A_2 \cup \cdots \cup A_m|}$$
$$= |S| - |\overline{A_1} \cap \overline{A_2} \cap \cdots \cap \overline{A_m}|$$
$$= |S| - \left(|S| - \sum_{i=1}^{m} |A_i| + \sum_{1 \leqslant i<j \leqslant m} |A_i \cap A_j| - \sum_{1 \leqslant i<j<k \leqslant m} |A_i \cap A_j \cap A_k| + \cdots + (-1)^m |A_1 \cap A_2 \cap \cdots \cap A_m| \right)$$
$$= \sum_{i=1}^{m} |A_i| - \sum_{1 \leqslant i<j \leqslant m} |A_i \cap A_j| + \sum_{1 \leqslant i<j<k \leqslant m} |A_i \cap A_j \cap A_k| + \cdots + (-1)^{m-1} |A_1 \cap A_2 \cap \cdots \cap A_m|$$

9.1.2 容斥原理的应用

使用容斥原理可以求多重集的 r-组合数. 下面用一个例子说明求解方法.

例 9.2 求多重集 $B = \{3 \cdot a, 4 \cdot b, 5 \cdot c\}$ 的 10-组合数.

解 令 $S = \{x \mid x \text{ 是 } a, b, c \text{ 任意重复的 10-组合}\}$,如下定义 S 的 3 个子集:

$A_1 = \{x \mid x \in S, x \text{ 中至少含 4 个 } a\} = \{x \mid x \text{ 是 } a, b, c \text{ 的任意 6 组合}\}$

$A_2 = \{x \mid x \in S, x \text{ 中至少含 5 个 } b\} = \{x \mid x \text{ 是 } a, b, c \text{ 的任意 5 组合}\}$

$A_3 = \{x \mid x \in S, x \text{ 中至少含 6 个 } c\} = \{x \mid x \text{ 是 } a, b, c \text{ 的任意 4 组合}\}$

所求的 10-组合数应该等于 $|\overline{A_1} \cap \overline{A_2} \cap \overline{A_3}|$,下面对这个数进行计算.

S 的 10-组合总数应该是

$$|S| = \binom{3+10-1}{10} = \binom{12}{2} = 66$$

如果一个 10-组合中至少含有 4 个 a,那么从这个 10-组合中拿走 4 个 a,就得到 S 的一个 6-组合;反之,如果在 S 的一个 6-组合中加上 4 个 a,就得到一个至少含有 4 个 a 的 10-组合. 根据这种一一对应,S 的至少含有 4 个 a 的 10-组合数就等于它的 6-组合数,从而得到

$$|A_1| = \binom{3+6-1}{6} = \binom{8}{2} = 28$$

类似地,也可以得到

$$|A_2| = \binom{3+5-1}{5} = \binom{7}{2} = 21$$

$$|A_3| = \binom{3+4-1}{4} = \binom{6}{2} = 15$$

$$|A_1 \cap A_2| = \binom{3+1-1}{1} = 3$$

$$|A_1 \cap A_3| = \binom{3+0-1}{0} = 1$$

$$|A_2 \cap A_3| = 0$$

$$|A_1 \cap A_2 \cap A_3| = 0$$

代入容斥原理得到

$$|\overline{A}_1 \cap \overline{A}_2 \cap \overline{A}_3| = 66 - (28+21+15) + (3+1+0) - 0 = 6$$

对于这样简单的问题也可以使用文氏图求解. 如图 9.1 所示,从 3 个子集的交集开始,分别在代表它们的面积中填上适当的数字. 当中心位置的子集填上 0 以后,接着填上两个集合交集位置的数字,如图中的 3,0 和 1;最后填上只在一个子集中的元素数,即 24,18,14. 将已经填好的数字加起来就得到 $A_1 \cup A_2 \cup A_3$ 的元素数,就是 60,从而得到不在 3 个子集中的元素数为 6.

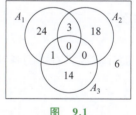

图 9.1

文氏图的方法只适用于 S 的性质比较少或者同时具有两种性质的元素比较少的情况. 因为当性质比较多时,涉及的子集以及它们之间的交集也比较多,就很难用文氏图来表示它们之间的关系了. 在这种情况下容斥原理就成为一个有用的工具.

使用容斥原理应该注意什么问题呢?首先注意容斥原理适于求解的问题类型是:对有穷集中不具有任何性质的元素进行计数. 求解过程是:先设定有穷集合 S,然后定义 S 中的若干条性质. 这些性质应该与题目所要求元素具有的性质恰好相反,同时这些性质应该是彼此独立的. 换句话说,在计数具有某种性质的元素时,与这些元素是否具有其他性质无关.

下面通过例子进一步说明这种求解方法.

例 9.3 求不超过 120 的素数个数.

解 因为 $11^2 = 121$,不超过 120 的合数至少含有 2,3,5 或 7 这几个素因子之一. 先求在 1~120 之间不能被 2,3,5 或 7 整除的整数个数. 由于 2,3,5,7 本身是素数,而 1 不是素数,因此上述整数个数需要加 4,再减去 1. 设

$$S = \{x \mid x \in \mathbf{Z}, 1 \leqslant x \leqslant 120\}$$

$$A_1 = \{x \mid x \in S, x \text{ 是 2 的倍数}\}$$

$A_2 = \{x \mid x \in S, x \text{ 是 3 的倍数}\}$
$A_3 = \{x \mid x \in S, x \text{ 是 5 的倍数}\}$
$A_4 = \{x \mid x \in S, x \text{ 是 7 的倍数}\}$

那么

$|S| = 120, |A_1| = 60, |A_2| = 40, |A_3| = 24, |A_4| = 17$
$|A_1 \cap A_2| = 20, |A_1 \cap A_3| = 12, |A_1 \cap A_4| = 8, |A_2 \cap A_3| = 8, |A_2 \cap A_4| = 5,$
$|A_3 \cap A_4| = 3$
$|A_1 \cap A_2 \cap A_3| = 4, |A_1 \cap A_2 \cap A_4| = 2, |A_1 \cap A_3 \cap A_4| = 1, |A_2 \cap A_3 \cap A_4| = 1$
$|A_1 \cap A_2 \cap A_3 \cap A_4| = 0$

根据容斥原理

$|\overline{A}_1 \cap \overline{A}_2 \cap \overline{A}_3 \cap \overline{A}_4| = 120 - (60 + 40 + 24 + 17) +$
$\qquad (20 + 12 + 8 + 8 + 5 + 3) - (4 + 2 + 1 + 1) + 0$
$\qquad = 120 - 141 + 56 - 8 = 27$

因此，不超过 120 的素数个数是 $27 + 3 = 30$.

例 9.4 求欧拉函数的值.

欧拉函数 ϕ 是数论中的一个重要函数，设 n 是正整数，$\phi(n)$ 表示 $\{0, 1, \cdots, n-1\}$ 中与 n 互素的数的个数. 例如 $\phi(12) = 4$，因为与 12 互素的数有 $1, 5, 7, 11$. 这里认为 $\phi(1) = 1$. 关于欧拉函数将在第 11 章进一步讨论，这里只是利用容斥原理给出欧拉函数的计算公式.

给定正整数 n，$n = p_1^{\alpha_1} p_2^{\alpha_2} \cdots p_k^{\alpha_k}$ 为 n 的素因子分解式，令

$A_i = \{x \mid 0 \leqslant x \leqslant n-1 \text{ 且 } p_i \text{ 整除 } x\}$

那么

$$\phi(n) = |\overline{A}_1 \cap \overline{A}_2 \cap \cdots \cap \overline{A}_k|$$

下面计算等式右边的各项.

$|A_i| = \dfrac{n}{p_i} \qquad i = 1, 2, \cdots, k$

$|A_i \cap A_j| = \dfrac{n}{p_i p_j} \qquad 1 \leqslant i < j \leqslant n$

$\vdots$

$|A_1 \cap A_2 \cap \cdots \cap A_k| = \dfrac{n}{p_1 p_2 \cdots p_k}$

根据容斥原理

$\phi(n) = |\overline{A}_1 \cap \overline{A}_2 \cap \cdots \cap \overline{A}_k|$
$= n - \left(\dfrac{n}{p_1} + \dfrac{n}{p_2} + \cdots + \dfrac{n}{p_k}\right) + \left(\dfrac{n}{p_1 p_2} + \dfrac{n}{p_1 p_3} + \cdots + \dfrac{n}{p_{k-1} p_k}\right) - \cdots + (-1)^k \dfrac{n}{p_1 p_2 \cdots p_k}$
$= n \left(1 - \dfrac{1}{p_1}\right)\left(1 - \dfrac{1}{p_2}\right) \cdots \left(1 - \dfrac{1}{p_k}\right)$

例如，$\phi(60) = 60 \left(1 - \dfrac{1}{2}\right)\left(1 - \dfrac{1}{3}\right)\left(1 - \dfrac{1}{5}\right) = 60 \cdot \dfrac{1}{2} \cdot \dfrac{2}{3} \cdot \dfrac{4}{5} = 16$，与 60 互素的正整数有 16 个，它们是 $1, 7, 11, 13, 17, 19, 23, 29, 31, 37, 41, 43, 47, 49, 53, 59$.

使用容斥原理可以证明组合恒等式.

例 9.5 证明：
$$\binom{n-m}{r-m} = \sum_{i=0}^{m}(-1)^i \binom{m}{i}\binom{n-i}{r} \qquad m \leqslant r \leqslant n$$

证明 令 $S=\{1,2,\cdots,n\}$，$A=\{1,2,\cdots,m\}$，等式左边是从 S 中选取包含 A 的 r-子集的方法数. 下面证明等式右边也是对这种子集的计数. 如下定义 m 种性质：

P_i：在 S 的 r 子集中不包含 i，$i=1,2,\cdots,m$

令 S 的 r-子集中满足性质 P_i 的子集构成集合 A_i，$i=1,2,\cdots,m$. 那么 $|\overline{A}_1 \cap \overline{A}_2 \cap \cdots \cap \overline{A}_m|$ 代表了含有 $1,2,\cdots,m$ 的子集个数. 不难看出，

$$|A_i| = \binom{n-1}{r} \qquad 1 \leqslant i \leqslant m$$

$$|A_i \cap A_j| = \binom{n-2}{r} \qquad 1 \leqslant i < j \leqslant m$$

$$\vdots$$

$$|A_1 \cap A_2 \cap \cdots \cap A_m| = \binom{n-m}{r}$$

根据容斥原理得

$$|\overline{A}_1 \cap \overline{A}_2 \cap \cdots \cap \overline{A}_m|$$
$$= \binom{n}{r} - \binom{m}{1}\binom{n-1}{r} + \binom{m}{2}\binom{n-2}{r} - \cdots + (-1)^m \binom{m}{m}\binom{n-m}{r}$$
$$= \sum_{i=0}^{m}(-1)^i \binom{m}{i}\binom{n-i}{r}$$

9.2 对称筛公式及其应用

9.2.1 对称筛公式

当集合的性质在计数中具有对称性时容斥原理有着另一种表示，它的表达更为简洁. 设 S, A_i 的含义如定理 9.1 所述，其中 $i=1,2,\cdots,m$. 令

$$|S|=N, \quad N_k = |A_{i_1} \cap A_{i_2} \cap \cdots \cap A_{i_k}|$$

其中，$1 \leqslant i_1 < i_2 < \cdots < i_k \leqslant m$，$k=1,2,\cdots,m$，则容斥原理变成

$$N_0 = N - \binom{m}{1}N_1 + \binom{m}{2}N_2 - \cdots + (-1)^m \binom{m}{m}N_m = N + \sum_{t=1}^{m}(-1)^t \binom{m}{t}N_t$$

这个公式称为**对称筛公式**.

对称筛公式是容斥原理的特殊表示，只有性质在计数中具有对称性时才能使用. 这种对称性的表现是：在 m 种性质中，具有其中任何 1 条性质的元素数都等于 N_1，具有其中任何 2 条性质的元素数都等于 N_2，……，具有其中任何 $m-1$ 条性质的元素数都等于 N_{m-1}.

下面考虑错位排列的计数问题. 这个问题起源于一个著名的帽子寄存问题. 有 n 个人在参加晚会时寄存了自己的帽子. 可是保管人忘记放寄存号，当每个人领取帽子时，他只能随机选择一顶帽子交给寄存人. 问在 $n!$ 种领取帽子的方式中有多少种方式使得每个人都没

有领到自己的帽子？如果将这些人与他们的帽子分别标号为 $1,2,\cdots,n$. 设 j 领到的帽子标号为 i_j，$j=1,2,\cdots,n$，那么这些人领到的帽子可以用排列 $i_1 i_2 \cdots i_n$ 来表示，其中每个人都没有领到自己帽子的排列 $i_1 i_2 \cdots i_n$ 满足 $i_j \neq j$，$j=1,2,\cdots,n$. 这种排列称为**错位排列**. 错位排列数记作 D_n，可以证明 $D_n = n!\left[1 - \dfrac{1}{1!} + \dfrac{1}{2!} - \cdots + (-1)^n \dfrac{1}{n!}\right]$.

设 S 为 $\{1,2,\cdots,n\}$ 的排列的集合，P_i 是其中 i 处在排列中的第 i 位的性质，$i=1,2,\cdots,n$. 错位排列数 D_n 就是 S 中不具有以上任何一条性质的排列数. 显然这些性质具有对称的特点，根据对称筛公式得到

$$N = n!$$
$$N_1 = (n-1)!$$
$$N_2 = (n-2)!$$
$$\vdots$$
$$N_k = (n-k)!$$
$$\vdots$$
$$N_n = 0!$$
$$D_n = n! - \binom{n}{1}(n-1)! + \binom{n}{2}(n-2)! - \cdots + (-1)^n \binom{n}{n} 0!$$
$$= n!\left[1 - \dfrac{1}{1!} + \dfrac{1}{2!} - \cdots + (-1)^n \dfrac{1}{n!}\right]$$

可以证明错位排列数具有下面的性质.

(1) 错位排列数满足下面的方程：
$$\begin{cases} D_n = (n-1)(D_{n-2} + D_{n-1}) \\ D_1 = 0, D_2 = 1 \end{cases}$$

证明 按照第一位的数是 $2,\cdots,n$ 将错位排列进行分类，有 $n-1$ 类. 根据对称性，这 $n-1$ 类中的排列个数相等. 考虑第一位为 2 的类，将这个类按照第二位是 1 或不是 1 进一步划分成两个子类. 如果第二位是 1，那么后面的 $n-2$ 个数构成 $\{3,4,\cdots,n\}$ 的错位排列，有 D_{n-2} 种构成方法；如果第二位不是 1，那么从这位起的 $n-1$ 位构成 $\{1,3,\cdots,n\}$ 的错位排列，有 D_{n-1} 种构成的方法. 因此 $D_{n-2} + D_{n-1}$ 是第一位为 2 的错位排列个数，再乘以 $n-1$ 就表示了所有的错位排列数.

如果将所有的错位排列数列出来，可以得到数列 $D_1, D_2, \cdots, D_n, \cdots$，上述方程将这个数列的第 n 项 D_n 与前面的 $n-1$ 项及 $n-2$ 项联系起来. 这种方程称为递推方程. 如果知道了 D_2 与 D_1，反复使用这个方程，就可以求出任何一个错位排列数. 求解这个递推方程也可以得到关于 D_n 的公式，与容斥原理得到的结果一样. 关于递推方程的求解方法和在计数问题中的应用，将在下一章讨论.

(2) 错位排列数 D_n 满足下面恒等式（这里规定 $D_0 = 1$）：
$$n! = \binom{n}{0}D_n + \binom{n}{1}D_{n-1} + \binom{n}{2}D_{n-2} + \cdots + \binom{n}{n}D_0$$

证明 等式左边是 $S = \{1,2,\cdots,n\}$ 的所有排列的总数. 将这些排列按照 n 个数中有多少个数不在其自然位置上进行分类，这里数 i 的自然位置是指排列中的第 i 位. 考虑恰好有

$n-i$ 个数不在其自然位置的排列个数. 首先从 $\{1,2,\cdots,n\}$ 中选出 i 个数, 有 $\binom{n}{i}$ 种选法. 将这些数放在它们的自然位置上, 然后对剩下的 $n-i$ 个数进行错位排列, 排列的方法有 D_{n-i} 种, 因此, $\binom{n}{i}D_{n-i}$ 计数了恰好有 $n-i$ 个数不在其自然位置的排列. 使用加法法则, 等式右边也计数了 S 的所有的排列.

(3) 错位排列数满足如下性质: D_n 为偶数当且仅当 n 为奇数.

这条性质的证明留作练习.

(4) 当 n 充分大时, 错位排列数与排列总数的比值趋向于 $1/e$.

证明 错位排列的个数满足公式

$$D_n = n!\left[1 - \frac{1}{1!} + \frac{1}{2!} - \cdots + (-1)^n \frac{1}{n!}\right]$$

排列总数是 $n!$, 因此

$$\frac{D_n}{n!} = 1 - \frac{1}{1!} + \frac{1}{2!} - \cdots + (-1)^n \frac{1}{n!}$$

考察 e^{-1} 的展开式, 可以得到

$$e^{-1} = 1 - \frac{1}{1!} + \frac{1}{2!} - \cdots + \cdots$$

$$e^{-1} = \frac{D_n}{n!} + (-1)^{n+1}\frac{1}{(n+1)!} + (-1)^{n+2}\frac{1}{(n+2)!} + \cdots$$

$$\lim_{n\to\infty} \frac{D_n}{n!} = e^{-1}$$

上述比值反映了出现错位排列的概率, 关于离散概率的概念及其性质, 将在后面第 12 章加以介绍.

例 9.6 在 8 个字母 A,B,C,D,E,F,G,H 的全排列中, 求使得 4 个字母不在原来位置的排列数.

解 从这 8 个字母中选出 4 个字母的方法数是 $\binom{8}{4} = \frac{8!}{4!\,4!} = 70$, 这 4 个字母的错位排列数为

$$D_4 = 4! \times \left(1 - \frac{1}{1!} + \frac{1}{2!} - \frac{1}{3!} + \frac{1}{4!}\right) = 24 \times \left(1 - 1 + \frac{1}{2} - \frac{1}{6} + \frac{1}{24}\right) = 12 - 4 + 1 = 9$$

因此, 所求的排列数是 $N = 70 \times 9 = 630$.

9.2.2 棋盘多项式与有限制条件的排列

本节主要讨论有限制条件下排列的计数问题, 这里的限制指的是对元素排列位置的限制, 例如不允许 1 排在第 5 位, 不允许 2 排在第 3 位……不难看出, 错位排列也是一种有限制条件的排列. 它们的区别是, 这里的限制更加一般化, 不像错位排列对每个数的限制都一样. 为了解决这种排列的计数, 先引入第三个组合计数模型——棋盘布棋问题.

棋盘布棋问题(组合计数模型 3). 一个棋盘由大小相同的正方形方格构成, 一个方格中允许放入一个棋子. 在向棋盘布棋时, 要求任何两个棋子既不能布在棋盘的同一行, 也不能

布在同一列上.

n 个元素的排列与 n 个棋子在 $n \times n$ 棋盘的布棋方案是一一对应的. 排列 $i_1 i_2 \cdots i_n$ 表示第一行的棋子放在第 i_1 列,第二行的棋子放在第 i_2 列,……,第 n 行的棋子放在第 i_n 列. 例如,图 9.2 的布棋方案对应了 $\{1,2,\cdots,6\}$ 的排列 251364.

图 9.2

如果不允许元素 i 出现在排列的第 j 位上,相当于棋盘的第 i 行第 j 列的方格不能布棋,这种不允许布棋的方格称为**禁区**. 这样一来,带限制条件的排列问题就与带禁区棋盘的布棋问题之间建立了一一对应. 下面通过对棋盘布棋方案的计数来解决带限制条件排列的计数问题.

设 C 是给定棋盘,$r_k(C)$ 表示 k 个棋子在棋盘 C 上的布棋方案数. 规定 $r_0(C)=1$. 还可以证明 $r_k(C)$ 满足下面的递推性质.

(1) 在 C 中任意选定一个方格,令 C_i 表示在 C 中去掉选定方格所在的行和列之后剩余的棋盘,C_l 表示在 C 中去掉指定方格后剩余的棋盘,那么有
$$r_k(C) = r_{k-1}(C_i) + r_k(C_l)$$

证明 按照在指定方格中放棋子或者不放棋子将布棋方案分成两类:如果指定方格有棋子,那么剩下的 $k-1$ 个棋子只能布到剩下的 $k-1$ 行 $k-1$ 列的棋盘中去,布棋方案数是 $r_{k-1}(C_i)$;如果指定方格没有棋子,那么这 k 个棋子将布到除去这个方格外的剩余棋盘 C_l 上,方案数是 $r_k(C_l)$. 根据加法法则公式得证.

(2) 设 C 由 C_1 和 C_2 两个分离的棋盘构成,这里"分离"的含义是指 C_1 与 C_2 不存在共同的行和列. 换句话说,它们的布棋方案相互独立. 那么有
$$r_k(C) = \sum_{i=0}^{k} r_i(C_1) r_{k-i}(C_2)$$

证明 将在 C 上的布棋方案按照在 C_1 中的棋子数 i 进行分类,其中 $i=0,1,\cdots,k$. 考虑其中的任何一类. 假设在 C_1 中的棋子数为 i,那么剩下的 $k-i$ 个棋子将布到 C_2. 由于 C_1 与 C_2 的布棋是独立的,因此 $r_i(C_1) r_{k-i}(C_2)$ 就是 C_1 中恰有 i 个棋子的布棋方案数. 根据加法法则,等式得证.

这两个方程是关于布棋方案数的递推方程,可以根据这个方程与初值计算给定棋盘的布棋方案数. 也可以使用另一种方法,那就是利用棋盘多项式来求所有的布棋方案数. 下面先给出棋盘多项式的概念.

定义 9.1 设 C 为给定棋盘,在 C 上的布棋方案数构成数列 $r_0(C), r_1(C), r_2(C), \cdots,$ $r_k(C), \cdots$. 用这个数列的项 $r_k(C)$ 作为 x^k 的系数,构成形式幂级数
$$r_0(C) + r_1(C)x + r_2(C)x^2 + \cdots + r_k(C)x^k + \cdots$$
称为 C 的**棋盘多项式**,记作 $R(C)$,即
$$R(C) = \sum_{k=0}^{\infty} r_k(C) x^k$$

根据上面关于布棋方案数的递推方程,不难得到有关棋盘多项式的递推式:
$$R(C) = xR(C_i) + R(C_l)$$
$$R(C) = R(C_1) R(C_2)$$

这里的 C_i, C_l, C_1, C_2 的含义与前面相同.

利用这两个公式和一些简单棋盘的多项式,可以计算一些比较复杂的棋盘多项式. 下面

给出一些简单棋盘多项式的有关结果和计算实例.

$R(\square) = 1 + x$

$R(\square\square) = R(\begin{smallmatrix}\square\\\square\end{smallmatrix}) = 1 + 2x$

$R(\begin{smallmatrix}\square\square\\\square\end{smallmatrix}) = 1 + 2x + x^2$

$R(\begin{smallmatrix}\square\square\\\square\square\end{smallmatrix}) = xR(\begin{smallmatrix}\square\\\square\end{smallmatrix}) + R(\begin{smallmatrix}\square\square\\\square\end{smallmatrix}) = x(1+2x) + x(1+x) + R(\square\square)$
$= 2x + 3x^2 + 1 + 3x + x^2 = 1 + 5x + 4x^2$

在计算中可以使用对称的性质,如果一个棋盘 C 经过旋转或者翻转变到另一个棋盘 C',那么 C 与 C' 的棋盘多项式相等.

下面考虑有限制条件的排列问题.

定理 9.2 设 C 是 $n \times n$ 的具有给定禁区的棋盘,这个禁区对应于 $\{1, 2, \cdots, n\}$ 中的元素在排列中不允许出现的位置,则这种有限制条件的排列数为

$$n! - r_1(n-1)! + r_2(n-2)! - \cdots + (-1)^n r_n$$

其中 r_i 是 i 个棋子布置到禁区的方案数.

证明 先不考虑禁区的限制,不带标号的棋子布到 $n \times n$ 棋盘的方案数为 $n!$,为了定义排列的性质,考虑将棋子进行标号,那么带标号棋子的布棋方案数为 $n!n!$. 这两种方案数恰好相差 $n!$ 倍.

令 P_j 表示第 j 个棋子落入禁区的性质, $j = 1, 2, \cdots, n$. 任意给定 $k \in \{1, 2, \cdots, n\}$,考虑 k 个选定的被标号棋子落入禁区的放棋方案数. k 个不带标号的棋子落入禁区的方案有 r_k 种,对每一种方案,棋子被标号的方法有 $k!$ 种,因此 k 个选定的被标号棋子落入禁区的放棋方案数是 $r_k k!$. 剩下的 $n-k$ 个被标号的棋子可以任意分布在剩下的 $(n-k) \times (n-k)$ 的棋盘上,有 $(n-k)!(n-k)!$ 种方法. 因此, $N_k = k! r_k (n-k)! (n-k)!$.

令 N_0 和 N 分别表示带标号与不带标号棋子的有禁区的布棋方案数,使用对称筛公式可以得到

$$N_0 = n! \, n! - \binom{n}{1} r_1 (n-1)! (n-1)! + \binom{n}{2} 2! r_2 (n-2)! (n-2)!$$
$$- \cdots + (-1)^k \binom{n}{k} k! r_k (n-k)! (n-k)! + \cdots + (-1)^n \binom{n}{n} n! r_n$$
$$= n! \, n! - r_1 n! (n-1)! + r_2 n! (n-2)! - \cdots + (-1)^k r_k n! (n-k)!$$
$$+ \cdots + (-1)^n r_n n!$$

$$N = n! - r_1(n-1)! + r_2(n-2)! - \cdots + (-1)^k r_k(n-k)! + \cdots + (-1)^n r_n$$

为了使用这个定理,首先需要针对禁区来计算棋盘多项式,并找到公式中出现的所有 $r_1, r_2, \cdots, r_n$. 如果禁区面积很大,而允许布棋的部分棋盘反而较小,那么针对允许布棋的部分棋盘来计算棋盘多项式,从而直接求出布棋方案数反而更简单. 这就说明定理 9.2 仅对小禁区的情况有效. 此外,如果原始棋盘不是 $n \times n$ 的棋盘,那么定理 9.2 也不适用. 比如对于一个分配工作的实际问题,需要分配工作的有 3 个人,工作有 6 种,确定了一个 3×6 的棋盘. 每个人的条件决定了所不能从事的工作种类,这些构成了棋盘的禁区. 求有多少种可能的分配方案. 这个问题就不能使用定理 9.2 求解. 一种可行的解决办法就是直接使用棋盘多项式确定分配方案数.

例 9.7 G, L, W, Y 是 4 位工作人员, A, B, C, D 为 4 项工作. 每个人不能从事的工作

任务情况列举如下：G 不能从事工作 B，L 不能从事工作 B 和 C，W 不能从事工作 C 和 D，Y 不能从事工作 D. 求可能的分配方案数 N.

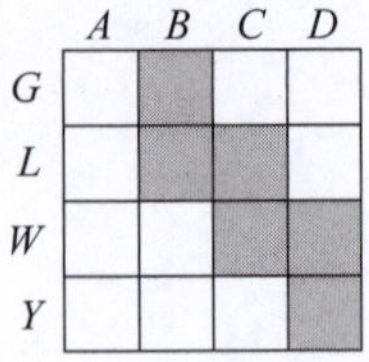

图 9.3 的阴影区域对应了分配方案的禁区，这个禁区的棋盘多项式是

$$1 + 6x + 10x^2 + 4x^3$$

使用定理 9.2 得到

$$N = 4! - 6 \cdot 3! + 10 \cdot 2! - 4 \cdot 1! = 24 - 36 + 20 - 4 = 4$$

下面使用定理 9.2 计算错位排列数.

例 9.8 计算 D_n.

设错位排列对应的棋盘禁区为 C，C 恰好由左上到右下的 n 个连续的方格构成. 这些方格是彼此分离的，因此有

$$R(C) = R(\square_\square) = (1+x)^n$$
$$= 1 + C(n,1)x + C(n,2)x^2 + \cdots + C(n,n)x^n$$

因此 $r_i = C(n,i)$，代入定理 9.2 的公式得

$$D_n = n! - \binom{n}{1}(n-1)! + \binom{n}{2}(n-2)! - \cdots + (-1)^n \binom{n}{n} 0!$$
$$= n! - n! + \frac{1}{2!}n! - \frac{1}{3!}n! + \cdots + (-1)^n \frac{1}{n!}n!$$
$$= n! \left[1 - \frac{1}{1!} + \frac{1}{2!} - \frac{1}{3!} + \cdots + (-1)^n \frac{1}{n!} \right]$$

这与前面的结果完全一样.

习 题

9.1 在 1~10 000（包括 1 和 10 000 在内）不能被 4，5 和 6 整除的整数有多少个？

9.2 在 1~10 000（包括 1 和 10 000 在内）既不是某个整数的平方，也不是某个整数的立方的整数有多少个？

9.3 一个学校有 507，292，312，344 个学生分别选了微积分、离散数学、数据结构、程序设计语言课，且有 14 人选了微积分和数据结构课，213 人选了微积分和程序设计语言课，211 人选了离散数学和数据结构课，43 人选了离散数学和程序设计语言课，没有学生同时选微积分和离散数学课，也没有学生同时选数据结构和程序设计语言课. 问有多少学生在微积分、离散数学、数据结构或程序设计语言中选了课？

9.4 使用容斥原理求小于 200 的素数个数.

9.5 确定方程 $x_1 + x_2 + x_3 = 14$ 的使得每个 x_i ($i=1,2,3$) 都不超过 8 的正整数解的个数.

9.6 有 3 个蓝球，2 个红球，2 个黄球排成一列，若黄球不相邻，红球也不相邻，则有多少种方法？

9.7 求多重集 $S = \{3 \cdot a, 4 \cdot b, 2 \cdot c\}$ 的排列数，使得在这些排列中同类字母的全体不能相邻（例如不允许 $abbbbccaa$，但允许 $aabbbacbc$）.

9.8 设 $S = \{2 \cdot a_1, 2 \cdot a_2, \cdots, 2 \cdot a_k\}$ 是多重集，如果在 S 的全排列中任意两个 a_i ($i=1$,

$2,\cdots,k$)都不相邻,问这样的全排列有多少个?

9.9 有 7 本书放在书架上,先把书拿下来然后重新放回书架,求满足以下条件的放法数.
(1) 没有 1 本书在原来的位置上.
(2) 至少有 1 本书在原来的位置上.
(3) 至少有 2 本书在原来的位置上.

9.10 用恰好 k 种可能的颜色做旗子,使得每面旗子由 n 条彩带构成($n \geqslant k$),且相邻的两条彩带都不相同,求不同的旗子数.

9.11 证明错位排列数 D_n 满足:n 为偶数当且仅当 D_n 为奇数.

9.12 n 对夫妻围圆桌就座,要求每对夫妻不相邻,问有多少种入座方式?

9.13 把 15 个人分到 3 个不同的房间,每个房间至少 1 个人,问有多少种分法?

9.14 使用数学归纳法证明容斥原理.

9.15 证明棋盘多项式具有以下性质.
(1) $R(C) = xR(C_i) + R(C_l)$.
(2) $R(C) = R(C_1) \cdot R(C_2)$,其中 C_1 和 C_2 不存在公共的行和列.

9.16 计算 $R(\boxplus)$.

第 10 章　递推方程与生成函数

本章介绍几种重要的计数方法. 首先讨论递推方程的求解及其在组合计数中的应用, 特别是在算法的设计与分析中的应用. 然后讨论生成函数的概念与性质, 并使用生成函数解决一些重要的组合计数问题.

10.1　递推方程及其应用

10.1.1　递推方程的定义及实例

定义 10.1　设序列 $a_0, a_1, \cdots, a_n, \cdots$,简记为 $\{a_n\}$,一个把 a_n 与某些个 $a_i (i<n)$ 联系起来的等式称作关于序列 $\{a_n\}$ 的**递推方程**.

例 10.1　一个著名的数列称作 **Fibonacci 数列**,它源于一个有趣的故事. 在一个岛上放了一对兔子,其中一只公兔,一只母兔. 除了本月新出生的小兔外,假定每对兔子每个月都可以生出一对小兔,且新生的小兔也是一只公兔和一只母兔. 如果兔子不会死去,也不会被运走,问 12 个月以后岛上有多少对兔子? 用 f_n 表示第 n 个月初的兔子对数. 那么在第 $n-1$ 个月初已经在岛上的兔子仍旧生活在岛上,这些兔子有 f_{n-1} 对. 除此以外,第 $n-1$ 个月新增加的小兔对数恰好等于第 $n-2$ 个月初在岛上的兔子对数 f_{n-2}. 根据上述分析可以得到如下递推方程:

$$f_n = f_{n-1} + f_{n-2}$$

这个递推方程的初值是 $f_1=1, f_2=2$. 可以规定 $f_0=1$. 数 $f_0, f_1, \cdots, f_n, \cdots$ 称作 **Fibonacci 数**.

怎样由这个递推方程求得 f_n? 这就是本节所要解决的问题.

例 10.2　**Hanoi 塔**.

图 10.1 中有 A, B, C 这 3 根柱子,在 A 柱上放着 n 个圆盘(图中的 $n=3$),其中小圆盘放在大圆盘的上边. 从 A 柱将这些圆盘移到 C 柱上去. 把一个圆盘从一根柱子移到另一根柱子称作一次移动,在移动和放置时允许使用 B 柱,但不允许大圆盘放到小圆盘的上面. 问把所有的圆盘从 A 柱移到 C 柱总计需要多少次移动?

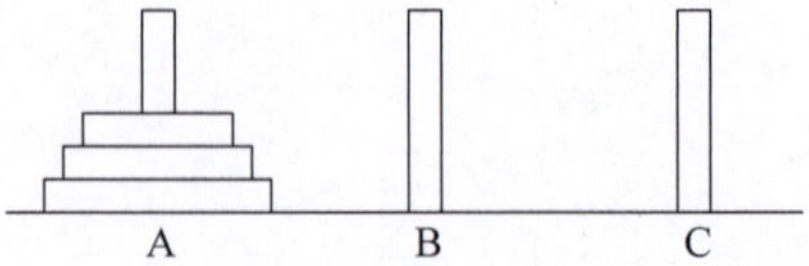

一种递归的求解方法是分三步解决这个问题. 设使用这种方法移动 n 个圆盘的总次数为 $T(n)$. 第一步使用同样的方法将 $n-1$ 个圆盘从 A 柱移到 B 柱,

图 10.1

移动次数为 $T(n-1)$；第二步利用 1 次移动将最下面的大圆盘从 A 柱移到 C 柱；第三步还是用第一步的方法将 B 柱上的 $n-1$ 个圆盘移到 C 柱,移动次数为 $T(n-1)$.因此得到递推方程：
$$T(n)=2T(n-1)+1$$
这个方程的初值是 $T(1)=1$.后面我们将证明这个方程的解是 $T(n)=2^n-1$.

这个问题就是著名的 Hanoi 塔问题,据说古代的僧侣按照这种方法移动 64 个金盘子,他们认为当 64 个金盘子全部移完以后,世界的末日就到了.让我们计算需要移动的时间.如果每秒移动 1 次,那么 64 个盘子需要
$$2^{64}-1=18\ 446\ 744\ 073\ 709\ 551\ 615$$
秒,大约是 5000 亿年.对于 Hanoi 塔问题,盘子的个数 n 代表问题规模,$T(n)$ 代表求解规模为 n 的问题所做的基本运算次数,它代表了这种算法的效率,称为算法的时间复杂度.对于 Hanoi 塔问题,上述算法的 $T(n)$ 是 n 的指数函数.不难看到,指数函数的值随着自变量 n 的增加呈爆炸性增长.对于比较大的 n,即使再提高 CPU 的速度,所占用的时间也是人们所不能承受的.正如上面的计算所显示的,即使 1 秒移动 1 亿次,64 个盘子也需要 5000 年的时间.因此在处理实际问题时,通常不能选择指数时间的算法.为了对算法的效率做出估计,求解递推方程是经常使用的方法.

例 10.3 一个编码系统用八进制数字对信息编码,一个码字是有效的当且仅当含有偶数个 7,求 n 位长的有效码字有多少个？

解 设所求的 n 位长的有效码字为 a_n 个,可以由长为 $n-1$ 的八进制序列构成码字.如果长为 $n-1$ 的八进制序列含有偶数个 7,那么在这个序列后面加上除 7 以外的其他八进制数字,即加上 $0,1,\cdots,6$,就得到所要求的码字；这种码字个数是 $7a_{n-1}$.如果长为 $n-1$ 的八进制序列含有奇数个 7,这种序列有 $8^{n-1}-a_{n-1}$ 个.对于其中的任何一个序列,在它后面加上 7 就得到所要求的码字,这种码字个数是 $8^{n-1}-a_{n-1}$.根据加法法则得到递推方程：
$$a_n=7a_{n-1}+8^{n-1}-a_{n-1}$$
经过整理得
$$a_n=6a_{n-1}+8^{n-1},\quad a_1=7$$
这个递推方程的解是 $a_n=(6^n+8^n)/2$.这个解是怎样求出的？这正是需要解决的问题.

例 10.4 在计算机中经常需要对数据进行排序,下面给出两种排序算法,试确定哪种排序算法在最坏情况下的时间复杂度比较低.为了简单起见,不妨设输入是 n 个不同的数构成的数组,其中 $n=2^k$,k 为正整数.

顺序插入排序算法.假设前 $i-1$ 个数已经排好,从第 $i-1$ 个数开始,从后向前,顺序将已经排好的数与第 i 个数进行比较,直到找到第 i 个数应该放置的适当位置,然后插入第 i 个数.算法开始时 i 等于 2,每当上述过程完成后 i 增加 1,直到 $i=n$ 的过程完成为止.

设 $W(n)$ 表示顺序插入算法在最坏情况下所做的比较次数.如果 $n-1$ 个数已经排好,为插入第 n 个数,最坏情况下需要将它与前 $n-1$ 个数中的每一个都进行 1 次比较,因此得到递推方程：
$$\begin{cases} W(n)=W(n-1)+n-1 \\ W(1)=0 \end{cases}$$
通过求解可以得到 $W(n)=\dfrac{1}{2}n(n-1)=O(n^2)$.

二分归并算法. 将被排序的数组分成相等的两个子数组, 然后使用同样的算法对两个子数组分别排序, 最后将两个排好序的子数组归并成一个数组. 例如, 对 8 个数的数组 L 进行排序, 先将 L 划分成 $L[1..4]$ 和 $L[5..8]$ 两个子数组, 然后分别对这两个子数组进行排序. 子数组的排序方法与原来数组的方法一样, 以 $L[1..4]$ 的排序为例, 先将 $L[1..4]$ 划分成 $L[1..2]$ 和 $L[3..4]$ 两个更小的子数组, 分别对它们排序, 然后进行归并. 当对更小的子数组 $L[1..2]$ 进行排序时, 按照算法需要进一步划分. 划分结果是 $L[1]$ 和 $L[2]$, 每个只含有 1 个元素, 不再需要排序. 这时算法将停止递归调用并开始归并. 对于其他的子问题, 算法也同样处理.

设 $W(n)$ 表示二分归并排序算法在最坏情况下所做的比较次数, 根据上面的分析, 对 n 个数进行二分归并排序在最坏情况下的比较次数满足如下递归方程:

$$\begin{cases} W(n) = 2W(n/2) + n - 1 \\ W(1) = 0 \end{cases}$$

其中, $n-1$ 表示归并两个 $n/2$ 长的子数组所需要的最多的比较次数. 具体做法如下: 每次比较两个子数组的首元素, 将较小的数拿走. 当一个数组为空时不再进行比较, 将剩余的数全部拿走, 顺序放到已归并好的数后面. 在最坏情况下, 经过 $n-1$ 次比较之后, 只剩下 1 个数, 就是最大的那个数. 求解上述递推方程得到 $W(n) = O(n\log n)$. 与顺序插入算法比较, 显然二分归并算法的复杂度函数的阶比较低, 因此, 二分归并算法在最坏情况下比顺序插入算法效率更高.

以上给出的实例都需要求解递推方程. 下面分别讨论不同的求解方法.

10.1.2 常系数线性齐次递推方程的求解

常系数线性递推方程是一类常用的递推方程, 可以使用公式法求解. 先给出它的定义.

定义 10.2 设递推方程满足:

$$\begin{cases} H(n) - a_1 H(n-1) - a_2 H(n-2) - \cdots - a_k H(n-k) = f(n) \\ H(0) = b_0, H(1) = b_1, H(2) = b_2, \cdots, H(k-1) = b_{k-1} \end{cases} \tag{10.1}$$

其中 $a_1, a_2, \cdots, a_k$ 为常数, $a_k \neq 0$, 这个方程称为 **k 阶常系数线性递推方程**. $b_0, b_1, \cdots, b_{k-1}$ 为 k 个初值. 当 $f(n) = 0$ 时, 称这个递推方程为**齐次方程**.

Fibonacci 数的递推方程、求解 Hanoi 塔问题的递推方程、编码问题的递推方程、顺序插入算法的递推方程都是常系数线性的递推方程, 其中只有关于 Fibonacci 数的递推方程是齐次的.

为了说明常系数线性齐次递推方程的解的结构, 需要引入特征根的概念.

定义 10.3 给定常系数线性齐次递推方程如下:

$$\begin{cases} H(n) - a_1 H(n-1) - a_2 H(n-2) - \cdots - a_k H(n-k) = 0 \\ H(0) = b_0, H(1) = b_1, H(2) = b_2, \cdots, H(k-1) = b_{k-1} \end{cases} \tag{10.2}$$

方程 $x^k - a_1 x^{k-1} - \cdots - a_k = 0$ 称为该递推方程的**特征方程**, 特征方程的根称为递推方程的**特征根**.

下面的定理给出了递推方程及其特征根之间的关系.

定理 10.1 设 q 是非零复数, 则 q^n 是递推方程(10.2)的解当且仅当 q 是它的特征根.

证明 q^n 是递推方程的解

$\Leftrightarrow q^n - a_1 q^{n-1} - a_2 q^{n-2} - \cdots - a_k q^{n-k} = 0$

$\Leftrightarrow q^{n-k}(q^k - a_1 q^{k-1} - a_2 q^{k-2} - \cdots - a_k) = 0$

$\Leftrightarrow q^k - a_1 q^{k-1} - a_2 q^{k-2} - \cdots - a_k = 0$ （因为 $q \neq 0$）

$\Leftrightarrow q$ 是它的特征根

定理 10.2 设 $h_1(n)$ 和 $h_2(n)$ 是递推方程(10.2)的解，c_1, c_2 为任意常数，则 $c_1 h_1(n) + c_2 h_2(n)$ 也是这个递推方程的解.

证明 将 $c_1 h_1(n) + c_2 h_2(n)$ 代入该递推方程进行验证.

根据定理 10.1 和定理 10.2 不难得到以下推论.

推论 若 $q_1, q_2, \cdots, q_k$ 是递推方程(10.2)的特征根，则 $c_1 q_1^n + c_2 q_2^n + \cdots + c_k q_k^n$ 是该递推方程的解，其中 $c_1, c_2, \cdots, c_k$ 是任意常数.

以上推论说明 $c_1 q_1^n + c_2 q_2^n + \cdots + c_k q_k^n$ 是递推方程的解. 下面的问题是：除了这种形式的解以外，是否存在其他形式的解？为了解决这个问题，先定义通解.

定义 10.4 若对递推方程(10.2)的每个解 $h(n)$ 都存在一组常数 $c_1', c_2', \cdots, c_k'$ 使得

$$h(n) = c_1' q_1^n + c_2' q_2^n + \cdots + c_k' q_k^n$$

成立，则称 $c_1 q_1^n + c_2 q_2^n + \cdots + c_k q_k^n$ 为该递推方程的**通解**.

下面的定理说明当 k 个特征根彼此不等时上述的解就是递推方程(10.2)的通解.

定理 10.3 设 $q_1, q_2, \cdots, q_k$ 是递推方程(10.2)不等的特征根，则 $H(n) = c_1 q_1^n + c_2 q_2^n + \cdots + c_k q_k^n$ 为该递推方程的通解.

证明 根据前面的推论知道 $H(n)$ 是解，下面证明这个解是通解. 设 $h(n)$ 是递推方程(10.2)的任意一个解，$h(0), h(1), \cdots, h(k-1)$ 由初值 $b_0, b_1, \cdots, b_{k-1}$ 唯一确定. 将初值代入得到以下线性方程组：

$$\begin{cases} c_1 + c_2 + \cdots + c_k = b_0 \\ c_1 q_1 + c_2 q_2 + \cdots + c_k q_k = b_1 \\ \vdots \\ c_1 q_1^{k-1} + c_2 q_2^{k-1} + \cdots + c_k q_k^{k-1} = b_{k-1} \end{cases}$$

如果这个方程组有唯一解 $c_1', c_2', \cdots, c_k'$，那么说明 $h(n) = c_1' q_1^n + c_2' q_2^n + \cdots + c_k' q_k^n$，从而证明了 $H(n)$ 是递推方程的通解. 由于上述方程组的系数行列式是范德蒙行列式 $\prod_{1 \leq i < j \leq k}(q_i - q_j)$，当 $q_i \neq q_j$ 时，这个行列式不等于 0，因此线性方程组有唯一解.

例 10.5 求解 Fibonacci 数列的递推方程：

解 递推方程是 $f_n = f_{n-1} + f_{n-2}$，初值是 $f_0 = 1, f_1 = 1$.

特征方程是 $x^2 - x - 1 = 0$，求解得到特征根为 $\dfrac{1+\sqrt{5}}{2}, \dfrac{1-\sqrt{5}}{2}$. 因此，递推方程的通解为

$$f_n = c_1 \left(\frac{1+\sqrt{5}}{2}\right)^n + c_2 \left(\frac{1-\sqrt{5}}{2}\right)^n$$

代入初值 $f_0 = 1, f_1 = 1$，得

$$\begin{cases} c_1 + c_2 = 1 \\ c_1\left(\dfrac{1+\sqrt{5}}{2}\right) + c_2\left(\dfrac{1-\sqrt{5}}{2}\right) = 1 \end{cases}$$

解得 $c_1 = \dfrac{1}{\sqrt{5}} \cdot \dfrac{1+\sqrt{5}}{2}, c_2 = -\dfrac{1}{\sqrt{5}} \cdot \dfrac{1-\sqrt{5}}{2}$,从而得到递推方程的解为

$$f_n = \dfrac{1}{\sqrt{5}}\left(\dfrac{1+\sqrt{5}}{2}\right)^{n+1} - \dfrac{1}{\sqrt{5}}\left(\dfrac{1-\sqrt{5}}{2}\right)^{n+1}$$

递推方程(10.2)的特征根中如果存在重根,当把对应这些特征根的项 q_i^n 进行线性组合时,那些对应于同一个重根的项就归并成一项. 于是,当把这个通解代入初值时,所得到的线性方程组中方程的个数将比未知数的个数多. 这样的方程组可能无解.

例 10.6 考虑递推方程

$$\begin{cases} H(n) - 4H(n-1) + 4H(n-2) = 0 \\ H(0) = 0, H(1) = 1 \end{cases}$$

它的特征根是 2,为二重根,按照上面的方法得到通解

$$H(n) = c_1 2^n + c_2 2^n = c 2^n$$

代入初值得到线性方程组:

$$\begin{cases} c = 0 \\ 2c = 1 \end{cases}$$

这个方程组无解. 解决这个问题的方法是必须使用线性无关的解来构造通解,可以观察出 $n2^n$ 是一个解,且与 2^n 线性无关. 因此通解可以设为

$$H(n) = c_1 2^n + c_2 n 2^n$$

把这个通解代入初值时得到 $c_1 = 0, c_2 = 1/2$,从而得到原递推方程的解是 $H(n) = n 2^{n-1}$.

对于存在重根的情况,例 10.6 提供了一种普遍的求解方法. 限于篇幅,不再给出证明,只是将相关的结果在定理 10.4 中给出.

定理 10.4 设 $q_1, q_2, \cdots, q_t$ 是递推方程(10.2)的不相等的特征根,且 q_i 的重数为 e_i,其中 $i = 1, 2, \cdots, t$. 令

$$H_i(n) = (c_{i1} + c_{i2} n + \cdots + c_{i e_i} n^{e_i - 1}) q_i^n$$

那么该递推方程的通解是

$$H(n) = \sum_{i=1}^{t} H_i(n)$$

例 10.7 求解以下递推方程:

$$\begin{cases} H(n) + H(n-1) - 3H(n-2) - 5H(n-3) - 2H(n-4) = 0 \\ H(0) = 1, H(1) = 0, H(2) = 1, H(3) = 2 \end{cases}$$

解 特征方程 $x^4 + x^3 - 3x^2 - 5x - 2 = 0$,特征根是 $-1, -1, -1, 2$,通解为

$$H(n) = (c_1 + c_2 n + c_3 n^2)(-1)^n + c_4 2^n$$

其中待定常数满足以下方程组:

$$\begin{cases} c_1 + c_4 = 1 \\ -c_1 - c_2 - c_3 + 2c_4 = 0 \\ c_1 + 2c_2 + 4c_3 + 4c_4 = 1 \\ -c_1 - 3c_2 - 9c_3 + 8c_4 = 2 \end{cases}$$

解得 $c_1=\dfrac{7}{9}, c_2=-\dfrac{1}{3}, c_3=0, c_4=\dfrac{2}{9}$,原方程的解为

$$H(n)=\dfrac{7}{9}(-1)^n-\dfrac{1}{3}n(-1)^n+\dfrac{2}{9}\cdot 2^n$$

10.1.3 常系数线性非齐次递推方程的求解

常系数线性非齐次递推方程的标准形是

$$H(n)-a_1 H(n-1)-\cdots-a_k H(n-k)=f(n) \tag{10.3}$$

其中 $n\geqslant k$, $a_k\neq 0$, $f(n)\neq 0$.

为了求解上述方程,必须了解通解的结构.

定理 10.5 设 $\overline{H(n)}$ 是对应的齐次方程(10.2)的通解,$H^*(n)$ 是方程(10.3)的一个特解,则

$$H(n)=\overline{H(n)}+H^*(n)$$

是递推方程(10.3)的通解.

证明 首先证明 $H(n)$ 是递推方程(10.3)的解,将 $H(n)$ 代入该递推方程得

$$[\overline{H(n)}+H^*(n)]-a_1[\overline{H(n-1)}+H^*(n-1)]-\cdots-a_k[\overline{H(n-k)}+H^*(n-k)]$$
$$=[\overline{H(n)}-a_1\overline{H(n-1)}-\cdots-a_k\overline{H(n-k)}]+$$
$$[H^*(n)-a_1 H^*(n-1)-\cdots-a_k H^*(n-k)]$$
$$=0+f(n)$$
$$=f(n)$$

因此,$H(n)$ 是递推方程(10.3)的解.下面证明这个解是通解.

设 $h(n)$ 是解,为证 $H(n)$ 为通解,只需证明 $h(n)$ 可以表示为对应齐次方程的一个解与特解 $H^*(n)$ 之和.因为 $h(n)$ 与 $H^*(n)$ 都是递推方程(10.3)的解,因此

$$h(n)-a_1 h(n-1)-\cdots-a_k h(n-k)=f(n)$$
$$H^*(n)-a_1 H^*(n-1)-\cdots-a_k H^*(n-k)=f(n)$$

将以上两个式子相减得

$$[h(n)-H^*(n)]-a_1[h(n-1)-H^*(n-1)]-\cdots-$$
$$a_k[h(n-k)-H^*(n-k)]=0$$

这说明 $h(n)-H^*(n)$ 是对应齐次方程的一个解.换句话说,$h(n)$ 是对应齐次方程的一个解与特解 $H^*(n)$ 之和.

定理 10.5 说明递推方程(10.3)的通解结构是对应的齐次方程的通解加上一个特解,而特解的形式依赖于 $f(n)$.求解的关键是确定一个特解,可以先根据 $f(n)$ 写出特解的函数形式,然后用待定系数法确定其中的系数.下面针对某些特殊函数形式进行讨论.

1. 如果 $f(n)$ 为 n 的 t 次多项式,那么特解一般也为 n 的 t 次多项式

请看下面一些例子.

例 10.8 找出下述递推方程的通解:

$$a_n-2a_{n-1}=2n^2$$

解 设 $a_n^*=P_1 n^2+P_2 n+P_3$,代入递推方程得

$$P_1 n^2+P_2 n+P_3-2[P_1(n-1)^2+P_2(n-1)+P_3]=2n^2$$

整理得
$$-P_1n^2+(4P_1-P_2)n+(-2P_1+2P_2-P_3)=2n^2$$
从而得到线性方程组：
$$\begin{cases}-P_1=2\\4P_1-P_2=0\\-2P_1+2P_2-P_3=0\end{cases}$$

解得 $P_1=-2,P_2=-8,P_3=-12$，而对应的齐次方程的通解是 $c2^n$，因此原方程的通解为
$$a_n=c2^n-2(n^2+4n+6)$$

当函数 $f(n)$ 为多项式的时候，一般也设特解为同次多项式．但是如果递推方程的特征根为 1，上述设定方法是有问题的．请看下面的例子．

例 10.9 求解例 10.4 关于顺序插入排序算法的递推方程：
$$\begin{cases}W(n)=W(n-1)+n-1\\W(1)=0\end{cases}$$

解 根据上面的分析，应该设特解为 $W^*(n)=P_1n+P_2$，将它代入递推方程得
$$P_1n+P_2-(P_1(n-1)+P_2)=n-1$$

化简得 $P_1=n-1$，左边是 n 的 0 次多项式，右边是 n 的 1 次多项式．没有常数 P_1 能够使它成立．原因在于：如果特征根是 1，当把特解代入方程后，在等式左边所设特解的最高次项和常数项都被抵消了．为了保证等式两边的多项式的次数相等，必须将特解的次数提高．不妨设特解为 $W^*(n)=P_1n^2+P_2n$，代入递推方程得
$$(P_1n^2+P_2n)-(P_1(n-1)^2+P_2(n-1))=n-1$$
化简得
$$2P_1n-P_1+P_2=n-1$$

解得 $P_1=1/2,P_2=-1/2$．通解为
$$W(n)=c1^n+n(n-1)/2=c+n(n-1)/2$$

代入初值 $W(1)=0$，得 $c=0$，最终得到 $W(n)=n(n-1)/2$．这说明 $W(n)=O(n^2)$．

例 10.10 Hanoi 塔问题的递推方程是
$$H(n)=2H(n-1)+1$$
设特解为 $H^*(n)=P$，代入原方程得 $P=2P+1$，因此 $P=-1$．从而得到递推方程的通解是
$$H(n)=c2^n-1$$

代入初值 $H(1)=1$，得 $c=1$，解为 $H(n)=2^n-1$．

2. $f(n)$ 为指数函数 $A\beta^n$，这里的 A 代表某个常数

(1) 若 β 不是特征根，则特解为 $P\beta^n$，其中 P 为待定系数．

例 10.11 求解例 10.3 中关于编码系统的递推方程：
$$a_n=6a_{n-1}+8^{n-1},\quad a_1=7$$

解 设特解是 $a_n^*=P8^n$，代入递推方程得
$$P8^n=6P8^{n-1}+8^{n-1}$$
解得 $P=1/2$．因此原递推方程的通解是
$$a_n=c6^n+8^n/2$$
代入初值得 $c=1/2$．从而得到递推方程的解是

$$a_n = (6^n + 8^n)/2$$

(2) 若 β 是 e 重特征根，则特解为 $Pn^e\beta^n$.

例 10.12 求递推方程 $H(n)-5H(n-1)+6H(n-2)=2^n$ 的特解.

解 2 为特征根，因此令特解 $H^*(n)=Pn2^n$，代入得
$$Pn2^n - 5P(n-1)2^{n-1} + 6P(n-2)2^{n-2} = 2^n$$
化简并求解，得 $P=-2$，从而得到
$$H^*(n) = -n2^{n+1}$$

10.1.4 递推方程的其他解法

公式解法只能用于常系数线性递推方程，对于某些其他形式的递推方程，还可以使用换元法、迭代归纳法等技术求解. 先考虑换元法，换元法的基本思想就是将原来关于某个变元的递推方程通过函数变换转变成关于其他变元的常系数线性递推方程，然后使用公式法求解. 当得到解以后，再利用相反的变换将解转变成关于原来变元的函数.

例 10.13 求解下述递推方程：
$$\begin{cases} a_n^2 = 2a_{n-1}^2 + 1 & a_n \geqslant 0 \\ a_0 = 2 \end{cases}$$

解 令 $b_n = a_n^2$，代入原递推方程得
$$b_n = 2b_{n-1} + 1, \quad b_0 = 4$$
这是常系数线性递推方程，使用公式法解得
$$b_n = 5 \cdot 2^n - 1$$
因此 $a_n = \sqrt{5 \cdot 2^n - 1}$.

例 10.14 求解与二分归并排序算法相关的递推方程：
$$\begin{cases} W(n) = 2W(n/2) + n - 1 & n = 2^k \\ W(1) = 0 \end{cases}$$

解 将 $n=2^k$ 代入，该递推方程可以转换成关于变元 k 的常系数线性递推方程. 即
$$\begin{cases} H(k) = 2H(k-1) + 2^k - 1 \\ H(0) = 0 \end{cases}$$
该方程是常系数线性递推方程. 其函数部分是 2^k-1，为指数函数 2^k 与多项式函数 -1 之和，因此，特解也是指数函数与多项式函数的组合形式. 由于 2 是特征根，令
$$H^*(k) = P_1 k 2^k + P_2$$
将这个特解代入原方程，解得 $P_1 = P_2 = 1$，从而得到
$$H^*(k) = k2^k + 1$$
根据特解得到通解
$$H(k) = c2^k + k2^k + 1$$
代入初值，得 $c = -1$，因此得到原方程的解
$$H(k) = -2^k + k2^k + 1$$
将 $k = \log n$ 代入得
$$W(n) = n\log n - n + 1$$

这正好验证了 $W(n) = O(n\log n)$.

下面考虑迭代归纳法. 所谓迭代, 就是从原始递推方程开始, 反复将对应于递推方程左边的函数用右边的等式代入, 直到得到初值, 然后将所得的结果进行化简. 为了保证结果的正确性, 往往需要代入原来递推方程进行验证.

下面用迭代归纳法求解例 10.14 的递推方程:

$$\begin{cases} W(n) = 2W(n/2) + n - 1 & n = 2^k \\ W(1) = 0 \end{cases}$$

解
$$\begin{aligned}
W(n) &= 2W(2^{k-1}) + 2^k - 1 \\
&= 2[2W(2^{k-2}) + 2^{k-1} - 1] + 2^k - 1 \\
&= 2^2 W(2^{k-2}) + 2^k - 2 + 2^k - 1 \\
&= 2^2 [2W(2^{k-3}) + 2^{k-2} - 1] + 2^k - 2 + 2^k - 1 \\
&= 2^3 W(2^{k-3}) + 2^k - 2^2 + 2^k - 2 + 2^k - 1 \\
&\vdots \\
&= 2^k W(1) + k 2^k - (2^{k-1} + 2^{k-2} + \cdots + 2 + 1) \\
&= k 2^k - 2^k + 1 \\
&= n\log n - n + 1
\end{aligned}$$

对结果进行验证. 把 $n = 1$ 代入上述公式得

$$W(1) = 1\log 1 - 1 + 1 = 0$$

符合初始条件. 将结果代入原递推方程的右边得

$$\begin{aligned}
2W(n/2) + n - 1 &= 2(2^{k-1} \log 2^{k-1} - 2^{k-1} + 1) + 2^k - 1 \\
&= 2^k (k-1) - 2^k + 2 + 2^k - 1 = k 2^k - 2^k + 1 \\
&= n\log n - n + 1 = W(n)
\end{aligned}$$

这说明得到的解满足原来的递推方程.

迭代方法一般适用于一阶的递推方程, 对于某些二阶以上的递推方程, 需要先进行化简.

例 10.15 用迭代归纳法求解错位排列问题的递推方程:

$$\begin{cases} D_n = (n-1)(D_{n-1} + D_{n-2}) \\ D_1 = 0, D_2 = 1 \end{cases}$$

解 $D_n = (n-1)(D_{n-1} + D_{n-2})$

变形为

$$D_n - nD_{n-1} = -[D_{n-1} - (n-1)D_{n-2}] = \cdots = (-1)^{n-2}(D_2 - 2D_1) = (-1)^{n-2}$$

从而得到一阶递推方程

$$D_n = nD_{n-1} + (-1)^n, \quad D_1 = 0$$

不断迭代得

$$\begin{aligned}
D_n &= n(n-1)D_{n-2} + n(-1)^{n-1} + (-1)^n \\
&= n(n-1)(n-2)D_{n-3} + n(n-1)(-1)^{n-2} + n(-1)^{n-1} + (-1)^n \\
&\vdots \\
&= n(n-1)\cdots 2 D_1 + n(n-1)\cdots 3 (-1)^2 + n(n-1)\cdots 4 (-1)^3 \\
&\quad + \cdots + n(-1)^{n-1} + (-1)^n
\end{aligned}$$

$$= n!\left[1 - \frac{1}{1!} + \frac{1}{2!} - \cdots + (-1)^n \frac{1}{n!}\right]$$

有时使用差消法也可以将高阶递推方程化简为一阶的递推方程. 下面的例子是关于快速排序算法平均情况下的时间复杂度 $T(n)$ 的递推方程(见 13.3.1 节排序算法). $T(n)$ 依赖于 $T(n-1), T(n-2), \cdots, T(1), T(0)$ 所有的项, 这种递推方程也称为全部历史递推方程. 由于 $T(0)=0$, 可以把这一项从方程中删去, 从而得到下面的方程. 求解过程见例 10.16.

例 10.16 化简方程：
$$\begin{cases} T(n) = \dfrac{2}{n}\sum_{i=1}^{n-1}T(i) + O(n) & n \geqslant 2 \\ T(1) = 0 \end{cases}$$

解 由原方程得到
$$\begin{cases} nT(n) = 2\sum_{i=1}^{n-1}T(i) + cn^2 \\ (n-1)T(n-1) = 2\sum_{i=1}^{n-2}T(i) + c(n-1)^2 \end{cases} \quad c \text{ 为某个常数}$$

将两个方程相减得到
$$nT(n) - (n-1)T(n-1) = 2T(n-1) + O(n)$$

化简得到
$$nT(n) = (n+1)T(n-1) + O(n)$$

变形并迭代得到
$$\frac{T(n)}{n+1} = \frac{T(n-1)}{n} + \frac{c}{n+1} = \cdots = c\left(\frac{1}{n+1} + \frac{1}{n} + \cdots + \frac{1}{3}\right) + \frac{T(1)}{2}$$
$$= c\left(\frac{1}{n+1} + \frac{1}{n} + \cdots + \frac{1}{3}\right)$$

上面公式中的 c 是某个常数, 求和使用了积分作为近似结果, 见图 10.2. 根据积分有
$$\frac{1}{n+1} + \frac{1}{n} + \cdots + \frac{1}{3} \leqslant \int_2^{n+1} \frac{1}{x}\mathrm{d}x = \ln x \Big|_2^{n+1} = \ln(n+1) - \ln 2 = O(\log n)$$

因此得到原递推方程的解 $T(n) = O(n\log n)$.

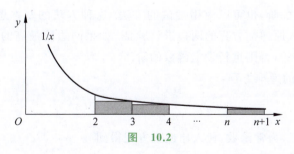

图 10.2

如上面的例子所示, 许多递推方程不能求出精确的解, 但是可以估计出函数的阶, 这对于算法分析工作是有意义的.

用递归树的模型可以说明上述迭代的思想. 下面以二分归并排序算法的递推方程

$$\begin{cases} W(n) = 2W(n/2) + n - 1 & n = 2^k \\ W(1) = 0 \end{cases}$$

为例来构造递归树. 递归树是一棵带权的二叉树,每个结点都有权. 初始的递归树只有一个结点,它的权标记为 $W(n)$. 然后不断进行迭代,直到树中不再含有权为函数的结点为止. 迭代规则就是把递归树中权为函数的结点,如 $W(n), W(n/2), W(n/4), \cdots$,用和这个函数相等的递推方程右部的子树来代替. 这种子树只有 2 层,树根标记为方程右部除了函数之外的剩余表达式,每一片树叶则代表方程右部的一个函数项. 例如第一步迭代,树中唯一的结点(第 0 层)$W(n)$ 可以用根是 $n-1$、2 片树叶都是 $W(n/2)$ 的子树来代替. 代替以后递归树由 1 层变成了 2 层. 第二步迭代,应该用根为 $n/2-1$、2 片树叶都是 $W(n/4)$ 的子树来代替树中权为 $W(n/2)$ 的叶结点(第 1 层),代替后递归树就变成了 3 层. 照这样进行下去,每迭代一次,递归树就增加一层,直到树叶都变成初值 1 为止. 整个迭代过程与递归树的生成过程完全对应起来,正如图 10.3 所示. 不难看出,在整个迭代过程中递归树中全部结点的权之和不变,总是等于函数 $W(n)$.

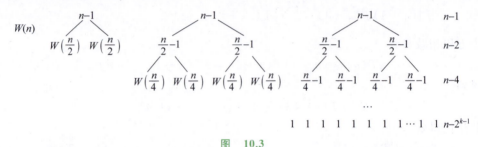

图 10.3

为了计算最终的递归树中所有结点的权之和,可以采用分层计算的方法. 递归树有 k 层,各层结点的值之和分别为

$$n-1, n-2, n-4, \cdots, n-2^{k-1}$$

因此,总和为

$$nk - (1 + 2 + \cdots + 2^{k-1}) = nk - (2^k - 1) = n\log n - n + 1$$

不难看出,这个结果与前面的结果完全一致.

估计递推方程解的阶,也可以使用尝试的方法. 这种方法的基本思想就是先将解设定为一个函数,然后代入原递推方程的两边进行验证. 如果两边阶最高的函数项相同,那么所设定函数的阶是正确的,否则重新设定函数的阶.

考虑例 10.16 中的递推方程:

$$T(n) = \frac{2}{n} \sum_{i=1}^{n-1} T(i) + O(n)$$

首先设 $T(n) = C$,为常函数,代入原递推方程得到

$$左边 = O(1)$$

$$右边 = \frac{2}{n} C(n-1) + O(n) = 2C - \frac{2C}{n} + O(n) = O(n)$$

右边为一次函数,左边为常函数,右边的阶高于左边的阶,显然函数阶的设定不合适.

现在设 $T(n)$ 为一次函数,即 $T(n) = cn$,那么

左边 $= cn$

右边 $= \dfrac{2}{n}\sum_{i=1}^{n-1} ci + O(n) = \dfrac{2c}{n}\dfrac{(1+n-1)(n-1)}{2} + O(n) = cn - c + O(n)$

因为 $O(n)$ 中含 n 的一次项,比如 an,这里的 a 是一个正的常数,因此两边最高次项不相等,右边的值高于左边.

下面尝试 $T(n) = cn^2$,代入得到

左边 $= cn^2$

右边 $= \dfrac{2}{n}\sum_{i=1}^{n-1} ci^2 + O(n) = \dfrac{2}{n}\left[\dfrac{cn^3}{3} + O(n^2)\right] + O(n) = \dfrac{2c}{3}n^2 + O(n)$

右边最高次项的值小于左边. 可以确定 $T(n)$ 的阶应该介于 cn 和 cn^2 之间.

下面设 $T(n) = cn\log n$,可以看到它满足递推方程. 因为将 $T(n)$ 代入得到

左边 $= cn\log n$

右边 $= \dfrac{2c}{n}\sum_{i=1}^{n-1} i\log i + O(n) = \dfrac{2c}{n}\left[\dfrac{n^2}{2}\log n - \dfrac{n^2}{4\ln 2} + O(n\log n)\right] + O(n)$

$= cn\log n + O(n) + O(\log n)$

上式中的求和也使用了积分近似,如图 10.4 所示,阴影部分面积等于和式 $\sum_{i=1}^{n-1} i\log i$,满足

$$\sum_{i=1}^{n-1} i\log i \leqslant \int_2^n x\log x\,\mathrm{d}x$$

而计算积分可得到

$$\int_2^n x\log x\,\mathrm{d}x = \int_2^n \dfrac{x}{\ln 2}\ln x\,\mathrm{d}x$$

$$= \dfrac{1}{\ln 2}\left(\dfrac{x^2}{2}\ln x - \dfrac{x^2}{4}\right)\bigg|_2^n$$

$$= \dfrac{1}{\ln 2}\left(\dfrac{n^2}{2}\ln n - \dfrac{n^2}{4}\right) - \dfrac{1}{\ln 2}\left(\dfrac{4}{2}\ln 2 - \dfrac{4}{4}\right)$$

$$\sum_{i=1}^{n-1} i\log i = \dfrac{n^2}{2}\log n - \dfrac{n^2}{4\ln 2} + O(n\log n)$$

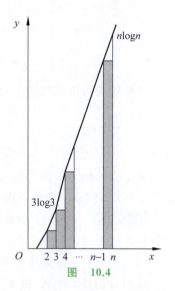

图 10.4

10.1.5 递推方程与递归算法

递归算法是一种常用的算法,它的特点就是在算法中要递归调用自己. 递归算法的分析中经常用到递推方程. 分治策略是算法设计中的一种重要的技术,它的主要思想是将原问题分解成规模更小的子问题,分别递归地求解每个子问题,然后将子问题的解进行综合,从而得到原问题的解. 设 a,b 为正整数,n 为问题的输入规模,n/b 为子问题的输入规模,a 为子问题个数,$d(n)$ 为将原问题分解成子问题以及将子问题的解综合得到原问题解的代价. 例如对 n 个正整数进行二分归并排序,那么 $b=2, a=2, d(n)=n-1$. 一般情况下有

$$\begin{cases} T(n) = aT(n/b) + d(n) & n = b^k \\ T(1) = c' & c' \text{ 为某个常数} \end{cases}$$

经过迭代得到

$$T(n) = a^2 T(n/b^2) + ad(n/b) + d(n)$$
$$\vdots$$
$$= a^k T(n/b^k) + a^{k-1} d(n/b^{k-1}) + a^{k-2} d(n/b^{k-2}) + \cdots + ad(n/b) + d(n)$$
$$= c'a^k + \sum_{i=0}^{k-1} a^i d(n/b^i)$$

其中
$$a^k = a^{\log_b n} = n^{\log_b a}$$

当 $d(n) = c$ 时，代入上式得到
$$T(n) = \begin{cases} c'a^k + c \dfrac{a^k - 1}{a - 1} = O(a^k) = O(n^{\log_b a}) & a \neq 1 \\ c'a^k + kc = kc = O(\log n) & a = 1 \end{cases}$$

当 $d(n) = cn$ 时，代入上式得到
$$T(n) = c'a^k + \sum_{i=0}^{k-1} a^i \frac{cn}{b^i} = c'a^k + cn \sum_{i=1}^{k-1} \left(\frac{a}{b}\right)^i$$
$$= \begin{cases} c'n^{\log_b a} + cn \dfrac{(a/b)^k - 1}{a/b - 1} = O(n) & a < b \\ c'n + cnk = O(n \log n) & a = b \\ c'a^k + cn \dfrac{(a/b)^k - 1}{a/b - 1} = c'a^k + c \dfrac{a^k - b^k}{a/b - 1} = O(n^{\log_b a}) & a > b \end{cases}$$

这些结果可以直接用于求解递推方程，例如二分归并排序的递推方程是
$$\begin{cases} W(n) = 2W(n/2) + n - 1 & n = 2^k \\ W(1) = 0 \end{cases}$$

其中 $a = 2, b = 2, d(n) = O(n)$，根据上面的结果有 $W(n) = O(n \log n)$。

从上面的结果可以看出，在 $a > b$ 的情况下，为了降低 $T(n)$ 的阶，应该减少 a 的值，即减少子问题的个数。考虑下面的例子。

例 10.17 设 X, Y 为 n 位二进制数，其中 $n = 2^k$，求 XY。设计关于这个问题的算法，并分析算法用到的位乘次数。

解 一般方法是顺序按位相乘，显然用到的位乘次数是 $W(n) = O(n^2)$。

采用分治法，将 X 和 Y 分别划分成 $n/2$ 位长的两个整数。令 $X = A2^{n/2} + B, Y = C2^{n/2} + D$，那么 A, B, C, D 都是 $n/2$ 位长的整数，不难看出，它们满足
$$XY = AC2^n + (AD + BC)2^{n/2} + BD$$
根据这个等式，XY 可以通过 4 个 $n/2$ 规模的子问题运算而得到。这些子问题是 AC, AD, BC, BD。当然还有移位和按位加法等额外的代价。这些额外运算的代价与 n 呈线性关系，表示成 cn，其中 c 为某个常数。因此，得到如下递推方程：
$$\begin{cases} W(n) = 4W(n/2) + cn \\ W(1) = 1 \end{cases}$$

按照上面的结果，由于 $a = 4, b = 2$，因此 $W(n) = O(n^{\log 4}) = O(n^2)$。遗憾的是使用分治策略的算法与普通乘法算法的工作量一样。提高效率的关键在于减少子问题的个数。

考虑下述变换

$$AD+BC=(A-B)(D-C)+AC+BD$$

$AD+BC$ 的计算只需要 3 个子问题就可以解决了,其中只有 $(A-B)(D-C)$ 是新的子问题,而 AC 和 BD 可以直接使用另外 2 个子问题的计算结果. 这样就将原来的问题归结为 3 个子问题. 当然这里增加了加法的次数,但是加法的工作量仍旧是 n 的线性函数 cn,只不过这里的 c 要比变换前的 c 大一些. 这个增量不影响 $W(n)$ 的阶. 根据算法得到如下递推方程:

$$\begin{cases} W(n)=3W(n/2)+cn \\ W(1)=1 \end{cases}$$

相当于 $a=3,b=2$,因此 $W(n)=O(n^{\log 3})=O(n^{1.59})$,这个算法比起普通乘法算法有了明显的改进.

例 10.18 设 a 为实数,n 为正整数且恰好是 2 的幂. 下述算法 Power 是计算 a^n 的算法.
Power(a,n)
1. if $n=1$ then return a
2. else $x \leftarrow$ Power$(a,n/2)$
3.   return $x*x$

估计该算法最坏情况下的时间复杂度.

解 该算法先计算 $a^{n/2}$,然后将两个 $a^{n/2}$ 相乘,从而得到 a^n. 如果以两个数的相乘作为基本运算,对于给定的 n,设算法 Power 在最坏情况下所做的乘法次数为 $T(n)$. 那么 $T(n)$ 比规模减半的子问题计算量 $T(n/2)$ 多 1 次乘法. 因此得到下述递推方程:

$$\begin{cases} T(n)=T(n/2)+1 \\ T(1)=0 \end{cases}$$

代入 $n=2^k$,不断迭代,得到

$$\begin{aligned} T(n)=T(2^k) &= T(2^{k-1})+1 \\ &= T(2^{k-2})+1+1 \\ &= \cdots \\ &= T(1)+k=\log n \end{aligned}$$

考虑 Fibonacci 数列 $1,1,2,3,5,8,\cdots$,即 $F_0=1,F_1=1,\cdots,F_n=F_{n-1}+F_{n-2}$. 假设 $n=2^k$,k 为正整数. 如果想从初值 F_0 和 F_1 开始,对于给定的 n 计算第 n 个 Fibonacci 数的值 F_n,一种可行的办法是利用递推公式从两个相继的前项得到后一项,那么为得到 F_n 需要做 $n-1$ 次加法. 下面考虑另一种算法.

首先在数列 $\{F_n\}$ 的前面加上一项 0,暂记作 F_{-1},那么 $F_1=F_0+F_{-1}$. 然后证明一个有关 F_n 的性质:

$$\begin{bmatrix} F_n & F_{n-1} \\ F_{n-1} & F_{n-2} \end{bmatrix} = \begin{bmatrix} 1 & 1 \\ 1 & 0 \end{bmatrix}^n$$

对 n 归纳.

$n=1$ 显然为真. 假设命题对 n 为真,则

$$\begin{aligned} \begin{bmatrix} F_{n+1} & F_n \\ F_n & F_{n-1} \end{bmatrix} &= \begin{bmatrix} F_n+F_{n-1} & F_n \\ F_{n-1}+F_{n-2} & F_{n-1} \end{bmatrix} \\ &= \begin{bmatrix} F_n & F_{n-1} \\ F_{n-1} & F_{n-2} \end{bmatrix} \cdot \begin{bmatrix} 1 & 1 \\ 1 & 0 \end{bmatrix} = \begin{bmatrix} 1 & 1 \\ 1 & 0 \end{bmatrix}^n \cdot \begin{bmatrix} 1 & 1 \\ 1 & 0 \end{bmatrix} = \begin{bmatrix} 1 & 1 \\ 1 & 0 \end{bmatrix}^{n+1} \end{aligned}$$

设计下述算法:对于给定的 n 计算 $\begin{bmatrix} 1 & 1 \\ 1 & 0 \end{bmatrix}^n$,那么就得到了矩阵 $\begin{bmatrix} F_n & F_{n-1} \\ F_{n-1} & F_{n-2} \end{bmatrix}$,从而得到了 F_n. 可以用 Power 算法计算 $\begin{bmatrix} 1 & 1 \\ 1 & 0 \end{bmatrix}^n$. 两个 2 阶矩阵相乘,为得到矩阵的每个项,需要做 2 次数的乘法,4 个项总计需要 8 次乘法,因此完成整个计算需要用 $8\log n$ 次乘法,这个时间复杂度是 $O(\log n)$,而直接用加法需要 $O(n)$ 次加法。尽管乘法比加法稍微慢一些,但是对于大的 n,显然 Power 算法效率更高.

例 10.19 设 A 是 n 个不等的整数(可以为负)按照递增次序排列的数组,其中 $n=2^k-1$. 已知 A 中恰好有一个 $i\in\{1,2,\cdots,n\}$ 满足 $A[i]=i$. 设计一个复杂度最低的算法找到 i.

解 考虑二分检索算法. 令 $i=(n+1)/2$,算法先比较 $A[i]$ 与 i,如果 $A[i]=i$,那么算法停止并输出 i. 如果 $A[i]<i$,那么可以判定要找的数大于 i,即下面的搜索将在 $A[i+1..n]$ 的范围进行. 反之,如果 $A[i]>i$,那么要找的数小于 i,即下面的搜索将在 $A[1..i-1]$ 的范围进行. 不管怎样,问题都将归约为规模减半的子问题. 假设算法对规模为 n 的输入所做比较次数为 $T(n)$,那么有下述递推方程:

$$\begin{cases} T(n)=T\left(\dfrac{n-1}{2}\right)+1 \\ T(1)=0 \end{cases}$$

迭代解得

$$\begin{aligned} T(n) &= T(2^k-1) \\ &= T(2^{k-1}-1)+1 \\ &= T(2^{k-2}-1)+2 \\ &= \cdots \\ &= T(1)+k-1 \\ &= \log(n+1)-1 \end{aligned}$$

这个算法的效率很高. 它是不是最好的算法?为什么?这些还需要进一步加以分析. 可以证明,在以比较运算作为基本运算的算法类中,该算法是所有算法中最快的.

先对该算法类中的算法用树建模,称为决策树. 设 A 是任意一个找 i 的正确的算法. 其基本运算是 $A[i]$ 与 i 的比较. 从树根开始构造这棵树. 构造方法如下:

(1) 如果算法的第一步比较 $A[i]$ 与 i,那么将树根标记为 i;

(2) 如果 $A[i]=i$,算法停止,树构造完毕;

(3) 如果 $A[i]<i$,且算法下一步比较 $A[j]$ 与 j,那么将标记结点 j,并将 j 作为 i 的左儿子;

(4) 如果 $A[i]>i$,且算法下一步比较 $A[k]$ 与 k,那么将标记结点 k,并将 k 作为 i 的右儿子.

考虑简单的顺序检索算法,即 $A[1]$ 与 1 比较;如果不等,则 $A[2]$ 与 2 比较,…,直到找到 $A[i]=i$ 为止. 当 $n=7$ 时,顺序检索与二分检索算法的决策树分别给在图 10.5(a) 和图 10.5(b) 中.

对于给定的输入,算法将从其决策树的树根开始,每步比较之后,沿着一条边进入它的一个儿子所代表的结点,直到某个内结点或者树叶停止.例如,在图 10.5(a)的顺序检索算法中,如果输入数组 $A=\{-5,-4,0,1,5,8,10\}$,那么算法将从树根沿着这条唯一的路径向下,经过结点 2,3,4,直到结点 5 停止.从结点 1 到 5,路径长度是 4,经过 5 个结点,比较次数是 5.而对于二分检索,算法将从树根 4 经过结点 6 走到结点 5 为止,路径长度为 2,经过 3 个结点,但比较次数是 2.因为根据题目条件,A 中恰好存在 1 个数 $A[i]=i$,当前面的数都不满足这个条件时,唯一剩下的数 $A[5]$ 一定等于 5,因此 $A[5]$ 与 5 的比较可以省略,即每条路径末端树叶位置的比较可以省略.对于顺序检索算法,最坏的输入要走到结点 7 才能停止,需要做 6 次比较.而二分检索,树中的路径长度不超过 2,至多需要 2 次比较.

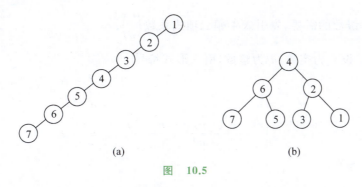

图 10.5

从上述分析不难看出:一棵决策树代表了一个算法.当给定一个输入后,算法将从树根开始沿着决策树的某一条路径向下,直到某个内结点或者树叶停止.算法在最坏情况下的比较次数等于决策树的树深,也就是它的最长的路径长度.

考虑该算法类的所有算法,其决策树的结构是不一样的,但是都是含有 n 个结点的二叉树.可以用归纳法证明 n 个结点的二叉树的深度 d 至少为 $\lfloor \log(n+1) \rfloor - 1$,这里的 $\lfloor x \rfloor$ 表示不大于 x 的最大的整数.例如,$\lfloor \log 7 \rfloor = 2$,$\lfloor \log 8 \rfloor = 3$.

命题 深度为 d 的二叉树至多含有 $2^{d+1}-1$ 个结点.

$d=0$,该树只有 1 个结点,而 $2^{0+1}-1=1$.命题正确.假设对于任意自然数 d,命题为真,考虑深度为 $d+1$ 的二叉树 T,其 $d+1$ 层有 k 片树叶.由于二叉树的构成,每个结点至多有 2 个儿子.第 0 层(树根)只有 1 个结点,每层结点数都不超过上一层结点数的 2 倍,因此 $d+1$ 层的结点数不超过 2^{d+1},即 $k \leqslant 2^{d+1}$.拿掉这 k 片树叶,得到深度为 d 的树 T'.根据归纳假设,树 T' 的结点数 n' 不超过 $2^{d+1}-1$,因此树 T 的结点数
$$n = n' + k \leqslant 2^{d+1} - 1 + 2^{d+1} = 2^{d+2} - 1$$

根据上述命题,有 $2^{d+1} \geqslant n+1$,即 $d \geqslant \lfloor \log(n+1) \rfloor - 1$.

考虑该算法类中任意算法的决策树,当输入规模为 n 时,决策树中含有 n 个结点,不管该树呈现什么结构,其深度至少为 $\lfloor \log(n+1) \rfloor - 1$.这意味着对于该算法,都存在一个坏的输入,它在这个输入下的计算将沿着这条最长的路径进行,直到最深处的树叶停止,即需要做 $\lfloor \log(n+1) \rfloor - 1$ 次比较.

回顾上面的二分检索算法,在 $n=2^k-1$ 的条件下,
$$\lfloor \log(n+1) \rfloor - 1 = \log(n+1) - 1$$

其最坏情况下的时间复杂度恰好达到该算法类时间复杂度的下界,没有算法能够比它的时

间复杂度更低,从而证明了二分检索算法是该算法类中效率最高的算法.

10.2 生成函数及其应用

生成函数是与序列相对应的形式幂级数,利用生成函数可以直接求解组合计数序列. 第 9 章已经遇到了一个生成函数的实例,就是棋盘多项式,它与给定棋盘的布棋方案数序列相对应. 这里将对生成函数的性质进一步加以分析,并给出更多的应用实例.

10.2.1 牛顿二项式定理与牛顿二项式系数

为了处理幂级数的需要,先引入牛顿二项式系数 $\binom{r}{n}$.

定义 10.5 设 r 为实数,n 为整数,引入形式符号

$$\binom{r}{n} = \begin{cases} 0 & n < 0 \\ 1 & n = 0 \\ \dfrac{r(r-1)\cdots(r-n+1)}{n!} & n > 0 \end{cases}$$

称为**牛顿二项式系数**.

例如:

$$\binom{-2}{5} = \frac{(-2)(-3)(-4)(-5)(-6)}{5!} = -6$$

$$\binom{1/2}{4} = \frac{\frac{1}{2}\left(\frac{1}{2}-1\right)\left(\frac{1}{2}-2\right)\left(\frac{1}{2}-3\right)}{4!} = \frac{1(-1)(-3)(-5)}{2^4 4!} = -\frac{5}{128}$$

$$\binom{4}{3} = \frac{4 \cdot 3 \cdot 2}{3!} = 4$$

表面上看,这个符号与二项式系数的符号一样,但是在这里它只是一个形式符号,不具有任何组合意义. 当 r 为自然数时,牛顿二项式系数就成为普通的二项式系数,这时才与集合的组合计数联系到一起.

和二项式定理对应,也有一个牛顿二项式定理,它恰好表示了某些函数的幂级数.

定理 10.6 牛顿二项式定理.

设 α 为实数,则对一切实数 $x, y, |x/y| < 1$,有

$$(x+y)^\alpha = \sum_{n=0}^{\infty} \binom{\alpha}{n} x^n y^{\alpha-n}, \quad \text{其中} \binom{\alpha}{n} = \frac{\alpha(\alpha-1)\cdots(\alpha-n+1)}{n!}$$

这个定理的证明可以在一般的数学分析书中找到,这里不再赘述. 当 $\alpha = m$ 时,其中 m 为正整数,这个定理就变成二项式定理(定理 8.5);若 $\alpha = -m$,那么

$$\binom{\alpha}{n} = \binom{-m}{n} = \frac{(-m)(-m-1)\cdots(-m-n+1)}{n!}$$

$$= \frac{(-1)^n m(m+1)\cdots(m+n-1)}{n!} = (-1)^n \binom{m+n-1}{n}$$

这时令 $x=z, y=1$，那么牛顿二项式定理就变成
$$(1+z)^{-m} = \frac{1}{(1+z)^m} = \sum_{n=0}^{\infty}(-1)^n\binom{m+n-1}{n}z^n \qquad |z|<1$$
在上面式子中用 $-z$ 代替 z，则有
$$(1-z)^{-m} = \frac{1}{(1-z)^m} = \sum_{n=0}^{\infty}\binom{m+n-1}{n}z^n \qquad |z|<1$$
特别地，
$$m=1, \quad \frac{1}{1-x} = 1+x+x^2+\cdots$$
$$m=2, \quad \frac{1}{(1-x)^2} = \sum_{n=0}^{\infty}(n+1)x^n$$
以上有关幂级数的结果在生成函数中经常会用到.

10.2.2 生成函数的定义及其性质

定义 10.6 设序列 $\{a_n\}$，构造形式幂级数
$$G(x) = a_0 + a_1 x + a_2 x^2 + \cdots + a_n x^n + \cdots$$
称 $G(x)$ 为序列 $\{a_n\}$ 的**生成函数**.

例如，$\{C(m,n)\}$ 的生成函数为 $(1+x)^m$，给定正整数 k，$\{k^n\}$ 的生成函数为
$$G(x) = 1+kx+k^2x^2+k^3x^3+\cdots = \frac{1}{1-kx}$$

下面给出生成函数的性质，其中 $A(x), B(x), C(x)$ 分别表示序列 $\{a_n\},\{b_n\},\{c_n\}$ 的生成函数.

(1) 若 $b_n = \alpha a_n$，α 为常数，则 $B(x) = \alpha A(x)$.

(2) 若 $c_n = a_n + b_n$，则 $C(x) = A(x) + B(x)$.

(3) 若 $c_n = \sum_{i=0}^{n} a_i b_{n-i}$，则 $C(x) = A(x) \cdot B(x)$.

(4) 若 $b_n = \begin{cases} 0 & n < l \\ a_{n-l} & n \geq l \end{cases}$，则 $B(x) = x^l A(x)$.

(5) 若 $b_n = a_{n+l}$，则 $B(x) = \dfrac{A(x) - \sum_{n=0}^{l-1} a_n x^n}{x^l}$.

(6) 若 $b_n = \sum_{i=0}^{n} a_i$，则 $B(x) = \dfrac{A(x)}{1-x}$.

(7) 若 $b_n = \sum_{i=n}^{\infty} a_i$，且 $A(1) = \sum_{n=0}^{\infty} a_i$ 收敛，则 $B(x) = \dfrac{A(1) - xA(x)}{1-x}$.

(8) 若 $b_n = \alpha^n a_n$，α 为常数，则 $B(x) = A(\alpha x)$.

(9) 若 $b_n = n a_n$，则 $B(x) = x A'(x)$，其中 $A'(x)$ 为 $A(x)$ 的导数.

(10) 若 $b_n = \dfrac{a_n}{n+1}$，则 $B(x) = \dfrac{1}{x} \int_0^x A(x) \mathrm{d}x$.

这里的性质涉及生成函数的线性性质、乘积性质、移位性质、求和性质、换元性质、微商与积分性质等,证明方法比较简单,只需将生成函数定义代入,利用幂级数的性质就可以证明上述结果. 有关证明留给读者思考.

生成函数与序列是一一对应的. 给定序列$\{a_n\}$或关于a_n的递推方程,如何求它的生成函数$G(x)$呢? 反之,给定生成函数$G(x)$,如何求对应序列的通项表达式a_n呢? 这些都是使用生成函数过程中经常遇到的问题,为了解决这些问题,除了利用生成函数的性质以外,还经常用到下述幂级数的展开式.

$$\frac{1}{1-x} = \sum_{n=0}^{\infty} x^n$$

$$\frac{1}{1+x} = \sum_{n=0}^{\infty} (-1)^n x^n$$

$$\begin{aligned}
(1+x)^{\frac{1}{2}} &= \sum_{k=0}^{\infty} \binom{1/2}{k} x^k = 1 + \sum_{k=1}^{\infty} \frac{\frac{1}{2}\left(\frac{1}{2}-1\right)\cdots\left(\frac{1}{2}-k+1\right)}{k!} x^k \\
&= 1 + \sum_{k=1}^{\infty} \frac{(-1)^{k-1} 1 \cdot 3 \cdot 5 \cdot \cdots \cdot (2k-3)}{2^k k!} x^k \\
&= 1 + \sum_{k=1}^{\infty} \frac{(-1)^{k-1} (2k-2)!}{2^k k! \cdot 2^{k-1}(k-1)!} x^k \\
&= 1 + \sum_{k=1}^{\infty} \frac{(-1)^{k-1}}{2^{2k-1} k} \binom{2k-2}{k-1} x^k
\end{aligned}$$

例 10.20 求序列$\{a_n\}$的生成函数.

(1) $a_n = 7 \cdot 3^n$.

(2) $a_n = n(n+1)$.

解 (1) $G(x) = 7 \sum_{n=0}^{\infty} 3^n x^n = 7 \sum_{n=0}^{\infty} (3x)^n = \frac{7}{1-3x}$.

(2) $G(x) = \sum_{n=0}^{\infty} n(n+1) x^n$.

对$G(x)$积分得

$$\int_0^x G(x) \mathrm{d}x = \int_0^x \sum_{n=0}^{\infty} n(n+1) x^n \mathrm{d}x = \sum_{n=0}^{\infty} n \int_0^x (n+1) x^n \mathrm{d}x$$

$$= \sum_{n=1}^{\infty} n x^{n+1} = x^2 \sum_{n=1}^{\infty} n x^{n-1} = x^2 H(x)$$

其中

$$H(x) = \sum_{n=1}^{\infty} n x^{n-1} = \sum_{n=0}^{\infty} (n+1) x^n$$

为求$H(x)$,先求右边级数的和. 为此进行积分,得

$$\int_0^x H(x) \mathrm{d}x = \sum_{n=0}^{\infty} x^{n+1} = \frac{1}{1-x} - 1 = \frac{x}{1-x}$$

$$H(x) = \frac{1}{1-x} - x \cdot \frac{-1}{(1-x)^2} = \frac{1}{(1-x)^2}$$

代入得
$$\int_0^x G(x)\,dx = \frac{x^2}{(1-x)^2}$$

对这个等式求导得到
$$G(x) = \left[\frac{x^2}{(1-x)^2}\right]' = \frac{2x}{(1-x)^2} + x^2(-2)\frac{-1}{(1-x)^3} = \frac{2x(1-x)+2x^2}{(1-x)^3} = \frac{2x}{(1-x)^3}$$

给定序列 $\{a_n\}$ 的生成函数，求 a_n. 基本方法就是利用部分分式的待定系数法将原来的函数化成基本生成函数的表达式之和，然后利用这些基本生成函数的展开式求出 a_n.

例 10.21 已知 $\{a_n\}$ 的生成函数为 $G(x) = \dfrac{2+3x-6x^2}{1-2x}$，求 a_n.

解 $G(x) = \dfrac{2+3x-6x^2}{1-2x} = \dfrac{2}{1-2x} + 3x = 2\sum_{n=0}^{\infty}(2x)^n + 3x = \sum_{n=0}^{\infty} 2^{n+1} x^n + 3x$

因此 $a_n = \begin{cases} 2^{n+1} & n \neq 1 \\ 2^2 + 3 = 7 & n = 1 \end{cases}$.

10.2.3 生成函数的应用

生成函数在组合问题中有着广泛的应用. 可以用生成函数求解递推方程，特别是某些不适合使用公式法和迭代归纳法的方程.

例 10.22 求解递推方程：
$$\begin{cases} h_n = \sum_{k=1}^{n-1} h_k h_{n-k} & n \geqslant 2 \\ h_1 = 1 \end{cases}$$

解 设 $\{h_n\}$ 的生成函数为 $H(x) = \sum_{n=1}^{\infty} h_n x^n$，两边平方得

$$H^2(x) = \sum_{k=1}^{\infty} h_k x^k \cdot \sum_{l=1}^{\infty} h_l x^l = \sum_{k=1}^{\infty}\sum_{l=1}^{\infty} h_k h_l x^{k+l}$$
$$= \sum_{n=2}^{\infty} x^n \sum_{k=1}^{n-1} h_k h_{n-k} = \sum_{n=2}^{\infty} h_n x^n$$
$$= H(x) - h_1 x = H(x) - x$$

这是一个关于 $H(x)$ 的一元二次方程，利用求根公式得到
$$H_1(x) = \frac{1+(1-4x)^{\frac{1}{2}}}{2}, \quad H_2(x) = \frac{1-(1-4x)^{\frac{1}{2}}}{2}$$

由于 $H(0)=0$，因此取 $H(x) = H_2(x)$. 将 $H(x)$ 展开得

$$H(x) = \frac{1-(1-4x)^{\frac{1}{2}}}{2} = \frac{1}{2} - \frac{1}{2}(1-4x)^{\frac{1}{2}}$$
$$= \frac{1}{2} - \frac{1}{2}\left[1 + \sum_{n=1}^{\infty} \frac{(-1)^{n-1}}{n 2^{2n-1}}\binom{2n-2}{n-1}(-4x)^n\right]$$
$$= \sum_{n=1}^{\infty} \frac{(-1)^n}{n 2^{2n}}\binom{2n-2}{n-1}(-1)^n 2^{2n} x^n$$

$$= \sum_{n=1}^{\infty} \frac{1}{n} \binom{2n-2}{n-1} x^n$$

因此 $h_n = \frac{1}{n} \binom{2n-2}{n-1}$.

以上递推方程是关于 Catalan 数的递推方程，通过求解这个方程，得到了第 n 个 Catalan 数的值 h_n. 关于 Catalan 数的定义和性质将在后面进一步讨论.

回顾例 8.18 关于栈输出结果的计数实例，通过使用非降路径的模型，得到 n 个元素的栈的不同输出的个数是 $\frac{1}{n+1}\binom{2n}{n}$，这个数恰好是第 $n+1$ 个 Catalan 数. 下面使用生成函数的方法求解这个问题.

考虑字符 $1,2,\cdots,n$，当某个字符 X 进栈时记录一个左括号"("，当 X 出栈时记录一个右括号")"，在这两个括号中间的字符就是在 X 之后进栈并且在 X 之前出栈的字符. 例如 (1(2(3))(4)) 表示的过程是：

1 进栈，2 进栈，3 进栈，3 出栈，2 出栈，4 进栈，4 出栈，1 出栈

每个输出序列对应于 n 对括号的合理配对的方法数. 由于进栈的次数不少于出栈次数，这就意味着在配对的任何位置，从左边算起，左括号的数目都不少于右括号的数目. 设 n 对括号的配对方法数是 $T(n)$，考虑与最左边的左括号配对的右括号的位置，在这对括号中间有 k 对其他括号，这 k 对括号有 $T(k)$ 种配对方法；而在这对括号的后面有 $n-1-k$ 对括号，这些括号的配对方法数是 $T(n-1-k)$. 因此，对于给定的 k，构成输出序列的方法数是 $T(k)T(n-1-k)$. 由于 k 可能的取值是 $0,1,2,\cdots,n-1$. 根据加法法则，可以得到如下递推方程：

$$\begin{cases} T(n) = \sum_{k=0}^{n-1} T(k) T(n-1-k) \\ T(0) = 1 \end{cases}$$

设序列 $\{T(n)\}$ 的生成函数是 $T(x)$，那么有 $T(x) = \sum_{n=0}^{\infty} T(n) x^n$，从而得到

$$T^2(x) = \Big(\sum_{k=0}^{\infty} T(k) x^k\Big)\Big(\sum_{l=0}^{\infty} T(l) x^l\Big) = \sum_{n=1}^{\infty} x^{n-1} \Big(\sum_{k=0}^{n-1} T(k) T(n-1-k)\Big)$$

$$= \sum_{n=1}^{\infty} T(n) x^{n-1} = \frac{T(x)-1}{x}$$

求解关于 $T(x)$ 的一元二次方程，得到 $2xT(x) = 1 \pm \sqrt{1-4x}$. 由于 $x \to 0$ 时，$T(x) \to 1$，取根为 $T(x) = \frac{1-\sqrt{1-4x}}{2x}$，展开成幂级数得

$$T(x) = \sum_{n=0}^{\infty} \frac{1}{n+1} \binom{2n}{n} x^n$$

因此，不同的输出个数为 $\frac{1}{n+1}\binom{2n}{n}$.

利用生成函数可以计算多重集的 r 组合数. 设

$$S = \{n_1 \cdot a_1, n_2 \cdot a_2, \cdots, n_k \cdot a_k\}$$

是多重集，S 的 r-组合数就是不定方程：
$$x_1+x_2+\cdots+x_k=r, \quad x_i\leqslant n_i, \quad i=1,2,\cdots,k$$
的非负整数解的个数. 考虑函数：
$$G(y)=(1+y+\cdots+y^{n_1})(1+y+\cdots+y^{n_2})\cdots(1+y+\cdots+y^{n_k})$$
的展开式中的项，应该是下述形式：$y^{x_1+x_2+\cdots+x_k}$，其中 x_i 是非负整数，且 $x_i\leqslant n_i$，$i=1,2,\cdots,k$. 因此展开式中 y^r 的系数，恰好是多重集 S 的 r-组合数.

例 10.23 求 $S=\{3\cdot a,4\cdot b,5\cdot c\}$ 的 10-组合数 N.

解 生成函数
$$\begin{aligned}G(y)&=(1+y+y^2+y^3)(1+y+y^2+y^3+y^4)(1+y+y^2+y^3+y^4+y^5)\\&=(1+2y+3y^2+4y^3+4y^4+3y^5+2y^6+y^7)(1+y+y^2+y^3+y^4+y^5)\\&=1+\cdots+3y^{10}+2y^{10}+y^{10}+\cdots\end{aligned}$$
其中 y^{10} 的系数是 6，因此 $N=6$.

从上面的分析可以看到，利用生成函数可以求不定方程的解的个数. 下面对**不定方程解的计数**问题（计数模型 4）进一步加以推广. 考虑不定方程：
$$x_1+x_2+\cdots+x_k=r, \quad x_i\text{ 为自然数}$$
根据定理 8.4，解的个数是 $C(k+r-1,r)$，下面通过生成函数的方法求解这个问题. 类似于上面的分析，生成函数为
$$\begin{aligned}G(y)&=(1+y+\cdots)^k=\frac{1}{(1-y)^k}\\&=\sum_{r=0}^{\infty}\frac{(-k)(-k-1)\cdots(-k-r+1)}{r!}(-y)^r\\&=\sum_{r=0}^{\infty}\frac{(-1)^r k(k+1)\cdots(k+r-1)}{r!}(-1)^r y^r\\&=\sum_{r=0}^{\infty}\binom{k+r-1}{r}y^r\end{aligned}$$
其中 y^r 的系数是 $N=C(k+r-1,r)$.

考虑对变量取值存在限制情况下的不定方程：
$$x_1+x_2+\cdots+x_k=r, \quad l_i\leqslant x_i\leqslant n_i, \quad i=1,2,\cdots,k$$
这时关于方程非负整数解的计数没有一般的公式，生成函数是
$$G(y)=(y^{l_1}+y^{l_1+1}+\cdots+y^{n_1})(y^{l_2}+y^{l_2+1}+\cdots+y^{n_2})\cdots(y^{l_k}+y^{l_k+1}+\cdots+y^{n_k})$$
$G(y)$ 的展开式中 y^r 的系数就是不定方程的解的个数.

对于某些不定方程，变量的系数不全是 1，而用其他正整数作为系数，即
$$p_1 x_1+p_2 x_2+\cdots+p_k x_k=r, \quad x_i\in\mathbf{N}, \quad p_1,p_2,\cdots,p_k \text{ 为正整数}$$
那么也可以使用生成函数的方法求解，对应的生成函数是
$$G(y)=(1+y^{p_1}+y^{2p_1}+\cdots)(1+y^{p_2}+y^{2p_2}+\cdots)\cdots(1+y^{p_k}+y^{2p_k}+\cdots)$$
$G(y)$ 的展开式中 y^r 的系数就是这个不定方程的解的个数.

最后需要说明的是，在不定方程既存在限制条件，同时系数也不全为 1 的情况下，也可以参照上面的方法写出对应的生成函数. 请看下面的例子.

例 10.24 有 1 克砝码 2 个，2 克砝码 1 个，4 克砝码 2 个，问能称出哪些重量，方案有

多少种？

解 根据题意列出不定方程如下：
$$x_1 + 2x_2 + 4x_3 = r$$
$$0 \leqslant x_1 \leqslant 2, \quad 0 \leqslant x_2 \leqslant 1, \quad 0 \leqslant x_3 \leqslant 2$$

对应的生成函数为
$$G(y) = (1 + y + y^2)(1 + y^2)(1 + y^4 + y^8)$$
$$= 1 + y + 2y^2 + y^3 + 2y^4 + y^5 + 2y^6 + y^7 + 2y^8 + y^9 + 2y^{10} + y^{11} + y^{12}$$

根据这个函数可以写出下面的表 10.1，其中重量表示可以称的重量，方案表示对于给定重量，可能的称重方案数。

表 10.1

重量	0	1	2	3	4	5	6	7	8	9	10	11	12
方案	1	1	2	1	2	1	2	1	2	1	2	1	1

使用生成函数可以求解**正整数拆分**的计数问题。这也是一个常用的组合计数模型（组合计数模型 5）。所谓正整数的拆分，就是将给定正整数 N 表示成若干个正整数之和。根据拆分后的组成部分是否允许重复、是否有序，可以将拆分问题划分成 4 类。表 10.2 给出了 3 的对应于不同分类的拆分方案。

表 10.2

是否重复	有　　序	无　　序
不重复	3＝3 3＝1+2 3＝2+1	3＝3 3＝1+2
重复	3＝3 3＝1+2 3＝2+1 3＝1+1+1	3＝3 3＝1+2 3＝1+1+1

下面考虑拆分问题的计数，首先考虑无序拆分。

设 N 是给定正整数，将 N 无序拆分成正整数 $a_1, a_2, \cdots, a_n$，则有等式
$$a_1 x_1 + a_2 x_2 + \cdots + a_n x_n = N$$

这个问题可以归结为不定方程的解的计数问题。如果拆分后的部分不允许重复，那么对应的生成函数是
$$G(y) = (1 + y^{a_1})(1 + y^{a_2}) \cdots (1 + y^{a_n})$$

如果允许重复，对应的生成函数是
$$G(y) = (1 + y^{a_1} + y^{2a_1} + \cdots)(1 + y^{a_2} + y^{2a_2} + \cdots) \cdots (1 + y^{a_n} + y^{2a_n} + \cdots)$$
$$= \frac{1}{(1 - y^{a_1})(1 - y^{a_2}) \cdots (1 - y^{a_n})}$$

例 10.25 证明任何正整数都可以唯一地表示成二进制数。

证明 设正整数为 N，不难看出，将 N 拆分成 2 的幂（$2^0, 2^1, 2^2, 2^3, \cdots$）且不允许重复的方案，恰好与 N 表示成一个二进制数的方法对应。因此，N 的二进制表示法的个数与上述拆分方案数相等。对任意正整数 n，n 的拆分方案数记为 a_n，根据前面的分析，拆分方案数的生成函数是
$$G(y) = (1 + y)(1 + y^2)(1 + y^4)(1 + y^8) \cdots$$

展开为

$$G(y) = \frac{1-y^2}{1-y} \frac{1-y^4}{1-y^2} \frac{1-y^8}{1-y^4} \cdots = \frac{1}{1-y} = \sum_{n=0}^{\infty} y^n$$

在上述幂级数中，由于每项的系数都是 1，因此对于所有的 n，$a_n = 1$，这就证明了正整数 N 只能表示成唯一的二进制数.

如果对正整数被拆分后的部分存在大小限制，那么可以使用生成函数计算拆分的方案数. 如果对拆分部分的数目加以限制，则不能直接写出相应的生成函数，但是可以使用组合对应的方法来解决这类问题.

例 10.26 给定 r，求将正整数 N 无序并允许重复地拆分成 k 个部分（$k \leqslant r$）的方法数.

解 考虑任意一个将 N 无序并允许重复地拆分成 k 个部分（$k \leqslant r$）的方案，可以用一个图来表示这个方案. 首先将被拆分后的部分按照从大到小的顺序排列. 例如对于下述拆分方案 $16 = 6 + 5 + 3 + 2$（$k \leqslant 4$），4 个部分的排列顺序是：6,5,3,2. 如图 10.6(a)所示，拆分后的每个数从左到右分别用一列点来表示，即第一列 6 个点，第二列 5 个点，第三列 3 个点，第四列 2 个点. 这个图称为 Ferrers 图. 由于数是从大到小排列的，因此左边的列上的点数不少于右边的列上的点数.

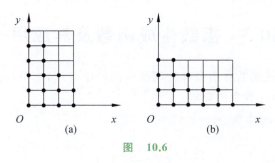

图 10.6

将 Ferrers 图看作一个直角坐标系，然后将它围绕 $y = x$ 的直线翻转 $180°$，就得到另一个共轭的 Ferrers 图，如图 10.6(b)所示. 这个图恰好对应了拆分后每个部分都不超过 4 的一种方案，即
$$16 = 4 + 4 + 3 + 2 + 2 + 1$$
因此，问题就转变为：求将 N 无序并允许重复地拆分且拆分后的每个数都不超过 r 的方案数. 对应的生成函数是
$$G(y) = \frac{1}{(1-y)(1-y^2) \cdots (1-y^r)}$$
$G(y)$ 的展开式中 y^N 的系数就是所需要的结果.

下面考虑有序拆分的计数问题.

定理 10.7 设 N 是正整数，将 N 允许重复地有序拆分成 r 个部分的方案数为 $C(N-1, r-1)$.

证明 设 $N = a_1 + a_2 + \cdots + a_r$ 是满足条件的拆分，则令
$$S_i = \sum_{k=1}^{i} a_i \qquad i = 1, 2, \cdots, r$$
那么

$$0 < S_1 < S_2 < \cdots < S_r = N$$

不难看出，拆分方案与这些 S_i 的选择方法是一一对应的. 下面计数对这些 S_i 有多少种不同的选择方法. 由于 $r-1$ 个 $S_i(i=1,2,\cdots,r-1)$ 取值于集合 $\{1,2,\cdots,N-1\}$，选择方法数是 $C(N-1,r-1)$.

根据这个定理，使用加法法则，不难得到下述推论.

推论 对正整数 N 做任意重复的有序拆分，方案数为 $\sum_{r=1}^{N}\binom{N-1}{r-1}=2^{N-1}$.

对于不允许重复的有序拆分问题，可以分两步处理. 先将 N 不允许重复进行无序拆分，对应的生成函数是

$$G(x)=(1+x)(1+x^2)\cdots(1+x^N)$$

$G(x)$ 中 x^N 的系数就是无序拆分的方案数. 针对每种无序的拆分方案，计数被拆分部分的全排列数，然后将所有的结果相加，就可以得到所求的拆分方案数.

以上用生成函数解决了多重集的 r-组合数、不定方程解的计数、正整数拆分方案的计数等问题. 除此之外，利用生成函数还可以证明组合恒等式. 限于篇幅，这里不再赘述，有兴趣的读者可以阅读相关的参考书.

10.3 指数生成函数及其应用

10.2 节已经看到生成函数在组合计数问题中的广泛应用，本节将进一步引入指数型生成函数，并讨论它在有序计数中的应用.

定义 10.7 设 $\{a_n\}$ 为序列，称

$$G_e(x)=\sum_{n=0}^{\infty}a_n\frac{x^n}{n!}$$

为 $\{a_n\}$ 的**指数生成函数**.

例 10.27 给定正整数 $m,a_n=P(m,n)$，则 $\{a_n\}$ 的指数生成函数为

$$G_e(x)=\sum_{n=0}^{\infty}P(m,n)\frac{x^n}{n!}=\sum_{n=0}^{\infty}\frac{m!}{n!(m-n)!}x^n=\sum_{n=0}^{\infty}\binom{m}{n}x^n=(1+x)^m$$

不难看出，$(1+x)^m$ 既是集合组合数序列 $\{C(m,n)\}$ 的普通生成函数，也是集合排列数序列 $\{P(m,n)\}$ 的指数生成函数.

例 10.28 设 $b_n=1$，则 $\{b_n\}$ 的指数生成函数为

$$G_e(x)=\sum_{n=0}^{\infty}\frac{x^n}{n!}=e^x$$

与普通生成函数类似，指数生成函数具有下述重要的性质.

设数列 $\{a_n\},\{b_n\}$ 的指数生成函数分别为 $A_e(x)$ 和 $B_e(x)$，则

$$A_e(x)\cdot B_e(x)=\sum_{n=0}^{\infty}c_n\frac{x^n}{n!}, \quad \text{其中 } c_n=\sum_{k=0}^{n}\binom{n}{k}a_k b_{n-k}$$

证明

$$\sum_{n=0}^{\infty}c_n\frac{x^n}{n!}=A_e(x)\cdot B_e(x)=\sum_{k=0}^{\infty}a_k\frac{x^k}{k!}\cdot\sum_{l=0}^{\infty}b_l\frac{x^l}{l!}$$

$$= \sum_{n=0}^{\infty} x^n \sum_{k=0}^{n} \frac{a_k}{k!} \cdot \frac{b_{n-k}}{(n-k)!} = \sum_{n=0}^{\infty} \frac{x^n}{n!} \sum_{k=0}^{n} \frac{a_k}{k!} \cdot \frac{n! \, b_{n-k}}{(n-k)!}$$

$$= \sum_{n=0}^{\infty} \frac{x^n}{n!} \sum_{k=0}^{n} \binom{n}{k} a_k b_{n-k}$$

因此 $c_n = \sum_{k=0}^{n} \binom{n}{k} a_k b_{n-k}$.

使用指数生成函数可以求解多重集的排列问题.

定理 10.8 设 $S = \{n_1 \cdot a_1, n_2 \cdot a_2, \cdots, n_k \cdot a_k\}$ 为多重集,则 S 的 r-排列数的指数生成函数为

$$G_e(x) = f_{n_1}(x) f_{n_2}(x) \cdots f_{n_k}(x)$$

其中

$$f_{n_i}(x) = 1 + x + \frac{x^2}{2!} + \cdots + \frac{x^{n_i}}{n_i!} \qquad i = 1, 2, \cdots, k$$

证明 考察上述指数生成函数展开式中 x^r 的项,它是由 k 个因式的乘积构成的,并具有下述形式:

$$\frac{x^{m_1}}{m_1!} \frac{x^{m_2}}{m_2!} \cdots \frac{x^{m_k}}{m_k!}$$

其中 $\frac{x^{m_i}}{m_i!}$ 来自 $f_{n_i}(x)$. 注意到 $m_1, m_2, \cdots, m_k$ 满足下述不定方程:

$$m_1 + m_2 + \cdots + m_k = r \tag{10.4}$$
$$0 \leqslant m_i \leqslant n_i, \quad i = 1, 2, \cdots, k$$

即

$$\frac{x^{m_1 + m_2 + \cdots + m_k}}{m_1! \, m_2! \cdots m_k!} = \frac{x^r}{r!} \frac{r!}{m_1! \, m_2! \cdots m_k!}$$

因此

$$a_r = \sum \frac{r!}{m_1! \, m_2! \cdots m_k!}$$

其中求和是对满足方程(10.4)的一切非负整数解来求. 一个非负整数解对应了 S 的一个子多重集 $\{m_1 \cdot a_1, m_2 \cdot a_2, \cdots, m_k \cdot a_k\}$,即 S 的一个 r 组合,而该组合的全排列数是 $\frac{r!}{m_1! m_2! \cdots m_k!}$,因此 a_r 代表了 S 的所有 r 排列数.

例 10.29 由 $1,2,3,4$ 组成的 5 位数中,要求 1 出现不超过 2 次,但不能不出现,2 出现不超过 1 次,3 出现至多 3 次,4 出现偶数次. 求这样的 5 位数个数.

解

$$G_e(x) = \left(\frac{x}{1!} + \frac{x^2}{2!}\right)(1+x)\left(1 + x + \frac{x^2}{2!} + \frac{x^3}{3!}\right)\left(1 + \frac{x^2}{2!} + \frac{x^4}{4!}\right)$$

$$= x + 5\frac{x^2}{2!} + 18\frac{x^3}{3!} + 64\frac{x^4}{4!} + 215\frac{x^5}{5!} + \cdots$$

$N = 215$

例 10.30 红、白、蓝涂色 $1 \times n$ 的方格,要求偶数个为白色,问有多少种方案?

解

$$G_e(x) = \left(1 + \frac{x^2}{2!} + \cdots\right)\left(1 + x + \frac{x^2}{2!} + \cdots\right)^2$$

$$= \frac{1}{2}(e^x + e^{-x})e^{2x}$$

$$= \frac{1}{2}e^{3x} + \frac{1}{2}e^x$$

$$= \frac{1}{2}\sum_{n=0}^{\infty} 3^n \frac{x^n}{n!} + \frac{1}{2}\sum_{n=0}^{\infty} \frac{x^n}{n!}$$

$$= \sum_{n=0}^{\infty} \frac{3^n + 1}{2} \frac{x^n}{n!}$$

$$a_n = \frac{3^n + 1}{2}$$

10.4　Catalan 数与 Stirling 数

有很多种重要的组合计数，如集合的排列数 $P(m,n)$、集合的组合数 $C(m,n)$、多重集合的全排列数、Fibonacci 数、Catalan 数、Stirling 数等. 这些计数广泛应用于各个领域的实际问题. 本节主要讨论 Catalan 数与 Stirling 数.

定义 10.8　给定一个凸 $n+1$ 边形，通过在内部不相交的对角线把它划分成三角形，不同的划分方案数称作 **Catalan 数**，记作 h_n.

例如 $h_4 = 5$，说明对一个五边形进行三角划分，共有 5 种不同的方案. 图 10.7 列出了这 5 种方案.

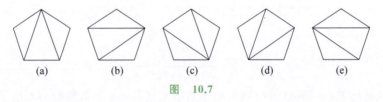

图 10.7

为确定 h_n，先要建立关于 h_n 的递推方程. 考虑 $n+1$ 条边的多边形，端点分别被标记为 $A_1, A_2, \cdots, A_{n+1}$. 将 $A_1 A_{n+1}$ 的边记为 a，作为三角形的底边. 选择底边以外的顶点 A_{k+1}（$k = 1, 2, \cdots, n-1$），那么底边 a，边 $A_{k+1}A_1$ 和 $A_{n+1}A_{k+1}$ 就构成三角形 T，T 将多边形划分成 R_1 和 R_2 两个部分，分别为 $k+1$ 边形和 $n-k+1$ 边形. 划分结果如图 10.8 所示. $k+1$ 边形 R_1 和 $n-k+1$ 边形 R_2 的三角划分方案数分别为 h_k 和 h_{n-k}，根据乘法法则和加法法则，$\sum_{k=1}^{n-1} h_k h_{n-k}$ 就是 $n+1$ 边形的划分方案总数. 因此，得到下面的递推方程：

$$\begin{cases} h_n = \sum_{k=1}^{n-1} h_k h_{n-k} & n \geq 2 \\ h_1 = 1 \end{cases}$$

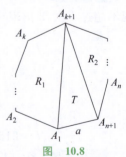

图 10.8

例 10.20 已经利用生成函数求解了这个递推方程,它的解是 $h_n = \dfrac{1}{n}\dbinom{2n-2}{n-1}$.

Catalan 数出现在许多组合计数问题中,如前面遇到的从 $(0,0)$ 点到 (n,n) 点除端点外不接触对角线的非降路径计数问题、堆栈输出序列的计数问题等. 除此之外,还有 n 个位置固定的数的乘法顺序的计数问题、圆周上 $2n$ 个点用不在内部相交的弦两两配对的方案的计数问题等,有兴趣的读者可以进一步阅读有关的参考书.

下面考虑第一类 Stirling 数.

定义 10.9 考虑多项式 $x(x-1)(x-2)\cdots(x-n+1)$ 的展开式:
$$S_n x^n - S_{n-1} x^{n-1} + S_{n-2} x^{n-2} - \cdots + (-1)^{n-1} S_1 x$$
将上述展开式中 x^r 的系数的绝对值 S_r 记作 $\begin{bmatrix} n \\ r \end{bmatrix}$,称为**第一类 Stirling 数**.

不难证明,第一类 Stirling 数满足下面的递推方程:
$$\begin{cases} \begin{bmatrix} n \\ r \end{bmatrix} = (n-1)\begin{bmatrix} n-1 \\ r \end{bmatrix} + \begin{bmatrix} n-1 \\ r-1 \end{bmatrix} & n > r \geqslant 1 \\ \begin{bmatrix} n \\ 0 \end{bmatrix} = 0, \quad \begin{bmatrix} n \\ 1 \end{bmatrix} = (n-1)! \end{cases}$$

证明 将等式
$$x(x-1)\cdots(x-n+2) = \begin{bmatrix} n-1 \\ n-1 \end{bmatrix} x^{n-1} - \begin{bmatrix} n-1 \\ n-2 \end{bmatrix} x^{n-2} + \cdots$$
代入下述等式后得到
$$x(x-1)\cdots(x-n+2)(x-n+1) = \left(\begin{bmatrix} n-1 \\ n-1 \end{bmatrix} x^{n-1} - \begin{bmatrix} n-1 \\ n-2 \end{bmatrix} x^{n-2} + \cdots\right)(x-n+1)$$
由于两边的 x^r 的系数应该相等,所以有
$$\begin{bmatrix} n \\ r \end{bmatrix} = (n-1)\begin{bmatrix} n-1 \\ r \end{bmatrix} + \begin{bmatrix} n-1 \\ r-1 \end{bmatrix}$$

下面计算两个初值. 根据第一类 Stirling 数的定义,不难得到 $\begin{bmatrix} n \\ 0 \end{bmatrix} = 0$. 为得到展开式中 x 的系数,除了乘积项中的第一项 x 之外,其他各项只能提供常数,即分别贡献 -1,$-2,\cdots,-(n-1)$. 如果不考虑正负号,这些项的乘积是 $(n-1)!$,因此 $\begin{bmatrix} n \\ 1 \end{bmatrix} = (n-1)!$.

第一类 Stirling 数的递推公式与 Pascal 公式具有类似的形式,可以使用类似于杨辉三角形的图示方法将上述递推公式用图形来表示.

除了上述递推公式外,可以证明第一类 Stirling 数还满足以下恒等式.

(1) $\begin{bmatrix} n \\ n \end{bmatrix} = 1$.

(2) $\begin{bmatrix} n \\ n-1 \end{bmatrix} = \dbinom{n}{2} = \dfrac{n(n-1)}{2}$.

(3) $\sum\limits_{r=1}^{n} \begin{bmatrix} n \\ r \end{bmatrix} = n!$.

其中前两个恒等式的证明比较简单,只需使用第一类 Stirling 数的定义. 第三个恒等式可以采用组合分析的方法,具体的组合计数模型将在第 14 章的习题解答中给出.

下面考虑第二类 Stirling 数,它是关于放球问题(组合计数模型 6)的组合计数.

定义 10.10　n 个不同的球恰好放到 r 个相同的盒子里的方法数称作**第二类 Stirling 数**,记作 $\begin{Bmatrix} n \\ r \end{Bmatrix}$.

例如,$\begin{Bmatrix} 4 \\ 2 \end{Bmatrix}=7$,下面给出这 7 种放球方案:

$a,b,c\mid d\quad a,c,d\mid b\quad a,b,d\mid c\quad b,c,d\mid a\quad a,b\mid c,d\quad a,c\mid b,d\quad a,d\mid b,c$

可以证明,第二类 Stirling 数满足下述递推方程:

$$\begin{cases} \begin{Bmatrix} n \\ r \end{Bmatrix} = r\begin{Bmatrix} n-1 \\ r \end{Bmatrix} + \begin{Bmatrix} n-1 \\ r-1 \end{Bmatrix} \\ \begin{Bmatrix} n \\ 0 \end{Bmatrix} = 0,\quad \begin{Bmatrix} n \\ 1 \end{Bmatrix} = 1 \end{cases}$$

证明　将 n 个不同的球恰好放到 r 个相同的盒子. 取球 a_1,把放球的方法如下进行分类:

若 a_1 单独放在 1 个盒子里,剩下的是对其他 $n-1$ 个球的放置问题,有 $\begin{Bmatrix} n-1 \\ r-1 \end{Bmatrix}$ 种方法.

若 a_1 与别的球放在同一盒子里,可以先把 $n-1$ 个球恰好放到 r 个盒子里,有 $\begin{Bmatrix} n-1 \\ r \end{Bmatrix}$ 种方法,然后把 a_1 插入到 r 个盒子中,有 r 种方法. 因此,总共有 $r\begin{Bmatrix} n-1 \\ r \end{Bmatrix}$ 种方法. 根据加法法则得到 $\begin{Bmatrix} n \\ r \end{Bmatrix} = r\begin{Bmatrix} n-1 \\ r \end{Bmatrix} + \begin{Bmatrix} n-1 \\ r-1 \end{Bmatrix}$.

根据第二类 Stirling 数的定义,不难得到 $\begin{Bmatrix} n \\ 0 \end{Bmatrix} = 0$,$\begin{Bmatrix} n \\ 1 \end{Bmatrix} = 1$.

第二类 Stirling 数的递推公式也可以采用图形表示. 图 10.9 给出了当 $n=5$ 时所有第二类 Stirling 数的值.

第二类 Stirling 数满足以下恒等式.

(1) $\begin{Bmatrix} n \\ 2 \end{Bmatrix} = 2^{n-1} - 1$.

(2) $\begin{Bmatrix} n \\ n-1 \end{Bmatrix} = \binom{n}{2}$.

(3) $\begin{Bmatrix} n \\ n \end{Bmatrix} = 1$.

(4) $\sum \binom{n}{n_1 n_2 \cdots n_m} = m!\begin{Bmatrix} n \\ m \end{Bmatrix}$,其中 $\sum$ 是对满足 $n_1 + n_2 + \cdots + n_m = n$ 的正整数解求和.

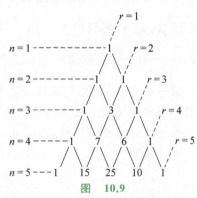

图 10.9

(5) $\sum_{k=1}^{m} \binom{m}{k} \left\{ {n \atop k} \right\} k! = m^n$.

(6) $\left\{ {n+1 \atop r} \right\} = \sum_{i=0}^{n} \binom{n}{i} \left\{ {i \atop r-1} \right\}$.

证明 (1) 将 n 个不同的球放到 2 个相同的盒子里. 先选定 1 个球, 比如是 a_1, 把它放在 1 个盒子里. 然后放剩下的 $n-1$ 个球, 每个球有 2 种选择, 总计 2^{n-1} 种放法. 但是, 这些球全落入 a_1 所在盒子的选法不符合要求, 所以要从中减去 1 种选法.

(2) 将 n 个不同的球恰好放到 $n-1$ 个相同的盒子里, 必有 1 个盒子含有 2 个球, 其余每个盒子 1 个球. 选择这两个球有 $\binom{n}{2}$ 种方法.

(3) 根据第二类 Stirling 数的定义可以直接得到.

(4) 使用组合分析的方法证明. 首先证明等式左边计数了 n 个不同的球恰好放到 m 个不同的盒子的方法. 当所有的 n_i 为正整数, 且 $n_1 + n_2 + \cdots + n_m = n$ 时, $\binom{n}{n_1 n_2 \cdots n_m}$ 对应了 n 个不同的球恰好放到 m 个不同盒子里, 并且使得第 1 个盒子含有 n_1 个球、第 2 个盒子含有 n_2 个球、……、第 m 个盒子含有 n_m 个球的方法数. 对所有满足上述条件的 n_1, $n_2, \cdots, n_m$, 通过对 $\binom{n}{n_1 n_2 \cdots n_m}$ 求和就得到 n 个不同的球恰好放到 m 个不同的盒子的方法数. 再看等式右边. 先把 n 个不同的球恰好放到 m 个相同的盒子, 有 $\left\{ {n \atop m} \right\}$ 种方法; 然后对盒子进行编号, 编号的方式有 $m!$ 种. 因此, $m! \left\{ {n \atop m} \right\}$ 也计数了 n 个不同的球恰好放到 m 个不同的盒子的方法.

(5) 由于每个球有 m 种可能的选择, 根据乘法法则, m^n 计数了 n 个不同的球放到 m 个不同的盒子并允许空盒的方法. 将这些方法按照含有球的盒子的个数 k 进行分类, 其中 $k = 1, 2, \cdots, m$. 对于给定的 k, 可以分步处理: 先从 m 个不同的盒子选出 k 个盒子, 选法有 $\binom{m}{k}$ 种. 然后将 n 个不同的球恰好放入这 k 个不同的盒子有 $\left\{ {n \atop k} \right\} k!$ 种方法. 因此根据乘法法则与加法法则, $\sum_{k=1}^{m} \binom{m}{k} \left\{ {n \atop k} \right\} k!$ 恰好计数了 n 个不同的球放到 m 个不同的盒子并允许空盒的方法.

(6) 等式左边计数了 $n+1$ 个不同的球恰好放入 r 个相同的盒子的方法. 先选定 1 个球, 比如是 a_1, 把它放在 1 个盒子里. 将其余 n 个球的放法根据剩下 $r-1$ 个盒子含有的球数 i 进行分类, $i = 0, 1, \cdots, r-1, r, \cdots, n$. 对于给定的 i, 先从 n 个不同的球中选出 i 个球, 有 $\binom{n}{i}$ 种选法. 然后将这 i 个球恰好放入 $r-1$ 个相同的盒子, 有 $\left\{ {i \atop r-1} \right\}$ 种放法. 这里要注意到, 当 $i < r-1$ 时, $\left\{ {i \atop r-1} \right\}$ 的值等于 0. 对 i 求和就得到 $n+1$ 个不同的球恰好放入 r 个相同的盒子的方法数.

第二类 Stirling 数来源于一个重要的组合计数问题——放球问题，这个问题可以按照球是否有区别、盒子是否有区别、是否允许空盒等约束条件划分成 8 种子类型，通过一一对应的技巧，可以使用放球问题的计数结果来求解其他组合计数问题．设有 n 个球，m 个盒子，下面将与放球问题相关的计数结果列在表 10.3.

表 10.3

球区别	盒区别	是否空盒	模　型	方　案　计　数
有	有	有	选取	m^n
有	有	无		$m!\begin{Bmatrix}n\\m\end{Bmatrix}$
有	无	有	放球子模型	$\sum_{k=1}^{m}\begin{Bmatrix}n\\k\end{Bmatrix}$
有	无	无		$\begin{Bmatrix}n\\m\end{Bmatrix}$
无	有	有	不定	$C(n+m-1,n)$
无	有	无	方程	$C(n-1,m-1)$
无	无	有	正整数拆分	$G(x)=\dfrac{1}{(1-x)(1-x^2)\cdots(1-x^m)}$，$x^n$ 系数
无	无	无		$G(x)=\dfrac{x^m}{(1-x)(1-x^2)\cdots(1-x^m)}$，$x^n$ 系数

下面考虑一个关系与函数的计数问题．

例 10.31　设 A, B 为集合，其中 $|A|=n$，$|B|=m$，问：

(1) 从 A 到 B 的关系有多少个？

(2) A 上关系有多少个？其中等价关系有多少个？

(3) 从 A 到 B 的函数有多少个？其中单射函数有多少个？满射函数有多少个？双射函数有多少个？

解　(1) $|A|=n$，$|B|=m$，从 A 到 B 的关系是 $A\times B$ 的子集，$|A\times B|=mn$，因此从 A 到 B 有 2^{mn} 个不同的二元关系．

(2) A 上的关系有 2^{n^2} 个．任何 A 上的等价关系都对应了 A 的划分．根据划分块的个数 k 将划分进行分类，其中 $k=1,2,\cdots,n$．具有 k 个划分块的划分相当于将 n 个不同的球恰好放入 k 个相同盒子的放球方案数，因此是第二类 Stirling 数 $\begin{Bmatrix}n\\k\end{Bmatrix}$，对 k 求和就得到所有的划分个数，也就是等价关系的个数．因此 $\sum_{k=1}^{n}\begin{Bmatrix}n\\k\end{Bmatrix}$ 是 A 上的等价关系个数．

(3) 从 A 到 B 的函数有 m^n 个，而一个单射函数对应于从 m 个元素中选 n 个元素的一种排列，因此单射函数有 $P(m,n)=m(m-1)\cdots(m-n+1)$ 个．下面考虑满射函数，将 m 个函数值考虑成 m 个不同的盒子，将 n 个自变量看作 n 个不同的球，将它们恰好放入 m 个不同的盒子，放球的方法数就是满射函数的个数，即 $m!\begin{Bmatrix}n\\m\end{Bmatrix}$．双射函数仅当 $m=n$ 的情况下成立,这时 $P(n,n)=n!\begin{Bmatrix}n\\n\end{Bmatrix}=n!$,因此恰好有 $n!$ 个双射函数.

习　题

10.1　设有递推方程 $L_n=L_{n-1}+L_{n-2}$, $n\geqslant 2$,且 $L_0=2$, $L_1=1$,求 $L_{2n+2}-(L_1+L_3+\cdots+L_{2n+1})$.

10.2　求解递推方程.

(1) $\begin{cases}a_n-7a_{n-1}+12a_{n-2}=0\\a_0=4,a_1=6\end{cases}$

(2) $\begin{cases}a_n+a_{n-2}=0\\a_0=0,a_1=2\end{cases}$

(3) $\begin{cases}a_n+6a_{n-1}+9a_{n-2}=3\\a_0=0,a_1=1\end{cases}$

(4) $\begin{cases}a_n-3a_{n-1}+2a_{n-2}=1\\a_0=4,a_1=6\end{cases}$

(5) $\begin{cases}a_n-7a_{n-1}+10a_{n-2}=3^n\\a_0=0,a_1=1\end{cases}$

10.3　求解下述递推方程.

(1) $\begin{cases}na_n+(n-1)a_{n-1}=2^n & n\geqslant 1\\a_0=273\end{cases}$

(2) $\begin{cases}a_n-na_{n-1}=n! & n\geqslant 1\\a_0=2\end{cases}$

10.4　已知方程 $C_0H_n+C_1H_{n-1}+C_2H_{n-2}=6$ 的解是 3^n+4^n+2,求 C_1.

10.5　求以凸 n 边形的顶点为顶点,以内部对角线为边的不同三角形的个数.

10.6　有 n 条封闭的曲线,两两相交于两点,并且任意 3 条都不交于一点,求这 n 条封闭曲线把平面划分成的区域个数.

10.7　某公司有 n 千万元可以用于对 a,b,c 这 3 个项目的投资.假设每年投资一个项目,投资的规则是:或者对 a 投资 1 千万元,或者对 b 投资 2 千万元,或者对 c 投资 2 千万元.问用完 n 千万元有多少种不同的方案?

10.8　求 n 位 0-1 串中相邻两位不出现 11 的串的个数.

10.9　一个质点在水平方向运动,每秒它走过的距离等于它前一秒走过距离的 2 倍.设质点的初始位置为 3,并设第一步走了 1 个单位长的距离.求第 t 秒质点的位置.

10.10　如图 10.10 所示,T 为有 $2n$ 个顶点的树,求 T 的所有点独立集(包含空集在内)的个数 I_n.

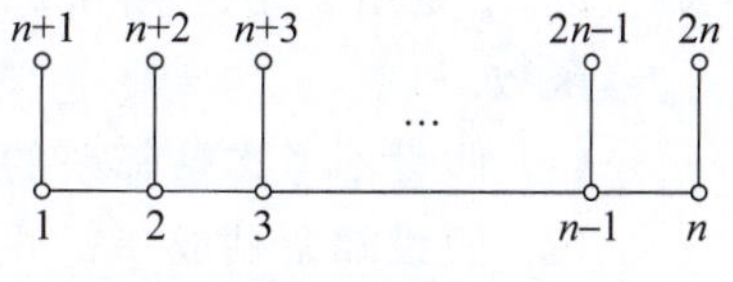

图　10.10

10.11　双 Hanoi 塔问题是 Hanoi 塔问题的一种推广,与 Hanoi 塔的不同点在于:$2n$ 个圆盘,分成大小不同的 n 对,每对圆盘完全相同.初始,这些圆盘按照从大到小的次序从下到上放在 A 柱上,最终要把它们全部移到 C 柱,移动的规则与 Hanoi 塔移动规则相同.

(1) 设计一个移动的算法.

(2) 计算你的算法所需要的移动次数.

10.12 设 A 是 n 个不相等的正整数构成的集合,其中 $n=2^k$,k 为正整数.考虑下述在 A 中找最大数和最小数的算法 MaxMin.先将 A 划分成相等的两个子集 A_1 与 A_2.用算法 MaxMin 递归地在 A_1 与 A_2 中找最大数与最小数.令 a_1 与 a_2 分别表示 A_1 与 A_2 中的最大数,b_1 与 b_2 分别表示 A_1 与 A_2 中的最小数,那么 $\max\{a_1,a_2\}$ 与 $\min\{b_1,b_2\}$ 就是所需要的结果.计算对于规模为 n 的输入,算法 Maxmin 最坏情况下所做的比较次数.

10.13 一个 $1\times n$ 的方格图形用红、蓝两色涂色每个方格,如果每个方格只能涂一种颜色,且不允许两个红格相邻,那么有多少种涂色方案?

10.14 已知数列 $\{a_n\}$ 的生成函数是 $A(x)=(1+x-x^2)/(1-x)$,求 a_n.

10.15 设数列 $\{a_n\}$,$\{b_n\}$,$\{c_n\}$ 的生成函数分别为 $A(x)$,$B(x)$,$C(x)$,其中 $a_n=0(n\geqslant 3)$,$a_0=1$,$a_1=3$,$a_2=2$;$c_n=5^n$,$n\in \mathbf{N}$.如果 $A(x)B(x)=C(x)$,求 b_n.

10.16 分别确定下述数列 $\{a_n\}$ 的生成函数,其中:

(1) $a_n=(-1)^n(n+1)$.

(2) $a_n=(-1)^n 2^n$.

(3) $a_n=n+5$.

(4) $a_n=\binom{n}{3}$.

10.17 证明生成函数的性质.

10.18 使用生成函数求解递推方程 $a_k=3a_{k-1}$,$k=1,2,3,\cdots$ 且初始条件 $a_0=2$.

10.19 把 15 个相同的动物玩具分给 6 个孩子,使得每个孩子至少得到 1 个但不超过 3 个,使用生成函数确定不同的分法数.

10.20 使用两个不同的信号在通信信道发送信息.传送一个信号需要 $2\mu s$,传送另一个信号需要 $3\mu s$.一个信息的每个信号紧跟着下一个信号.

(1) 设 a_n 是在 $n\mu s$ 可以发送的不同信号数,求与 a_n 有关的递推方程.

(2) 对于(1)的递推方程,初始条件是什么?

(3) 在 $12\mu s$ 内可以发送多少个不同的信息?

10.21 如果传送信号 A 要 $1\mu s$,传送信号 B 和 C 各需要 $2\mu s$,一个信息是字符 A,B 或 C 构成的有限长度的字符串(不考虑空串),那么在 $n\mu s$ 内可以传送多少个不同的信息?

10.22 设 a_r 是用 3 元、4 元和 20 元的邮票在邮件上贴满 r 元邮费的方式数.求 $\{a_r\}$ 的生成函数.

(1) 假设不考虑贴邮票的次序.

(2) 假设邮票贴成一行并且考虑贴的次序.

10.23 把 n 个苹果(n 为奇数)恰好分给 3 个孩子,如果第一个孩子和第二个孩子分的苹果数不相同,那么有多少种分法?

10.24 设 n 为自然数,求平面上由直线 $x+2y=n$ 与两个坐标轴所围成的直角三角形内

10.25 设三角形 ABC 的边长为整数,且 $AB+BC+AC$ 为奇数 $2n+1$,其中 n 为给定的正整数. 问这样的三角形有多少个?

10.26 设 Σ 是一个字母表且 $|\Sigma|=n>1$,a 和 b 是 Σ 中两个不同的字母. 求 Σ 上的 a 和 b 均出现的长为 $k>1$ 的字(或称为字符串)的个数.

10.27 冯·诺依曼邻居问题. 某种细胞的增长遵照下述规则,每一次增长都是在上次的图形外面增加一圈方格. 图 10.11 的 3 个图分别表示了初始格局及第 1 次、第 2 次增长后的细胞格局. 如果第 n 次增长后阴影部分的方格数记作 $T(n)$(即 n 阶冯·诺依曼邻居中的元胞数),列出关于 $T(n)$ 的递推方程及初值,求出 $T(n)$.

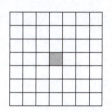 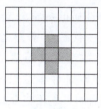 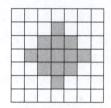

图 10.11

10.28 设多重集 $S=\{\infty\cdot a_1,\infty\cdot a_2,\infty\cdot a_3,\infty\cdot a_4\}$,$c_n$ 是 S 的满足以下条件的 n-组合数,且数列 $\{c_n\}$ 的生成函数为 $C(x)$,求 $C(x)$.

(1) 每个 a_i 出现奇数次,$i=1,2,3,4$.

(2) a_1 不出现,a_2 至多出现 1 次.

(3) 每个 a_i 至少出现 10 次.

10.29 分别确定下面数列 $\{a_n\}$ 的指数生成函数,其中:

(1) $a_n=n!$.

(2) $a_n=2^n\cdot n!$.

(3) $a_n=(-1)^n$.

10.30 一个 $1\times n$ 的方格图形用红、蓝、绿或橙色 4 种颜色涂色,如果有偶数个方格被涂成红色,还有偶数个方格被涂成绿色,那么有多少种涂色方案?

10.31 把 n 本不同的书分给 A,B,C,D 4 个人,使得 A 至少得 1 本,C 与 D 得到的书的数目同为奇数或者同为偶数,问这样的方法有多少种?

10.32 由 A,B,C,D,E,F 构成长度为 n 的序列,如果要求在排列中 A 与 B 出现的次数之和为偶数,那么这样的排列有多少个?

10.33 设 $A=\{1,2,\cdots,2n\}$,$B=\{1,2,\cdots,5\}$ 是有穷集. 现在构造从 A 到 B 的函数 $f:A\to B$,如果对于任意 $y\in\mathrm{ran}f$,都有 $|f^{-1}(y)|$ 等于偶数,其中 $f^{-1}(y)=\{x\mid x\in A\land f(x)=y\}$ 表示 y 的完全原像. 求满足上述条件的不同的函数 f 有多少个?

10.34 确定由 n 个奇数字组成并且 1 和 3 每个数字出现偶数次的数的个数.

10.35 证明:

$$\sum_{k=1}^{n}\left\{{n\atop k}\right\}x(x-1)\cdots(x-k+1)=x^n$$

10.36 把 5 项任务分给 4 个人,如果每个人至少得到 1 项任务,那么有多少种分配方法?

第 11 章

初等数论

数论是研究数的规律,特别是整数性质的数学分支.它非常古老,又始终充满青春活力.数论中的许多著名经典问题使一代又一代数学家为之倾心,激发出无数智慧的思想火花,哥德巴赫猜想就是最典型的代表.今天,数论不仅仍然是一个活跃的数学分支,而且在其他领域内,包括计算机科学与技术在内,发现了许多意想不到的应用,焕发出新的活力.

本章介绍初等数论的基本知识,在第 13 章还将介绍初等数论在计算机科学与技术中的几个应用.下面的讨论都在整数范围内进行.

11.1 素　　数

设 a,b 是两个整数,且 $b \neq 0$.如果存在整数 c 使 $a=bc$,则称 a 被 b 整除,或 b **整除** a,记作 $b|a$.此时,又称 a 是 b 的**倍数**,b 是 a 的**因子**.把 b 不整除 a 记作 $b \nmid a$.

例如,6 被 $\pm 1, \pm 2, \pm 3$ 和 ± 6 整除,6 有 8 个因子 $\pm 1, \pm 2, \pm 3$ 和 ± 6.由于正负因子是成对出现的,通常只考虑正因子.显然,任何正整数都有两个正因子:1 和它自己,称作它的**平凡因子**.除平凡因子之外的因子称作**真因子**.例如,2 和 3 是 6 的真因子.

设 a,b 是两个整数,且 $b \neq 0$,则存在唯一的整数 q 和 r,使
$$a = qb + r \qquad 0 \leqslant r < |b|$$
这个式子称作**带余除法**.记余数 $r = a \bmod b$.

例如,$15 = 3 \times 4 + 3$,$15 \bmod 4 = 3$;$-8 = -3 \times 3 + 1$,$-8 \bmod 3 = 1$;$10 = 5 \times 2 + 0$,$10 \bmod 2 = 0$.

显然,$b|a$ 当且仅当 $a \bmod b = 0$.

不难验证,整除有下述性质:

性质 11.1.1　如果 $a|b$ 且 $a|c$,则对任意的整数 x, y,有 $a|xb+yc$.

性质 11.1.2　如果 $a|b$ 且 $b|c$,则 $a|c$.

性质 11.1.3　设 $m \neq 0$,则 $a|b$ 当且仅当 $ma|mb$.

性质 11.1.4　如果 $a|b$ 且 $b|a$,则 $a = \pm b$.

性质 11.1.5　如果 $a|b$ 且 $b \neq 0$,则 $|a| \leqslant |b|$.

定义 11.1　如果正整数 a 大于 1 且只能被 1 和它自己整除,则称 a 是**素数**;如果 a 大于 1 且不是素数,则称 a 是**合数**.素数也称作**质数**.

例如,7 和 11 是素数,6 和 14 是合数.

合数与素数有下述性质：

性质 11.1.6 $a>1$ 是合数当且仅当 $a=bc$，其中 $1<b<a,1<c<a$.

性质 11.1.7 合数必有素数因子，即设 a 是一个合数，则存在素数 p，使得 $p\mid a$.

性质 11.1.8 如果 $d>1, p$ 是素数且 $d\mid p$，则 $d=p$.

性质 11.1.9 设 p 是素数且 $p\mid ab$，则必有 $p\mid a$ 或者 $p\mid b$.

更一般地，设 p 是一个素数且 $p\mid a_1 a_2 \cdots a_k$，则必存在 $1\leqslant i \leqslant k$，使得 $p\mid a_i$.

注意：当 d 不是素数时，$d\mid ab$ 不一定能推出 $d\mid a$ 或 $d\mid b$. 如，$6\mid 4\times 15$，但 $6\nmid 4$ 且 $6\nmid 15$.

根据性质 11.1.7，任何大于 1 的整数要么是素数，要么可以分解成素数的乘积. 这样的分解是唯一的，这就是下述算术基本定理，它表明素数是构成整数的"基本元素".

定理 11.1（算术基本定理） 设 $a>1$，则
$$a=p_1^{r_1} p_2^{r_2} \cdots p_k^{r_k}$$
其中，$p_1,p_2,\cdots,p_k$ 是不相同的素数，$r_1,r_2,\cdots,r_k$ 是正整数，并且在不计顺序的情况下，该表示是唯一的.

定理中的表达式称作整数 a 的**素因子分解**. 下面是几个整数的素因子分解：
$$30=2\times 3\times 5$$
$$117=3^2 \times 13$$
$$21\,560=2^3 \times 5\times 7^2 \times 11$$
$$71\,213=17\times 59\times 71$$
$$1024=2^{10}$$

设 a 可以素因子分解成定理中的形式，我们常说 a 含有 r_1 个 p_1, r_2 个 $p_2, \cdots$. 今后有时需要把表达式推广成更一般的形式：$r_1, r_2, \cdots, r_k$ 是非负整数，即 $r_1, r_2, \cdots, r_k$ 可以等于 0. 当 $r_i=0$ 时，a 实际上不含 p_i. 1 也可以表示成这种更一般的形式：所有的 $r_i=0$. 当然，这种推广的表达式不再有唯一性.

显然，a 的因子只能含有 a 中的素因子. 更准确地说，有下述推论.

推论 设 $a=p_1^{r_1} p_2^{r_2} \cdots p_k^{r_k}$，其中 $p_1,p_2,\cdots,p_k$ 是不相同的素数，$r_1,r_2,\cdots,r_k$ 是正整数，则正整数 d 为 a 的因子的充分必要条件是
$$d=p_1^{s_1} p_2^{s_2} \cdots p_k^{s_k}$$
其中 $0\leqslant s_i \leqslant r_i, i=1,2,\cdots,k$.

例 11.1 (1) 21 560 有多少个正因子？

(2) 10! 的二进制表示中从最低位数起有多少个连续的 0？

解 (1) 前面已有 $21\,560=2^3 \times 5\times 7^2 \times 11$. 由推论，21 560 的正因子的个数为 $4\times 2\times 3\times 2=48$.

(2) 10 以内的素数有 $2,3,5,7$. 对不超过 10 的合数作素因子分解：
$$4=2^2,\quad 6=2\times 3,\quad 8=2^3,\quad 9=3^2,\quad 10=2\times 5$$
得
$$10!=2^8 \times 3^4 \times 5^2 \times 7$$
故 10! 的二进制表示中从最低位数起有 8 个连续的 0.

现在要问：有无穷多个素数吗？回答是肯定的. 这是第 1 章中例 1.11 的推论. 为完整

起见,这里重新证明如下.

定理 11.2 有无穷多个素数.

证明 用反证法.假设只有有穷多个素数,设为 $p_1, p_2, \cdots, p_n$,令 $m = p_1 p_2 \cdots p_n + 1$. 显然,$p_i \nmid m$, $1 \leqslant i \leqslant n$. 因此,要么 m 本身是素数,要么存在大于 p_n 的素数整除 m,矛盾.

记 $\pi(n)$ 为小于或等于 n 的素数个数. 例如,$\pi(0) = \pi(1) = 0$, $\pi(2) = 1$, $\pi(3) = \pi(4) = 2$, $\pi(5) = 3$. $\pi(n)$ 描述了素数分布,表 11.1 表明 $\frac{n}{\ln n}$ 是 $\pi(n)$ 的很好近似. 关于 $\pi(n)$ 与 $\frac{n}{\ln n}$ 的关系有下述定理,定理的证明超出了本书的范围.

表 11.1

n	10^3	10^4	10^5	10^6	10^7
$\pi(n)$	168	1229	9592	78 498	664 579
$\frac{n}{\ln n}$	145	1086	8686	72 382	620 421
$\frac{\pi(n)}{n/\ln n}$	1.159	1.132	1.104	1.085	1.071

定理 11.3 当 $n \geqslant 67$ 时,

$$\ln n - \frac{3}{2} \leqslant \frac{n}{\pi(n)} \leqslant \ln n - \frac{1}{2}$$

由上述定理可得到下述结论.

推论(素数定理)

$$\lim_{n \to +\infty} \frac{\pi(n)}{n/\ln n} = 1$$

检查一个正整数是否是素数称作素数测试.素数测试不仅有重大的理论价值,而且在密码学中有十分重要的应用.根据性质 11.1.6,任给一个正整数 a,只要对所有的 $1 < b < a$,检查 $b \mid a$ 是否成立,就能判断 a 是否是素数.下述定理可以明显地改进这个算法.

定理 11.4 如果 a 是一个合数,则 a 必有一个小于或等于 $\sqrt{a}$ 的真因子.

证明 由性质 11.1.6,$a = bc$,其中 $1 < b < a$,$1 < c < a$. 显然,b 和 c 中必有一个小于或等于 $\sqrt{a}$. 否则,$bc > (\sqrt{a})^2 = a$,矛盾.

推论 如果 a 是一个合数,则 a 必有一个小于或等于 $\sqrt{a}$ 的素因子.

证明 由定理,a 有小于或等于 $\sqrt{a}$ 的真因子 b. 如果 b 是素数,则结论成立. 如果 b 是合数,由性质 11.1.7 和性质 11.1.5 得知,b 有素因子 $p < b \leqslant \sqrt{a}$. 根据性质 11.1.2,p 也是 a 的因子,结论也成立.

例 11.2 判断 157 和 161 是否是素数.

解 $\sqrt{157}$ 和 $\sqrt{161}$ 都小于 13,根据定理 11.4 的推论,只需检查它们是否有小于 13 的素因子. 小于 13 的素数有:2, 3, 5, 7, 11. 检查结果如下:

$2 \nmid 157$, $3 \nmid 157$, $5 \nmid 157$, $7 \nmid 157$, $11 \nmid 157$, 结论:157 是素数.

$2 \nmid 161$, $3 \nmid 161$, $5 \nmid 161$, $7 \mid 161$ ($161 = 7 \times 23$),结论:161 是合数.

10 以内的素数是 2,3,5,7,用它们除 100 以内大于 10 的数,删去所有能被它们整除的数,剩下的(含 2,3,5,7 在内)就是 100 以内的所有素数. 如表 11.2 所示,其中画有 \、/、—、× 的数分别表示能被 2,3,5,7 整除的数. 最后剩下 2,3,5,7,11,13,17,19,23,29,31,37,41,43,47,53,59,61,67,71,73,79,83,89 和 97. 这 25 个数就是 100 以内的全部素数. 再用这 25 个素数除 $100^2=10\,000$ 以内大于 100 的数,删去所有能被它们整除的数,就可以得到 10 000 以内的所有素数. 重复这个做法可以得到任意给定的正整数以内的所有素数. 这个方法称作**埃拉托斯特尼**(Eratosthene)**筛法**.

表 11.2

①	2	3	④	5	⑥	7	⑧	⑨	⑩
11	1̸2̸	13	1̸4̸	1̸5̸	1̸6̸	17	1̸8̸	19	2̸0̸
2̸1̸	2̸2̸	23	2̸4̸	2̸5̸	2̸6̸	2̸7̸	2̸8̸	29	3̸0̸
31	3̸2̸	3̸3̸	3̸4̸	3̸5̸	3̸6̸	37	3̸8̸	3̸9̸	4̸0̸
41	4̸2̸	43	4̸4̸	4̸5̸	4̸6̸	47	4̸8̸	4̸9̸	5̸0̸
5̸1̸	5̸2̸	53	5̸4̸	5̸5̸	5̸6̸	5̸7̸	5̸8̸	59	6̸0̸
61	6̸2̸	6̸3̸	6̸4̸	6̸5̸	6̸6̸	67	6̸8̸	6̸9̸	7̸0̸
71	7̸2̸	73	7̸4̸	7̸5̸	7̸6̸	7̸7̸	7̸8̸	79	8̸0̸
81	8̸2̸	83	8̸4̸	8̸5̸	8̸6̸	87	8̸8̸	89	9̸0̸
9̸1̸	9̸2̸	93	9̸4̸	95	9̸6̸	97	9̸8̸	9̸9̸	1̸0̸0̸

人们一直在寻找更大的素数. 近代已知的最大素数差不多总是形如 2^n-1 的数. 当 n 是合数时,2^n-1 一定是合数. 设 $n=ab$,其中 $a>1$,$b>1$,有

$$2^{ab}-1=(2^a-1)(2^{a(b-1)}+2^{a(b-2)}+\cdots+2^a+1)$$

当 n 为素数时,$2^2-1=3$,$2^3-1=7$,$2^5-1=31$,$2^7-1=127$ 都是素数,而 $2^{11}-1=2047=23\times89$ 是合数. 设 p 为素数,称形如 2^p-1 的数为**梅森**(Mersenne)**数**. 到 2013 年年初共找到 48 个梅森素数,最大的梅森素数是 $2^{57\,885\,161}-1$,这个数超过 1700 万位.

11.2 最大公约数与最小公倍数

设 a 和 b 是两个整数,如果 $d\mid a$ 且 $d\mid b$,则称 d 是 a 与 b 的**公因子**,或**公约数**. 除 0 之外,任何整数只有有限个因子. 因而,两个不全为 0 的整数只有有限个公因子,其中最大的称作最大公因子,或最大公约数.

定义 11.2 设 a 和 b 是两个不全为 0 的整数,称 a 与 b 的公因子中最大的为 a 与 b 的**最大公因子**,或**最大公约数**,记作 $\gcd(a,b)$.

例如,12 与 18 的正公约数有 1,2,3 和 6,故 $\gcd(12,18)=6$.

设 a 和 b 是两个非零整数,如果 $a\mid m$ 且 $b\mid m$,则称 m 是 a 与 b 的**公倍数**. a 与 b 有无穷多个公倍数,其中最小的正公倍数称作最小公倍数.

定义 11.3 设 a 和 b 是两个非零整数,称 a 与 b 的最小正公倍数为 a 与 b 的**最小公倍数**,记作 $\mathrm{lcm}(a,b)$.

例如,12 与 18 的正公倍数有 36,72,108 等,故 $\mathrm{lcm}(12,18)=36$.

显然,对任意的正整数 a,$\gcd(0,a)=a$,$\gcd(1,a)=1$,$\mathrm{lcm}(1,a)=a$.

根据定义,最大公约数和最小公倍数有下述性质.

定理 11.5 (1) 若 $a|m, b|m$, 则 $\mathrm{lcm}(a,b)|m$.

(2) 若 $d|a, d|b$, 则 $d|\gcd(a,b)$.

证明 (1) 记 $M=\mathrm{lcm}(a,b)$, 设 $m=qM+r$, $0\leqslant r<M$.
根据性质 11.1.1, 由 $a|m, a|M$, 及 $r=m-qM$, 可推出 $a|r$. 同理, 有 $b|r$. 即 r 是 a 和 b 的公倍数. 根据最小公倍数的定义, 必有 $r=0$. 得证 $M|m$.

(2) 记 $D=\gcd(a,b)$, 令 $m=\mathrm{lcm}(d,D)$. 若 $m=D$, 自然有 $d|D$, 结论成立. 否则 $m>D$, 注意到 $d|a, D|a$, 由(1), 得 $m|a$. 同理, $m|b$. 即 m 是 a 和 b 的公因子, 与 D 是 a 和 b 的最大公约数矛盾.

可以利用整数的素因子分解, 求最大公约数和最小公倍数. 设
$$a = p_1^{r_1} p_2^{r_2} \cdots p_k^{r_k}, \quad b = p_1^{s_1} p_2^{s_2} \cdots p_k^{s_k}$$
其中 $p_1, p_2, \cdots, p_k$ 是不同的素数, $r_1, r_2, \cdots, r_k, s_1, s_2, \cdots, s_k$ 是非负整数. 则
$$\gcd(a,b) = p_1^{\min(r_1,s_1)} p_2^{\min(r_2,s_2)} \cdots p_k^{\min(r_k,s_k)}$$
$$\mathrm{lcm}(a,b) = p_1^{\max(r_1,s_1)} p_2^{\max(r_2,s_2)} \cdots p_k^{\max(r_k,s_k)}$$

例 11.3 求 150 和 168 的最大公约数和最小公倍数.

解 对 150 和 168 进行素因子分解:
$$150 = 2\times 3\times 5^2, \quad 168 = 2^3 \times 3 \times 7$$
可把它们写成
$$150 = 2^1 \times 3^1 \times 5^2 \times 7^0, \quad 168 = 2^3 \times 3^1 \times 5^0 \times 7^1$$
于是有
$$\gcd(150,168) = 2^1 \times 3^1 \times 5^0 \times 7^0 = 6$$
$$\mathrm{lcm}(150,168) = 2^3 \times 3^1 \times 5^2 \times 7^1 = 4200$$

求最大公约数的常用方法是辗转相除法. 它是基于下述定理构造的.

定理 11.6 设 $a=qb+r$, 其中 a,b,q,r 都是整数, 则 $\gcd(a,b) = \gcd(b,r)$.

证明 只需证 a 与 b 和 b 与 r 有相同的公因子. 设 d 是 a 与 b 的公因子, 即 $d|a$ 且 $d|b$. 注意到 $r=a-qb$, 由性质 11.1.1, 有 $d|r$. 从而 $d|b$ 且 $d|r$, 即 d 也是 b 与 r 的公因子. 反之一样, 设 d 是 b 与 r 的公因子, 即 $d|b$ 且 $d|r$. 注意到 $a=qb+r$, 故有 $d|a$. 从而 $d|a$ 且 $d|b$, 即 d 也是 a 与 b 的公因子.

设整数 a,b, 且 $b\neq 0$. 做带余除法
$$a = q_1 b + r_2 \quad 0\leqslant r_2 < |b|$$
若 $r_2>0$, 再对 b 和 r_2 做带余除法, 得
$$b = q_2 r_2 + r_3 \quad 0\leqslant r_3 < r_2$$
重复上述过程. 由于 $|b|>r_2>r_3>\cdots\geqslant 0$, 必存在 k 使 $r_{k+1}=0$. 于是有
$$a = q_1 b + r_2 \quad 1\leqslant r_2 < |b|$$
$$b = q_2 r_2 + r_3 \quad 1\leqslant r_3 < r_2$$
$$r_2 = q_3 r_3 + r_4 \quad 1\leqslant r_4 < r_3$$
$$\vdots \qquad \qquad \vdots$$
$$r_{k-2} = q_{k-1} r_{k-1} + r_k \quad 1\leqslant r_k < r_{k-1}$$
$$r_{k-1} = q_k r_k$$

①

根据定理 11.6,有
$$\gcd(a,b)=\gcd(b,r_2)=\cdots=\gcd(r_{k-1},r_k)=r_k$$
这就是**辗转相除法**,又称作**欧几里得(Euclid)算法**.

定理 11.7 设 a 和 b 不全为 0,则存在整数 x 和 y 使得 $\gcd(a,b)=xa+yb$.

证明 记 $a=r_0,b=r_1$,①式可写成
$$r_i=q_{i+1}r_{i+1}+r_{i+2} \qquad i=0,1,\cdots,k-2$$
$$r_{k-1}=q_k r_k$$
其中 $\gcd(a,b)=r_k$. 把上式改写成
$$r_i=r_{i-2}-q_{i-1}r_{i-1} \qquad i=2,3,\cdots,k$$
从后向前逐个回代,就可将 r_k 表示成 a 和 b 的线性组合.

记 $x_{k-1}=1, y_{k-1}=-q_{k-1}$,把最后一式写成
$$r_k = x_{k-1}r_{k-2} + y_{k-1}r_{k-1}$$
一般地,设 $r_k=x_i r_{i-1}+y_i r_i$,代入 r_i 有
$$r_k = x_i r_{i-1} + y_i(r_{i-2}-q_{i-1}r_{i-1})$$
$$= y_i r_{i-2} + (x_i - q_{i-1}y_i)r_{i-1}$$
得
$$x_{i-1}=y_i, \quad y_{i-1}=x_i-q_{i-1}y_i, \quad i=k-1,k-2,\cdots,2$$
取 $x=x_1, y=y_1$,得 $r_k=xa+yb$.

例 11.4 求 210 与 715 的最大公因子 d,并把 d 表示成 210 和 715 的线性组合,即求整数 x 和 y 使 $d=210x+715y$.

解 用辗转相除法,有
$$715=3\times 210+85$$
$$210=2\times 85+40$$
$$85=2\times 40+5$$
$$40=8\times 5$$
得
$$\gcd(715,210)=5$$
由上面的式子,又有
$$5=85-2\times 40$$
$$=85-2\times(210-2\times 85)$$
$$=5\times 85-2\times 210$$
$$=5\times(715-3\times 210)-2\times 210$$
$$=-17\times 210+5\times 715$$

定义 11.4 如果 $\gcd(a,b)=1$,则称 a 和 b **互素**.

如果整数 $a_1,a_2,\cdots,a_n$ 中的任意两个都互素,则称它们**两两互素**.

例如,4 和 15 互素,4,9,11,35 两两互素,而 9 和 12 不互素.

定理 11.8 整数 a 和 b 互素的充分必要条件是存在整数 x 和 y 使得 $xa+yb=1$.

证明 必要性可由定理 11.7 得到.

充分性. 设 $xa+yb=1$, x 和 y 是整数. 又设 $d>0$ 是 a 和 b 的公因子, 由性质 11.1.1, $d|xa+yb$, 即 $d|1$. 再由性质 11.1.5, 必有 $d=1$, 得证 a 和 b 互素.

例 11.5 设 $a|c, b|c$, 且 a 与 b 互素, 则 $ab|c$.

证明 根据定理 11.8, 存在整数 x, y, 使 $xa+yb=1$. 两边同乘以 c, 得 $cxa+cyb=c$. 又由 $a|xa$ 和 $b|c$, 可得 $ab|cxa$. 同理, $ab|cyb$. 于是, 有 $ab|cxa+cyb$, 即 $ab|c$.

11.3 同 余

定义 11.5 设 m 是正整数, a 和 b 是整数. 如果 $m|a-b$, 则称 **a 模 m 同余于 b**, 或 a 与 b 模 m 同余, 记作 $a \equiv b \pmod{m}$. 如果 a 与 b 模 m 不同余, 则记作 $a \not\equiv b \pmod{m}$.

不难验证, 下述两条都是 a 与 b 模 m 同余的充分必要条件:

(1) a 与 b 除以 m 的余数相同, 即 $a \bmod m = b \bmod m$.

(2) $a = b + km$, 其中 k 是整数.

例如, $15 \equiv 3 \pmod 4$, $16 \equiv 0 \pmod 4$, $14 \equiv -2 \pmod 4$, $15 \not\equiv 16 \pmod 4$.

同余具有下述性质:

性质 11.3.1 同余关系是等价关系, 即同余关系具有

(i) 自反性. $a \equiv a \pmod m$.

(ii) 传递性. $a \equiv b \pmod m, b \equiv c \pmod m \Rightarrow a \equiv c \pmod m$.

(iii) 对称性. $a \equiv b \pmod m \Rightarrow b \equiv a \pmod m$.

由传递性, 常把 $a_1 \equiv a_2 \pmod m, a_2 \equiv a_3 \pmod m, \cdots, a_{k-1} \equiv a_k \pmod m$ 缩写成 $a_1 \equiv a_2 \equiv \cdots \equiv a_k \pmod m$.

性质 11.3.2 模算术运算 若 $a \equiv b \pmod m$, $c \equiv d \pmod m$, 则
$$a \pm c \equiv b \pm d \pmod m, \quad ac \equiv bd \pmod m, \quad a^k \equiv b^k \pmod m$$
其中 k 是非负整数.

性质 11.3.3 设 $d \geqslant 1, d|m$, 则 $a \equiv b \pmod m \Rightarrow a \equiv b \pmod d$.

性质 11.3.4 设 $d \geqslant 1$, 则 $a \equiv b \pmod m \Leftrightarrow da \equiv db \pmod{dm}$.

性质 11.3.5 设 c 与 m 互素, 则 $a \equiv b \pmod m \Leftrightarrow ca \equiv cb \pmod m$.

上述性质的证明留给读者(见习题 11.31～习题 11.33).

整数 a 在模 m 同余关系下的等价类记作 $[a]_m$, 称作 a 的**模 m 等价类**. 在不会引起混淆的情况下, 可略去下标 m, 简记作 $[a]$. 把整数集 $\mathbf{Z}$ 在模 m 同余关系下的商集记作 $\mathbf{Z}_m$. 根据性质 11.3.2, 可以在 $\mathbf{Z}_m$ 上定义加法和乘法如下: 对任意的整数 a, b,
$$[a]+[b]=[a+b], \quad [a] \cdot [b] = [ab]$$

例 11.6 写出 $\mathbf{Z}_5$ 的全部元素以及 $\mathbf{Z}_5$ 上的加法表和乘法表.

解 $\mathbf{Z}_5 = \{[0], [1], [2], [3], [4]\}$, 其中 $[i] = \{5k+i | k \in \mathbf{Z}\}$, $i=0,1,2,3,4$. 加法表和乘法表分别如表 11.3 和表 11.4 所示.

表 11.3

+	[0]	[1]	[2]	[3]	[4]
[0]	[0]	[1]	[2]	[3]	[4]
[1]	[1]	[2]	[3]	[4]	[0]
[2]	[2]	[3]	[4]	[0]	[1]
[3]	[3]	[4]	[0]	[1]	[2]
[4]	[4]	[0]	[1]	[2]	[3]

表 11.4

·	[0]	[1]	[2]	[3]	[4]
[0]	[0]	[0]	[0]	[0]	[0]
[1]	[0]	[1]	[2]	[3]	[4]
[2]	[0]	[2]	[4]	[1]	[3]
[3]	[0]	[3]	[1]	[4]	[2]
[4]	[0]	[4]	[3]	[2]	[1]

例 11.7 3^{455} 的个位数是多少？

解 设 3^{455} 的个位数为 x，则 $3^{455} \equiv x \pmod{10}$. 由 $3^4 \equiv 1 \pmod{10}$ 和性质 11.3.2，有
$$3^{455} = 3^{4 \times 113 + 3} \equiv 3^3 \equiv 7 \pmod{10}$$
故 3^{455} 的个位数是 7.

例 11.8 日期的星期数.

如何计算 y 年 m 月 d 日是星期几？为方便起见，用 $0,1,\cdots,6$ 分别表示星期日、星期一、星期二、……、星期六，称作星期数. 整百年的年份，即 $100C$ 的年份称作世纪年，C 称作该世纪年的世纪数. 如 2000 年是世纪年，其世纪数为 20.

现在世界上通用的历法（阳历）是教皇格里高利十三世于 1582 年制定的，采用下述闰年规则：除世纪年外，每 4 年一个闰年，年数能被 4 整除的年为闰年，如 1840 年、1996 年和 2004 年是闰年. 世纪数不能被 4 整除的世纪年不是闰年，如 1700 年、1800 年、1900 年和 2100 年不是闰年. 而世纪数能被 4 整除的世纪年仍为闰年，如 1600 年、2000 年和 2400 年是闰年. 平年一年为 365 天，2 月有 28 天；闰年一年为 366 天，2 月有 29 天.

由于 2 月有 28 天或 29 天，为计算方便，从 3 月 1 日开始算起，或者说，把 3 月看作第 1 月，12 月看作第 10 月，下一年的 1 月看作第 11 月，下一年 2 月看作第 12 月. 于是，y 年 m 月 d 日现在变成 Y 年 M 月 d 日，其中 $M = (m-3) \bmod 12 + 1$，$Y = y - \lfloor M/11 \rfloor$.

由于 $365 \equiv 1 \pmod{7}$，3 月 1 日的星期数每过一个平年加 1，每过一个闰年还要多加一个 1（都是在模 7 下运算）. 设 1600 年 3 月 1 日的星期数为 w_{1600}，y 年 3 月 1 日（Y 年 1 月 1 日）的星期数为 w_Y. 设 $y = Y = 100C + X$，从 1600 年到 Y 年要经过 $(100C + X - 1600)$ 年，星期数应加
$$100C + X - 1600 \equiv 2C + X + 3 \pmod{7}$$
每 4 年一个闰年，有
$$\lfloor (100C + X - 1600)/4 \rfloor = 25C + \lfloor X/4 \rfloor - 400$$
个闰年. 考虑到世纪年，应从这个数中减去 $(C-16)$，再加上 $\lfloor (C-16)/4 \rfloor = \lfloor C/4 \rfloor - 4$. 因此
$$w_Y \equiv w_{1600} + (2C + X + 3) + (25C + \lfloor X/4 \rfloor - 400) - (C - 16) + (\lfloor C/4 \rfloor - 4)$$
$$\equiv w_{1600} - 2C + X + \lfloor X/4 \rfloor + \lfloor C/4 \rfloor \pmod{7}$$
已知 2004 年 3 月 1 日是星期一，代入上式有
$$1 \equiv w_{1600} - 2 \times 20 + 4 + \lfloor 4/4 \rfloor + \lfloor 20/4 \rfloor$$
$$\equiv w_{1600} + 5 \pmod{7}$$
得 $w_{1600} = 3$，即 1600 年 3 月 1 日是星期三. 于是得到
$$w_Y \equiv 3 - 2C + X + \lfloor X/4 \rfloor + \lfloor C/4 \rfloor \pmod{7} \qquad ①$$

接下来计算从当年 3 月 1 日到每个月 1 号的天数. 除每个月加 30 天外，由于 3,5,7,8,

10,12,1 月有 31 天,应另外加的天数 z 如表 11.5 所示.

表 11.5

M	1	2	3	4	5	6	7	8	9	10	11	12
z	0	1	1	2	2	3	4	4	5	5	6	7

z 可表示成

$$z = \begin{cases} \lfloor M/2 \rfloor & 1 \leqslant M \leqslant 6 \\ \lfloor (M+1)/2 \rfloor & 7 \leqslant M \leqslant 11 \\ \lfloor (M+1)/2 \rfloor + 1 & M = 12 \end{cases}$$
$$= \lfloor (M + \lfloor M/7 \rfloor)/2 \rfloor + \lfloor M/12 \rfloor$$

因此,M 月 d 日的星期数应在 w_Y 上加

$$30(M-1) + \lfloor (M + \lfloor M/7 \rfloor)/2 \rfloor + \lfloor M/12 \rfloor + d - 1$$
$$\equiv 2M + \lfloor (M + \lfloor M/7 \rfloor)/2 \rfloor + \lfloor M/12 \rfloor + d - 3 \pmod{7} \qquad ②$$

最后,将①、②两式合并,得到 y 年 m 月 d 日星期数的计算公式如下:

$$w \equiv X + \lfloor X/4 \rfloor + \lfloor C/4 \rfloor - 2C + 2M + \lfloor (M + \lfloor M/7 \rfloor)/2 \rfloor + \lfloor M/12 \rfloor + d \pmod{7}$$

其中 $M = (m-3) \bmod 12 + 1, Y = y - \lfloor M/11 \rfloor = 100C + X$.

例如,中华人民共和国成立日 1949 年 10 月 1 日,则 $C = 19, X = 49, M = 8, d = 1$,所以
$$w \equiv 49 + \lfloor 49/4 \rfloor + \lfloor 19/4 \rfloor - 2 \times 19 + 2 \times 8 + \lfloor (8 + \lfloor 8/7 \rfloor)/2 \rfloor + \lfloor 8/12 \rfloor + 1$$
$$\equiv 6 \pmod{7}$$

故那天是星期六.

中国人民抗日战争胜利日 1945 年 8 月 15 日,则 $C = 19, X = 45, M = 6, d = 15$,所以
$$w \equiv 45 + \lfloor 45/4 \rfloor + \lfloor 19/4 \rfloor - 2 \times 19 + 2 \times 6 + \lfloor (6 + \lfloor 6/7 \rfloor)/2 \rfloor + \lfloor 6/12 \rfloor + 15$$
$$\equiv 3 \pmod{7}$$

故那天是星期三.

11.4 一次同余方程与中国剩余定理

11.4.1 一次同余方程

设 $m > 0$,方程

$$ax \equiv c \pmod{m} \tag{11.1}$$

称作**一次同余方程**,使方程(11.1)成立的整数称作方程的**解**.

方程(11.1)不一定有解. 例如,假设方程 $4x \equiv 1 \pmod 6$ 有解,设解为 x_0,则 $6 \mid 4x_0 - 1$,而 $4x_0 - 1$ 是奇数,矛盾,故方程无解. 下述定理给出方程(11.1)有解的条件.

定理 11.9 方程(11.1)有解的充分必要条件是 $\gcd(a, m) \mid c$.

证明 充分性. 记 $d = \gcd(a, m), a = da_1, m = dm_1, c = dc_1$,其中 a_1 与 m_1 互素. 由定理 11.8,存在 x_1 和 y_1 使得 $a_1 x_1 + m_1 y_1 = 1$. 令 $x = c_1 x_1, y = c_1 y_1$,得 $a_1 x + m_1 y = c_1$. 等式两边同乘 d,得 $ax + my = c$. 所以,$ax \equiv c \pmod m$,即 x 是方程(11.1)的解.

必要性. 设 x 是方程的解,则存在 y 使得 $ax + my = c$. 由性质 11.1.1,有 $d \mid c$.

设 x_0 是方程(11.1)的解,不难验证所有与 x_0 模 m 同余的数都是方程(11.1)的解,从而方程(11.1)的解可以写成 $x \equiv x_0 (\bmod\ m)$. 于是,只需对模 m 的每一个等价类取一个代表,验证是否使方程成立,就能找到方程的所有解.

例 11.9 解一次同余方程 $6x \equiv 3(\bmod\ 9)$.

解 $\gcd(6,9)=3, 3 | 3$,由定理 11.9,方程有解. 取模 9 等价类的代表 $x=-4,-3,-2,-1,0,1,2,3,4$,计算结果如下:

$$6 \times (-4) \equiv 6 \times (-1) \equiv 6 \times 2 \equiv 3(\bmod\ 9)$$
$$6 \times (-3) \equiv 6 \times 0 \equiv 6 \times 3 \equiv 0(\bmod\ 9)$$
$$6 \times (-2) \equiv 6 \times 1 \equiv 6 \times 4 \equiv 6(\bmod\ 9)$$

得方程的解 $x=-4,-1,2(\bmod\ 9)$,方程的最小正整数解是 2.

定义 11.6 如果 $ab \equiv 1(\bmod\ m)$,则称 b 是 a 的**模 m 逆**,记作 $a^{-1}(\bmod\ m)$ 或 a^{-1}.

根据定义,a 的模 m 逆就是方程

$$ax \equiv 1(\bmod\ m) \tag{11.2}$$

的解.

定理 11.10 (1) a 的模 m 逆存在的充分必要条件是 a 与 m 互素.

(2) 设 a 与 m 互素,则在模 m 下 a 的模 m 逆是唯一的,即 a 的任意两个模 m 逆都模 m 同余.

证明 (1) 这是定理 11.9 的直接推论.

(2) 设 b_1 和 b_2 是 a 的两个模 m 逆,即 $ab_1 \equiv 1(\bmod\ m), ab_2 \equiv 1(\bmod\ m)$. 由性质 11.3.2,得 $a(b_1-b_2) \equiv 0(\bmod\ m)$. 而 a 与 m 互素,由性质 11.3.5,$b_1-b_2 \equiv 0(\bmod\ m)$,得证 $b_1 \equiv b_2(\bmod\ m)$.

例 11.10 求 5 的模 7 逆.

解 方法 1: 5 与 7 互素,故 5 的模 7 逆存在. 采用例 11.9 中的方法解方程 $5x \equiv 1(\bmod\ 7)$. 对 $x=-3,-2,-1,0,1,2,3$ 计算,最后得到 $5^{-1} \equiv 3(\bmod\ 7)$.

方法 2:做辗转相除法,求得整数 b,k 使得 $5b+7k=1$,则 b 是 5 的模 7 逆. 计算如下:

$$7 = 5+2$$
$$5 = 2 \times 2 + 1$$

回代,得

$$1 = 5 - 2 \times 2$$
$$= 5 - 2 \times (7-5)$$
$$= 3 \times 5 - 2 \times 7$$

故 3 是 5 的模 7 逆. 对任意的整数 $k, 7k+3$ 都是 5 的模 7 逆.

根据定理 11.10,设 b 是 a 的模 m 逆,a 的模 m 逆的全体恰好是 $[b]_m$. 今后用 $a^{-1}(\bmod\ m)$ 代表 $[b]_m$ 中的任意一个指定的数,通常是指 $[b]_m$ 中的最小正整数.

定理 11.10 表明,方程(11.2)的解在模 m 下是唯一的. 但是,在一般的情况下,一次同余方程(11.1)的解可能不止一个. 如例 11.9 中的方程在模 9 下有 3 个解. 实际上,设 $d=\gcd(a,m)$,当 $d | c$ 时,方程(11.1)在模 m 下有 d 个解(见习题 11.44).

11.4.2 中国剩余定理

我国南北朝时期有一部著名的数学著作《孙子算经》[①],里面有一个"物不知数"问题,现称孙子问题:"今有物,不知其数,三三数之剩二,五五数之剩三,七七数之剩二,问物几何?"用今天的话说,这就是求一次同余方程组

$$x \equiv 2 \pmod{3}$$
$$x \equiv 3 \pmod{5}$$
$$x \equiv 2 \pmod{7}$$

的正整数解. 下述定理给出一次同余方程组有解的条件.

定理 11.11(中国剩余定理) 设正整数 $m_1, m_2, \cdots, m_k$ 两两互素,则一次同余方程组

$$x \equiv a_1 \pmod{m_1}$$
$$x \equiv a_2 \pmod{m_2}$$
$$\vdots$$
$$x \equiv a_k \pmod{m_k} \tag{11.3}$$

有整数解,并且在模 $m = m_1 m_2 \cdots m_k$ 下解是唯一的,即任意两个解都是模 m 同余的.

证明 假设对 $i = 1, 2, \cdots, k$,有

$$x_i \equiv \begin{cases} a_i \pmod{m_i} \\ 0 \pmod{m_j} \quad j \neq i, 1 \leqslant j \leqslant k \end{cases} \tag{11.4}$$

令 $x = x_1 + x_2 + \cdots + x_k$,由性质 11.3.2,有

$$x \equiv a_i \pmod{m_i} \quad i = 1, 2, \cdots, k$$

即 x 是所求的解. 于是,问题转化为求一组满足方程(11.4)的 x_i, $i=1,2,\cdots,k$.

令 $M_i = m/m_i$, $i=1,2,\cdots,k$. M_i 是除 m_i 之外的 $k-1$ 个 m_j 的乘积. 根据方程组(11.4),$m_j \mid x_i$, $j \neq i$, $1 \leqslant j \leqslant k$,又 $m_1, m_2, \cdots, m_k$ 两两互素,故 $M_i \mid x_i$. 设 $x_i = M_i y_i$,应该有

$$M_i y_i \equiv a_i \pmod{m_i}$$

因此,只需要 M_i 有模 m_i 逆,就可得到 y_i. 因为 m_i 与所有的 m_j($j \neq i$)互素,m_i 与 M_i 也互素,所以 M_i 有模 m_i 逆,设为 M_i^{-1}. 取 $y_i = a_i M_i^{-1}$,则 $x_i = M_i y_i = a_i M_i^{-1} M_i$ 满足方程组(11.4). 于是,

$$x = a_1 M_1^{-1} M_1 + a_2 M_2^{-1} M_2 + \cdots + a_k M_k^{-1} M_k \tag{11.5}$$

是同余方程组(11.3)的解.

最后,证明唯一性. 设同余方程组(11.3)有两个解 c_1 和 c_2,类似定理 11.10 的证明,可证对每一个 i,c_1 和 c_2 模 m_i 同余,即 $m_i \mid c_1 - c_2$. 又 $m_1, m_2, \cdots, m_k$ 两两互素,故 $m \mid c_1 - c_2$,即 c_1 和 c_2 模 m 同余.

中国剩余定理又称孙子定理,定理的证明是构造性的,它给出了求解一次同余方程组的计算步骤:首先计算 M_i 和 M_i^{-1}($1 \leqslant i \leqslant k$),然后按公式(11.5)计算,即可得到一次同余方程组(11.3)的解. 如下例所示.

例 11.11 解《孙子算经》中的"物不知数"问题,即求一次同余方程组

---

① 不要把《孙子算经》与《孙子兵法》中两个孙子当成一个人.《孙子兵法》的作者是孙武,公元前春秋时期人. 而《孙子算经》大约成书于公元 5—6 世纪南北朝时期,作者不详.

$$x \equiv 2 \pmod 3$$
$$x \equiv 3 \pmod 5$$
$$x \equiv 2 \pmod 7$$

的正整数解.

解 这里 $m_1=3, m_2=5, m_3=7, m=105$.

$M_1=5\times 7=35, M_1\equiv 2\times 1\equiv 2 \pmod 3, 2\times 2\equiv 1 \pmod 3$,故 $M_1^{-1}=2$.同理,$M_2=3\times 7=21, M_2\equiv 3\times 2\equiv 1 \pmod 5, M_2^{-1}=1$. $M_3=3\times 5=15, M_3\equiv 1 \pmod 7, M_3^{-1}=1$.代入式(11.5),
$$x\equiv 2\times 2\times 35+3\times 1\times 21+2\times 1\times 15\equiv 233\equiv 23 \pmod{105}$$

因此,问题的正整数解是 $105k+23, k=0,1,2,\cdots$. 最小正整数解是 23.

11.4.3 大整数算术运算

作为应用,下面介绍利用模算术运算进行大整数算术运算.设 $m_1,m_2,\cdots,m_k$ 是 k 个大于 1 的两两互素的正整数,记 $m=m_1m_2\cdots m_k$.根据中国剩余定理,对任意的 $0\leqslant x<m$,x 与 $(x_1,x_2,\cdots,x_k)$ 一一对应,其中 $x_i=x \bmod m_i, i=1,2,\cdots,k$.把 $(x_1,x_2,\cdots,x_k)$ 称作 x 关于模 $m_1,m_2,\cdots,m_k$ 的**模表示**,简称 x 的模表示,记作 $x=(x_1,x_2,\cdots,x_k)$.

设 $x=(x_1,x_2,\cdots,x_k), y=(y_1,y_2,\cdots,y_k)$,由于
$$(x+y) \bmod m_i = (x_i+y_i) \bmod m_i$$
$$(x-y) \bmod m_i = (x_i-y_i) \bmod m_i$$
$$xy \bmod m_i = x_iy_i \bmod m_i$$

故有
$$x+y=((x_1+y_1) \bmod m_1,(x_2+y_2) \bmod m_2,\cdots,(x_k+y_k) \bmod m_k)$$
$$x-y=((x_1-y_1) \bmod m_1,(x_2-y_2) \bmod m_2,\cdots,(x_k-y_k) \bmod m_k)$$
$$xy=(x_1y_1 \bmod m_1,x_2y_2 \bmod m_2,\cdots,x_ky_k \bmod m_k)$$

这表明可以通过对模表示的分量做模加、模减、模乘得到两个整数和、差、积的模表示.

例 11.12 取 $m_1=9, m_2=7, m_3=5, m=9\times 7\times 5=315$,可以通过关于模 9,7,5 的算术运算实现 315 以内的算术运算.例如,设 $x=20, y=13$,有

$x=(2,6,0), y=(4,6,3)$

$x+y=((2+4) \bmod 9,(6+6) \bmod 7,(0+3) \bmod 5)=(6,5,3)$ ①

$x-y=((2-4) \bmod 9,(6-6) \bmod 7,(0-3) \bmod 5)=(7,0,2)$ ②

$xy=(2\times 4 \bmod 9,6\times 6 \bmod 7,0\times 3 \bmod 5)=(8,1,0)$ ③

由数的模表示反过来求这个数是解一次同余方程组,例如,由①求 $x+y$ 要解一次同余方程组

$$\begin{cases} z\equiv 6 \pmod 9 \\ z\equiv 5 \pmod 7 \\ z\equiv 3 \pmod 5 \end{cases}$$

根据式(11.5),计算如下:

$$M_1=35, \quad M_2=45, \quad M_3=63$$
$$M_1^{-1}=8, \quad M_2^{-1}=5, \quad M_3^{-1}=2$$

得

$$x+y = (6\times 8\times 35 + 5\times 5\times 45 + 3\times 2\times 63) \bmod 315 = 33$$
$$x-y = (7\times 8\times 35 + 0\times 5\times 45 + 2\times 2\times 63) \bmod 315 = 7$$
$$xy = (8\times 8\times 35 + 1\times 5\times 45 + 0\times 2\times 63) \bmod 315 = 260$$

为了做大整数的算术运算,通常取 $m_i = 2^{e_i} - 1$. 这样做的好处是可以简化模计算. 记 $A = 2^{e_i}$,将 x 的二进制表示分段,每段长为 e_i,

$$x = a_t A^t + a_{t-1} A^{t-1} + \cdots + a_1 A + a_0$$

其中 $0 \leq a_j < A$,$j = 0, 1, \cdots, t$.

注意到 $A \bmod m_i = 1$,得

$$x \bmod m_i = (a_t A^t + a_{t-1} A^{t-1} + \cdots + a_1 A + a_0) \bmod m_i$$
$$= (a_t + a_{t-1} + \cdots + a_1 + a_0) \bmod m_i$$

由 $\gcd(2^a - 1, 2^b - 1) = 2^{\gcd(a,b)} - 1$(见习题 11.48),易知 $2^a - 1$ 与 $2^b - 1$ 互素 $\Leftrightarrow a$ 与 b 互素. 于是,只需取一组较小的两两互素的正整数 e_i,$i = 1, 2, \cdots, k$(这是比较容易做到的),就可得到一组两两互素的很大的模 $m_i = 2^{e_i} - 1$,$i = 1, 2, \cdots, k$. 设整数在计算机中的单精度表示占 4 字节即 32 位,无符号整数的最大值为 $2^{32} - 1$. 可取模 $m_1 = 2^{32} - 1$, $m_2 = 2^{31} - 1$, $m_3 = 2^{29} - 1$, $m_4 = 2^{27} - 1$, $m_5 = 2^{25} - 1$,此时 $m = m_1 m_2 m_3 m_4 m_5 > 7\times 10^{44}$. 这就可以用上述方法计算结果不超过 7×10^{44} 的整数加、减、乘. 所有的运算,除少量的外,都可用单精度整数实现. 不仅如此,这个算法还非常便于并行化.

11.5 欧拉定理和费马小定理

对任意正整数 n,把 $\{0, 1, \cdots, n-1\}$ 中与 n 互素的个数记作 $\phi(n)$,称作**欧拉**(Euler)**函数**. 如 $\phi(1) = \phi(2) = 1$,$\phi(3) = \phi(4) = 2$. 显然,当 n 为素数时 $\phi(n) = n - 1$;当 n 为合数时 $\phi(n) < n - 1$.

定理 11.12(欧拉定理) 设 a 与 n 互素,则

$$a^{\phi(n)} \equiv 1 \pmod{n} \tag{11.6}$$

证明 设 $r_1, r_2, \cdots, r_{\phi(n)}$ 是 $\{0, 1, \cdots, n-1\}$ 中与 n 互素的 $\phi(n)$ 个数. 由于 a 与 n 互素,对每一个 $1 \leq i \leq \phi(n)$,ar_i 也与 n 互素,故存在 $1 \leq \tau(i) \leq \phi(n)$ 使得 $ar_i \equiv r_{\tau(i)} \pmod{n}$. τ 是 $\{1, 2, \cdots, \phi(n)\}$ 上的一个映射. 要证 τ 是一个单射,即当 $i \neq j$ 时,$\tau(i) \neq \tau(j)$.

由定理 11.10,a 的模 n 逆 a^{-1} 存在. 显然,a^{-1} 也与 n 互素. 当 $i \neq j$ 时,假设 $\tau(i) = \tau(j)$,则有 $ar_i \equiv ar_j \pmod{n}$. 由性质 11.3.5,两边同乘 a^{-1},得 $r_i \equiv r_j \pmod{n}$,矛盾. 得证 τ 是 $\{1, 2, \cdots, \phi(n)\}$ 上的单射,当然它也是 $\{1, 2, \cdots, \phi(n)\}$ 上的双射. 从而有

$$a^{\phi(n)} \prod_{i=1}^{\phi(n)} r_i \equiv \prod_{i=1}^{\phi(n)} ar_i \equiv \prod_{i=1}^{\phi(n)} r_i \pmod{n}$$

而 $\prod_{i=1}^{\phi(n)} r_i$ 与 n 互素,故 $a^{\phi(n)} \equiv 1 \pmod{n}$.

当 p 为素数时,$\phi(n) = p - 1$. 于是,得到下述定理.

定理 11.13（费马小定理①） 设 p 是素数，a 与 p 互素，则
$$a^{p-1}\equiv 1(\bmod\ p) \tag{11.7}$$
定理的另一种形式是，设 p 是素数，则对任意的整数 a，
$$a^p\equiv a(\bmod\ p) \tag{11.8}$$
当 a 与 p 互素时，由性质 11.3.5，式(11.7)与式(11.8)等价。当 a 与 p 不互素时，必有 $p|a$，从而 $a\equiv 0(\bmod\ p)$，式(11.8)自然成立。

费马小定理提供了一种不用因子分解就能肯定一个数是合数的新途径。例如考虑 9（假设不知道它是合数），取 $a=2$，计算
$$2^{9-1}\equiv 4(\bmod\ 9)$$
由费马小定理，可以断定 9 是合数。但是，这里没有提供对 9 如何进行因子分解的任何信息。在第 13 章中将要介绍欧拉定理和费马小定理在 RSA 公钥密码及素数测试中的应用。

习　题

11.1 判断下述各命题是否为真。
$3|7,\quad 5|-35,\quad -7|-21,\quad 12|4,\quad 2|0,\quad 0|2,\quad 0|0$

11.2 给出 24 的全部因子。

11.3 对下述每一对数做带余除法，第一个数是被除数，第二个是除数。
(1) 35,4　　(2) 5,8　　(3) 12,3　　(4) $-4,3$　　(5) $-28,7$　　(6) $-6,-4$

11.4 设 a,b,c,d 均为正整数，下述各命题是否为真？若为真，请给出证明；否则，请给出反例。
(1) 若 $a|c,b|c$，则 $ab|c$。
(2) 若 $a|c,b|d$，则 $ab|cd$。
(3) 若 $ab|c$，则 $a|c$。
(4) 若 $a|bc$，则 $a|b$ 或 $a|c$。

11.5 给出下述正整数的素因子分解。
126, 256, 1092, 6325, 20!

11.6 判断下述正整数是素数，还是合数。
113, 221, 527, $2^{13}-1$

11.7 设计用埃拉托斯特尼筛法求正整数 N 以内的所有素数的算法。

11.8 证明：对任意的整数 n，
(1) $6|n(n+1)(n+2)$。
(2) $\dfrac{1}{5}n^5+\dfrac{1}{3}n^3+\dfrac{7}{15}n$ 是整数。

11.9 证明：对任意的整数 $n>1$，$1+\dfrac{1}{2}+\cdots+\dfrac{1}{n}$ 不是整数。

---

① 为了区别于著名的费马大定理，故将此定理冠名为费马小定理。**费马大定理**：对所有的正整数 a,b,c 和 n，当 $n>2$ 时，$a^n+b^n\neq c^n$。费马(Pirre de Fermat)是 17 世纪著名的数学家，他提出了许多未加证明的定理，其中最著名的当数费马大定理。费马大定理直到 1995 年才被英国数学家 Andrew Wiles 证明。

11.10 (1) 设全体素数从小到大顺序排列为：$p_1=2, p_2=3, p_3, p_4, \cdots$. 试证明：
$$p_n \leqslant 2^{2^{n-1}} \qquad n=1,2,\cdots$$
(2) 证明：$\pi(x) > \log_2(\log_2 x), x \geqslant 2$.

11.11 证明：如果整系数代数方程 $a_0 x^n + a_1 x^{n-1} + \cdots + a_{n-1}x + a_n = 0$ 有非零整数解 u，则 $u \mid a_n$.

11.12 下述方程是否有整数解？若有整数解，试求出所有的整数解.
(1) $x^2 - x + 1 = 0$.
(2) $x^3 + x^2 - 4x - 4 = 0$.
(3) $x^4 + 5x^3 - 2x^2 + 7x + 2 = 0$.
(4) $2x^4 + 5x^3 + 9x = 0$.

11.13 利用素因子分解，求下述每一对数的最大公约数和最小公倍数.
(1) 175, 140 (2) 72, 108 (3) 315, 2200

11.14 求满足 $\gcd(a,b)=10$ 且 $\text{lcm}(a,b)=100$ 的所有正整数对 a,b.

11.15 设 p 是素数，a 是整数，则当 $p \mid a$ 时，$\gcd(p,a)=p$；当 $p \nmid a$ 时，$\gcd(p,a)=1$.

11.16 对任意的整数 x,y,u,v，有 $\gcd(a,b) \leqslant \gcd(xa+yb, ua+vb)$.

11.17 用辗转相除法求下述每一对数的最大公约数.
(1) 85, 125 (2) 231, 72 (3) 45, 56 (4) 154, 64

11.18 下述每一对数 a,b 是否互素？若互素，试给出整数 x 和 y 使 $xa+yb=1$.
(1) 24, 35 (2) 63, 91 (3) 450, 539 (4) 1024, 729

11.19 求下述每一对数的最大公约数，其中 n 是整数，k 是正整数.
(1) $2n-1, 2n+1$ (2) $2n, 2(n+1)$ (3) $kn, k(n+2)$

11.20 设 a,b 是两个不为 0 的整数，d 为正整数，则 $d=\gcd(a,b)$ 当且仅当存在整数 x 和 y，使得 $a=dx, b=dy$ 且 x 与 y 互素.

11.21 证明：对任意的正整数 a 和 b，$ab = \gcd(a,b)\text{lcm}(a,b)$.

11.22 证明：如果 $a \mid bc$，且 a,b 互素，则 $a \mid c$.

11.23 设 a,b 互素，证明：
(1) 对任意的整数 m，$\gcd(m,ab) = \gcd(m,a)\gcd(m,b)$.
(2) 当 $d>0$ 时，$d \mid ab$ 当且仅当存在正整数 d_1, d_2 使 $d = d_1 d_2, d_1 \mid a, d_2 \mid b$，并且 d 的这种表示是唯一的.

11.24 设 a,b 是整数，证明：$11 \mid a^2 + 5b^2$ 当且仅当 $11 \mid a$ 且 $11 \mid b$.

11.25 下述命题是否为真.
(1) $758 \equiv 246 \pmod{18}$ (2) $365 \equiv -3 \pmod 7$
(3) $-29 \equiv 1 \pmod 5$ (4) $352 \equiv 0 \pmod{11}$

11.26 给出使下述同余式成立且大于 1 的正整数 m.
(1) $35 \equiv 14 \pmod m$ (2) $10 \equiv -1 \pmod m$
(3) $-7 \equiv 21 \pmod m$ (4) $37^2 \equiv 30^2 \pmod m$
(5) $8 \equiv 2 \pmod m$ 且 $7 \equiv -2 \pmod m$

11.27 写出 $\mathbf{Z}_7$ 的全部元素以及 $\mathbf{Z}_7$ 上的加法表和乘法表.

11.28 写出 $\mathbf{Z}_6$ 的全部元素以及 $\mathbf{Z}_6$ 上的加法表和乘法表.

11.29 利用例 11.8 中给出的计算公式,计算珍珠港日 1941 年 12 月 7 日是星期几.

11.30 验证 M 月 1 号的星期数与当年 3 月 1 日的星期数 w_Y 之差为 $\lfloor (13M-11)/5 \rfloor$ $(\bmod\ 7)$. 从而得到 y 年 m 月 d 日星期数的另一个更简便一点的计算公式:
$$w \equiv 2-2C+X+\lfloor X/4 \rfloor+\lfloor C/4 \rfloor+\lfloor (13M-11)/5 \rfloor+d \pmod{7}$$
其中, $M=(m-3) \bmod 12 +1$, $Y=y-\lfloor M/11 \rfloor=100C+X$.

11.31 证明同余关系是等价关系,即同余关系具有
(1) 自反性: $a \equiv a \pmod{m}$.
(2) 传递性: $a \equiv b \pmod{m}$, $b \equiv c \pmod{m} \Rightarrow a \equiv c \pmod{m}$.
(3) 对称性: $a \equiv b \pmod{m} \Rightarrow b \equiv a \pmod{m}$.

11.32 模算术运算. 设 $a \equiv b \pmod{m}$, $c \equiv d \pmod{m}$, 则 $a \pm c \equiv b \pm d \pmod{m}$, $ac \equiv bd \pmod{m}$.

11.33 证明: (1) 设 $d \geq 1, d \mid m$, 则 $a \equiv b \pmod{m} \Rightarrow a \equiv b \pmod{d}$.
(2) 设 $d \geq 1$, 则 $a \equiv b \pmod{m} \Leftrightarrow da \equiv db \pmod{dm}$.
(3) 设 c 与 m 互素, 则 $a \equiv b \pmod{m} \Leftrightarrow ca \equiv cb \pmod{m}$.

11.34 下述命题是否为真? 若为真,试证明之;若为假,试给出反例.
(1) 若 $a^2 \equiv b^2 \pmod{m}$, 则 $a \equiv b \pmod{m}$ 或 $a \equiv -b \pmod{m}$.
(2) 若 $a \equiv b \pmod{m}$, 则 $a^2 \equiv b^2 \pmod{m}$.
(3) 若 $a^2 \equiv b^2 \pmod{m^2}$, 则 $a \equiv b \pmod{m}$.
(4) 若 $a \equiv b \pmod{mn}$, 则 $a \equiv b \pmod{m}$ 且 $a \equiv b \pmod{n}$.
(5) 若 $a \equiv b \pmod{m}$ 且 $a \equiv b \pmod{n}$, 则 $a \equiv b \pmod{mn}$.

11.35 下述一次同余方程是否有解? 若有解,试给出它的全部解.
(1) $9x \equiv 3 \pmod{6}$.
(2) $4x \equiv 3 \pmod{6}$.
(3) $3x \equiv -1 \pmod{5}$.
(4) $8x \equiv 2 \pmod{4}$.
(5) $20x \equiv 12 \pmod{8}$.

11.36 对下述每一组 a, b, m, 验证 b 是 a 的模 m 逆.
(1) 5,3,7　　(2) 8,7,11　　(3) 11,11,12　　(4) 6,11,13

11.37 对下述每一对数 a 和 m, 是否有 a 的模 m 逆? 若有,试给出.
(1) 2,3　　(2) 8,12　　(3) 18,7　　(4) 12,21　　(5) -1,9

11.38 解下述一次同余方程组.
(1) $x \equiv 1 \pmod{3}$.
　　$x \equiv 2 \pmod{4}$.
　　$x \equiv 3 \pmod{5}$.
(2) $x \equiv 1 \pmod{3}$.
　　$x \equiv -1 \pmod{5}$.
　　$x \equiv 2 \pmod{7}$.
　　$x \equiv -2 \pmod{11}$.
(3) $3x \equiv 1 \pmod{5}$.

$4x \equiv 3 \pmod{11}$.

11.39 把一次同余方程 $19x \equiv 559 \pmod{1155}$ 化成模较小的一次同余方程组并求解之.

11.40 某人每工作 8 天后休息 2 天. 一次他恰好是周六和周日休息. 问这次之后他至少要多少天后才能恰好赶上周日休息?

11.41 求 4 个相邻整数,它们依次可被 $4,9,25,49$ 整除.

11.42 给定模 $m_1 = 9, m_2 = 7, m_3 = 5$,设 $x = 17, y = 8$.
(1) 给出 x, y 的模表示.
(2) 计算 $x+y, x-y$ 和 xy 的模表示.
(3) 利用(2)的结果计算 $x+y, x-y$ 和 xy.

11.43 下述方程是否有整数解? 若有,试给出所有的整数解.
(1) $3x + 2y = 6$.
(2) $12x - 9y = 8$.

11.44 设 $m > 0, d = \gcd(a, m)$ 且 $d | c$,则一次同余方程 $ax \equiv c \pmod{m}$ 在模 m 下有 d 个解.

11.45 设 $m > 1, ac \equiv bc \pmod{m}, d = \gcd(c, m)$,则 $a \equiv b \pmod{m/d}$.

11.46 设 p 是素数,若 $x^2 \equiv 1 \pmod{p}$,则 $x \equiv 1 \pmod{p}$ 或 $x \equiv -1 \pmod{p}$.

11.47 设正整数 $m > n$. 证明: $2^n - 1 | 2^m - 1$ 当且仅当 $n | m$.

11.48 设 m, n 是正整数,证明: $\gcd(2^m - 1, 2^n - 1) = 2^{\gcd(m,n)} - 1$.

11.49 证明: 所有的梅森数两两互素.

11.50 验证: $m_1 = 2^{32} - 1, m_2 = 2^{31} - 1, m_3 = 2^{29} - 1, m_4 = 2^{27} - 1, m_5 = 2^{25} - 1$ 两两互素.

11.51 设 $F_n = 2^{2^n} + 1, n = 0, 1, 2, \cdots$. 证明: 对任意的 $n \neq m$, F_n 与 F_m 互素.

11.52 证明: 存在无穷多个 n 使得 $\phi(n) > \phi(n+1)$.

11.53 证明欧拉函数具有下述性质.
(1) 若 m 和 n 互素,则 $\phi(mn) = \phi(m)\phi(n)$.
(2) 设 p 为素数,k 为正整数,则 $\phi(p^k) = p^{k-1}(p-1)$.
(3) 设 $n > 1$,它的素因子分解为 $n = p_1^{r_1} p_2^{r_2} \cdots p_t^{r_t}$,则
$$\phi(n) = p_1^{r_1-1}(p_1-1) p_2^{r_2-1}(p_2-1) \cdots p_t^{r_t-1}(p_t-1)$$
$$= n \prod_{i=1}^{t} \left(1 - \frac{1}{p_i}\right)$$

11.54 证明: 当 $n \geq 3$ 时,$2 | \phi(n)$.

11.55 设 $n > 3$ 是素数,则小于 n 的正整数中除 1 和 $n-1$ 外可分成对,使得每一对中的两个数互为模 n 逆.

11.56 证明威尔逊(Wilson)定理: 设 $n > 1$,则 n 是素数当且仅当 $(n-1)! \equiv -1 \pmod{n}$.

11.57 利用费马小定理计算下列各式.
(1) $2^{325} \bmod 5$.
(2) $3^{516} \bmod 7$.
(3) $8^{1003} \bmod 11$.

11.58 设 m 与 n 互素,则 $m^{\phi(n)} + n^{\phi(m)} \equiv 1 \pmod{mn}$.

11.59 设 $f(x)$ 是整系数多项式,p 是素数. 证明: $(f(x))^p \equiv f(x^p) \pmod{p}$.

11.60 设 p 是素数,$p \nmid a$. 证明: 对任意的正整数 k, $p^k | a^{p^{k-1}(p-1)} - 1$.

第 12 章

离散概率

随机现象是人类社会和自然界普遍存在的现象,概率论是研究随机现象数量规律的数学分支. 在计算机科学技术中,随机试验通常只有有穷个或者可数无穷个可能的结果,属于离散概率的范畴. 本章介绍相关的基本概念及其性质. 下一章介绍离散概率在计算机科学技术中的几个典型应用.

12.1 随机事件与概率、事件的运算

12.1.1 随机事件与概率

例 12.1 掷硬币试验. 掷硬币是典型的随机试验,随意地掷一枚硬币,有两个可能的结果:正面向上或背面向上. 假设硬币是均匀的,这两个结果出现的可能性相同,各为 $\frac{1}{2}$.

例 12.2 摸小球试验. 设袋中有 10 个形状和大小相同的小球,分别编号 $0,1,\cdots,9$. 从袋中任意地摸出一个小球,有 10 个可能的结果:摸到 0 号,1 号,$\cdots$,9 号. 每一种结果出现的可能性都相同,各为 $\frac{1}{10}$. 恰好摸到 5 号球的可能性是 $\frac{1}{10}$. 而摸到的小球的编号不超过 5 的可能性是多少? 由于这个事件包含 6 个可能的结果:0 号~5 号,很自然地会认为它的可能性为 $\frac{6}{10}=\frac{3}{5}$.

在这两个例子中都假设每一种结果出现的可能性相同. 一般地,各种结果出现的可能性不一定相同. 如果硬币不是均匀的,两面的质地不同,正面的轻,背面的重,从而出现正面的可能性大于出现背面的可能性. 比如,两者之比是 2∶1,于是出现正面的可能性为 $\frac{2}{3}$,出现背面的可能性为 $\frac{1}{3}$. 又如摸小球,设袋中有 1 个 0 号球,2 个 1 号球,$\cdots\cdots$,10 个 9 号球,共 $1+2+\cdots+10=55$ 个小球. 于是,摸到 0 号球的可能性是 $\frac{1}{55}$,而摸到 9 号球的可能性是 $\frac{10}{55}$,摸到编号不超过 5 的小球的可能性是 $\frac{1}{55}+\frac{2}{55}+\cdots+\frac{6}{55}=\frac{21}{55}$. 随机试验还可以有可数无穷多个可能的结果. 例如,某网站的主页在给定的时间间隔(如一天)内被访问的次数可能是任意的自然数 $0,1,2,\cdots$. 当然,试验结果的数目还可能是不可数的. 不过本章不考虑这种情

况,而只考虑有有穷个和可数无穷个结果的随机试验.

考虑某个随机试验,所有可能的试验结果组成的集合 Ω 称作**样本空间**,每一个结果 $\omega \in \Omega$ 称作一个**样本点**. 如果 Ω 是有穷的或可数无穷的集合,则称作**离散样本空间**. 本章只考虑离散样本空间.

定义 12.1 设 Ω 是一离散样本空间,实函数 $p: \Omega \to R$ 满足下述条件:

(1) 对每一个 $\omega \in \Omega, 0 \leqslant p(\omega) \leqslant 1$;

(2) $\sum_{\omega \in \Omega} p(\omega) = 1$.

则称 p 是 Ω 上的一个**概率**. $p(\omega)$ 是样本点 $\omega \in \Omega$ 的概率.

Ω 的子集称作**随机事件**,简称**事件**. 事件 A 发生当且仅当随机试验的结果 $\omega \in A$. **事件 A 的概率**规定为

$$P(A) = \sum_{\omega \in A} p(\omega)$$

概率 $P(A)$ 反映了事件 A 发生的可能性的大小.

当 Ω 为有穷集合且每一个样本点出现的可能性相等时,对每一个 $\omega \in \Omega, p(\omega) = \frac{1}{n}$,其中 $n = |\Omega|$. 事件 A 的概率为

$$P(A) = \frac{|A|}{n}$$

只有一个样本点的事件称作**基本事件**. 基本事件 $\{\omega\}$ 的概率等于 $p(\omega)$. Ω 本身也是一个随机事件,不管随机试验的结果是什么都落入 Ω,从而 Ω 一定发生,故称 Ω 是**必然事件**. 必然事件是必然发生的事件. 空集 $\varnothing$ 也是一个随机事件,它不含任何样本点,不管随机试验的结果是什么都不属于 $\varnothing$,从而 $\varnothing$ 不可能发生,故称 $\varnothing$ 是**不可能事件**. 不可能事件是不可能发生的随机事件. 显然, $P(\Omega) = 1, P(\varnothing) = 0$.

例 12.1(续) 在掷硬币试验中有两个样本点: ω_0 表示正面向上, ω_1 表示背面向上. 样本空间 $\Omega = \{\omega_0, \omega_1\}, p(\omega_0) = p(\omega_1) = \frac{1}{2}$.

例 12.2(续) 有 10 个样本点: ω_i 表示摸到编号为 i 的小球, $i = 0, 1, 2, \cdots, 9$.

$$\Omega = \{\omega_i \mid i = 0, 1, 2, \cdots, 9\}$$

$$p(\omega_i) = \frac{1}{10} \quad i = 0, 1, 2, \cdots, 9$$

记随机事件 A:摸到编号不超过 5 的小球,则

$$A = \{\omega_i \mid i = 0, 1, 2, \cdots, 5\}, \quad P(A) = \sum_{i=0}^{5} p(\omega_i) = \frac{6}{10}$$

又记 B:摸到编号为偶数的小球; C:摸到编号小于 10 的小球; D:摸到编号大于 10 的小球;则

$$B = \{\omega_0, \omega_2, \omega_4, \omega_6, \omega_8\}, \quad P(B) = \frac{1}{2}$$

$C = \Omega$,是必然事件, $\quad P(C) = 1$

$D = \varnothing$,是不可能事件, $\quad P(D) = 0$

例 12.3 设某网站主页在一天内被访问的次数为 X, X 可能取任意的自然数. 把试验

结果"$X=i$"简记作 i, $\Omega = \mathbf{N}$. 又设 X 在 Ω 上的概率 $p(i) = \dfrac{\lambda^i}{i!} e^{-\lambda}$, $i=0,1,2,\cdots$, 其中 $\lambda > 0$ 是一常数. 不难验证 $p(i)$ 满足定义 12.1 中的条件:

(1) 对所有的 i, $0 \leqslant p(i) \leqslant 1$;

(2) $\displaystyle\sum_{i=0}^{\infty} \dfrac{\lambda^i}{i!} e^{-\lambda} = e^{-\lambda} \sum_{i=0}^{\infty} \dfrac{\lambda^i}{i!} = e^{\lambda} \cdot e^{-\lambda} = 1$.

12.1.2 事件的运算

设样本空间 Ω, 事件 $A, B \subseteq \Omega$, 称 $A \cup B$ 为 A 与 B 的**和事件**, $A \cap B$ 为 A 与 B 的**积事件**, $A - B$ 为 A 与 B 的**差事件**, $\overline{A} = \Omega - A$ 为 A 的**逆事件**. 积事件 $A \cap B$ 常简记作 AB. 如果 $AB = \varnothing$, 则称 A 与 B **互不相容**. 根据定义, $A \cup B$ 发生当且仅当 A 发生或 B 发生, 即 A 与 B 中至少有一个发生; AB 发生当且仅当 A 与 B 同时发生; $A - B$ 发生当且仅当 A 发生且 B 不发生; $\overline{A}$ 发生当且仅当 A 不发生; A 与 B 互不相容当且仅当 A 与 B 不同时发生. A 与 $\overline{A}$ 互不相容, 但反之不真, 即 A 与 B 互不相容不一定有 A 与 B 互逆.

根据概率的定义, 不难证明下述计算公式.

1° 加法公式

$$P(A \cup B) = P(A) + P(B) - P(AB)$$

特别地, 当 A 与 B 互不相容时, $P(A \cup B) = P(A) + P(B)$.

2° 若当公式

$$P\left(\bigcup_{i=1}^{n} A_i\right) = \sum_{i=1}^{n} P(A_i) - \sum_{i<j} P(A_i A_j) + \sum_{i<j<k} P(A_i A_j A_k)$$
$$- \cdots + (-1)^{n-1} P(A_1 A_2 \cdots A_n)$$

特别地, 当 $A_1, A_2, \cdots, A_n$ 两两互不相容时, $P\left(\displaystyle\bigcup_{i=1}^{n} A_i\right) = \sum_{i=1}^{n} P(A_i)$.

若当公式是加法公式的推广.

3° $P(\overline{A}) = 1 - P(A)$

证明 类似于包含排斥原理,

$$P(\overline{A}) = \sum_{\omega \in \overline{A}} p(\omega) = \sum_{\omega \in \Omega} p(\omega) - \sum_{\omega \in A} p(\omega) = 1 - P(A)$$

$$P(A \cup B) = \sum_{\omega \in A} p(\omega) + \sum_{\omega \in B} p(\omega) - \sum_{\omega \in AB} p(\omega) = P(A) + P(B) - P(AB)$$

得证公式 1° 和公式 3°.

由公式 1°, 用归纳法可证公式 2° 成立.

例 12.4 从 1~100 中任意地取一个整数 n, 求 n 能被 6 或 8 整除的概率.

解 记 A: n 能被 6 整除; B: n 能被 8 整除. 由加法公式, 所求概率为 $P(A \cup B) = P(A) + P(B) - P(AB)$, 其中 AB 是 n 既能被 6 整除又能被 8 整除, 亦即能被 6 和 8 的最小公倍数 24 整除. 由题意, 取到 1~100 中的每一个整数的可能性相同, 于是

$$P(A \cup B) = \dfrac{1}{100}(|A| + |B| - |AB|)$$

$$= \dfrac{1}{100}(\lfloor 100/6 \rfloor + \lfloor 100/8 \rfloor - \lfloor 100/24 \rfloor)$$

$$= \dfrac{6}{25}$$

例 12.3(续) 求该网站主页在一天内至少被访问一次的概率.

解 记 A:至少被访问一次,则 $\bar{A}$:没有被访问过,即访问的次数 $X=0$. 于是有
$$P(A)=1-P(\bar{A})=1-\mathrm{e}^{-\lambda}$$

12.2 条件概率与独立性

12.2.1 条件概率

考虑下述问题:

某班有 30 名学生,其中 20 名男生,10 名女生,身高 1.70 米以上的有 15 名,其中 12 名男生,3 名女生.

(1) 任选一名学生,该学生的身高在 1.70 米以上的概率是多少?

(2) 任选一名学生,选出后发现是男生,该学生的身高在 1.70 米以上的概率是多少?

答案很容易给出. (1) 的答案是 $\frac{15}{30}=0.5$. (2) 的答案是 $\frac{12}{20}=0.6$.

要注意的是,这两个问题的提法是有区别的. 第二个问题是一种新的提法. "是男生"本身也是一个随机事件,记作 A. 把"身高 1.70 米以上"记作 B. 于是,第二个问题可以叙述成:在事件 A 发生(即已发现是男生)的条件下,事件 B(身高 1.70 米以上)发生的概率是多少? 把这个概率叫做在事件 A 发生的条件下,事件 B 的条件概率,记作 $P(B\mid A)$,它既不同于 $P(B)$,也不同于 $P(AB)$. 注意到 $P(A)=\frac{20}{30}$,$P(AB)=\frac{12}{30}$,从而有

$$P(B\mid A)=\frac{12}{20}=\frac{12/30}{20/30}=\frac{P(AB)}{P(A)}$$

这个式子的直观含义是明显的,在事件 A 发生的条件下事件 B 发生,当然 A 和 B 都发生,即 AB 发生. 但是,现在 A 发生成了前提条件,因此应该以 A 作为整个样本空间,而排除 A 以外的样本点,因此 $P(B\mid A)$ 是 $P(AB)$ 与 $P(A)$ 之比.

定义 12.2 设 A,B 是两个随机事件且 $P(A)>0$,称
$$P(B\mid A)=\frac{P(AB)}{P(A)}$$
为在事件 A 发生的条件下事件 B 的**条件概率**.

由条件概率的定义,立即有

4° 乘法公式

设事件 A,B 且 $P(A)>0$,则
$$P(AB)=P(A)P(B\mid A)$$

乘法公式可以推广到 n 个事件,设事件 $A_1,A_2,\cdots,A_n$,$n\geqslant 2$,且 $P(A_1A_2\cdots A_{n-1})>0$,则

$$\begin{aligned}P(A_1A_2\cdots A_n)&=P(A_1A_2\cdots A_{n-1})P(A_n\mid A_1A_2\cdots A_{n-1})\\&=P(A_1A_2\cdots A_{n-2})P(A_{n-1}\mid A_1A_2\cdots A_{n-2})P(A_n\mid A_1A_2\cdots A_{n-1})\\&\quad\vdots\\&=P(A_1)\cdots P(A_{n-1}\mid A_1A_2\cdots A_{n-2})P(A_n\mid A_1A_2\cdots A_{n-1})\end{aligned}$$

得
$$P(A_1 A_2 \cdots A_n) = P(A_1) P(A_2 \mid A_1) P(A_3 \mid A_1 A_2) \cdots P(A_n \mid A_1 A_2 \cdots A_{n-1})$$

设样本空间 Ω，如果事件 $B_1, B_2, \cdots, B_n$ 两两互不相容且 $\bigcup_{i=1}^{n} B_i = \Omega$，则称 $B_1, B_2, \cdots, B_n$ 是样本空间 Ω 的一个**划分**。

定理 12.1（全概率公式） 设 $B_1, B_2, \cdots, B_n$ 是样本空间的一个划分且 $P(B_i) > 0$，$i = 1, 2, \cdots, n$，A 是任一随机事件，则

$$P(A) = \sum_{i=1}^{n} P(B_i) P(A \mid B_i)$$

证明 因为 $\bigcup_{i=1}^{n} B_i = \Omega$ 且 $B_i B_j = \varnothing (i \neq j)$，所以 $A = A \bigcup_{i=1}^{n} B_i = \bigcup_{i=1}^{n} AB_i$ 且 $(AB_i) \bigcap (AB_j) = \varnothing (i \neq j)$。故

$$P(A) = P\left(\bigcup_{i=1}^{n} AB_i\right) = \sum_{i=1}^{n} P(AB_i) = \sum_{i=1}^{n} P(B_i) P(A \mid B_i)$$

例 12.5 一联机的计算机系统有 5 条通信线路。统计资料表明该系统接收到的报文来自这 5 条线路的百分比分别为 20%，30%，10%，15% 和 25%，来自这 5 条线路的报文超过 100 个字母的概率分别为 0.4，0.6，0.2，0.8 和 0.9。随机地选择一个报文，其长度超过 100 个字母的概率是多少？

解 记 A：报文超过 100 个字母；B_i：报文来自第 i 条线路，$i = 1, 2, \cdots, 5$。

显然，$B_1, B_2, \cdots, B_5$ 构成样本空间的一个划分。由题意，已知

$P(B_1) = 0.2$，$P(B_2) = 0.3$，$P(B_3) = 0.1$，$P(B_4) = 0.15$，$P(B_5) = 0.25$

$P(A \mid B_1) = 0.4$，$P(A \mid B_2) = 0.6$，$P(A \mid B_3) = 0.2$，$P(A \mid B_4) = 0.8$，$P(A \mid B_5) = 0.9$

由全概率公式得

$$P(A) = 0.2 \times 0.4 + 0.3 \times 0.6 + 0.1 \times 0.2 + 0.15 \times 0.8 + 0.25 \times 0.9 = 0.625$$

例 12.6 袋中有 6 个红球和 4 个绿球，从袋中任意地取两次，每次取一个球。有以下两种取法。

取法一：第一次取出的球放回袋中，称作放回抽样。

取法二：第一次取出的球不放回袋中，称作不放回抽样。

分别对这两种取法求：

（1）第一次取到红球的概率。

（2）第二次取到红球的概率。

（3）在第一次取到红球的条件下第二次取到红球的条件概率。

解 设 A：第一次取到红球；B：第二次取到红球。

取法一：对于放回抽样，由于每次抽取时袋中都有 10 个小球，其中 6 个是红的，故

$$P(A) = P(B) = P(B \mid A) = \frac{6}{10}$$

取法二：对于不放回抽样情况就不同了。显然仍有 $P(A) = \frac{6}{10}$，而 $P(B \mid A) = \frac{5}{9}$，

$P(B|\overline{A}) = \dfrac{6}{9}$. 由全概率公式

$$P(B) = \dfrac{6}{10} \times \dfrac{5}{9} + \dfrac{4}{10} \times \dfrac{6}{9} = \dfrac{6}{10}$$

12.2.2 独立性

分析例 12.6,在放回抽样中 $P(B)=P(B|A)$,而在不放回抽样中 $P(B) \neq P(B|A)$. 其实这是很自然的,因为在放回抽样中,不管第一次抽到红球还是抽到绿球,第二次抽取时袋中都是 10 个球,其中 6 个是红的. 因此,第一次是否抽到红球不会影响第二次抽到红球的概率. 也就是说,事件 B 发生的概率与 A 是否发生无关. 而在不放回抽样中,情况就不同了. 显然,如果第一次抽到红球,那么第二次抽到红球的概率要小些;如果第一次抽到绿球,则第二次抽到红球的概率要大些. 也就是说,事件 B 发生的概率与 A 是否发生有关. 在前一种情况下,称事件 A 和 B 相互独立. 而在后一种情况下,事件 A 和 B 不相互独立.

由乘法公式,当 $P(A) > 0$ 时,$P(B) = P(B|A)$ 当且仅当 $P(AB) = P(A)P(B)$. 而后者也可以适用于 $P(A)$(及 $P(B)$)为 0 的情况. 于是,有下述定义.

定义 12.3 如果 $P(AB) = P(A)P(B)$,则称事件 A 和 B 相互独立.

对于具体的问题往往是根据经验或直觉来判断两个事件是否是相互独立的. 更准确地说,是根据经验或直觉来合理地假设两个事件是相互独立的.

例 12.7 两战士打靶,已知甲的命中率为 0.9,乙的命中率为 0.7. 两人同时射击同一个目标,各打一枪. 求目标被击中的概率.

解 设 A:甲击中目标;B:乙击中目标. 可以假设两人是否击中目标都不影响对方是否击中目标,即 A 与 B 相互独立. 于是,由加法公式,目标被击中的概率为

$$\begin{aligned} P(A \cup B) &= P(A) + P(B) - P(AB) \\ &= P(A) + P(B) - P(A)P(B) \\ &= 0.9 + 0.7 - 0.9 \times 0.7 = 0.97 \end{aligned}$$

相互独立的概念可以推广到 3 个和 3 个以上事件.

定义 12.4 设 n 个事件 $A_1, A_2, \cdots, A_n$,$n \geq 3$. 如果对任意的正整数 $k \leq n$ 和 $1 \leq i_1 < i_2 < \cdots < i_k \leq n$,有

$$P(A_{i_1} A_{i_2} \cdots A_{i_k}) = P(A_{i_1}) P(A_{i_2}) \cdots P(A_{i_k})$$

则称这 n 个事件相互独立.

可以证明:若 A 与 B 相互独立,则 A 与 $\overline{B}$,$\overline{A}$ 与 B,$\overline{A}$ 与 $\overline{B}$ 都相互独立(见习题 12.16).

对于 n 个事件有类似的结论. 设 $A_1, A_2, \cdots, A_n$ 相互独立,则将其中的任意若干个事件换成它们的逆事件后也相互独立.

12.2.3 伯努利概型与二项概率公式

在相同的条件下重复进行 n 次试验,每次试验的结果只有两个:事件 A 发生或不发生,且各次试验是相互独立的,则称这 n 次试验为伯努利概型.

定理 12.2(二项概率公式) 设在伯努利概型中每次试验事件 A 发生的概率为 $p(0 < p < 1)$,则在 n 次试验中 A 恰好发生 $k(0 \leq k \leq n)$ 次的概率为

$$P_n(k) = \binom{n}{k} p^k q^{n-k}, \quad \text{其中 } q = 1-p$$

由于 $\binom{n}{k} p^k q^{n-k}$ 正好是 $(p+q)^n$ 的展开式中的第 $k+1$ 项,故称此式为二项概率公式.

证明 由试验的独立性,事件 A 在指定的 k 次试验中发生且在其余的 $n-k$ 次试验中不发生的概率为 $p^k q^{n-k}$,而 n 次试验中任意地指定 k 次试验有 $\binom{n}{k}$ 种可能,故

$$P_n(k) = \binom{n}{k} p^k q^{n-k}$$

例 12.8 一台工作站有 10 个终端. 假设每个终端的使用率为 $\frac{1}{3}$ 且是否使用是相互独立的,求:

(1) 恰好有 5 个终端在使用的概率.

(2) 至少有一个终端在使用的概率.

解 (1) 由二项概率公式,恰好有 5 个终端在使用的概率为

$$P_{10}(5) = \binom{10}{5} \left(\frac{1}{3}\right)^5 \left(\frac{2}{3}\right)^{10-5} = 252 \times \frac{2^5}{3^{10}} = 0.1366$$

(2) 至少有一个终端在使用的概率为

$$P_{10}(1) + P_{10}(2) + \cdots + P_{10}(10) = 1 - P_{10}(0)$$
$$= 1 - \left(\frac{2}{3}\right)^{10}$$
$$= 0.9827$$

12.3 离散型随机变量

12.3.1 离散型随机变量及其分布律

为了便于描述随机试验,将随机试验的结果数字化,这就是随机变量. 例如,对掷硬币试验,令

$$X = \begin{cases} 1 & \text{若正面向上} \\ 0 & \text{若背面向上} \end{cases}$$

X 只可能取到 2 个值:1 或 0,分别对应正面向上或背面向上. $\{X=1\}$ 表示正面向上,其概率等于 $\frac{1}{2}$,记作 $P\{X=1\} = \frac{1}{2}$. 类似地,$P\{X=0\} = \frac{1}{2}$. $P\{X=1\} = \frac{1}{2}$ 和 $P\{X=0\} = \frac{1}{2}$ 完全地刻画了 X 的取值情况.

定义 12.5 设随机试验的样本空间为 Ω,称定义在 Ω 上的实值函数 $X:\Omega \to \mathbf{R}$ 为**随机变量**. 通常把 $X(\omega)$ ($\omega \in \Omega$) 简记作 X.

当 Ω 为离散样本空间时,X 只可能取到有穷个或可数无穷个值,称这样的随机变量 X 为**离散型随机变量**.

设 X 是一个离散型随机变量,它可能取到的值为 $a_1, a_2, \cdots$(有穷个或可数无穷个),称

$$P\{X=a_k\}=p_k \qquad k=1,2,\cdots$$

为 X 的**概率分布律**,简称为**分布律**.

根据概率的性质,分布律满足下述条件:

(1) 对所有的 k,$0 \leqslant p_k \leqslant 1$;

(2) $\sum_k p_k = 1$.

例如,本节开始时对掷硬币试验定义的 X 是一个离散型随机变量,它的分布律为 $P\{X=1\}=\dfrac{1}{2}$, $P\{X=0\}=\dfrac{1}{2}$.

例 12.9 套圈游戏. 某人反复套同一个目标,直到套中为止,把套中目标所用的次数记作 X. 设他每次套中目标的概率为 $p(0<p<1)$ 且是否套中是相互独立的,试给出 X 的分布律.

解 显然,X 可能取到任意的正整数. 当 $X=k$ 时,表示前 $k-1$ 次都没有套中,第 k 次套中. 由题设,

$$P\{X=k\}=q^{k-1}p \qquad k=1,2,\cdots, \qquad 其中\ q=1-p$$

事件的独立性可以推广到随机变量.

定义 12.6 设 X 和 Y 是两个离散型随机变量,它们的分布律分别为

$$P\{X=a_i\}=p_i \qquad i=1,2,\cdots$$

和

$$P\{Y=b_j\}=q_j \qquad j=1,2,\cdots$$

如果对每一对 i 和 j,事件 $\{X=a_i\}$ 和 $\{Y=b_j\}$ 相互独立,即

$$P\{X=a_i, Y=b_j\}=p_i q_j \qquad i,j=1,2,\cdots$$

则称 X 和 Y 相互独立.

设 $X_1, X_2, \cdots, X_n$ 是 n 个离散型随机变量,X_i 的分布律为

$$P\{X_i=a_{ij}\}=p_{ij}, \qquad j=1,2,\cdots, \quad i=1,2,\cdots,n$$

如果对所有的 $j_1, j_2, \cdots, j_n$,事件 $\{X_1=a_{1j_1}\}, \{X_2=a_{2j_2}\}, \cdots, \{X_n=a_{nj_n}\}$ 相互独立,则称 $X_1, X_2, \cdots, X_n$ 相互独立.

12.3.2 常用分布

1. 0-1 分布

如果 X 的分布律为

$$P\{X=1\}=p, \quad P\{X=0\}=q, \quad 其中\ q=1-p, \quad 0<p<1$$

则称 X 服从 **0-1 分布**.

2. 二项分布

如果 X 的分布律为

$$P\{X=k\}=\binom{n}{k}p^k q^{n-k}, \quad k=0,1,\cdots,n, \quad 其中\ q=1-p, \quad 0<p<1$$

则称 X 服从**二项分布**,记作 $X \sim B(n,p)$.

在 n 次伯努利试验中,事件 A 发生的次数 X 服从二项分布 $B(n,p)$,其中 $p=P(A)$.

3. 泊松分布

如果 X 的分布律为

$$P\{X=k\}=\frac{\lambda^k}{k!}\mathrm{e}^{-\lambda}, \quad k=0,1,2,\cdots, \quad \lambda>0$$

则称 X 服从**泊松（Poisson）分布**.

泊松分布是广泛使用的一种分布，在固定的时间间隔内稀有事件发生的次数都可以认为服从泊松分布. 例如，在 5 分钟内，网站主页被点击的次数，电话交换台接到请求通话的次数，车站候车的旅客人数，一块放射性物体放射出的粒子数，数字通信中的误码数，等等.

4. 超几何分布

设有 N 个小球，其中有 M 个红球. 从中任取 n ($n \leqslant N-M$) 个，记这 n 个中的红球数为 X，则 X 的分布律为

$$P\{X=k\}=\frac{\binom{M}{k}\binom{N-M}{n-k}}{\binom{N}{n}} \quad k=0,1,2,\cdots,l$$

其中 $l=\min(n,M)$，称 X 服从**超几何分布**.

5. 几何分布

设在伯努利试验中，每次试验事件 A 发生的概率为 p ($0<p<1$). 把事件 A 首次发生时的试验次数记作 X，则 X 的分布律为

$$P\{X=k\}=q^{k-1}p, \quad k=1,2,\cdots, \quad \text{其中} \ q=1-p$$

称 X 服从**几何分布**.

6. 巴斯卡分布与负二项分布

设在伯努利试验中，每次试验事件 A 发生的概率为 p ($0<p<1$). 把事件 A 第 r 次发生时的试验次数记作 X，则 X 的分布律为

$$P\{X=k\}=\binom{k-1}{r-1}q^{k-r}p^r, \quad k=r,r+1,r+2,\cdots, \quad \text{其中} \ q=1-p, \quad r \ \text{为正整数}$$

称 X 服从**帕斯卡（Pascal）分布**.

令 $Y=X-r$，Y 是在伯努利试验中事件 A 第 r 次发生前 A 不发生的次数，Y 的分布律为

$$P\{Y=k\}=P\{X=k+r\}=\binom{k+r-1}{r-1}q^k p^r, \quad k=0,1,2,\cdots, \quad q=1-p$$

称 Y 服从**负二项分布**.

负二项分布的名字来源于 $\binom{k+r-1}{r-1}=\binom{k+r-1}{k}=(-1)^k\binom{-r}{k}$，其中 $\binom{-r}{k}$ 恰好是 $(1+q)^{-r}$ 的展开式中 q^k 的系数：$(1+q)^{-r}=\sum_{k=0}^{\infty}\binom{-r}{k}q^k$. 这里把组合数 $\binom{n}{k}$ 中的 n 推广到负整数. 当 $n=-r$ 时，

$$\binom{-r}{k}=\frac{-r(-r-1)\cdots(-r-k+1)}{k!}=(-1)^k\binom{k+r-1}{k}$$

12.3.3 数学期望

定义 12.7 设离散型随机变量 X 的分布律为

$$P\{X=a_k\}=p_k \quad k=1,2,\cdots$$

如果 $\sum\limits_k a_k p_k$ 绝对收敛,则称它是 X 的**数学期望**,简称**期望**,记作 $E(X)$ 或 EX. 即

$$E(X)=\sum_k a_k p_k$$

数学期望是随机变量所有可能取值的平均值. 定义中 $\sum\limits_k$ 是对 X 的所有可能的取值求和,可能只有有限项,也可能有无穷多项. 当只有有限项时,不存在收敛问题,这里约定认为它是绝对收敛的. 当有无穷多项时,绝对收敛保证该级数收敛且级数的和与项的顺序无关. 今后遇到类似情况都采用这种记法,不再一一说明.

例 12.10 0-1 分布的数学期望.

解 设 X 服从 0-1 分布,分布律为

$$P\{X=1\}=p, \quad P\{X=0\}=q, \quad 其中 q=1-p, \quad 0<p<1$$

由定义

$$E(X)=0\times q+1\times p=p$$

例 12.11 某甲练习打靶,对一个靶标进行射击直到击中为止,然后转向下一个靶标. 设甲的命中率为 $p(0<p<1)$,求甲击中一个靶标所需的平均射击次数.

解 设甲对一个靶标射击的次数为 X, X 服从参数 p 的几何分布,分布律为

$$P\{X=k\}=q^{k-1}p, \quad k=1,2,\cdots, \quad 其中 q=1-p$$

对一个靶标射击的平均次数为

$$\begin{aligned}E(X)&=\sum_{k=1}^{\infty}kq^{k-1}p\\&=p\sum_{k=1}^{\infty}kq^{k-1}\\&=p\left(\sum_{k=0}^{\infty}q^k\right)'\\&=p\left(\frac{1}{1-q}\right)'\\&=\frac{p}{(1-q)^2}\\&=\frac{1}{p}\end{aligned}$$

关于随机变量函数的期望有下述计算公式.

定理 12.3 设 $\varphi(x)$ 是一实函数,X 是一随机变量,其分布律为

$$P\{X=a_k\}=p_k \quad k=1,2,\cdots$$

又 $Y=\varphi(X)$. 如果 $\sum\limits_k \varphi(a_k)p_k$ 绝对收敛,则

$$E(Y)=\sum_k \varphi(a_k)p_k$$

证明 $Y=\varphi(X)$ 也是一个离散型随机变量. 设它的可能取值为 $b_1,b_2,\cdots$, 记 $p'_i = P\{Y=b_i\}$, $i=1,2,\cdots$, 则 $p'_i = \sum_{\varphi(a_k)=b_i} p_k$. 于是

$$\sum_i b_i p'_i = \sum_i \left(b_i \sum_{\varphi(a_k)=b_i} p_k \right) = \sum_i \sum_{\varphi(a_k)=b_i} \varphi(a_k) p_k$$

这里仅对下述特殊情况加以证明. 假设对每一个 i, 只有有限个 a_k 使 $\varphi(a_k)=b_i$, 由于绝对收敛的级数可以任意交换项的次序,并且收敛级数可以任意合并项,故上式右端的级数也绝对收敛且等于 $\sum_k \varphi(a_k) p_k$, 得证结论成立.

数学期望具有下述性质.

性质 12.3.1 $E(C)=C$.

性质 12.3.2 $E(CX)=CE(X)$.

性质 12.3.3 $E(X\pm Y)=E(X)\pm E(Y)$.

更一般地, $E(X_1\pm X_2 \pm \cdots \pm X_n) = E(X_1) \pm E(X_2) \pm \cdots \pm E(X_n)$.

性质 12.3.4 如果 X 与 Y 相互独立,则 $E(XY)=E(X)E(Y)$.

更一般地,如果 $X_1, X_2, \cdots, X_n$ 相互独立,则

$$E(X_1 X_2 \cdots X_n) = E(X_1) E(X_2) \cdots E(X_n)$$

性质 12.3.5 施瓦茨(Schwarz)不等式.

$$[E(XY)]^2 \leqslant E(X^2) E(Y^2)$$

在上面的式子中 C 是常数,并假设所提及的数学期望存在.

例 12.12 二项分布的数学期望.

解 设 $X \sim B(n,p)$, 可以根据定义直接计算 $E(X)$, 在化简结果时需要一点技巧. 下面把 X 分解成 n 个随机变量的和,从而可以利用性质 12.3.3 进行计算.

把 X 看作 n 次伯努利试验中事件 A 发生的次数,每次试验 A 发生的概率为 p. 令

$$X_k = \begin{cases} 1 & \text{若第 } k \text{ 次试验 } A \text{ 发生} \\ 0 & \text{若第 } k \text{ 次试验 } A \text{ 不发生} \end{cases} \quad k=1,2,\cdots,n$$

其中 $X_1, X_2, \cdots, X_n$ 相互独立且都服从参数 p 的 0-1 分布. 由例 12.10, $E(X_k)=p$. 又 $X = X_1 + X_2 + \cdots + X_n$, 于是

$$E(X) = E(X_1) + E(X_2) + \cdots + E(X_n) = np$$

12.3.4 方差

定义 12.8 如果 $E[(X-EX)^2]$ 存在,则称它为随机变量 X 的**方差**,记作 $D(X)$ 或 DX, 即

$$D(X) = E[(X-EX)^2]$$

设 X 的分布律为

$$P\{X=a_k\} = p_k \quad k=1,2,\cdots$$

则

$$D(X) = \sum_k (a_k - EX)^2 p_k$$

DX 等于 X 偏离平均值 EX 的大小的平方的平均值,从而刻画了 X 取值的分散程度.

DX 越大，X 的取值越分散；DX 越小，X 的取值越集中.

方差有下述计算公式

$$D(X) = E(X^2) - (EX)^2 \tag{12.1}$$

证明 $D(X) = E[(X - EX)^2]$
$= E[X^2 - 2XEX + (EX)^2]$
$= E(X^2) - E(2XEX) + E[(EX)^2]$

注意到 EX 是常数，$E(2XEX) = 2(EX)^2$，$E[(EX)^2] = (EX)^2$. 代入上式即可得到式(12.1).

例 12.13 0-1 分布的方差.

解 设 X 服从 0-1 分布，分布律为

$$P\{X=1\} = p, \quad P\{X=0\} = q, \quad 其中 q = 1-p, \quad 0 < p < 1$$

已知 $EX = p$，又 $E(X^2) = 0^2 \times q + 1^2 \times p = p$，由式(12.1)，得

$$DX = p - p^2 = pq$$

方差具有下述性质.

性质 12.3.6 $D(C) = 0$.

性质 12.3.7 $D(CX) = C^2 D(X)$.

性质 12.3.8 如果 X 与 Y 相互独立，则 $D(X \pm Y) = D(X) + D(Y)$.

更一般地，如果 $X_1, X_2, \cdots, X_n$ 相互独立，则

$$D(X_1 \pm X_2 \pm \cdots \pm X_n) = D(X_1) + D(X_2) + \cdots + D(X_n)$$

例 12.14 二项分布的方差.

解 由例12.13，设 $X \sim B(n, p)$，则 $X = X_1 + X_2 + \cdots + X_n$，其中 $X_1, X_2, \cdots, X_n$ 相互独立且都服从参数为 p 的 0-1 分布. 于是，由性质 12.3.8 知

$$D(X) = D(X_1) + D(X_2) + \cdots + D(X_n) = npq, \quad 其中 q = 1-p$$

定理 12.4（切比雪夫不等式） 设随机变量 X 的期望 EX 和方差 DX 存在，则对任意的 $\varepsilon > 0$，

$$P\{|X - EX| \geq \varepsilon\} \leq \frac{DX}{\varepsilon^2}$$

证明 设 X 的分布律为

$$P\{X = a_k\} = p_k \quad k = 1, 2, \cdots$$

于是

$$P\{|X - EX| \geq \varepsilon\} = \sum_{|a_k - EX| \geq \varepsilon} p_k$$
$$\leq \sum_{|a_k - EX| \geq \varepsilon} \frac{(a_k - EX)^2}{\varepsilon^2} p_k$$
$$\leq \sum_k \frac{(a_k - EX)^2}{\varepsilon^2} p_k$$
$$= \frac{DX}{\varepsilon^2}$$

DX 刻画了 X 取值的分散程度，切比雪夫不等式对此在数量上给出了明确的描述. 取 $\varepsilon = k\sqrt{DX}$，

$$P\{|X-EX|\geqslant k\sqrt{DX}\}\leqslant \frac{1}{k^2}$$

上式表明 X 落入 $(EX-k\sqrt{DX}, EX+k\sqrt{DX})$ 内的概率不小于 $1-\frac{1}{k^2}$. 例如,取 $k=3.16$, X 落入 $(EX-3.16\sqrt{DX}, EX+3.16\sqrt{DX})$ 内的概率不小于 0.90. 对于固定的 k, DX 越大,这个区间越长,表明 X 的取值越分散; DX 越小,这个区间越短,表明 X 的取值越集中.

最后给出矩的概念.

定义 12.9 设 k 是正整数,如果 $E(X^k)$ 存在,则称它是 X 的 **k 阶原点矩**.

设 X 的分布律为
$$P\{X=a_i\}=p_i \qquad i=1,2,\cdots$$
则
$$E(X^k)=\sum_i a_i^k p_i \qquad k=1,2,\cdots$$

1 阶原点矩就是数学期望.

12.4 概率母函数

本节只考虑取非负整数值的随机变量. 当随机变量只取非负整数值时,把它的分布律看作一个序列 $\{p_k\}$,这个序列的生成函数称作该随机变量的概率母函数. 概率母函数包含了随机变量的全部信息. 可以利用概率母函数计算期望和方差以及分布律.

定义 12.10 设随机变量 X 的分布律为
$$P\{X=k\}=p_k \qquad k=0,1,2,\cdots$$
称
$$\psi_X(s)=E(s^X)=\sum_k p_k s^k \qquad -1\leqslant s\leqslant 1$$
为 X 的**概率母函数**,简称**母函数**. 在不会混淆的情况下,可简记为 $\psi(s)$.

由于 $\psi(1)=\sum_k p_k=1$,级数 $\sum_k p_k s^k$ 在 $[-1,1]$ 上绝对且一致收敛,因此 $\psi(s)$ 在 $[-1,1]$ 上有定义.

例 12.15 0-1 分布的母函数.

解 设 $P\{X=1\}=p$, $P\{X=0\}=q$,其中 $q=1-p$, $0<p<1$. 由定义
$$\psi(s)=q+ps$$

例 12.16 泊松分布的母函数.

解 设 $P\{X=k\}=\frac{\lambda^k}{k!}e^{-\lambda}$, $k=0,1,2,\cdots$, $\lambda>0$. 由定义
$$\begin{aligned}\psi(s)&=\sum_{k=0}^{\infty}\frac{\lambda^k}{k!}e^{-\lambda}s^k\\&=e^{-\lambda}\sum_{k=0}^{\infty}\frac{(\lambda s)^k}{k!}\\&=e^{-\lambda}\cdot e^{\lambda s}\end{aligned}$$

$$= e^{\lambda(s-1)}$$

概率母函数具有下述性质.

性质 12.4.1（线性性质） $\psi_{aX+b}(s) = s^b \psi_X(s^a)$，其中 a, b 是非负整数.

性质 12.4.2 有限个独立随机变量和的母函数等于各个随机变量母函数的乘积. 即，设 $X_1, X_2, \cdots, X_n$ 相互独立，母函数依次为 $\psi_1(s), \psi_2(s), \cdots, \psi_n(s)$. 又 $Y = X_1 + X_2 + \cdots + X_n$，则

$$\psi_Y(s) = \prod_{i=1}^{n} \psi_i(s)$$

性质 12.4.3 设 $E(X^2)$ 存在，则

$$E(X) = \psi'(1), \quad E(X^2) = \psi''(1) + \psi'(1)$$
$$D(X) = \psi''(1) + \psi'(1) - \psi'^2(1)$$

证明 下面仅证明性质 12.4.3，性质 12.4.1、12.4.2 留作习题（见习题 12.39）.

由于 $E(X^2) = \sum_k k^2 p_k$ 存在，当 $-1 \leq s \leq 1$ 时，

$$\sum_k |(p_k s^k)'| = \sum_k |k p_k s^{k-1}| \leq \sum_k k p_k \leq \sum_k k^2 p_k$$
$$\sum_k |(p_k s^k)''| = \sum_k |k(k-1) p_k s^{k-2}| \leq \sum_k k^2 p_k$$

$\sum_k k p_k s^{k-1}$ 和 $\sum_k k(k-1) p_k s^{k-2}$ 在 $[-1, 1]$ 上一致收敛，故 $\psi'(s) = \sum_k k p_k s^{k-1}$, $\psi''(s) = \sum_k k(k-1) p_k s^{k-2}$. 于是

$$\psi'(1) = \sum_k k p_k = E(X)$$
$$\psi''(1) = \sum_k k(k-1) p_k = \sum_k k^2 p_k - \sum_k k p_k = E(X^2) - E(X)$$

得证

$$E(X) = \psi'(1)$$
$$E(X^2) = \psi''(1) + \psi'(1)$$
$$D(X) = E(X^2) - (EX)^2 = \psi''(1) + \psi'(1) - \psi'^2(1)$$

例 12.17 二项分布的母函数.

解 设 $X \sim B(n, p)$，则 $X = X_1 + X_2 + \cdots + X_n$，其中 $X_1, X_2, \cdots, X_n$ 相互独立且都服从参数为 p 的 0-1 分布. 由例 12.15，已知 X_i 的母函数为 $\psi_i(s) = q + ps, i = 1, 2, \cdots, n$. 于是，根据性质 12.4.2，得 $\psi_X(s) = (q + ps)^n$.

例 12.18 利用母函数计算几何分布的期望和方差.

解 设 X 服从参数 p 的几何分布，分布律为

$$P\{X = k\} = q^{k-1} p, \quad k = 1, 2, \cdots, \quad 其中 q = 1 - p$$

它的母函数为

$$\psi(s) = \sum_{k=1}^{\infty} q^{k-1} p s^k = ps \sum_{k=1}^{\infty} (qs)^{k-1} = \frac{ps}{1-qs}$$

$$\psi'(s) = \frac{p}{(1-qs)^2}, \quad \psi''(s) = \frac{2pq}{(1-qs)^3}$$

$$\psi'(1) = \frac{1}{p}, \quad \psi''(1) = \frac{2q}{p^2}$$

根据性质 12.4.3,得

$$E(X)=\frac{1}{p}, \quad D(X)=\frac{2q}{p^2}+\frac{1}{p}-\left(\frac{1}{p}\right)^2=\frac{q}{p^2}$$

这里得到的 $E(X)$ 与例 12.11 的计算结果是一样的.

将母函数 $\psi(s)$ 展开成 s 的幂级数,s^k 的系数即为 $p_k=P\{X=k\}$,因此,可以由母函数得到随机变量的分布律. 也就是说,随机变量的分布律由母函数唯一决定.

例 12.19 设 X,Y 分别服从参数 λ,μ 的泊松分布且相互独立,求 $Z=X+Y$ 的分布律.

解 根据例 12.16 的计算结果,$\psi_X(s)=\mathrm{e}^{\lambda(s-1)}$,$\psi_Y(s)=\mathrm{e}^{\mu(s-1)}$. 由性质 12.4.2 知,
$$\psi_Z(s)=\mathrm{e}^{\lambda(s-1)}\cdot\mathrm{e}^{\mu(s-1)}=\mathrm{e}^{(\lambda+\mu)(s-1)}$$

这是参数 $\lambda+\mu$ 的泊松分布的母函数,由于随机变量的分布律由母函数唯一决定,故 $Z=X+Y$ 服从参数 $\lambda+\mu$ 的泊松分布.

例 12.20 掷 5 枚骰子. 假设骰子都是均匀的,求 5 枚骰子的点数之和等于 15 的概率.

解 记 X_i 为第 i 枚骰子的点数,$i=1,2,\cdots,5$. 5 枚骰子的点数之和 $X=X_1+X_2+\cdots+X_5$. X_i 的分布律为 $P\{X_i=k\}=\frac{1}{6}$,$k=1,2,\cdots,6$,母函数为

$$\psi_i(s)=\frac{1}{6}(s+s^2+\cdots+s^6)=\frac{s(1-s^6)}{6(1-s)} \quad i=1,2,\cdots,5$$

$X_1,X_2,\cdots,X_5$ 相互独立,由性质 12.4.2,X 的母函数为

$$\psi(s)=\prod_{i=1}^{5}\psi_i(s)=\frac{s^5(1-s^6)^5}{6^5(1-s)^5}$$
$$=\frac{1}{6^5}s^5(1-s^6)^5(1-s)^{-5}$$
$$=\frac{1}{6^5}s^5(1-5s^6+10s^{12}-\cdots-s^{30})\sum_{k=0}^{\infty}(-1)^k\binom{-5}{k}s^k$$

$\psi(s)$ 中 s^{15} 的系数为

$$p_{15}=\frac{1}{6^5}\left[(-1)^{10}\binom{-5}{10}-(-1)^4 5\binom{-5}{4}\right]$$
$$=\frac{1}{6^5}\left(\frac{5\times 6\times\cdots\times 14}{10!}-5\times\frac{5\times 6\times 7\times 8}{4!}\right)$$
$$=\frac{651}{6^5}$$
$$=0.0837$$

这就是所求的概率.

习 题

12.1 从一副扑克牌的 13 张黑桃中,一张接一张有放回地抽取 3 张,求:
(1) 没有同号的概率.
(2) 有同号的概率.

(3) 至多有 2 张同号的概率.

12.2 箱中有 10 件电子产品,已知其中混有 3 件次品. 为了找出次品,逐件进行测试. 试求:
(1) 只测试 3 件就找到全部次品的概率.
(2) 需测试 10 件才找到全部次品的概率.

12.3 有 2 个红球和 2 个绿球,将这 4 个球随机地放入 2 个盒子中,每个盒中放 2 个球,求同色球在同一盒中的概率.

12.4 掷 2 枚骰子总点数为 8 与掷 3 枚骰子总点数为 8,哪种可能性更大?

12.5 掷 2 枚骰子总点数为 9 与掷 3 枚骰子总点数为 9,哪种可能性更大?

12.6 掷 2 枚完全相同但不均匀的骰子,证明点数相同的概率不小于 $\frac{1}{6}$.

12.7 4 个人中至少有 2 人的生日在同一天的概率是多少(假设一年 365 天)?

12.8 袋中有编号为 1,2,3,4 的 4 个小球,从袋中不放回地取 4 次,每次取一个,求每次取到的编号都与次序不同的概率.

12.9 设 A,B 是 2 个随机事件,已知 $P(A)=0.4, P(B)=0.3$.
(1) 如果 $P(A\cup B)=0.6$,求 $P(AB), P(A|B)$.
(2) 如果 A 和 B 互不相容,求 $P(A\cup B), P(A-B)$.
(3) 如果 A 和 B 相互独立,求 $P(A\cup B), P(A-B)$.

12.10 设 A,B 是 2 个随机事件且 $A\cup B=\Omega$,证明:
$$P(AB)=P(A)P(B)-P(\overline{A})P(\overline{B}).$$

12.11 证明: $P(A_1\cup A_2\cup\cdots\cup A_n)\leqslant P(A_1)+P(A_2)+\cdots+P(A_n)$.

12.12 将 3 个乒乓球放入 4 只杯子中,每个乒乓球放入每只杯子中的可能性相同. 分别求杯中球的最大个数为 1,2,3 的概率.

12.13 3 个人各自独立地破译一个密码,他们能破译的概率分别为 0.2, 0.4 和 0.25. 求这个密码能被破译的概率.

12.14 盒中有 12 个乒乓球,其中 9 个是新的,3 个是用过的. 第一次从中任取 3 个,用后放回盒中. 第二次再从盒中任取 3 个,
(1) 求第二次取到 3 个新球的概率.
(2) 已知第二次取到 3 个新球,求第一次取到 3 个新球的概率.

12.15 设 $B_1,B_2,\cdots,B_n$ 是样本空间的一个划分且 $P(B_i)>0, i=1,2,\cdots,n, A$ 是任意随机事件且 $P(A)>0$. 证明:对每一个 $i(i=1,2,\cdots,n)$,
$$P(B_i|A)=\frac{P(B_i)P(A|B_i)}{\sum_{j=1}^{n}P(B_j)P(A|B_j)}$$

此式称作**贝叶斯(Bayes)公式**.

12.16 证明:如果 A 与 B 相互独立,则 A 与 $\overline{B}$、$\overline{A}$ 与 B、$\overline{A}$ 与 $\overline{B}$ 也相互独立.

12.17 卜里耶(Polya)坛子模型. 设坛子中有 b 个黑球和 r 个红球,现从中每次取出一个,取出后放回,并将 c 个与所取出的球同颜色的球放入坛中. 记 B_n:第 n 次取得黑球,证明:
$$P(B_n)=\frac{b}{b+r} \qquad n=1,2,\cdots$$

这里 b 和 r 是正整数，c 是整数，并且当 $c<0$ 时，$b+r-(n-1)c>0$. 当 $c=0$ 时为放回抽样，当 $c=-1$ 时为不放回抽样.

12.18 巴拿赫火柴问题. 某人买了 2 盒火柴, 每盒有 n 根, 每次从任一盒中取一根使用. 求当他用完一盒（取最后一根）时, 另一盒有 $r(1\leqslant r\leqslant n)$ 根的概率. 问: 另一盒剩几根的可能性最大?

12.19 买票问题. $2n$ 个人排队买票, 其中 n 个人每人拿一张 5 元人民币, n 个人每人拿一张 10 元人民币. 每张票 5 元, 售票处没有预备零钱, 求售票中没有人因为找不了钱必须让后面的人先买的概率.

12.20 对超几何分布验证: $\sum_{k=0}^{l}\dfrac{\binom{M}{k}\binom{N-M}{n-k}}{\binom{N}{n}}=1$, 其中 N,M,n 均为正整数, $M\leqslant N$, $n\leqslant N-M$, $l=\min\{M,n\}$.

12.21 对负二项分布验证: $\sum_{k=1}^{\infty}\binom{k+r-1}{r-1}q^kp^r=1$, 其中 $0<p<1$, $q=1-p$, r 是正整数.

12.22 袋中有 $1,2,3,4,5$ 这 5 个号码牌, 从中任取 3 个, 以 X 表示取出的 3 个号码中的最大号码. 试写出 X 的分布律.

12.23 盒中有 3 个白球和 2 个黑球, 从中任取 2 个, 以 X 表示取得的白球数, 试写出 X 的分布律.

12.24 设某射手每次射击击中目标的概率为 0.8, 共射击 30 次, 求击中目标次数 X 的分布律.

12.25 设某射手每次射击击中目标的概率为 0.8, 连续向一个目标射击, 直到击中目标为止. 求射击次数 X 的分布律.

12.26 设昆虫产卵数 X 服从参数 λ 的泊松分布, 又设一个虫卵能孵化成昆虫的概率为 $p(0<p<1)$, 并且虫卵是否能孵化成昆虫是相互独立的, 把此昆虫下一代的条数记作 Y, 试给出 Y 的分布律.

12.27 有 m 个盒子和许多小球, 将小球一个一个地放入盒子中, 每个小球放入每个盒子的可能性相等. 试写出下述随机变量 X 的分布律.

(1) 共放了 n 个小球, X 是某个指定的盒子中的小球数.

(2) X 是第一次把小球放入某个指定的盒子中后, 放入所有盒子中的小球数.

(3) X 是在某个指定的盒子中放入第 r 个小球后, 放入所有盒子中的小球数.

(4) X 是直到每个盒子中都有小球时放入所有盒子中的小球数.

12.28 设 $X\sim B(n,p)$, 整数 k, $0\leqslant k\leqslant n$. 证明:

(1) $P\{X\geqslant k\}\leqslant\binom{n}{k}p^k$.

(2) $P\{X\leqslant k\}\leqslant\binom{n}{k}(1-p)^{n-k}$.

12.29 某射手的命中率为 $p(0<p<1)$, 他每次取 10 发子弹, 若击中目标或打完了子弹就

结束这次练习.问他每次练习平均用几发子弹?

12.30 求习题 12.22 和习题 12.23 中的 X 的期望和方差.

12.31 掷 n 枚骰子,求点数之和的期望和方差.

12.32 将 n 个小球放入 m 个盒中,设每个小球放入每个盒中是等可能的,求有球的盒子数的期望.

12.33 甲和乙两人对局,约定连胜两局者获胜并终止这次比赛.设在每局中甲获胜的概率为 p,乙获胜的概率为 $1-p$,求他们每次比赛的平均对局数.

12.34 袋中有 k 个 k 号球,$k=1,2,\cdots,n$. 从中摸出一个球,求摸出的球的号码的期望.

12.35 设 $f(x)(x \geqslant 0)$ 单调非降且恒大于 0,又设 X 是一离散型随机变量且 $E[f(X)]$ 存在. 证明:对任意的 $t>0$,
$$P\{|X| \geqslant t\} \leqslant \frac{1}{f(t)} E[f(|X|)]$$

12.36 设 X 是一非负离散型随机变量且 $E(X)$ 存在. 证明:对任意的 $t>0$,
$$P\{X \geqslant t\} \leqslant \frac{1}{t} E(X)$$

此不等式称作**马尔可夫不等式**.

12.37 设随机变量 X 取非负整数值且数学期望存在. 试证明:
$$E(X) = \sum_{k=1}^{\infty} P\{X \geqslant k\}$$

12.38 设离散型随机变量 $X_1, X_2, \cdots, X_n$ 的数学期望存在,Y 的分布律为 $P\{Y=i\}=c_i$,$i=1,2,\cdots,n$. 试证明:
$$E(X_Y) = \sum_{i=1}^{n} c_i E(X_i)$$

12.39 证明母函数的性质 12.4.1 和性质 12.4.2,即

(1) $\psi_{aX+b}(s) = s^b \psi_X(s^a)$,其中 a,b 是非负整数.

(2) 设 $X_1, X_2, \cdots, X_n$ 相互独立,母函数依次为 $\psi_1(s), \psi_2(s), \cdots, \psi_n(s)$. 又 $Y=X_1+X_2+\cdots+X_n$,则
$$\psi_Y(s) = \prod_{i=1}^{n} \psi_i(s)$$

12.40 设 $X_1, X_2, \cdots, X_r$ 相互独立且都服从参数 p 的几何分布,其中 $0<p<1$,又 $X=X_1+X_2+\cdots+X_r$. 证明:X 服从参数 p,r 的帕斯卡分布.

12.41 设 X 服从参数 p,r 的帕斯卡分布,其中 $0<p<1$,r 是正整数. 试计算 X 的母函数、数学期望和方差.

12.42 设在伯努利试验中,每次试验事件 A 发生的概率为 $p(0<p<1)$. 把首次出现 A 发生之后接着 A 不发生的试验次数记作 X,即 $X=n$ 当且仅当使得 A 在第 $n-1$ 次发生且在第 n 次不发生的最小的 n. 求 X 的母函数、数学期望和方差.

第 13 章

初等数论和离散概率的应用

初等数论和概率统计在计算机科学技术中有着广泛的应用,本章仅涉及几个典型的应用,管中窥豹,可见一斑.

13.1 密码学

13.1.1 凯撒密码

数论在密码学中起着重要的作用. 早在公元前罗马皇帝凯撒(J. Caesar)就已经使用密码传递作战命令. 他的加密方法是把每个字母按照字母表的顺序向后移动 3 位,最后 3 个字母依次变成前 3 个字母. 例如,"SEE YOU TOMORROW",经过加密变成"VHHBRXWRPRUURZ"(忽略掉空格).

所谓密码,简单地说就是一组含有参数 k 的变换 E. 信息 m 通过变换 E 得到 $c=E(m)$. 原始信息 m 称作**明文**,经过变换得到的信息 c 称作**密文**. 从明文得到密文的过程称作**加密**,变换 E 称作**加密算法**,参数 k 称作**密钥**. 同一个加密算法,可以取不同密钥,给出不同的加密结果.

凯撒的加密算法是把字母按字母表的顺序循环移动 k 位. 取 $k=3$ 就是前面所说的加密算法. 用数字 0~25 分别表示 26 个字母,这个算法可表示成

$$E(i)=(i+k)\bmod 26 \qquad i=0,1,2,\cdots,25$$

其中密钥 k 是任意的整数. 仍用前面的例子,"SEE YOU TOMORROW" 数字化后为

18 4 4 24 14 20 19 14 12 14 17 17 14 22

取 $k=3$,加密后得到密文

21 7 7 1 17 23 22 17 15 17 20 20 17 25

即 VHHBRXWRPRUURZ.

从密文 c 恢复明文 m 的过程称作**解密**. 解密算法 D 是加密算法 E 的逆运算. 解密算法也含有参数,称为解密算法的密钥. 解密算法的密钥与加密算法的密钥有关,传统密码的解密算法的密钥可以由加密算法的密钥推出. 凯撒密码的解密算法是

$$D(i)=(i-k)\bmod 26 \qquad i=0,1,2,\cdots,25$$

它的解密算法的密钥与加密算法的密钥相同.

密码要求加密算法 E 是容易计算的. 只要知道密钥,解密算法的计算也是容易的. 关键之处是要求,如果不知道密钥,就不可能(至少是很难)从密文 c 恢复明文 m. 万一密文落

入第三者手中,只要第三者得不到密钥就无法知道明文的内容. 可见保证密钥的安全是至关重要的.

凯撒密码的加密算法太简单. 如果有足够长的密文,通过统计各个字母以及字母之间关联出现的频率就可以破解出密钥,因此凯撒密码是不安全的. 这种类型的稍微复杂一点的加密算法是

$$E(i)=(ai+b) \bmod 26 \qquad i=0,1,2,\cdots,25$$

其中 a 和 b 是整数. 为了保证 E 是双射,a 应满足一定的条件(见习题 13.3).

用一个字母代替另一个字母的密码很容易被分析字母频率的方法破译. 更复杂一些的加密算法是用一段字母代替另一段字母. 例如,**维吉利亚(Vigenere)密码**先把明文分成若干段,每一段有 n 个数字,密钥 $k=k_1k_2\cdots k_n$,加密算法

$$E(m_1m_2\cdots m_n)=c_1c_2\cdots c_n$$

其中 $c_i=(m_i+k_i) \bmod 26$,$m_i=0,1,2,\cdots,25$,$i=1,2,\cdots,n$.

13.1.2　RSA 公钥密码

传统密码的密钥是对称的,只要知道加密密钥就能推算出解密密钥. 通信双方分别持有加密密钥和解密密钥,密钥对外是绝对保密的,必须通过秘密渠道传送. 这种密码称作**私钥密码**.

随着计算机网络的迅速发展,私钥密码已不能适应计算机网络通信的保密需要. 第一,私钥密码的密钥不能用网络传送. 为了确保安全,应定期更新密钥,密钥的传送需要使用另外的秘密渠道,极不方便. 第二,一对密钥只能供一对通信的双方使用,而不能多方共用. 即使是一个集团内部(假设不需要保密)也不能共用密钥,因为这样是极不安全的. 只要有一个人不慎或故意泄密,就会使整个保密系统崩溃,造成灾难性的后果. 假设某人要和 n 个用户进行保密通信,就需要保存 n 个加密密钥和 n 个解密密钥. n 个用户之间进行保密通信需要 $\binom{n}{2}$ 对密钥,保管如此多的密钥是件很麻烦和很不安全的事情,何况还要经常更新.

迪菲(W.Diffie)和海尔门(M.Hellman)于 1976 年提出**公钥密码**的思想. 这种密码的密钥是非对称的,也就是说不能从加密密钥推算出解密密钥,因而加密密钥不需要保密,可以公开,而只需保守解密密钥的秘密. 若甲将他的加密密钥公布,任何想与甲通信的人都可以使用这个加密密钥将要传送的信息(明文)加密成密文发送给甲. 只有甲自己知道解密密钥,能够把密文还原为明文. 任何第三方即使截获到密文也不可能知道密文所传送的信息.

RSA 公钥密码是瑞弗斯特(Ron Rivest)、沙米尔(Adi Shamir)和阿德来门(Len Adleeman)于 1978 年提出的,也是最有希望的一种公钥密码. 它的基础是欧拉定理(定理 11.12),它的安全性依赖于大数因子分解的困难性.

取两个大素数 p 和 $q(p\neq q)$,记 $n=pq$,$\phi(n)=(p-1)(q-1)$(见习题 11.53). 选择正整数 w,w 与 $\phi(n)$ 互素,设 d 是 w 的模 $\phi(n)$ 逆,即 $dw\equiv 1(\bmod \phi(n))$.

RSA 密码算法如下:首先将明文数字化,然后把明文分成若干段,每一个明文段的值小于 n. 对每一个明文段 m,

加密算法　　　$c=E(m)=m^w \bmod n$

解密算法　　　$D(c)=c^d \bmod n$

其中，加密密钥 w 和 n 是公开的，$p, q, \phi(n)$ 和 d 是保密的。

下面证明解密算法是正确的，即 $m = c^d \bmod n$。由于 $m < n$，故只需证明 $c^d \equiv m \pmod{n}$，即 $m^{dw} \equiv m \pmod{n}$。因为 $dw \equiv 1 \pmod{\phi(n)}$，所以存在整数 k 使得 $dw = k\phi(n) + 1$。分两种可能讨论如下。

(1) m 与 n 互素。由欧拉定理
$$m^{\phi(n)} \equiv 1 \pmod{n}$$
即可得到
$$m^{dw} \equiv m^{k\phi(n)+1} \equiv m \pmod{n}$$

(2) m 与 n 不互素。由于 $m < n$，$n = pq$，p 和 q 是素数且 $p \neq q$，故 m 必含 p 和 q 中的一个为因子，且只含其中的一个为因子。不妨设 $m = cp$ 且 $q \nmid m$。由费马小定理
$$m^{q-1} \equiv 1 \pmod{q}$$
于是
$$m^{k\phi(n)} \equiv m^{k(p-1)(q-1)} \equiv 1^{k(p-1)} \equiv 1 \pmod{q}$$
从而存在整数 h 使得
$$m^{k\phi(n)} = hq + 1$$
两边同乘以 m，并注意到 $m = cp$，
$$m^{k\phi(n)+1} = hcpq + m = hcn + m$$
得证
$$m^{k\phi(n)+1} \equiv m \pmod{n}$$
即
$$m^{dw} \equiv m \pmod{n}$$

RSA 公钥密码的加密算法和解密算法都要进行模乘幂运算 $a^b \pmod{n}$。设 b 的二进制表示为 $b_{r-1} \cdots b_1 b_0$，即
$$b = b_0 + b_1 \times 2 + \cdots + b_{r-1} \times 2^{r-1}$$
于是，
$$a^b \equiv a^{b_0} \times (a^2)^{b_1} \times \cdots \times (a^{2^{r-1}})^{b_{r-1}} \pmod{n}$$
令 $A_0 = a, A_i \equiv (A_{i-1})^2 \pmod{n}, i = 1, 2, \cdots, r-1$，则有
$$a^b \equiv A_0^{b_0} \times A_1^{b_1} \times \cdots \times A_{r-1}^{b_{r-1}} \pmod{n}$$
这里
$$A_i^{b_i} = \begin{cases} A_i & \text{若 } b_i = 1 \\ 1 & \text{若 } b_i = 0 \end{cases} \quad i = 0, 1, \cdots, r-1$$

例 13.1 取 $p = 43, q = 59, n = 43 \times 59 = 2537, \phi(n) = 42 \times 58 = 2436, w = 13$。$A, B, \cdots, Z$ 依次用 $00, 01, \cdots, 25$ 表示，各占 2 位。设明文段 $m = 2106$，即 VG。密文 $c = 2106^{13} \pmod{2537}$。计算如下：13 的二进制表示为 1101，即 $13 = 1 + 2^2 + 2^3$。

$A_0 = 2106 \equiv -431 \pmod{2537}$

$A_1 \equiv (-431)^2 \equiv 560 \pmod{2537}$

$A_2 \equiv 560^2 \equiv -988 \pmod{2537}$

$A_3 \equiv (-988)^2 \equiv -601 \pmod{2537}$

$$2106^{13} \equiv (-431) \times (-988) \times (-601) \equiv 2321 \pmod{2537}$$

得密文 $c = 2321$.

又设收到密文 0981，要把它恢复成明文．计算 $13^{-1} \equiv 937 \pmod{2436}$，得 $d = 937$．明文 $m' = 981^{937} \pmod{2537}$．计算如下：937 的二进制表示为 1110101001，即 $937 = 1 + 2^3 + 2^5 + 2^7 + 2^8 + 2^9$．

$$A_0 = 981$$
$$A_1 \equiv 981^2 \equiv 838 \pmod{2537}$$
$$A_2 \equiv 838^2 \equiv -505 \pmod{2537}$$
$$A_3 \equiv (-505)^2 \equiv 1325 \pmod{2537}$$
$$A_4 \equiv 1325^2 \equiv 21 \pmod{2537}$$
$$A_5 \equiv 21^2 \equiv 441 \pmod{2537}$$
$$A_6 \equiv 441^2 \equiv -868 \pmod{2537}$$
$$A_7 \equiv (-868)^2 \equiv -65 \pmod{2537}$$
$$A_8 \equiv (-65)^2 \equiv -849 \pmod{2537}$$
$$A_9 \equiv (-849)^2 \equiv 293 \pmod{2537}$$
$$981^{937} \equiv 981 \times 1325 \times 441 \times (-65) \times (-849) \times 293 \equiv 704 \pmod{2537}$$

得明文 $m' = 0704$，即 HE.

RSA 公钥密码的安全性依赖于大整数分解的困难性．如果已知分解式 $n = pq$，容易计算出 w 的模 $\phi(n) = (p-1)(q-1)$ 逆 d．现在还没有在不知道分解式 $n = pq$ 的情况下解密的方法．按照现在的能力分解一个 400 位的整数需要上亿年的时间，因此，当 p 和 q 是 200 位的素数时，就目前的水平而言，RSA 密码是安全的．随着因子分解能力的提高，可能需要使用更大的素数．

13.2 产生伪随机数的方法

13.2.1 产生均匀伪随机数的方法

做 n 次独立重复试验，得到随机变量 X 的 n 个值 $x_1, x_2, \cdots, x_n$．把这 n 个数称为随机变量 X 的**样本**或**随机数**．例如，掷一枚硬币，若硬币的正面向上，得到一个 1；若硬币的背面向上，得到一个 0．掷 n 次，得到 n 个 0，1．假设硬币是均匀的，则这是参数 $\frac{1}{2}$ 的 0-1 分布的随机数．更一般地，设正面向上的概率为 $p(0 < p < 1)$，则这是参数 p 的 0-1 分布的随机数.

计算机模拟需要大量的随机数．掷硬币就是一种产生随机数的方法．随机数可以用专门的物理装置产生，如放射性粒子计数器、电子管随机数发生器等．这些方法的成本都很高且使用不方便，因此通常是用计算机计算产生随机数．但是，这样得到的数不是真正的随机数，不过它们具有类似随机数的性质，可以当作随机数使用，把这样的数称作**伪随机数**．伪随机数的性能可以用数理统计方法加以检验.

设随机变量 X 的取值范围是 $(0,1)$ 且对任意的 $0 < a < 1, P\{0 < X \leqslant a\} = a$，则称 X 服从 **$(0,1)$ 上的均匀分布**，记作 $X \sim U(0,1)$．直观上，服从 $(0,1)$ 上均匀分布的随机变量等可能

地取到(0,1)上的每一个值.

可以用(0,1)上均匀分布的随机数产生各种随机数.本节介绍产生(0,1)上均匀分布伪随机数的方法,13.2.2 节介绍如何利用(0,1)上均匀分布伪随机数产生各种离散型伪随机数.

最常用的产生(0,1)上均匀分布伪随机数的方法是**线性同余法**.选择 4 个非负整数:模数 m,乘数 a,常数 c 和种子数 x_0,其中 $2 \leqslant a < m, 0 \leqslant c < m, 0 \leqslant x_0 < m$,按照下述递推公式产生伪随机数序列

$$x_n = (ax_{n-1} + c) \bmod m \qquad n = 1, 2, \cdots \tag{13.1}$$

为了得到(0,1)上均匀分布伪随机数,取

$$u_n = x_n / m \qquad n = 1, 2, \cdots \tag{13.2}$$

种子数 x_0 在计算时随机给出,其他 3 个参数 m, a 和 c 是固定不变的,它们的取值决定了所产生的伪随机数的质量.

式(13.1)至多能产生 m 个不同的数,因此得到的序列一定会出现循环,即存在正整数 n_0 和 l,使得所有的 $n \geqslant n_0$ 都有 $x_{n+l} = x_n$.使得上式成立的最小正整数 l 称作该序列的**周期**.例如,取 $m=8, a=3, c=1, x_0=2$,由公式(13.1)得到 7,6,3,2,7,6,….这个序列的周期等于 4.若保持 $m=8, c=1, x_0=2$ 不变,把 a 改为 $a=5$,则得到 3,0,1,6,7,4,5,2,3,0,1,…,周期为 8.显然,伪随机数序列的周期越长越好.

此外,若取 $a=0$ 和 $a=1$,分别得到序列 $c, c, c, \cdots$ 和 $x_0+c, x_0+2c, x_0+3c, \cdots$.这两个序列根本无随机性可言,因而总限定 $a \geqslant 2$.实际上,采用不同的参数得到的伪随机数序列的随机性是不同的,因此要想得到满意的伪随机数,必须选取一组好的参数 m, a 和 c.

取 $c=0$,式(13.1)简化为

$$x_n = ax_{n-1} \bmod m \qquad n = 1, 2, \cdots \tag{13.3}$$

称作**乘同余法**.采用乘同余法时,显然不能取 $x_0 = 0$.取 $m = 2^{31} - 1, a = 7^5$ 的乘同余法是最常用的均匀伪随机数发生器,它的周期是 $2^{31} - 2$.取种子数 $x_0 = 1$,得到伪随机数如下:

x_n	u_n
16 807	0.000 007 826
282 475 249	0.131 537 788
1 622 650 073	0.755 605 322
984 943 658	0.458 650 131
1 144 108 930	0.532 767 237
470 211 272	0.218 959 186
101 027 544	0.047 044 616
1 457 850 878	0.678 864 716
⋮	⋮

13.2.2 产生离散型伪随机数的方法

设随机变量 $U \sim U(0,1)$,给定 $p_1, p_2, \cdots$ 和 $a_1, a_2, \cdots$,这里对每一个 k,$p_k > 0$ 且

$\sum_k p_k = 1$，而 $a_1, a_2, \cdots$ 都不相同。对 $k=1,2,\cdots$，当 $\sum_{i=1}^{k-1} p_i < U \leqslant \sum_{i=1}^{k} p_i$ 时，令 $X = a_k$，则
$$P\{X = a_k\} = p_k \qquad k = 1, 2, \cdots$$

因此，可以利用 $(0,1)$ 上均匀分布伪随机数产生任意给定分布律的离散型伪随机数。算法如下。

算法 13.1 离散型伪随机数产生算法。

输入：分布律 $(a_k, p_k), k=1,2,\cdots$。

输出：伪随机数 x。

1. 产生一个 $(0,1)$ 上均匀分布伪随机数 u
2. $F \leftarrow p_1, k \leftarrow 1$
3. while $u > F$ do
4. $\qquad k \leftarrow k+1, F \leftarrow F + p_k$
5. $x \leftarrow a_k$

下面是几个常用离散型伪随机数的算法。

(1) 离散型均匀分布。

设 $a_1, a_2, \cdots, a_n$ 是 n 个不同的数，$\{a_1, a_2, \cdots, a_n\}$ 上均匀分布的分布律为
$$P\{X = a_k\} = \frac{1}{n} \qquad k = 1, 2, \cdots, n$$

$\{0,1\}$ 上均匀分布就是 $p = \frac{1}{2}$ 的 0-1 分布。

算法 13.2 离散型均匀分布伪随机数的产生算法。

输入：n 个不同的数 $a_1, a_2, \cdots, a_n$。

输出：伪随机数 x。

1. 产生一个 $(0,1)$ 上均匀分布伪随机数 u
2. for $k \leftarrow 1$ to n do
3. $\qquad$ if $u \leqslant k/n$ then $x \leftarrow a_k$，计算结束

(2) 泊松分布。

泊松分布的分布律为
$$P\{X = k\} = \frac{\lambda^k}{k!} e^{-\lambda} \qquad k = 0, 1, 2, \cdots, \quad \lambda > 0$$

有下述递推公式
$$\begin{cases} p_0 = e^{-\lambda} \\ p_{k+1} = \dfrac{\lambda}{k+1} p_k \qquad k = 0, 1, 2, \cdots \end{cases}$$

算法 13.3 泊松分布伪随机数的产生算法。

输入：$\lambda > 0$。

输出：伪随机数 x。

1. 产生一个 $(0,1)$ 上均匀分布伪随机数 u
2. $p \leftarrow e^{-\lambda}, F \leftarrow p, k \leftarrow 0$
3. while $u > F$ do

4.　　　$k \leftarrow k+1, p \leftarrow \lambda p/k, F \leftarrow F+p$

5. $x \leftarrow k$

（3）二项分布.

方法一：二项分布的分布律为

$$p_k = P\{X=k\} = \binom{n}{k} p^k q^{n-k} \quad k=0,1,2,\cdots,n, \quad 其中 q=1-p, \quad 0<p<1$$

有下述递推公式

$$\begin{cases} p_0 = q^n \\ p_{k+1} = \dfrac{(n-k)p}{(k+1)q} p_k \end{cases} \quad k=0,1,2,\cdots,n-1$$

算法 13.4　二项分布伪随机数的产生算法 I.

输入：整数 $n \geqslant 2$ 和 $p(0<p<1)$.

输出：伪随机数 x.

1. 产生一个 $(0,1)$ 上均匀分布伪随机数 u

2. $c \leftarrow p/(1-p), t \leftarrow (1-p)^n, F \leftarrow t$

3. for $k \leftarrow 0$ to n do

4.　　　if $u \leqslant F$ then $x \leftarrow k$，计算结束

5.　　　else $t \leftarrow tc(n-k)/(k+1), F \leftarrow F+t$

方法二：在例 12.12 中已经证明，二项分布 $B(n,p)$ 可以表示成 n 个相互独立的参数 p 的 0-1 分布的和. 因此，可用下述算法产生二项分布的伪随机数.

算法 13.5　二项分布伪随机数的产生算法 II.

输入：整数 $n \geqslant 2$ 和 $p(0<p<1)$.

输出：伪随机数 x.

1. $x \leftarrow 0$

2. for $i=1$ to n do

3.　　　产生一个 $(0,1)$ 上均匀分布伪随机数 u

4.　　　if $u \leqslant p$ then $x \leftarrow x+1$

13.3　算法的平均复杂度分析

算法的平均复杂度分析是相对于输入的概率分布而言的，因此为了对算法进行平均复杂度分析必须首先假设输入服从某种分布，下面通过对排序算法和散列表检索算法的平均复杂度分析来加以说明.

13.3.1　排序算法

快速排序算法是最常用的一种排序算法，它的基本思想是：设输入 $A[1..n]$，取 A 的一个元素 x（如 A 的第 n 个元素，$x=A[n]$），称作轴值. 以轴值 x 为标准把 A 划分成 2 个数组 A_1 和 A_2，其中 A_1 中的数都小于或等于 x，而 A_2 中的数都大于 x. A 的排列顺序为 A_1, x, A_2，然后分别对 A_1 和 A_2 排序. 算法描述如下.

算法 13.6 快速排序算法.

Quicksort(A, p, r)

1. if $p \geq r$ then return A
2. $x \leftarrow A[r]$ // 取 $A[r]$ 作为轴值
3. $i \leftarrow p - 1$
4. for $j \leftarrow p$ to $r - 1$ do
5.   if $A[j] \leq x$ then $i \leftarrow i + 1$, 交换 $A[i]$ 与 $A[j]$
6. 交换 $A[i+1]$ 与 $A[r]$
    // 把 $A[p..r]$ 分成 2 组 $A[p..i]$ 和 $A[i+2..r]$, 轴值 x 置于 $A[i+1]$
7. Quicksort(A, p, i)
8. Quicksort(A, $i+2$, r)

算法 13.6 是递归结构, 计算时调用 Quicksort(A, 1, n). 图 13.1 给出它的一次分组计算过程. 快速排序算法的计算时间与输入数据的排列有关, 最坏的情况是输入的数据几乎是排好序的, 每一次划分的结果差不多总是把几乎所有的数分到一组中, 计算时间为 $O(n^2)$. 最好的情况是每次都划分成 2 个大小差不多的数组, 计算时间为 $O(n\log n)$.

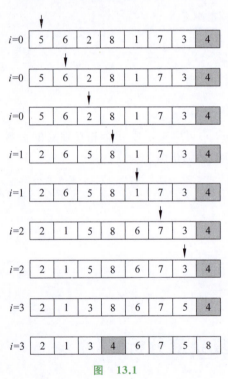

图 13.1

下面来分析它的平均计算时间. 快速排序算法是比较排序算法的一种, 仅使用比较运算来确定 2 个数的相对位置, 当输入的规模固定时, 算法的运行时间仅与输入数据的排列顺序有关, 而与数的大小无关, 因此只需要对输入数据的排列进行讨论, 即把输入看作一个排列. 不妨设输入的 n 个数是不相同的, 用 π_n 表示 n 个数的排列, $\pi_n(i)$ 表示 π_n 的第 i 个数. 假设输入服从均匀分布, 即对每一个排列 π_n, $P(\pi_n) = \dfrac{1}{n!}$. 记输入为 π_n 时, 算法的计算时间为 $T(\pi_n)$, 输入规模 n 时的平均计算时间为 T_n, 则有

$$T_n = E[T(\pi_n)] = \sum_{\pi_n} \frac{1}{n!} T(\pi_n)$$

式中 $\sum\limits_{\pi_n}$ 表示对所有的排列 π_n 求和.

对输入 π_n, 设轴值 x 是第 i 个小的数, π_n 被划分成 π_{i-1} 和 π_{n-i}, 于是有

$$T(\pi_n) = T(\pi_{i-1}) + T(\pi_{n-i}) + O(n)$$

而

$$\sum_{\pi_n} T(\pi_{i-1}) = \sum_{i=1}^{n} \sum_{*} \sum_{\pi_{i-1}} T(\pi_{i-1}) = \sum_{i=1}^{n} \left[(n-i)! \binom{n-1}{n-i} \sum_{\pi_{i-1}} T(\pi_{i-1}) \right]$$

$$= (n-1)! \sum_{*}^{n} \sum_{i=1}^{n} T_{i-1}$$

其中 $\sum_{*}$ 表示对 $n-1$ 中取 $n-i$ 的所有排列求和. 同理

$$\sum_{\pi_n} T(\pi_{n-i}) = (n-1)! \sum_{i=1}^{n} T_{n-i} = (n-1)! \sum_{i=1}^{n} T_{i-1}$$

从而

$$T_n = \frac{2(n-1)!}{n!} \sum_{i=1}^{n} T_{i-1} + O(n) = \frac{2}{n} \sum_{i=1}^{n} T_{i-1} + O(n)$$

又 $T_0 = 0$，由例 10.16 得到

$$T_n = O(n\log n)$$

下面讨论**桶排序算法**，在输入数据服从 $[0,1)$ 上均匀分布的假设下，它具有线性平均时间复杂度.

设输入 $A[1..n]$ 中的 n 个数都服从 $[0,1)$ 上的均匀分布且相互独立，算法的基本思想是把 $[0,1)$ n 等分，把每个小区间 $\left[\frac{i}{n}, \frac{i+1}{n}\right)$ 称为一个桶，落在桶内的数据记作 $B[i]$, $0 \leqslant i \leqslant n-1$. 先分别排序每个桶内的数据，然后按 $B[0], B[1], \cdots, B[n-1]$ 的顺序排列所有的数据. 由于输入数据服从 $[0,1)$ 上的均匀分布且相互独立，直观上每个桶内的数据都不会多，主要工作量是把数据分配到各个桶内，这只需要 $O(n)$ 时间.

算法描述如下，其中辅助数组 $B[0..n-1]$ 的每一个元素是一个链表，用来存放一个桶内的数据.

算法 13.7 桶排序算法.

Bucketsort(A)

1. $n \leftarrow |A|$
2. for $i \leftarrow 1$ to n do
3.   把 $A[i]$ 插入表 $B[\lfloor nA[i] \rfloor]$
4. for $i \leftarrow 0$ to $n-1$ do
5.   用插入排序算法对表 $B[i]$ 进行排序
6. 依次连接表 $B[0], B[1], \cdots, B[n-1]$

记算法对输入 A 的计算时间为 $T(A)$，A 被分成 n 个桶，设桶 $B[i]$ 中有 m_i 个数，$0 \leqslant i \leqslant n-1, m_0 + m_1 + \cdots + m_{n-1} = n$. 除步骤 5 外，所有运算时间为 $O(n)$，而插入排序算法最坏情况的时间复杂度是 $O(n^2)$. 于是有

$$T(A) = O(n) + \sum_{i=0}^{n-1} O(m_i^2)$$

平均计算时间为

$$T_n = E[T(A)] = O(n) + \sum_{i=0}^{n-1} O(E(m_i^2))$$

根据假设，对每一个 $0 \leqslant i \leqslant n-1$，每个数落入桶 $B[i]$ 内的概率为 $\frac{1}{n}$ 且相互独立，故桶 $B[i]$ 内数的个数 $m_i \sim B\left(n, \frac{1}{n}\right)$，$E(m_i) = 1, D(m_i) = 1 - \frac{1}{n}$. 由式(12.1)，得

$$E(m_i^2) = D(m_i) + [E(m_i)]^2 = 2 - \frac{1}{n}$$

代入上式,得到桶排序算法的平均时间复杂度为

$$T_n = O(n) + \sum_{i=0}^{n-1} O\left(2 - \frac{1}{n}\right)$$

$$= O(n) + n\, O\left(2 - \frac{1}{n}\right)$$

$$= O(n)$$

13.3.2 散列表的检索和插入

散列表是一种常用的数据结构,具有高效检索和插入的优点. 对记录按关键码存储,设关键码的全域为 U,通常 U 是很大的,而实际使用的关键码数要小得多. 如果准备 $|U|$ 大的存储空间,不仅是很大的浪费,甚至是不可能的. 例如,某高校用学号作为学生的关键码,学号是一个 7 位数,共有 1000 万个,而实际在校学生不足 2 万人. 为了存储学生的信息,没有必要使用能够存储 1000 万条记录的计算机.

设数组 $T[0..m-1]$,构造函数 $h: U \to \{0, 1, \cdots, m-1\}$,把关键码 K 存入 $T[h(K)]$(实际上应该是存入关键码 K 和它的记录),函数 h 称作**散列函数**,$h(K)$ 称作关键码 K 的**散列值**. 散列函数 h 通常不是单射的,当 $h(K_1) = h(K_2)$ ($K_1 \neq K_2$)时,就要发生冲突. 有多种解决冲突的方案. 下面对两种常用方案的平均复杂度进行分析.

1. 链接法

链接法把散列值相同的关键码组成一个链表,以此来解决冲突. 散列表 $T[0..m-1]$ 的每一个元素对应一个链表,关键码 K 存放在链表 $T[h(K)]$ 中,如图 13.2 所示. 链式散列表的搜索和插入算法描述如下,数组 $DATA[1..N]$ 存放关键码,$NEXT[1..N]$ 存放链表的指针,n 是已存入的关键码数. 任给关键码 K,如果 K 已在 $DATA$ 中,则要查找到存放 K 的位置,即找到 i 使 $DATA[i]=K$;如果 K 不在 $DATA$ 中,则要把 K 插入 $DATA$.

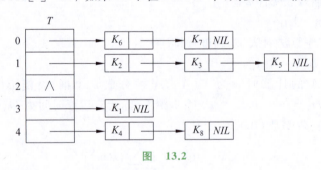

图 13.2

算法 13.8　链式散列表的检索和插入算法.
Chained Hash(K, n)
1. $i \leftarrow h(K)$
2. if $T[i] = \Lambda$ then $n \leftarrow n+1, T[i] \leftarrow n$,转步骤 8　　　　　//建立一个新的链表
3. $i \leftarrow T[i]$
4. if $i = N+1$ then 溢出,结束　　　　　　　　　　　　　　　　　//表已满,查找失败

5. if $DATA[i]=K$ then 输出 i,结束　　　　　// 查找成功
6. if $NEXT[i]=NIL$ then $n\leftarrow n+1, NEXT[i]\leftarrow n$,转步骤 8　　// 插入 K
7. $i\leftarrow NEXT[i]$,转步骤 4
8. if $n\leqslant N$ then $DATA[n]\leftarrow K, NEXT[n]\leftarrow NIL$

用算法 13.8 将图 13.2 中的 8 个关键码插入链式散列表的结果如图 13.3 所示.

链式散列表的检索和插入的运行时间取决于待插入(检索)的关键码 K 将要插入的链表 $T[h(K)]$ 的长度(在链表 $T[h(K)]$ 的位置),这与数据服从的分布和散列函数 h 有关. 在数据结构和算法设计的书中有对散列函数的专门论述. 为了分析算法 13.8 的平均复杂度,下面考虑最理想的情况,假设对每一个关键码 K, $h(K)$ 服从 $\{0,1,\cdots,m-1\}$ 上的均匀分布,即 $P\{h(K)=i\}=\dfrac{1}{m}, 0\leqslant i\leqslant m-1$,并且关键码的取值是相互独立的,称这样的散列函数为**简单均匀散列函数**.

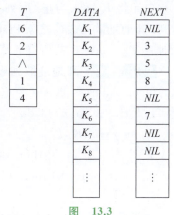

图 13.3

设关键码 K 不在 $DATA$ 中,除循环步骤 4～7 外,其余步骤只需常数时间. 设循环次数为 M, M 等于比较 $DATA[i]=K$ 的次数. 令

$$X_i=\begin{cases}1 & \text{若比较 }K\text{ 与 }DATA[i]\\ 0 & \text{否则}\end{cases} \qquad i=1,2,\cdots,n$$

比较 K 与 $DATA[i]$ 当且仅当 $h(K)=h(DATA[i])$,由假设, $X_1, X_2, \cdots, X_n$ 相互独立且都服从参数 $\dfrac{1}{m}$ 的 0-1 分布,而

$$M=X_1+X_2+\cdots+X_n$$

故 $M\sim B\left(n,\dfrac{1}{m}\right)$,得 $E(M)=\dfrac{n}{m}$. 得证在简单均匀散列函数的假设下,算法 13.8 插入的平均时间复杂度为

$$T_n=O(1+\alpha)$$

其中 $\alpha=\dfrac{n}{m}$ 称作**负载因子**.

现在考虑搜索的平均时间复杂度,设 K 已在 $DATA$ 中,假设 K 等可能地为已存入的 n 个关键码中的每一个. 注意到,当 $K=K_i$ 时,查找到 K 的时间与插入 K_i 的时间基本相同,只相差一个常数. 而插入第 i 个关键码 K_i 时,已存入 $i-1$ 个关键码,平均时间为 $T_{i-1}=O\left(1+\dfrac{i-1}{m}\right)$. 根据习题 12.38,得到搜索的平均时间复杂度为

$$T'_n=\sum_{i=1}^n\dfrac{1}{n}T_{i-1}=\dfrac{1}{n}\sum_{i=1}^n O\left(1+\dfrac{i-1}{m}\right)$$
$$=O(1)+O\left(\dfrac{1}{nm}\sum_{j=0}^{n-1}j\right)=O\left(1+\dfrac{n-1}{2m}\right)$$
$$=O(1+\alpha)$$

2. 开地址法

开地址法与链接法不同,把关键码全部存放在散列表 $T[0..m-1]$ 中,而不需要指针. 它对每一个关键码 K 产生一个搜索序列 $h[K,0], h[K,1], \cdots, h[K,m-1]$,在表 $T[0..m-1]$ 中沿着这个搜索序列提供的地址搜索,直至找到待检索的关键码 K,或找到一个空单元将 K 插入为止. 序列 $h[K,0], h[K,1], \cdots, h[K,m-1]$ 是 $0,1,\cdots,m-1$ 的一个排列. 开地址散列表的搜索和插入算法描述如下,这里假设所有的关键码不等于0,计算开始时表 $T[0..m-1]$ 的所有元素置0.

算法 13.9 开地址散列表的检索和插入算法.

Open Address Hash(T, K)
1. for $i \leftarrow 0$ to $m-1$ do
2. $j \leftarrow h(K, i)$
3.   if $T[j] = K$ then 输出 j,结束   //查找成功
4.   if $T[j] = 0$ then $T[j] \leftarrow K$,结束   //插入 K
5. 溢出   //表已满,查找失败

为了分析算法 13.9 的平均复杂度,同样也考虑理想的情况,假设搜索序列服从均匀分布,即对每一个关键码 K,序列 $h[K,0], h[K,1], \cdots, h[K,m-1]$ 为 $0,1,\cdots,m-1$ 的每一个排列的可能性相等.

当关键码 K 不在 T 中时,设算法 13.9 插入 K 所用的循环次数为 M. 对任意的 $1 \leqslant i \leqslant n$,$M \geqslant i$ 当且仅当 $T[h(K,0)], T[h(K,1)], \cdots, T[h(K,i-2)]$ 已被占用. 满足这个条件的搜索序列的数目是 $(i-1)! \binom{n}{i-1}(m-i+1)!$. 根据假设,当 $1 \leqslant i \leqslant n$ 时,

$$P\{M \geqslant i\} = \frac{(i-1)! \binom{n}{i-1}(m-i+1)!}{m!}$$

$$= \frac{n(n-1)\cdots(n-i+2)}{m(m-1)\cdots(m-i+2)} \leqslant \left(\frac{n}{m}\right)^{i-1} = \alpha^{i-1}$$

当 $i > n$ 时,显然 $P\{M \geqslant i\} = 0$. 于是,由习题 12.37,有

$$E(M) = \sum_{i=1}^{\infty} P\{M \geqslant i\} \leqslant \sum_{i=1}^{\infty} \alpha^{i-1} = \frac{1}{1-\alpha}$$

从而,得证在搜索序列服从均匀分布的假设下,算法 13.9 插入运算的平均时间复杂度为

$$T_n = O\left(\frac{1}{1-\alpha}\right)$$

其中负载因子 $\alpha = \dfrac{n}{m}$,此时必有 $\alpha < 1$.

和前面一样,当 K 已在 T 中时,假设 K 等可能为表 T 中 n 个关键码中的每一个,搜索的平均时间复杂度为

$$T'_n = \sum_{i=1}^{n} \frac{1}{n} T_{i-1} = \frac{1}{n} \sum_{i=0}^{n-1} O\left(\frac{m}{m-i}\right)$$

而

$$\frac{1}{n}\sum_{i=0}^{n-1}\frac{m}{m-i}=\frac{1}{\alpha}\sum_{j=m-n+1}^{m}\frac{1}{j}$$

$$<\frac{1}{\alpha}\int_{m-n}^{m}\frac{1}{x}\mathrm{d}x \quad \text{（见图 10.2，类似可证）}$$

$$=\frac{1}{\alpha}\ln\frac{m}{m-n}$$

$$=\frac{1}{\alpha}\ln\frac{1}{1-\alpha}$$

于是，得到

$$T'_n=O\left(\frac{1}{\alpha}\ln\frac{1}{1-\alpha}\right)$$

最简单的开地址法是**线性搜索法**，它的搜索序列是

$$h(K,i)=(h_1(K)+ic)\bmod m \quad i=0,1,\cdots,m-1$$

其中 $h_1:U\to\{0,1,\cdots,m-1\}$ 是一个散列函数，c 是一个与 m 互素的正整数. c 与 m 互素可以保证序列 $h(K,0),h(K,1),\cdots,h(K,m-1)$ 是 $0,1,\cdots,m-1$ 的一个排列.

双散列函数法是最好的开地址法，它有 2 个散列函数 h_1 和 h_2，其中 $h_2(K)$ 与 m 互素，搜索序列为

$$h(K,i)=(h_1(K)+ih_2(K))\bmod m \quad i=0,1,\cdots,m-1$$

搜索序列服从均匀分布是理想的假设，线性搜索法只能产生 m 个不同的搜索序列，不可能满足这个理想的假设. 双散列函数法能产生 m^2 个不同的搜索序列，虽然它也不满足均匀分布的假设，但是实践表明，当 h_1 和 h_2 取得比较好时，其性能很接近这种理想的情况.

13.4 随 机 算 法

随机算法又称**概率算法**，在计算过程中加入了随机操作. 随机操作产生随机数并根据随机数决定下一步的运算. 随机算法的运行具有某种不确定性. 对同一个输入，算法的执行可以不完全相同，运行时间可能不同，计算结果也可能不同，甚至可能得到错误的结果. 当然，只有保证犯错误的概率足够小，随机算法才有实际使用价值. 和普通算法相比，随机算法具有简单快速的优点. 随机算法已成功地运用于数据结构、计算数论、图论、计算几何、并行计算等领域. 本节介绍几个随机算法并分析它们的平均复杂度.

13.4.1 随机快速排序算法

13.3 节分析了快速排序算法的平均时间复杂度，在那里假设输入服从均匀分布. 但是，实际面对的数据不一定服从均匀分布，在这种情况下平均复杂度失去了意义. 事实上快速排序算法有时表现得很好，有时令人很不满意. 普通算法平均复杂度分析的最大问题是很难确定输入的实际分布，通常只能人为地假设. 这种假设基本上是理想的情况，往往与实际情况相差甚远. 随机算法的分析与此不同，是相对于自身的随机操作而言的，与输入服从的分布无关，不需要假设输入服从什么分布. 随机快速排序算法与快速排序算法的唯一区别是随机地选取轴值. 算法描述如下.

算法 13.10 随机快速排序算法.

Random QuickSort(A)

1. 设 $n=|A|$, if $n=1$ then return A
2. 产生一个 $\{1,2,\cdots,n\}$ 上均匀随机数 k
3. 令 $y \leftarrow A[k]$, 以 y 作轴值将 A 划分为 A_1 和 A_2
4. Random QuickSort(A_1)
5. Random QuickSort(A_2)
6. 按下述顺序排列 A 的元素：A_1, y, A_2

考虑算法 13.10 的平均计算时间 T_n. 记 a_i 为 A 中秩为 i 的元素,即从小到大排列的第 i 个元素. 令

$$X_{ij} = \begin{cases} 1 & \text{若比较 } a_i \text{ 与 } a_j \\ 0 & \text{否则} \end{cases}$$

$$P\{X_{ij}=1\} = p_{ij} \qquad 1 \leq i < j \leq n$$

于是,平均比较次数为

$$E\left(\sum_{i=1}^{n-1}\sum_{j=i+1}^{n} X_{ij}\right) = \sum_{i=1}^{n-1}\sum_{j=i+1}^{n} p_{ij}$$

比较 a_i 和 a_j ($i<j$) 当且仅当在 $\{a_i, a_{i+1}, \cdots, a_j\}$ 中第一次取轴值时恰好取到 a_i 或 a_j,在此之前 $a_i, a_{i+1}, \cdots, a_j$ 一直被分在同一组内. 设在 $\{a_i, a_{i+1}, \cdots, a_j\}$ 中第一次取轴值时,它们所在的组内有 m 个数, $m \geq j-i+1$. 记 B 为对该组选取的轴值属于 $\{a_i, a_{i+1}, \cdots, a_j\}$, D 为轴值恰好是 a_i 或 a_j,因此

$$p_{ij} = P\{D|B\} = \frac{2}{m} \Big/ \frac{j-i+1}{m} = \frac{2}{j-i+1}$$

于是

$$\sum_{i=1}^{n-1}\sum_{j=i+1}^{n} p_{ij} = \sum_{i=1}^{n-1}\sum_{j=i+1}^{n} \frac{2}{j-i+1}$$
$$= 2\sum_{i=1}^{n-1}\sum_{k=2}^{n-i+1} \frac{1}{k}$$
$$\leq 2nH_n$$

其中 $H_n = 1 + \frac{1}{2} + \cdots + \frac{1}{n}$ 是第 n 个调和数,而 $H_n = O(\log n)$,得证

$$T_n = O(n \log n)$$

13.4.2 多项式恒零测试

问题：任给一个 n 元多项式 $p(x_1, x_2, \cdots, x_n)$,问 $p(x_1, x_2, \cdots, x_n)$ 是否恒为零？

当很容易把 p 整理成标准的 $x_1, x_2, \cdots, x_n$ 的幂的乘积（项）的线性组合时,问题很简单. 但是, p 可能以某种复杂的方式给出,如用行列式给出,行列式的元素中含有变量,计算这样的行列式需要采用符号演算.

任取 n 个数 $a_1, a_2, \cdots, a_n$, 如果 $p(x_1, x_2, \cdots, x_n) \equiv 0$, 则必有 $p(a_1, a_2, \cdots, a_n) = 0$. 但是,当 $p(x_1, x_2, \cdots, x_n) \not\equiv 0$ 时,不一定有 $p(a_1, a_2, \cdots, a_n) \neq 0$. 换一种说法,如果

$p(a_1, a_2, \cdots, a_n) \neq 0$，则可以断言 $p(x_1, x_2, \cdots, x_n) \not\equiv 0$. 但是，如果 $p(a_1, a_2, \cdots, a_n) = 0$，尚不能断言 $p(x_1, x_2, \cdots, x_n) \equiv 0$. 下述引理给出当 $p(x_1, x_2, \cdots, x_n) \not\equiv 0$ 时，$p(a_1, a_2, \cdots, a_n) = 0$ 的概率.

引理 13.1 设 $p(x_1, x_2, \cdots, x_n)$ 是域 F 上的 n 元 d 次多项式，S 是 F 的一个有穷子集. 随机变量 $a_1, a_2, \cdots, a_n$ 相互独立且都服从 S 上的均匀分布，则

$$P\{p(a_1, a_2, \cdots, a_n) = 0 \mid p \not\equiv 0\} \leqslant \frac{d}{|S|}$$

证明 对 n 作归纳证明. 当 $n=1$ 时，一元 d 次多项式至多有 d 个不同的根，故

$$P\{p(a_1) = 0 \mid p \not\equiv 0\} \leqslant \frac{d}{|S|}$$

结论成立.

假设当 $n-1$ 时结论成立，设 $p(x_1, x_2, \cdots, x_n) \not\equiv 0$，则

$$p(x_1, x_2, \cdots, x_n) = \sum_{i=0}^{k} x_1^i q_i(x_2, \cdots, x_n)$$

其中 $0 \leqslant k \leqslant d$，$q_k(x_2, \cdots, x_n) \not\equiv 0$，其次数 $\leqslant d-k$. 记

$$p_1(x_1) = \sum_{i=0}^{k} x_1^i q_i(a_2, \cdots, a_n)$$

于是

$$\begin{aligned}
& P\{p(a_1, a_2, \cdots, a_n) = 0 \mid p \not\equiv 0\} \\
=& P\{q_k(a_2, \cdots, a_n) = 0 \mid q_k \not\equiv 0\} P\{p_1(a_1) = 0 \mid q_k(a_2, \cdots, a_n) = 0, q_k \not\equiv 0\} + \\
& P\{q_k(a_2, \cdots, a_n) \neq 0 \mid q_k \not\equiv 0\} P\{p_1(a_1) = 0 \mid q_k(a_2, \cdots, a_n) \neq 0, q_k \not\equiv 0\} \\
\leqslant & P\{q_k(a_2, \cdots, a_n) = 0 \mid q_k \not\equiv 0\} + P\{p_1(a_1) = 0 \mid q_k(a_2, \cdots, a_n) \neq 0\} \\
\leqslant & \frac{d-k}{|S|} + \frac{k}{|S|} = \frac{d}{|S|}
\end{aligned}$$

得证结论对 n 也成立.

算法 13.11 多项式恒零测试随机算法.

Poly(p)

p 是一个 n 元 d 次多项式

1. 产生 n 个相互独立的服从 $\{0, 1, \cdots, 2d-1\}$ 上均匀分布的随机数 $a_1, a_2, \cdots, a_n$
2. if $p(a_1, a_2, \cdots, a_n) \neq 0$ then return "$p \not\equiv 0$"
3. else return "$p \equiv 0$"

当 $p \equiv 0$ 时，算法 13.11 必返回 "$p \equiv 0$"，结论正确；当 $p \not\equiv 0$ 时，算法 13.10 可能返回 "$p \not\equiv 0$"，也可能返回 "$p \equiv 0$". 由引理 13.1，返回 "$p \equiv 0$" 的概率不超过 $\frac{1}{2}$，也就是说，算法 13.11 犯错误的概率不超过 $\frac{1}{2}$.

显然，$\frac{1}{2}$ 的错误概率太大，不能实际使用. 通过重复执行，可以把错误概率降低到任意的小. 做法如算法 13.12.

算法 13.12 改进的多项式恒零测试随机算法.

Repeated Poly(p,k)

p 是一个 n 元 d 次多项式,k 是一个正整数

1. for $i \leftarrow 1$ to k do
2.   if Poly(p)="$p \not\equiv 0$" then return "$p \not\equiv 0$"
3. return "$p \equiv 0$"

当 $p \equiv 0$ 时,算法 13.12 必返回"$p \equiv 0$",结论正确;当 $p \not\equiv 0$ 时,只有当 k 次调用 Poly(p) 都返回"$p \equiv 0$",算法 13.12 才返回"$p \equiv 0$". 也就是说,只有当 Poly k 次调用都犯错误,算法 13.12 才给出错误结论. 而 Poly 每次调用的错误概率不超过 $\dfrac{1}{2}$,k 次都犯错误的概率不超过 2^{-k}. 因此,当 $p \not\equiv 0$ 时,算法 13.12 犯错误的概率不超过 2^{-k}.

只要取足够大的 k,如 $k=100$,算法 13.12 的错误概率在实际使用时是可以忽略不计的. 事实上,硬件和系统软件的故障率可能要高于这个错误概率. 在实际使用时,通常取 $k=10$ 就够了,此时的错误概率小于 0.001. 总之,算法 13.12 是有实用价值的,是有效可行的. 这种通过重复运行来降低错误概率的做法是一种通用的策略,在设计随机算法时经常使用.

另外,算法 13.11 和算法 13.12 是单侧错误的,当 $p \equiv 0$ 时错误概率为 0.

13.4.3 素数测试

素数测试在密码学中有着重要的应用. M.Agrawal、N.Kayal 和 N.Saxena 于 2002 年给出时间复杂度为 $O((\log n)^6)$ 的素数测试算法,其中 n 是待测试的数,从而证明这是一个 P 问题. 本节介绍一个随机的素数测试算法.

算法的出发点基于费马小定理(定理 11.13). 设 $n>1$,任给 $1 \leqslant a \leqslant n-1$,如果 $a^{n-1} \not\equiv 1 \pmod{n}$,可以断言 n 是合数. 把这样的 a 称作 n 的**合数见证**. 但是,当 n 是合数时,不一定有 $a^{n-1} \not\equiv 1 \pmod{n}$,或者说,当 $a^{n-1} \equiv 1 \pmod{n}$ 时,n 不一定是素数. 例如,$8^{9-1} \equiv (-1)^8 \equiv 1 \pmod 9$,而 9 是合数. 事实上,当 n 是合数时,如果 a 与 n 不互素,则必有 $a^{n-1} \not\equiv 1 \pmod{n}$. 但是,在 $1 \sim n-1$ 中与 n 不互素的数所占比例可能太小. 例如,当 $n=p^2$,p 是素数时,在 $1 \sim p^2-1$ 中与 p^2 不互素的数是 $p, 2p, \cdots, (p-1)p$,共 $p-1$ 个,所占比例为 $\dfrac{p-1}{p^2-1} = \dfrac{1}{p+1}$. 当 p 很大时(有任意大的素数),这个比例很小. 因此,必须在与 n 互素的数中寻找更多的合数见证. 但是,存在这样的合数 c,对所有与它互素的 a,都有 $a^{c-1} \equiv 1 \pmod{c}$. 这样的数称作**卡米切尔**(Carmichael)**数**. 已知有无穷多个卡米切尔数,前 5 个是

$$561 = 3 \times 11 \times 17$$
$$1105 = 5 \times 13 \times 17$$
$$1729 = 7 \times 13 \times 19$$
$$2465 = 5 \times 17 \times 29$$
$$2821 = 7 \times 13 \times 31$$

不过卡米切尔数相对很稀少,例如在小于一亿的数中只有 255 个卡米切尔数. 下述引理提供了新的合数见证.

引理 13.2 设 p 是素数,$1 \leqslant a \leqslant n-1$. 如果 $a^{2k} \equiv 1 \pmod{p}$,则 $a^k \equiv 1 \pmod{p}$ 或 $a^k \equiv -1 \pmod{p}$.

证明 由 $a^{2k} \equiv 1 \pmod{p}$，存在整数 d，使得
$$a^{2k} = dp + 1$$
$$(a^k + 1)(a^k - 1) = dp$$
由于 p 是素数，必有 $p | a^k - 1$ 或 $p | a^k + 1$，得证 $a^k \equiv 1 \pmod{p}$ 或 $a^k \equiv -1 \pmod{p}$。

设 p 是素数，$p - 1 = 2^t s$，其中 s 是奇数。根据引理 13.2，对任意的 $1 \leqslant a \leqslant p - 1$，如果 $a^{2^t s} \mod p, a^{2^{t-1} s} \mod p, \cdots, a^s \mod p$ 不全为 1，则第一个不等于 1 的数是 $p - 1$ ($x \mod p = p - 1$ 等同于 $x \equiv -1 \pmod{p}$)。于是，得到一类新的合数见证。设 n 是奇数，$n - 1 = 2^t s$，$1 \leqslant a \leqslant n - 1$，其中 s 是奇数。如果存在 $0 \leqslant k < t$，使得 $a^{2^i s} \mod n = 1$，$k + 1 \leqslant i \leqslant t$ 且 $a^{2^k s} \mod n \neq n - 1$，则 n 是合数。

算法 13.13 素数测试.

Primality(n)
1. if n 是偶数 $\wedge$ $n \neq 2$ then return 合数
2. if $n = 2$ then return 素数
3. if $n = 1$ then return $n = 1$
4. 计算 t 和 s 使得 $n - 1 = 2^t s$，其中 s 是奇数
5. 产生一个 $\{1, 2, \cdots, n - 1\}$ 上的均匀随机数 a
6. for $i = 0$ to t do
7.   计算 $b_i \leftarrow a^{2^i s} \mod n$
8. if $b_t \neq 1$ then return 合数
9. if $b_0 = 1$ then return 素数
10. $j \leftarrow \max\{i \mid b_i \neq 1\}$
11. if $b_j = n - 1$ then return 素数
12. else return 合数

算法 13.13 也是单侧错误的。当 n 是素数时，必返回素数。但是，当 n 是合数时，算法不一定返回合数。可以证明，当 n 是合数时算法返回素数的概率，即错误概率不超过 $\frac{1}{2}$。(有兴趣的读者可参阅 R. Motwani 和 P. Raghavan 编写的 *Randomized Algorithms*) 类似算法 13.12，重复独立地运行 k 次算法 13.13，只要有一次返回合数就认为 n 是合数；只有 k 次都返回素数，才认为 n 是素数。这样做可以把错误概率降低到 2^{-k}。

13.4.4 蒙特卡罗法和拉斯维加斯法

随机快速排序算法和多项式恒零测试（以及素数测试）的随机算法是两种不同类型的随机算法。随机快速排序算法的计算结果总是正确的，而多项式恒零测试随机算法可能给出错误的结果。前者称作**拉斯维加斯(Las Vegas)算法**，后者称作**蒙特卡罗(Monte Carlo)算法**。

一般地，拉斯维加斯算法的结论总是正确的，但允许不作结论或拒绝回答。而蒙特卡罗算法可能给出错误的结论。蒙特卡罗算法又分两种：一种是单侧错误的，如多项式恒零测试和素数测试的随机算法；另一种是双侧错误的，既可能把是说成非，也可能把非说成是。

前面已经看到，当单侧错误的蒙特卡罗算法的错误概率不超过 $\frac{1}{2}$ 时（实际上，只需要不

超过一个小于1的常数),通过重复独立地运行可以把错误概率降低到任意的小,且保持算法仍是多项式时间的.这样的随机算法在实际中完全可以放心使用.同样地,当拉斯维加斯算法不作结论的概率不超过一个小于1的常数时,也能通过重复独立地运行把不作结论的概率降低到任意的小.双侧错误的蒙特卡罗算法也有类似的性质,只是具体做法要复杂一点.

习 题

13.1 用下述加密算法把"XINGDONGZAIZIYE"译成密文,用 0~25 分别表示 A~Z,密文仍用字母表示.

(1) $E(i)=(i+3) \bmod 26$.

(2) $E(i)=7i \bmod 26$.

(3) $E(i)=(5i-2) \bmod 26$.

13.2 用维吉利亚密码将"XINGDONGZAIZIYE"译成密文,每个字段含 3 个字母,密钥 $k=k_1k_2k_3$, $k_1=3$, $k_2=-2$, $k_3=7$.

13.3 设有整数 a,b,m,其中 $m \geq 2$. 证明:线性同余变换
$$E(i)=(ai+b) \bmod m \qquad i=0,1,\cdots,m-1$$
是 $\{0,1,\cdots,m-1\}$ 上的双射函数当且仅当 a 与 m 互素.

13.4 写出 13.1 题中 3 个加密算法的解密算法,并将你在 13.1 题中得到的密文恢复成明文.

13.5 RSA 密码取 $p=5, q=7, n=35, \phi(n)=24, w=7$. 以 00~25 表示 A~Z,每个字段是 2 位数字.

(1) 把 STOP 译成密文.

(2) 收到密文 32 14 32,把它译成明文.

13.6 对下述参数给出用线性同余法产生的伪随机数序列,并指出序列的周期.

(1) $m=16, a=7, c=1, x_0=0$.

(2) $m=9, a=7, c=4, x_0=3$.

(3) $m=15, a=3, c=0, x_0=1$.

(4) $m=17, a=2, c=0, x_0=4$.

(5) $m=17, a=5, c=0, x_0=1$.

13.7 (1) 设计用(0,1)均匀分布伪随机数产生服从下述分布律的伪随机数的算法.

X	0	1	2	3
p	0.10	0.35	0.05	0.50

(2) 分析算法的平均运行时间.

(3) 改进算法使得平均运行时间最少.

13.8 设计用(0,1)均匀分布伪随机数产生服从几何分布的伪随机数的算法.

13.9 线性搜索算法如下：

Linear Search(A,x)   //数组 $A[1..n]$，待查找对象 x

1. for $i \leftarrow 1$ to n do
2.   if $A[i]=x$ then return i //查找成功
3. return "no"   //查找失败

设 A 的 n 个元素都不相同，x 已在 A 中的概率为 $p(0 \leqslant p \leqslant 1)$，并且当 x 在 A 中时，x 等于 A 的每一个元素的可能性相等．试分析算法的平均时间复杂度．

13.10 设 A 的 n 个元素都不相同，试证明下述算法产生的排列 $A[1],A[2],\cdots,A[n]$ 服从均匀分布．

Random Permute Array(A)   //数组 $A[1..n]$

1. for $i \leftarrow 1$ to n do
2.   产生 $\{i,i+1,\cdots,n\}$ 上的均匀随机数 k
3.   交换 $A[i]$ 与 $A[k]$

这段程序能起到随机化输入，使其服从均匀分布的作用．例如，在快速排序算法的前面加上这段程序就得到随机快速排序算法．

13.11 随机线性搜索算法是在执行线性搜索算法（题 13.9）之前先对输入进行随机重排（题 13.10），描述如下：

Random Linear Search(A,x)   //数组 $A[1..n]$，待查找对象 x

1. Random Permute Array(A)
2. Linear Search(A,x)

假设 A 中有 $k(1 \leqslant k \leqslant n)$ 个元素等于 x，试分析算法在调用 Linear Search(A,x) 时，执行循环的次数的期望值．

13.12 某公司要招聘一名技术主管，有 n 位应聘者．招聘人员与他们一位一位地面谈，并当场告诉对方是否录用．具体做法是，首先确定一个正整数 $k(1 \leqslant k \leqslant n-1)$，然后对每位应聘者通过面谈打一个分数，打的分数都不相同．前 k 位都不录用，设前 k 位的最高得分为 m．从第 $k+1$ 位起，只要得分超过 m 就录用，不再考虑后面的人．如果 $n-k-1$ 位的得分都不超过 m，此时只剩下最后一位，不管他得多少分都录用．算法描述如下，其中 score(i) 是第 i 位应聘者的得分．

On-Line Max(n,k)

1. $m \leftarrow -\infty$
2. for $i \leftarrow 1$ to k do
3.   if score(i) > m then $m \leftarrow$ score(i)
4. for $i \leftarrow k+1$ to $n-1$ do
5.   if score(i) > m then return i
6. return n

假设 n 位应聘者的排列服从均匀分布，

(1) 求恰好选中分数最高者的概率 p，并分析 k 应如何取值．

(2) 求需要面谈的人数的期望值．

13.13 用散列函数 h 把 n 个不同的关键码散列到长度为 m 的表 T 中，假设 h 为简单均匀散列函数,求平均的冲突数.

13.14 设 p 是一个素数,$m \geq 2$,记 $Z_p = \{0, 1, \cdots, p-1\}$,$Z_p^* = \{1, 2, \cdots, p-1\}$. 对每一对 $\langle a, b \rangle \in Z_p^* \times Z_p$,定义

$$\overline{h}_{a,b}(K) = (aK + b) \bmod p$$
$$h_{a,b}(K) = \overline{h}_{a,b}(K) \bmod m$$

其中 $K \in Z_p$. 试证明:

(1) 对每一对 $\langle a, b \rangle \in Z_p^* \times Z_p$,$\overline{h}_{a,b}$ 是 Z_p 上的双射函数.

(2) 设 $\langle a, b \rangle$ 服从 $Z_p^* \times Z_p$ 上的均匀分布,则对 Z_p 中任意的 $K \neq L$,有

$$P\{h_{a,b}(K) = h_{a,b}(L)\} \leq \frac{1}{m}$$

$\{h_{a,b} \mid \langle a, b \rangle \in Z_p^* \times Z_p\}$ 称作**通用散列函数类**.

第 14 章 代数系统

代数系统由集合和集合上的运算构成,代数系统及其性质的研究在软件规约、编码理论等方面有着重要的应用. 本章简要讨论代数系统的构成及其一般性质,然后介绍几个重要的代数系统.

14.1 二元运算及其性质

代数系统的重要成分是代数运算. 这里首先引入二元运算和一元运算的概念,然后讨论二元运算的性质.

14.1.1 二元运算与一元运算的定义

定义 14.1 设 S 为集合,函数 $f: S \times S \to S$ 称为 S 上的**二元运算**,简称二元运算. 这时也称 S 对 f **封闭**.

例 14.1 (1) 普通加法和乘法是自然数集 N 上的二元运算,而减法和除法不是. 因为两个数相减或者相除不一定得到自然数,如 $2-3=-1$;$2/3$ 不是整数.

(2) 加法、减法和乘法都是整数集 Z 上的二元运算,而除法不是.

(3) 乘法和除法都是非零实数集 R^* 上的二元运算,而加法和减法不是. 因为两个数相加或者相减可能等于 0,而 0 不是 R^* 中的数.

(4) 设 $S = \{a_1, a_2, \cdots, a_n\}$,$a_i \circ a_j = a_i$,那么 $\circ$ 为 S 上二元运算.

(5) 设 $M_n(\mathbf{R})$ 表示所有 n 阶($n \geqslant 2$)实矩阵的集合,即

$$M_n(\mathbf{R}) = \left\{ \begin{bmatrix} a_{11} & a_{12} & \cdots & a_{1n} \\ a_{21} & a_{22} & \cdots & a_{2n} \\ \vdots & \vdots & & \vdots \\ a_{n1} & a_{n2} & \cdots & a_{nn} \end{bmatrix} \middle| a_{ij} \in \mathbf{R}, i, j = 1, 2, \cdots, n \right\}$$

则矩阵加法和矩阵乘法都是 $M_n(\mathbf{R})$ 上的二元运算,因为任何两个 n 阶实矩阵都可以相加或者相乘,且所得结果仍旧是 n 阶实矩阵.

(6) S 为任意集合,则 $\cup, \cap, -, \oplus$ 为幂集 $P(S)$ 上的二元运算,因为任何 S 的子集都可以进行上述运算,且运算结果仍旧是 S 的子集.

(7) S^S 为 S 上的所有函数的集合,则合成运算 $\circ$ 为 S^S 上的二元运算.

下面考虑一元运算.

定义 14.2 设 S 为集合,函数 $f:S\to S$ 称为 S 上的**一元运算**,简称为一元运算.

例 14.2 (1) 求相反数是整数集 **Z**、有理数集 **Q** 和实数集 **R** 上的一元运算,因为任何实数都可以求相反数. 且相反数与原来的数都属于同一个集合.

(2) 求倒数是非零有理数集 $\mathbf{Q}^*$、非零实数集 $\mathbf{R}^*$ 上的一元运算,但不是 **Q** 和 **R** 上的一元运算,因为 0 没有倒数.

(3) 对任何复数 $a+bi$,求共轭复数 $a-bi$ 是复数集合 **C** 上的一元运算.

(4) 在幂集 $P(S)$ 上规定全集为 S,则求绝对补运算 $\sim$ 是 $P(S)$ 上的一元运算,因为对任何 S 的子集 X,$\sim X = S - X$ 也是 S 的子集.

(5) 设 S 为集合,令 A 为 S 上所有双射函数的集合,$A \subseteq S^S$,求一个双射函数的反函数是 A 上的一元运算.

(6) 在 $n(n \geq 2)$ 阶实矩阵的集合 $M_n(\mathbf{R})$ 上,求转置矩阵是 $M_n(\mathbf{R})$ 上的一元运算;但是求矩阵的逆矩阵不是 $M_n(\mathbf{R})$ 上的一元运算,因为只有行列式不为 0 的 n 阶矩阵才有逆矩阵.

可以使用算符表示二元或一元运算,常用的算符有 $\circ$、$*$、$\cdot$、$\oplus$、$\otimes$、Δ 等. 二元运算一般采用中缀表示,即如果 x 与 y 运算得到 z,记作 $x \circ y = z$;对一元运算则采用前缀表示,即将 x 的运算结果记作 $\circ x$. 上述算符除了特别说明之外,都泛指抽象意义上的运算. 而通常的 $+$、$-$、$\times$、$\div$、$\cup$、$\cap$、$\vee$、$\wedge$、$\neg$ 等也是算符,一般具有特定的含义. 使用算符可以更方便地定义运算,定义的方法是给出运算的表达式或运算表. 表达式适合于表示具有共同规则的运算,而运算表不要求运算具有共同规则,但是运算必须定义在有穷集上. 表 14.1 和表 14.2 分别给出了二元运算与一元运算的运算表的一般形式,这些运算都定义在集合 $\{a_1, a_2, \cdots, a_n\}$ 上.

表 14.1

$\circ$	a_1	a_2	$\cdots$	a_n
a_1	$a_1 \circ a_1$	$a_1 \circ a_2$	$\cdots$	$a_1 \circ a_n$
a_2	$a_2 \circ a_1$	$a_2 \circ a_2$	$\cdots$	$a_2 \circ a_n$
$\vdots$	$\vdots$	$\vdots$		$\vdots$
a_n	$a_n \circ a_1$	$a_n \circ a_2$	$\cdots$	$a_n \circ a_n$

表 14.2

	$\circ a_i$
a_1	$\circ a_1$
a_2	$\circ a_2$
$\vdots$	$\vdots$
a_n	$\circ a_n$

下面是一些运算的具体实例.

例 14.3 (1) 设 **R** 为实数集合,如下定义 **R** 上的二元运算 $*$:
$$\forall x, y \in \mathbf{R}, \quad x * y = x$$
那么 $3 * 4 = 3$,$0.5 * (-3) = 0.5$. 这里的 $*$ 运算是使用表达式定义的.

(2) 令 $A = P(\{a, b\})$,$\oplus$ 和 $\sim$ 分别为对称差和绝对补运算($\{a, b\}$ 为全集),表 14.3 和表 14.4 分别表示这两个运算的运算表.

表 14.3

$\oplus$	$\varnothing$	$\{a\}$	$\{b\}$	$\{a,b\}$
$\varnothing$	$\varnothing$	$\{a\}$	$\{b\}$	$\{a,b\}$
$\{a\}$	$\{a\}$	$\varnothing$	$\{a,b\}$	$\{b\}$
$\{b\}$	$\{b\}$	$\{a,b\}$	$\varnothing$	$\{a\}$
$\{a,b\}$	$\{a,b\}$	$\{b\}$	$\{a\}$	$\varnothing$

表 14.4

X	$\sim X$
$\varnothing$	$\{a,b\}$
$\{a\}$	$\{a\}$
$\{b\}$	$\{b\}$
$\{a,b\}$	$\varnothing$

例 14.4 设 $Z_n = \{0, 1, \cdots, n-1\}$，$\oplus$ 和 $\otimes$ 分别表示模 n 加法和模 n 乘法．即 $x \oplus y = (x+y) \bmod n$，$x \otimes y = (xy) \bmod n$．那么当 $n=5$ 时，这两个运算的运算表如表 14.5 和表 14.6 所示．

表 14.5

$\oplus$	0	1	2	3	4
0	0	1	2	3	4
1	1	2	3	4	0
2	2	3	4	0	1
3	3	4	0	1	2
4	4	0	1	2	3

表 14.6

$\otimes$	0	1	2	3	4
0	0	0	0	0	0
1	0	1	2	3	4
2	0	2	4	1	3
3	0	3	1	4	2
4	0	4	3	2	1

14.1.2 二元运算的性质

二元运算的性质主要指运算遵从的算律和相对于运算存在的特异元素．首先考虑算律．针对一个二元运算的算律主要有交换律、结合律和幂等律；针对两个不同的二元运算的算律主要有分配律和吸收律．下面分别给出定义．

定义 14.3 设 $\circ$ 为 S 上的二元运算．

(1) 如果对于任意的 $x, y \in S$ 有

$$x \circ y = y \circ x$$

则称 $\circ$ 运算在 S 上满足**交换律**．

(2) 如果对于任意的 $x, y, z \in S$ 有

$$(x \circ y) \circ z = x \circ (y \circ z)$$

则称 $\circ$ 运算在 S 上满足**结合律**．

(3) 如果对于任意的 $x \in S$ 有

$$x \circ x = x$$

则称 $\circ$ 运算在 S 上满足**幂等律**．

定义 14.4 设 $\circ$ 和 $*$ 为 S 上两个不同的二元运算．

(1) 如果对于任意的 $x, y, z \in S$ 有

$$(x * y) \circ z = (x \circ z) * (y \circ z) \text{ 和 } z \circ (x * y) = (z \circ x) * (z \circ y)$$

则称 $\circ$ 运算对 $*$ 运算满足**分配律**．

(2) 如果 $\circ$ 和 $*$ 都可交换，并且对于任意的 $x, y \in S$ 有

$$x \circ (x * y) = x \text{ 和 } x * (x \circ y) = x$$

则称 $\circ$ 和 $*$ 运算满足**吸收律**．

例 14.5 设 Z, Q, R 分别为整数、有理数、实数集；$M_n(R)$ 为 n 阶实矩阵集合，$n \geqslant 2$；$P(B)$ 为幂集；A^A 为从 A 到 A 的函数集，$|A| \geqslant 2$．下面考虑这些集合上的运算是否满足交换律、结合律和幂等律，有关的结果给在表 14.7；而对于分配律和吸收律的分析结果则给在表 14.8．

下面考虑运算的特异元素：单位元、零元、可逆元以及它们的逆元．这些特异元素也称作代数系统的**代数常数**．

表 14.7

集合	运算	交换律	结合律	幂等律
Z, Q, R	普通加法+ 普通乘法×	有 有	有 有	无 无
$M_n(R)$	矩阵加法+ 矩阵乘法×	有 无	有 有	无 无
$P(B)$	并 ∪ 交 ∩ 相对补 − 对称差 ⊕	有 有 无 有	有 有 无 有	有 有 无 无
A^A	函数复合 ∘	无	有	无

表 14.8

集合	运算	分配律	吸收律
Z, Q, R	普通加法+ 与乘法×	×对+可分配 +对×不分配	无
$M_n(R)$	矩阵加法+ 与乘法×	×对+可分配 +对×不分配	无
$P(B)$	并∪与交∩	∪对∩可分配 ∩对∪可分配	有
$P(B)$	交∩与对 称差⊕	∩对⊕可分配 ⊕对∩不分配	无

定义 14.5 设 ∘ 为 S 上的二元运算.

(1) 如果存在 e_l（或 e_r）$\in S$，使得对任意 $x \in S$ 都有

$$e_l \circ x = x \quad (\text{或} \ x \circ e_r = x)$$

则称 e_l（或 e_r）是 S 中关于 ∘ 运算的**左（或右）单位元**. 若 $e \in S$ 关于 ∘ 运算既是左单位元又是右单位元，则称 e 为 S 上关于 ∘ 运算的**单位元**. 单位元也称作**幺元**.

(2) 如果存在 θ_l（或 θ_r）$\in S$，使得对任意 $x \in S$ 都有

$$\theta_l \circ x = \theta_l \quad (\text{或} \ x \circ \theta_r = \theta_r)$$

则称 θ_l（或 θ_r）是 S 中关于 ∘ 运算的**左（或右）零元**. 若 $\theta \in S$ 关于 ∘ 运算既是左零元又是右零元，则称 θ 为 S 上关于 ∘ 运算的**零元**.

(3) 令 e 为 S 中关于运算 ∘ 的单位元. 对于 $x \in S$，如果存在 y_l（或 y_r）$\in S$ 使得

$$y_l \circ x = e \ (\text{或} \ x \circ y_r = e)$$

则称 y_l（或 y_r）是 x 关于 ∘ 运算的**左逆元（或右逆元）**. 若 $y \in S$ 既是 x 的左逆元又是 x 的右逆元，则称 y 为 x 的**逆元**. 如果 x 的逆元存在，就称 x 是**可逆**的.

例 14.6 针对例 14.5 中的运算，表 14.9 列出了相关的单位元、零元及可逆元素的逆元. 集合中哪些元素是可逆元素？这依赖于具体的运算. 对表 14.9 中的普通乘法来说，在实数集 R 和有理数集 Q 中，除 0 之外每个实数或有理数 x 都是可逆的，逆元就是它的倒数 x^{-1}；而在整数集 Z 中，只有 1 和 −1 是可逆的，它们的逆元就是自身. 对于矩阵乘法，只有可逆矩阵 X（行列式不等于 0 的矩阵）才存在逆矩阵 X^{-1}. 在幂集 $P(B)$ 上，对于集合并运算，只有空集 $\varnothing$ 有逆元；而对于交运算，只有 B 有逆元. 在函数的集合 A^A 上，I_A 是合成运算 ∘ 的单位元. 只有双射函数 $f : A \to A$ 有逆元，即反函数 f^{-1}，其他函数没有逆元.

表 14.9

集合	运算	单位元	零元	逆元
Z, Q, R	普通加法+ 普通乘法×	0 1	无 0	x 的逆元 $-x$ 可逆元素 x 的逆元 x^{-1}
$M_n(R)$	矩阵加法+ 矩阵乘法×	n 阶全 0 矩阵 n 阶单位矩阵	无 n 阶全 0 矩阵	X 的逆元 $-X$ 可逆矩阵 X 的逆阵 X^{-1}

续表

集 合	运 算	单 位 元	零 元	逆 元
$P(B)$	并 $\cup$	$\varnothing$	B	$\varnothing$ 的逆元为 $\varnothing$
	交 $\cap$	B	$\varnothing$	B 的逆元为 B
	对称差 $\oplus$	$\varnothing$	无	X 的逆元为 X
A^A	函数复合 $\circ$	恒等函数 I_A	无	双射函数 f 的逆元为 f^{-1}

关于单位元的存在唯一性定理.

定理 14.1 设 $\circ$ 为 S 上的二元运算, e_l 和 e_r 分别为 S 中关于 $\circ$ 运算的左和右单位元, 则 $e_l = e_r = e$ 为 S 上关于 $\circ$ 运算的唯一的单位元.

证明 因为 e_r 为右单位元, 所以有 $e_l = e_l \circ e_r$. 同理有 $e_l \circ e_r = e_r$. 从而得到 $e_l = e_r$. 将这个单位元记作 e. 假设 e' 也是 S 中的单位元, 则有 $e' = e \circ e' = e$. 唯一性得证.

类似地, 可以证明关于零元的唯一性定理.

定理 14.2 设 $\circ$ 为 S 上可结合的二元运算, e 为该运算的单位元, 对于 $x \in S$ 如果存在左逆元 y_l 和右逆元 y_r, 则有 $y_l = y_r = y$, 且 y 是 x 关于 $\circ$ 运算的唯一的逆元.

证明 由 $y_l \circ x = e$ 和 $x \circ y_r = e$, 得

$$y_l = y_l \circ e = y_l \circ (x \circ y_r) = (y_l \circ x) \circ y_r = e \circ y_r = y_r$$

令 $y_l = y_r = y$, 则 y 是 x 的逆元. 假若 $y' \in S$ 也是 x 的逆元, 则

$$y' = y' \circ e = y' \circ (x \circ y) = (y' \circ x) \circ y = e \circ y = y$$

所以 y 是 x 关于 $\circ$ 运算的唯一的逆元.

由于逆元的唯一性, 通常将 x 的逆元记作 x^{-1}.

最后考虑消去律.

定义 14.6 设 $\circ$ 为集合 S 上的二元运算, 如果对于任意元素 $x, y, z \in S, x \neq \theta$, 都有

$$x \circ y = x \circ z \Rightarrow y = z, \quad y \circ x = z \circ x \Rightarrow y = z$$

成立, 则称 $\circ$ 运算满足消去律.

例如, 普通加法和乘法满足消去律, 矩阵加法满足消去律, 矩阵乘法不满足消去律. 集合的并和交运算也不满足消去律, 例如 $\{1\} \cup \{1,2\} = \{2\} \cup \{1,2\}$, 但是 $\{1\} \neq \{2\}$.

下面是一些运算的实例.

例 14.7 设 $\circ$ 运算为有理数集 $\mathbf{Q}$ 上的二元运算, $\forall x, y \in \mathbf{Q}$,

$$x \circ y = x + y - xy$$

(1) 判断 $\circ$ 运算是否满足交换律和结合律, 并说明理由.

(2) 求出 $\circ$ 运算的单位元、零元和所有可逆元素的逆元.

解 (1) $\circ$ 运算是可交换、可结合的. 验证如下: 任取 $x, y \in \mathbf{Q}$,

$$x \circ y = x + y - xy = y + x - yx = y \circ x$$

任取 $x, y, z \in \mathbf{Q}$,

$$(x \circ y) \circ z = (x + y - xy) + z - (x + y - xy)z = x + y + z - xy - xz - yz + xyz$$
$$x \circ (y \circ z) = x + (y + z - yz) - x(y + z - yz) = x + y + z - xy - xz - yz + xyz$$

(2) 设 $\circ$ 运算的单位元和零元分别为 e 和 θ, 则对于任意 x 有 $x \circ e = x$ 成立, 即 $x + e - xe = x$. 由于 x 的任意性, 必有 $e = 0$. 由于 $\circ$ 运算可交换, 所以 0 是单位元.

再考虑零元,对于任意 x 有 $x \circ \theta = \theta$ 成立,即 $x + \theta - x\theta = \theta$. 化简得 $x - x\theta = 0$. 由于 x 的任意性,得 $\theta = 1$.

给定 x,设 x 的逆元为 y,则有 $x \circ y = 0$ 成立,即 $x + y - xy = 0$. 从而得到

$$y = \frac{x}{x-1} \qquad x \neq 1$$

因此当 $x \neq 1$ 时,$\frac{x}{x-1}$ 是 x 的逆元.

例 14.8 表 14.10 给出了 3 个运算表.
(1) 说明哪些运算是可交换的、可结合的、幂等的.
(2) 求出每个运算的单位元、零元、所有可逆元素的逆元.

表 14.10

(a)

*	a	b	c
a	c	a	b
b	a	b	c
c	b	c	a

(b)

∘	a	b	c
a	a	a	a
b	b	b	b
c	c	c	c

(c)

·	a	b	c
a	a	b	c
b	b	c	c
c	c	c	c

解 (1) * 运算满足交换律,满足结合律,不满足幂等律;∘ 运算不满足交换律,满足结合律,满足幂等律;• 运算满足交换律,满足结合律,不满足幂等律.

(2) * 运算的单位元为 b,没有零元,$a^{-1}=c$,$b^{-1}=b$,$c^{-1}=a$;∘ 运算的单位元和零元都不存在,没有可逆元素;• 运算的单位元为 a,零元为 c,$a^{-1}=a$. b, c 不是可逆元素.

14.2 代数系统

14.2.1 代数系统的定义与实例

定义 14.7 非空集合 S 和 S 上 k 个一元或二元运算 $f_1, f_2, \cdots, f_k$ 组成的系统称为一个**代数系统**,简称**代数**,记作 $\langle S, f_1, f_2, \cdots, f_k \rangle$.

注意,在写出一个代数系统时,经常将二元运算排在一元运算的前面.

例 14.9 (1) $\langle \mathbf{N}, + \rangle$,$\langle \mathbf{Z}, +, \cdot \rangle$,$\langle \mathbf{R}, +, \cdot \rangle$ 是代数系统,$+$ 和 $\cdot$ 分别表示普通加法和乘法.

(2) $\langle M_n(\mathbf{R}), +, \cdot \rangle$ 是代数系统,$+$ 和 $\cdot$ 分别表示 n 阶$(n \geq 2)$实矩阵的加法和乘法.

(3) $\langle Z_n, \oplus, \otimes \rangle$ 是代数系统,$Z_n = \{0, 1, \cdots, n-1\}$,$\oplus$ 和 $\otimes$ 分别表示模 n 的加法和乘法.

(4) $\langle P(S), \cup, \cap, \sim \rangle$ 也是代数系统,$\cup$ 和 $\cap$ 分别为集合的并和交,以 S 为全集,$\sim$ 为集合的绝对补.

对于代数系统 $V = \langle S, f_1, f_2, \cdots, f_k \rangle$,其中的集合 S 称作**载体**,S 和 $f_1, f_2, \cdots, f_k$ 都是 V 的成分. 对于某些代数系统,具有某种特异元素(如关于二元运算的单位元)也作为系统的性质. 为了强调这一点,可以将这个特异元素作为系统的成分列出来. 例如,$\langle A, \circ, e \rangle$ 就是一个抽象的代数系统,其中 e 是 ∘ 运算的单位元,这时也称 e 是代数常数. 为了定义抽象的

代数系统,除了列出它的成分之外,还需要用公理规定系统的性质,如二元运算满足某条算律,运算具有某种特异元素等. 在上述代数系统$\langle A, \circ, e\rangle$中就可以规定。运算满足结合律. 显然代数系统$\langle \mathbf{N}, +, 0\rangle$和$\langle A^A, \circ, I_A\rangle$都是这个抽象代数系统的具体实例. 在不发生混淆的情况下,也可以用载体直接标记代数系统,如$\mathbf{Q}, Z_n$等.

14.2.2 代数系统的分类

为了研究代数系统,需要对它们进行分类. 按照代数系统的成分,首先将它们分成同类型的代数系统. 如果进一步细分,考虑系统的性质,可以分成同种的代数系统.

定义 14.8 (1) 如果两个代数系统中运算的个数相同,对应运算的元数相同,且代数常数的个数也相同,则称它们是**同类型的代数系统**.

(2) 如果两个同类型的代数系统对应的运算所规定的运算性质也相同,则称为**同种的代数系统**.

例如,代数系统$V_1 = \langle \mathbf{R}, +, \cdot, 0, 1\rangle$,$+$和$\cdot$分别为普通加法与乘法;$V_2 = \langle M_n(\mathbf{R}), +, \cdot, \boldsymbol{\theta}, \boldsymbol{E}\rangle$,其中$+$和$\cdot$分别为矩阵加法与乘法,$\boldsymbol{\theta}$为$n$阶全0矩阵,$\boldsymbol{E}$为$n$阶单位矩阵;$V_3 = \langle P(B), \cup, \cap, \varnothing, B\rangle$,其中$P(B)$为幂集. 表 14.11 列出了这些代数系统的部分性质. 显然V_1, V_2, V_3是同类型的代数系统,它们都含有 2 个二元运算和 2 个代数常数. 如果在定义抽象的代数系统时规定 3 条公理:第一个二元运算具有交换律和结合律,第二个二元运算具有结合律,第二个二元运算对第一个二元运算具有分配律,那么这 3 个代数系统都是同种的代数系统. 如果除此之外,系统还规定第一个二元运算具有单位元,且每个元素都有逆元,那么V_1与V_2是同种的代数系统,它们与V_3不再是同种的代数系统了.

表 14.11

V_1	V_2	V_3
$+$ 可交换、可结合	$+$ 可交换、可结合	$\cup$ 可交换、可结合
$\cdot$ 可交换、可结合	$\cdot$ 不可交换、可结合	$\cap$ 可交换、可结合
$+$ 满足消去律	$+$ 满足消去律	$\cup$ 不满足消去律
$\cdot$ 满足消去律	$\cdot$ 不满足消去律	$\cap$ 不满足消去律
$\cdot$ 对 $+$ 可分配	$\cdot$ 对 $+$ 可分配	$\cap$ 对 $\cup$ 可分配
$+$ 对 $\cdot$ 不可分配	$+$ 对 $\cdot$ 不可分配	$\cup$ 对 $\cap$ 可分配
$+$ 与 $\cdot$ 没有吸收律	$+$ 与 $\cdot$ 没有吸收律	$\cup$ 与 $\cap$ 满足吸收律
$+$ 具有单位元	$+$ 具有单位元	$\cup$ 具有单位元
对于$+$,每个元素都可逆	对于$+$,每个元素都可逆	对于$\cup$不一定都可逆

人的认识过程一般是从对具体事物的认识出发,通过概括归纳这些具体事物的共同特征抽象出一类新的事物. 对代数系统的认识也是如此,首先学习整数关于加法与乘法构成的系统$\langle \mathbf{Z}, +, \cdot\rangle$,然后将这个系统扩大到有理数和实数. 但这些运算对象都是数. 到了线性代数课程,参与运算的元素不再是数,而是矩阵. 正如表 14.11 所示,矩阵运算与数的运算具有很多共同的性质. 为了概括这一类代数系统,人们引入了抽象代数系统——环的概念. 类似地,在逻辑代数与集合代数的研究中,又抽象出具有吸收律、德摩根律等运算性质的代数系统——布尔代数. 这就是抽象代数的研究方法:通过规定代数系统的成分与公理,定义一些抽象的代数系统,然后分别研究这些代数系统的性质. 本章将在后面简要介绍半群、独

异点、群、环、域、格、布尔代数等重要的抽象代数系统.

14.2.3 子代数系统与积代数系统

代数系统中的一个重要问题是研究它的子系统,我们关心的是:怎样构成一个子系统?子系统是否能够保持原系统的性质?下面先给出子代数系统的定义.

定义 14.9 设 $V=\langle S, f_1, f_2, \cdots, f_k \rangle$ 是代数系统,B 是 S 的非空子集,如果 B 对 $f_1, f_2, \cdots, f_k$ 都是封闭的,且 B 和 S 含有相同的代数常数,则称 $\langle B, f_1, f_2, \cdots, f_k \rangle$ 是 V 的**子代数系统**,简称**子代数**. 有时将子代数系统简记为 B. 如果 $B=S$,则称 B 是 V 的**平凡子代数**;如果 $B \subset S$,则称子代数 B 为 V 的**真子代数**.

例如,$\mathbf{N}$ 是 $\langle \mathbf{Z}, + \rangle$ 的子代数,$\mathbf{N}$ 也是 $\langle \mathbf{Z}, +, 0 \rangle$ 的子代数. $\mathbf{N}-\{0\}$ 是 $\langle \mathbf{Z}, + \rangle$ 的子代数,但不是 $\langle \mathbf{Z}, +, 0 \rangle$ 的子代数,因为代数系统 $\langle \mathbf{Z}, +, 0 \rangle$ 中的代数常数 0 不在 $\mathbf{N}-\{0\}$ 中.

对任何代数系统 V,它的子代数一定存在,起码存在平凡子代数 V. 如果 V 的代数常数构成的集合 K 关于 V 中的所有运算封闭,这时也称 K 为 V 的平凡子代数.

例 14.10 设 $V=\langle \mathbf{Z}, +, 0 \rangle$,令 $n\mathbf{Z} = \{nz \mid z \in \mathbf{Z}\}$,$n$ 为给定的自然数,则 $n\mathbf{Z}$ 是 V 的子代数. 当 $n=1$ 和 $n=0$ 时,$n\mathbf{Z}$ 等于 $\mathbf{Z}$ 或等于 $\{0\}$,是 V 的平凡的子代数,对于其他的 n,$n\mathbf{Z}$ 都是 V 的非平凡的真子代数. 例如,$2\mathbf{Z}=\{0, \pm 2, \pm 4, \cdots\}$ 就是 V 的真子代数.

不难看出,当原来代数系统的公理指的是二元运算的算律(如交换律、结合律、幂等律、分配律、吸收律等),那么在它的子代数中也满足相同的算律,因此,子代数与原来的代数系统是同种的代数系统.

由两个同类型的代数系统可以构造积代数系统.

定义 14.10 设 $V_1=\langle A, \circ \rangle$ 和 $V_2=\langle B, * \rangle$ 是同类型的代数系统,$\circ$ 和 $*$ 为二元运算,在集合 $A \times B$ 上如下定义二元运算 $\bullet$,$\forall \langle a_1, b_1 \rangle, \langle a_2, b_2 \rangle \in A \times B$,有

$$\langle a_1, b_1 \rangle \bullet \langle a_2, b_2 \rangle = \langle a_1 \circ a_2, b_1 * b_2 \rangle$$

称 $V=\langle A \times B, \bullet \rangle$ 为 V_1 与 V_2 的**积代数**,记作 $V_1 \times V_2$. 这时也称 V_1 和 V_2 为 V 的**因子代数**.

考虑代数系统 $V=\langle \mathbf{R}, + \rangle$,那么积代数 $V \times V = \langle \mathbf{R} \times \mathbf{R}, + \rangle$,例如 $\langle 1, 3 \rangle + \langle -2, 2 \rangle = \langle -1, 5 \rangle$.

类似地,也可以对具有多个运算的代数系统 V_1 和 V_2 定义积代数. 积代数中的运算个数与 V_1 和 V_2 的运算个数一样多,而每个运算的规则与定义 14.10 一样. 如 $V_1=\langle \mathbf{Z}, +, \cdot \rangle$,$V_2=\langle M_2(\mathbf{R}), +, \cdot \rangle$,那么在积代数 $V_1 \times V_2$ 中有

$$\left\langle 2, \begin{bmatrix} 1 & 0 \\ 2 & -1 \end{bmatrix} \right\rangle + \left\langle -1, \begin{bmatrix} 0 & 1 \\ 1 & 2 \end{bmatrix} \right\rangle = \left\langle 1, \begin{bmatrix} 1 & 1 \\ 3 & 1 \end{bmatrix} \right\rangle$$

$$\left\langle 2, \begin{bmatrix} 1 & 0 \\ 2 & -1 \end{bmatrix} \right\rangle \cdot \left\langle -1, \begin{bmatrix} 0 & 1 \\ 1 & 2 \end{bmatrix} \right\rangle = \left\langle -2, \begin{bmatrix} 0 & 1 \\ -1 & 0 \end{bmatrix} \right\rangle$$

还可以把积代数的概念扩充到多个同类型的代数系统,限于篇幅,不再赘述,有兴趣的读者可以参考有关的书籍.

根据定义不难看出积代数与原来的代数系统是同类型的,而且可以进一步证明积代数可以保持原来代数系统中的许多性质,如交换律、结合律、幂等律、分配律和吸收律等. 例

如,代数系统 V_1 和 V_2 中对应的运算 $\circ$ 和 $*$ 是可交换的,那么在 $V_1\times V_2$ 中对应的运算 $\bullet$ 也是可交换的. 但是有一条性质在积代数中不一定能够保持,那就是消去律. 例如,$V_1=\langle Z_2,\otimes_2\rangle$ 与 $V_2=\langle Z_3,\otimes_3\rangle$ 是具有消去律的代数系统,其中 $\otimes_2$ 和 $\otimes_3$ 分别表示模 2 和模 3 乘法. 容易看到在积代数中 $\otimes$ 运算没有消去律,例如,$\langle 1,0\rangle\otimes\langle 0,1\rangle=\langle 1,0\rangle\otimes\langle 0,2\rangle$,但是 $\langle 0,1\rangle\neq\langle 0,2\rangle$.

除了保持算律以外,积代数也可以保持特异元素. 如果 e_1 和 e_2 分别为因子代数 V_1 与 V_2 中对应运算的单位元,可以证明 $\langle e_1,e_2\rangle$ 也是积代数中关于对应运算的单位元. 对于零元也有同样的性质. 类似地,对于 V_1 和 V_2 中可逆的元素 a 和 b,$\langle a^{-1},b^{-1}\rangle$ 在积代数 $V_1\times V_2$ 中是 $\langle a,b\rangle$ 的逆元.

14.2.4 代数系统的同态与同构

同态映射是研究代数系统之间关系的重要工具.

定义 14.11 设 $V_1=\langle A,\circ\rangle$ 和 $V_2=\langle B,*\rangle$ 是同类型的代数系统,$f:V_1\to V_2$,且 $\forall x,y\in A$,有

$$f(x\circ y)=f(x)*f(y)$$

则称 f 是 V_1 到 V_2 的**同态映射**,简称**同态**. 同态映射如果是单射,则称为**单同态**;如果是满射,则称为**满同态**,这时称 V_2 是 V_1 的**同态像**,记作 $V_1\sim V_2$;如果是双射,则称为**同构**,也称代数系统 V_1 同构于 V_2,记作 $V_1\cong V_2$. 对于代数系统 V,它到自身的同态称为**自同态**.

类似地,可以定义**单自同态**、**满自同态**和**自同构**.

同态映射的概念可以用图 14.1 来说明. 定义 14.11 中等式的左边是 x 与 y 先运算,得到 $x\circ y$,然后将运算结果 $x\circ y$ 映到 V_2 中的 $f(x\circ y)$. 等式右边是先将 x 与 y 映到 $f(x)$ 与 $f(y)$,然后将映射结果 $f(x)$ 与 $f(y)$ 在 V_2 中进行 $*$ 运算. 对于同态映射来说,无论 x 与 y 取什么值,这两种方式都会得到相同的结果.

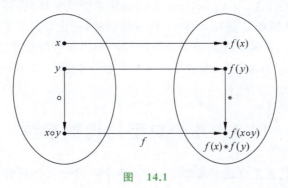

图 14.1

例 14.11 (1) 设 $V=\langle \mathbf{Z},+\rangle$,$\forall a\in \mathbf{Z}$,令 $f_a:\mathbf{Z}\to\mathbf{Z}$,$f_a(x)=ax$,那么 f_a 是 V 的自同态. 因为 $\forall x,y\in\mathbf{Z}$,有 $f_a(x+y)=a(x+y)=ax+ay=f_a(x)+f_a(y)$. 当 $a=0$ 时,称 f_0 为零同态;当 $a=\pm 1$ 时,称 f_a 为自同构;除此之外,其他的 f_a 都是单自同态.

(2) 设 $V_1=\langle \mathbf{Q},+\rangle$,$V_2=\langle \mathbf{Q}^*,\cdot\rangle$,其中 $\mathbf{Q}^*=\mathbf{Q}-\{0\}$,令 $f:\mathbf{Q}\to\mathbf{Q}^*$,$f(x)=e^x$,那么 f 是 V_1 到 V_2 的同态映射,因为 $\forall x,y\in\mathbf{Q}$ 有 $f(x+y)=e^{x+y}=e^x\cdot e^y=f(x)\cdot f(y)$. 不难看出 f 是单同态.

例 14.12 $V=\langle \mathbf{R}^*, \cdot \rangle$，判断下面的哪些函数是 V 的自同态？是否为单自同态、满自同态和自同构？计算 V 的同态像。

(1) $f(x)=|x|$ (2) $f(x)=2x$
(3) $f(x)=x^2$ (4) $f(x)=1/x$
(5) $f(x)=-x$ (6) $f(x)=x+1$

解 (2),(5),(6) 不是自同态。
(1) 是自同态，但不是单自同态，也不是满自同态。不是自同构。$f(V)=\langle \mathbf{R}^+, \cdot \rangle$。
(3) 是自同态，但不是单自同态，也不是满自同态。不是自同构。$f(V)=\langle \mathbf{R}^+, \cdot \rangle$。
(4) 是自同态、单自同态、满自同态、自同构。$f(V)=V$。

定义 14.11 的同态概念可以推广到具有多个二元和一元运算的代数系统，有关的例子将在后面的代数系统中给出（见 14.3 节）。

同态映射是讨论代数系统之间关系的有力工具。存在同态映射的代数系统往往具有很多共同的性质。例如，V_1 到 V_2 存在同态映射 f，那么 f 可以保持运算的可交换性，即如果 V_1 中的 $\circ$ 运算具有交换性，那么 V_2 中对应的 $*$ 运算也具有交换性。类似地，同态映射还保持运算的可结合以及幂等的性质。此外，对于具有两个不同运算的代数系统，同态映射还保持分配和吸收的性质。注意对于消去律可能有例外。除了运算性质之外，同态映射 f 也能保持特异元素，例如单位元、零元、可逆元素及其逆元。用等式表示就是：

$$f(e_1)=e_2, \quad f(\theta_1)=\theta_2, \quad f(x^{-1})=f(x)^{-1}$$

其中，e_1 和 e_2 分别表示 V_1 和 V_2 中一组对应运算的单位元，θ_1 和 θ_2 分别表示 V_1 和 V_2 中一组对应运算的零元，x^{-1} 是 x 在 V_1 中关于某个运算的逆元，$f(x)^{-1}$ 则是 $f(x)$ 在 V_2 中关于对应运算的逆元。换句话说，如果 x 与 y 在 V_1 中关于某个运算是互逆的元素，那么 $f(x)$ 与 $f(y)$ 在 V_2 中关于对应的运算也是互逆的元素。例如，在例 14.11(2) 中，有 $f(0)=1$，$f(-x)=x^{-1}$，等等。

对于同构的代数系统 V_1 与 V_2，不但含有元素的多少是一样的，还可以证明它们具有完全相同的性质。在抽象的意义上 V_1 与 V_2 是没有区别的，只是采用了不同的符号命名它们的元素和运算罢了。因此，在抽象代数中认为彼此同构的代数系统就是同一个代数系统，比如说到"4 元群有 2 个"，它的含义是"存在 2 个不同构的 4 元群"。这里的群是一种重要的抽象代数系统，下一节将会加以介绍。

14.3 几个典型的代数系统

前面已经介绍了代数系统的一般概念，本节将分类讨论几个具有广泛应用背景的代数系统：半群、独异点与群、环与域、格与布尔代数等。

14.3.1 半群与独异点

半群与独异点是最简单的代数系统。

定义 14.12

(1) 设 $V=\langle S, \circ \rangle$ 是代数系统，$\circ$ 为二元运算，如果 $\circ$ 运算是可结合的，则称 V 为**半群**。
(2) 设 $V=\langle S, \circ \rangle$ 是半群，若 $e \in S$ 是关于 $\circ$ 运算的单位元，则称 V 是**含幺半群**，也称作

独异点. 有时也将独异点 V 记作 $V=\langle S,\circ,e\rangle$.

例 14.13 （1）$\langle \mathbf{Z}^+,+\rangle,\langle \mathbf{N},+\rangle,\langle \mathbf{Z},+\rangle,\langle \mathbf{Q},+\rangle,\langle \mathbf{R},+\rangle$ 都是半群，$+$ 是普通加法. 这些半群中除 $\langle \mathbf{Z}^+,+\rangle$ 外都是独异点.

（2）设 n 是大于 1 的正整数，$\langle M_n(\mathbf{R}),+\rangle$ 和 $\langle M_n(\mathbf{R}),\cdot\rangle$ 都是半群，也都是独异点，其中 $+$ 和 $\cdot$ 分别表示矩阵加法和矩阵乘法.

（3）$\langle P(B),\oplus\rangle$ 为半群，也是独异点，其中 $\oplus$ 为集合的对称差运算.

（4）$\langle Z_n,\oplus\rangle$ 为半群，也是独异点，其中 $Z_n=\{0,1,\cdots,n-1\}$，$\oplus$ 为模 n 加法.

（5）$\langle A^A,\circ\rangle$ 为半群，也是独异点，其中 $\circ$ 为函数的复合运算.

（6）$\langle \mathbf{R}^*,\circ\rangle$ 为半群，其中 $\mathbf{R}^*$ 为非零实数集合，$\circ$ 运算定义如下：$\forall x,y\in \mathbf{R}^*$，$x\circ y=y$.

由于半群中的运算满足结合律，可以定义元素的**幂**. 在半群 $\langle S,\circ\rangle$ 中，$\forall x\in S$，规定
$$x^1=x,\quad x^{n+1}=x^n\circ x,\quad n\in \mathbf{Z}^+$$
用数学归纳法不难证明 x 的幂遵从以下运算规则
$$x^n\circ x^m=x^{n+m},\quad (x^n)^m=x^{nm},\quad m,n\in \mathbf{Z}^+$$
类似地，可以定义独异点 $\langle S,\circ,e\rangle$ 中元素的幂，$\forall x\in S$，有
$$x^0=e,\quad x^{n+1}=x^n\circ x,\quad n\in \mathbf{N}$$
独异点的幂运算也遵从半群的幂运算规则，但其中的 m 和 n 是自然数.

半群与独异点的子代数分别称为**子半群**与**子独异点**. 根据定义可以直接得到子半群与子独异点的判定方法：

设 $V=\langle S,\circ\rangle$ 是半群，$T\subseteq S$，T 非空，如果 T 对 V 中的运算 $\circ$ 封闭，则 $\langle T,\circ\rangle$ 是 V 的子半群.

设 $V=\langle S,\circ,e\rangle$ 是独异点，$T\subseteq S$，T 非空，如果 T 对 V 中的运算 $\circ$ 封闭，而且 $e\in T$，那么 $\langle T,\circ,e\rangle$ 构成 V 的子独异点.

对于子独异点，不但要求运算封闭，而且要求单位元 e 也在子独异点中出现.

例 14.14 设半群 $V_1=\langle S,\cdot\rangle$，独异点 $V_2=\langle S,\cdot,e\rangle$. 其中 $\cdot$ 为矩阵乘法，e 为 2 阶单位矩阵，且
$$S=\left\{\begin{bmatrix} a & 0 \\ 0 & d \end{bmatrix}\Big| a,d\in \mathbf{R}\right\},\quad T=\left\{\begin{bmatrix} a & 0 \\ 0 & 0 \end{bmatrix}\Big| a\in \mathbf{R}\right\}$$
则 $T\subseteq S$，且 T 是 $V_1=\langle S,\cdot\rangle$ 的子半群. $\begin{bmatrix} 1 & 0 \\ 0 & 0 \end{bmatrix}$ 是 T 的单位元，T 本身可以构成独异点，但不是 S 的子独异点，因为 S 的单位元是 e.

可以按照定义 14.10 构造半群与独异点的直积. 不难看出，半群的直积还是半群，独异点的直积还是独异点.

下面讨论半群与独异点的同态.

定义 14.13 （1）设 $V_1=\langle S_1,\circ\rangle$，$V_2=\langle S_2,*\rangle$ 是半群，$f:S_1\to S_2$. 若对任意的 $x,y\in S_1$ 有
$$f(x\circ y)=f(x)*f(y)$$
则称 f 为半群 V_1 到 V_2 的同态映射，简称同态.

（2）设 $V_1=\langle S_1,\circ,e_1\rangle$，$V_2=\langle S_2,*,e_2\rangle$ 是独异点，$f:S_1\to S_2$. 若对任意的 $x,y\in S_1$ 有
$$f(x\circ y)=f(x)*f(y)\text{ 且 }f(e_1)=e_2$$

则称 f 为独异点 V_1 到 V_2 的同态映射,简称同态.

因为半群和独异点只有一个二元运算,为了书写的简便,经常省略上述表达式中的算符 $\circ$ 和 $*$,而简记为 $f(xy)=f(x)f(y)$.

在例 14.14 中,如令

$$f\left(\begin{bmatrix} a & 0 \\ 0 & d \end{bmatrix}\right)=\begin{bmatrix} a & 0 \\ 0 & 0 \end{bmatrix}$$

则 f 是半群 $V_1=\langle S,\cdot\rangle$ 的自同态,但不是独异点 $V_2=\langle S,\cdot,e\rangle$ 的自同态,因为 $f(e)\neq e$.

半群与独异点在有限自动机理论中有着重要的应用. 有兴趣的读者请看相关的参考书.

14.3.2 群

群是特殊的半群与独异点. 下面讨论群的定义与性质.

定义 14.14 设 $\langle G,\circ\rangle$ 是代数系统,$\circ$ 为二元运算. 如果 $\circ$ 运算是可结合的,存在单位元 $e\in G$,并且对 G 中的任何元素 x 都有 $x^{-1}\in G$,则称 G 为**群**.

例 14.15 (1) $\langle \mathbf{Z},+\rangle,\langle \mathbf{Q},+\rangle,\langle \mathbf{R},+\rangle$ 都是群;$\langle \mathbf{Z}^+,+\rangle$ 和 $\langle \mathbf{N},+\rangle$ 不是群.

(2) $\langle M_n(\mathbf{R}),+\rangle$ 是群,而 $\langle M_n(\mathbf{R}),\cdot\rangle$ 不是群.

(3) $\langle P(B),\oplus\rangle$ 是群,$\oplus$ 为对称差运算.

(4) $\langle Z_n,\oplus\rangle$ 是群. $Z_n=\{0,1,\cdots,n-1\}$,$\oplus$ 为模 n 加法.

(5) 设 $G=\{e,a,b,c\}$,G 上的运算由表 14.12 给出,称为 **Klein 四元群**.

表 14.12

	e	a	b	c
e	e	a	b	c
a	a	e	c	b
b	b	c	e	a
c	c	b	a	e

下面介绍有关群的术语.

定义 14.15 (1) 若群 G 是有穷集,则称 G 是**有限群**,否则称为**无限群**. 群 G 的元素数称为群 G 的**阶**,有限群 G 的阶记作 $|G|$.

(2) 只含单位元的群称为**平凡群**.

(3) 若群 G 中的二元运算是可交换的,则称 G 为**交换群**或**阿贝尔(Abel)群**.

例如,$\langle \mathbf{Z},+\rangle$ 和 $\langle \mathbf{R},+\rangle$ 是无限群,$\langle Z_n,\oplus\rangle$ 是有限群,也是 n 阶群. Klein 四元群是 4 阶群. $\langle\{0\},+\rangle$ 是平凡群. 上述群都是交换群,n 阶($n\geqslant 2$)实可逆矩阵集合关于矩阵乘法构成的群是非交换群.

定义 14.16 设 G 是群,$a\in G,n\in \mathbf{Z}$,则 a 的 n **次幂**定义如下:

$$a^n=\begin{cases} e & n=0 \\ a^{n-1}a & n>0 \\ (a^{-1})^m & n<0, n=-m \end{cases}$$

与半群和独异点不同,群中元素可以定义负整数次幂. 例如,在模 3 加群 $\langle Z_3,\oplus\rangle$ 中有

$$2^{-3}=(2^{-1})^3=1^3=1\oplus 1\oplus 1=0$$

在整数加群 $\langle \mathbf{Z},+\rangle$ 中有

$$(-2)^{-4}=2^4=2+2+2+2=8$$

定义 14.17 设 G 是群,$a\in G$,使得等式 $a^k=e$ 成立的最小正整数 k 称为 a 的**阶**,记作 $|a|=k$,这时称 a 为 k **阶元**. 若不存在这样的正整数 k,则称 a 为**无限阶元**.

例如，在模 6 加群 $\langle Z_6, \oplus \rangle$ 中，2 和 4 是 3 阶元，3 是 2 阶元，1 和 5 是 6 阶元，0 是 1 阶元. 在整数加群 $\langle \mathbf{Z}, + \rangle$ 中，0 是 1 阶元，其他整数都是无限阶元. 而在 Klein 四元群中除了单位元 e 以外，其他元素都是 2 阶元.

群具有下述性质.

定理 14.3 设 G 为群，则 G 中的幂运算满足：

(1) $\forall a \in G, (a^{-1})^{-1} = a$.

(2) $\forall a, b \in G, (ab)^{-1} = b^{-1}a^{-1}$.

(3) $\forall a \in G, a^n a^m = a^{n+m}, n, m \in \mathbf{Z}$.

(4) $\forall a \in G, (a^n)^m = a^{nm}, n, m \in \mathbf{Z}$.

(5) 若 G 为交换群，则 $(ab)^n = a^n b^n$.

证明 这里只证(1)和(2).

(1) $(a^{-1})^{-1}$ 是 a^{-1} 的逆元，a 也是 a^{-1} 的逆元. 根据逆元的唯一性，等式得证.

(2) $(b^{-1}a^{-1})(ab) = b^{-1}(a^{-1}a)b = b^{-1}b = e$，同理 $(ab)(b^{-1}a^{-1}) = e$，故 $b^{-1}a^{-1}$ 是 ab 的逆元. 根据逆元的唯一性等式得证.

(3), (4), (5) 的证明要使用数学归纳法，首先对自然数 n 和 m 证明等式为真，然后讨论 n 或 m 为负数的情况. 注意(2)中的结果可以推广到有限多个元素的情况，即

$$(a_1 a_2 \cdots a_r)^{-1} = a_r^{-1} a_{r-1}^{-1} \cdots a_2^{-1} a_1^{-1}$$

定理 14.4 G 为群，$\forall a, b \in G$，方程 $ax = b$ 和 $ya = b$ 在 G 中有解且仅有唯一解.

证明 $a^{-1}b$ 代入方程左边的 x，得

$$a(a^{-1}b) = (aa^{-1})b = eb = b$$

所以 $a^{-1}b$ 是该方程的解. 下面证明唯一性. 假设 c 是方程 $ax = b$ 的解，必有 $ac = b$，从而有

$$c = ec = (a^{-1}a)c = a^{-1}(ac) = a^{-1}b$$

因此 $a^{-1}b$ 是方程 $ax = b$ 的唯一解. 同理可证 ba^{-1} 是方程 $ya = b$ 的唯一解.

定理 14.5 G 为群，则 G 中适合消去律，即对任意 $a, b, c \in G$，有

(1) 若 $ab = ac$，则 $b = c$.

(2) 若 $ba = ca$，则 $b = c$.

证明留作练习.

定理 14.6 G 为群，$a \in G$ 且 $|a| = r$. 设 k 是整数，则

(1) $a^k = e$ 当且仅当 $r | k$.

(2) $|a^{-1}| = |a|$.

证明 (1) 充分性. 由于 $r | k$，必存在整数 m 使得 $k = mr$，所以有

$$a^k = a^{mr} = (a^r)^m = e^m = e$$

必要性. 根据除法，存在整数 m 和 i 使得 $k = mr + i$，其中 $0 \leq i \leq r-1$. 从而有

$$e = a^k = a^{mr+i} = (a^r)^m a^i = ea^i = a^i$$

因为 $|a| = r$ 且 $i < r$，必有 $i = 0$. 这就证明了 $r | k$.

(2) 由 $(a^{-1})^r = (a^r)^{-1} = e^{-1} = e$ 可知 a^{-1} 的阶存在. 令 $|a^{-1}| = t$，根据(1)的结果有 $t | r$. a 又是 a^{-1} 的逆元，所以又有 $r | t$. 从而证明了 $r = t$，即 $|a^{-1}| = |a|$.

下面通过一些例题说明上述定理的应用.

例 14.16 设 $G=\{a_1,a_2,\cdots,a_n\}$ 是 n 阶群,令
$$a_iG=\{a_ia_j\mid j=1,2,\cdots,n\}$$
证明 $a_iG=G$.

证明 由群中运算的封闭性有 $a_iG\subseteq G$. 假设 $a_iG\subset G$,即 $|a_iG|<n$. 必有 $a_j,a_k\in G$ 使得
$$a_ia_j=a_ia_k \quad (j\neq k)$$
由消去律得 $a_j=a_k$,与 $|G|=n$ 矛盾.

例 14.17 设 G 是群,$a,b\in G$ 是有限阶元. 证明:

(1) $|b^{-1}ab|=|a|$.

(2) $|ab|=|ba|$.

证明 (1) 设 $|a|=r$,$|b^{-1}ab|=t$,则有
$$(b^{-1}ab)^r=b^{-1}a^rb=b^{-1}b=e$$
从而有 $t\mid r$. 另一方面,由
$$a=(b^{-1})^{-1}(b^{-1}ab)b^{-1}$$
可知 $r\mid t$. 从而有 $|b^{-1}ab|=|a|$.

(2) 设 $|ab|=r$,$|ba|=t$,则有
$$(ab)^{t+1}=a(ba)^tb=ab$$
由消去律得 $(ab)^t=e$,从而可知 $r\mid t$. 同理可证 $t\mid r$. 因此 $|ab|=|ba|$.

下面考虑群的子代数系统,可以证明下面定义的子群就是群的子代数.

定义 14.18 设 G 是群,H 是 G 的非空子集,如果 H 关于 G 中的运算构成群,则称 H 是 G 的**子群**,记作 $H\leqslant G$. 若 H 是 G 的子群,且 $H\subset G$,则称 H 是 G 的**真子群**,记作 $H<G$.

例如,$n\mathbf{Z}$(n 是自然数)是整数加群 $\langle\mathbf{Z},+\rangle$ 的子群. 当 $n\neq 1$ 时,$n\mathbf{Z}$ 是 $\mathbf{Z}$ 的真子群. 任何群 G 都存在子群. G 和 $\{e\}$ 都是 G 的子群,称为 G 的**平凡子群**.

下面给出子群的两个主要的判定定理.

定理 14.7(判定定理一) 设 G 为群,H 是 G 的非空子集,则 H 是 G 的子群当且仅当

(1) $\forall a,b\in H$ 有 $ab\in H$.

(2) $\forall a\in H$ 有 $a^{-1}\in H$.

证明 必要性是显然的. 为证明充分性,只需证明 $e\in H$. 因为 H 非空,存在 $a\in H$. 由条件(2)知 $a^{-1}\in H$,根据条件(1)有 $aa^{-1}\in H$,即 $e\in H$.

定理 14.8(判定定理二) 设 G 为群,H 是 G 的非空子集. H 是 G 的子群当且仅当 $\forall a,b\in H$ 有 $ab^{-1}\in H$.

证明 必要性是显然的. 这里只证充分性. 因为 H 非空,必存在 $a\in H$. 根据给定条件得 $aa^{-1}\in H$,即 $e\in H$. 任取 $a\in H$,由 $e,a\in H$ 得 $ea^{-1}\in H$,即 $a^{-1}\in H$. 任取 $a,b\in H$,知 $b^{-1}\in H$. 再利用给定条件得 $a(b^{-1})^{-1}\in H$,即 $ab\in H$. 综合上述,可知 H 是 G 的子群.

根据这些判定定理可以证明一些重要的子群,如生成子群、群的中心等.

例 14.18 设 G 为群,$a\in G$,令 $H=\{a^k\mid k\in\mathbf{Z}\}$,可以证明 H 是 G 的子群,称为**由 a 生成的子群**,记作 $\langle a\rangle$.

证明 首先由 $a\in\langle a\rangle$ 知道 $\langle a\rangle\neq\varnothing$. 任取 $a^m,a^l\in\langle a\rangle$, 则
$$a^m(a^l)^{-1}=a^m a^{-l}=a^{m-l}\in\langle a\rangle$$
根据判定定理二可知 $\langle a\rangle\leqslant G$.

考虑整数加群, 由 2 生成的子群是 $\langle 2\rangle=\{2k\mid k\in\mathbf{Z}\}=2\mathbf{Z}$, 在群 $\langle Z_6,\oplus\rangle$ 中, 由 2 生成的子群是 $\langle 2\rangle=\{0,2,4\}$, Klein 四元群 $G=\{e,a,b,c\}$ 的所有由单个元素生成的子群是
$$\langle e\rangle=\{e\},\langle a\rangle=\{e,a\},\langle b\rangle=\{e,b\},\langle c\rangle=\{e,c\}$$

例 14.19 设 G 为群, 令
$$C=\{a\mid a\in G\wedge\forall x\in G(ax=xa)\}$$
可以证明 C 是 G 的子群, 称为 G 的**中心**.

证明 由于 $e\in C$, C 是 G 的非空子集. 任取 $a,b\in C$, 只需证明 ab^{-1} 与 G 中所有的元素都可交换. $\forall x\in G$, 有
$$(ab^{-1})x=ab^{-1}x=ab^{-1}(x^{-1})^{-1}=a(x^{-1}b)^{-1}=a(bx^{-1})^{-1}$$
$$=a(xb^{-1})=(ax)b^{-1}=(xa)b^{-1}=x(ab^{-1})$$
由判定定理二可知 $C\leqslant G$.

对于阿贝尔群 G, 因为 G 中所有的元素互相都可交换, G 的中心就等于 G. 但是对某些非交换群 G, 它的中心是 $\{e\}$.

可以用一种图示的方法——子群格给出有限群的子群的结构. 设 G 为群, 令
$$L(G)=\{H\mid H\text{ 是 }G\text{ 的子群}\}$$
则偏序集 $\langle L(G),\subseteq\rangle$ 称为 G 的**子群格**. 例如, Klein 四元群的子群格如图 14.2 所示.

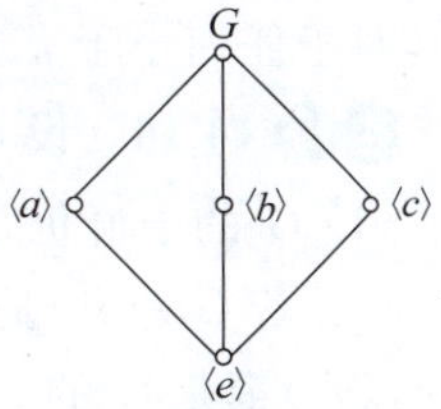

根据代数系统同态与同构的定义可以直接得到群同态和同构的定义.

定义 14.19 设 G_1,G_2 是群, $f:G_1\to G_2$, 若 $\forall a,b\in G_1$ 都有
$$f(ab)=f(a)f(b)$$
则称 f 是群 G_1 到 G_2 的同态映射, 简称同态.

图 14.2

下面介绍一些典型的群同态映射.

例 14.20 (1) $G_1=\langle\mathbf{Z},+\rangle$ 是整数加群, $G_2=\langle Z_n,\oplus\rangle$ 是模 n 的整数加群. 令
$$f:\mathbf{Z}\to Z_n, f(x)=x\bmod n$$
则 f 是 G_1 到 G_2 的满同态. $\forall x,y\in\mathbf{Z}$ 有
$$f(x+y)=(x+y)\bmod n=x\bmod n\oplus y\bmod n=f(x)\oplus f(y)$$

(2) 设 $G=\langle Z_n,\oplus\rangle$ 是模 n 整数加群, 可以证明恰有 n 个 G 的自同态, 即
$$f_p:Z_n\to Z_n,\quad f_p(x)=(px)\bmod n,\quad p=0,1,\cdots,n-1$$

(3) 设 G_1,G_2 是群, e_2 是 G_2 的单位元. 令
$$f:G_1\to G_2, f(a)=e_2,\forall a\in G_1$$
则 f 是 G_1 到 G_2 的同态, 称为零同态. 因为 $\forall a,b\in G_1$ 有
$$f(ab)=e_2=e_2e_2=f(a)f(b)$$

(4) G 为群, $a\in G$. 令
$$f:G\to G,\quad f(x)=axa^{-1},\quad\forall x\in G$$
则 f 是 G 的自同构, 称为 G 的**内自同构**. 关于 f 为自同构的证明留作练习.

群的同态映射也具有 14.2 节所说明的性质. 下面给出这些性质的应用实例.

例 14.21 设 $G_1=\langle \mathbf{Q},+\rangle$ 是有理数加群, $G_2=\langle \mathbf{Q}^*,\cdot\rangle$ 是非零有理数乘法群. 证明不存在 G_2 到 G_1 的同构.

证明 假设 f 是 G_2 到 G_1 的同构, 那么有 $f:G_2\to G_1, f(1)=0$, 于是有
$$f(-1)+f(-1)=f((-1)(-1))=f(1)=0$$
从而得 $f(-1)=0$, 这与 f 的单射性矛盾.

在结束本节之前, 特别要提到两类重要的群——循环群与置换群.

定义 14.20 设 G 是群, 若存在 $a\in G$ 使得 $G=\{a^k \mid k\in \mathbf{Z}\}$, 则称 G 是**循环群**, 记作 $G=\langle a\rangle$, 称 a 为 G 的**生成元**.

对于循环群 $G=\langle a\rangle$, 根据生成元 a 的阶可以将它们分成两类: n 阶循环群和无限循环群. 若 a 是 n 阶元, 则
$$G=\{a^0=e,a^1,a^2,\cdots,a^{n-1}\}$$
那么 $|G|=n$, 称 G 为 n **阶循环群**. 若 a 是无限阶元, 则
$$G=\{a^0=e,a^{\pm 1},a^{\pm 2},\cdots\}$$
这时称 G 为**无限循环群**.

如何找到循环群的所有生成元和子群呢? 下面的定理给出了系统的方法.

定理 14.9 设 $G=\langle a\rangle$ 是循环群.

(1) 若 G 是无限循环群, 则 G 只有两个生成元, 即 a 和 a^{-1}.

(2) 若 G 是 n 阶循环群, 则 G 含有 $\phi(n)$ 个生成元. 这里的 $\phi(n)$ 是欧拉函数(见 9.1 节), 对于任何小于 n 且与 n 互素的自然数 r, a^r 是 G 的生成元.

定理 14.10 设 $G=\langle a\rangle$ 是循环群, 那么

(1) G 的子群仍是循环群.

(2) 若 $G=\langle a\rangle$ 是无限循环群, 则 G 的子群除 $\{e\}$ 以外都是无限循环群. 对于任何自然数 $r, \langle a^r\rangle$ 都是 G 的一个子群, 且对于不同的 r, 所得到的子群 $\langle a^r\rangle$ 也不同.

(3) 若 $G=\langle a\rangle$ 是 n 阶循环群, 则对 n 的每个正因子 d, G 恰好含有一个 d 阶子群, 就是 $\langle a^{\frac{n}{d}}\rangle$.

省去上述两个定理的证明, 这里仅给出一些应用实例.

例 14.22 (1) 设 $G=\{e,a,\cdots,a^{11}\}$ 是 12 阶循环群, 则 $\phi(12)=4$. 小于 12 且与 12 互素的自然数是 $1,5,7,11$, 由定理 14.9 可知 a,a^5,a^7 和 a^{11} 是 G 的生成元. 12 的正因子是 $1,2,3,4,6,12$, 根据定理 14.10, G 有 6 个子群, 即: $\langle a^1\rangle,\langle a^2\rangle,\langle a^3\rangle,\langle a^4\rangle,\langle a^6\rangle,\langle e\rangle$.

(2) 设 $G=\langle Z_{15},\oplus\rangle$ 是模 15 的整数加群, 则 $\phi(15)=8$. 小于 15 且与 15 互素的数是 $1,2,4,7,8,11,13,14$. 根据定理 14.9, G 的生成元是 $1,2,4,7,8,11,13$ 和 14. 15 有 4 个正因子: $1,3,5,15$, 因此有 4 个子群, 即: $\langle 1\rangle,\langle 3\rangle,\langle 5\rangle,\langle 0\rangle$.

(3) 设 $G=\langle \mathbf{Z},+\rangle$, 那么 G 只有两个生成元: 1 和 -1. G 的子群有无数多个, 即对于任何自然数 $n, \langle n\rangle=n\mathbf{Z}=\{nk\mid k\in \mathbf{Z}\}$ 都是 G 的子群.

置换群在具有对称结构的离散系统中有着重要的应用. 下面考虑置换群. 首先给出 n 元置换的定义.

定义 14.21 设 $S=\{1,2,\cdots,n\}$, S 上的任何双射函数 $\sigma:S\to S$ 称为 S 上的 n **元置换**.

一般将 n 元置换 σ 记为

$$\sigma = \begin{pmatrix} 1 & 2 & \cdots & n \\ \sigma(1) & \sigma(2) & \cdots & \sigma(n) \end{pmatrix}$$

例如，$S=\{1,2,3,4,5\}$，则

$$\sigma = \begin{pmatrix} 1 & 2 & 3 & 4 & 5 \\ 5 & 3 & 2 & 1 & 4 \end{pmatrix}, \quad \tau = \begin{pmatrix} 1 & 2 & 3 & 4 & 5 \\ 4 & 3 & 1 & 2 & 5 \end{pmatrix}$$

都是 5 元置换.

定义 14.22 设 σ,τ 是 n 元置换，σ 和 τ 的复合 $\sigma \circ \tau$ 也是 n 元置换，称为 σ 与 τ 的**乘积**，记作 $\sigma\tau$.

例如：

$$\sigma = \begin{pmatrix} 1 & 2 & 3 & 4 & 5 \\ 5 & 3 & 2 & 1 & 4 \end{pmatrix}, \quad \tau = \begin{pmatrix} 1 & 2 & 3 & 4 & 5 \\ 4 & 3 & 1 & 2 & 5 \end{pmatrix}$$

$$\sigma\tau = \begin{pmatrix} 1 & 2 & 3 & 4 & 5 \\ 5 & 1 & 3 & 4 & 2 \end{pmatrix}, \quad \tau\sigma = \begin{pmatrix} 1 & 2 & 3 & 4 & 5 \\ 1 & 2 & 5 & 3 & 4 \end{pmatrix}$$

如果在两个 n 元置换 σ 和 τ 的作用下只有部分元素发生了改变，同时其他元素保持不变，并且在 σ 和 τ 的作用下发生改变的元素彼此不同，那么可以证明这两个置换复合的结果与置换的次序无关，即 $\sigma\tau = \tau\sigma$.

n 元置换可以采用轮换的乘积来表示. 一般说来，这是一种更为简洁的表示方法.

定义 14.23 设 σ 是 $S=\{1,2,\cdots,n\}$ 上的 n 元置换. 若

$$\sigma(i_1)=i_2, \sigma(i_2)=i_3, \cdots, \sigma(i_{k-1})=i_k, \sigma(i_k)=i_1$$

且保持 S 中的其他元素不变，则称 σ 为 S 上的 k **阶轮换**，记作 $(i_1 i_2 \cdots i_k)$. 若 $k=2$，称 σ 为 S 上的**对换**.

任何 n 元置换可以分解为不相交的轮换之积. 下面叙述一种分解方法.

设 $S=\{1,2,\cdots,n\}$，对于任何 S 上的 n 元置换 σ 一定存在着一个有限序列 $i_1,i_2,\cdots,i_k, k \geqslant 1$（可以取 $i_1=1$），使得

$$\sigma(i_1)=i_2, \quad \sigma(i_2)=i_3, \quad \cdots, \quad \sigma(i_{k-1})=i_k, \quad \sigma(i_k)=i_1$$

令 $\sigma_1 = (i_1 i_2 \cdots i_k)$. 它是从 σ 中分解出来的第一个轮换. 根据复合定义可将 σ 写作 $\sigma_1 \sigma'$，其中 σ' 作用于 $S-\{i_1,i_2,\cdots,i_k\}$ 上的元素. 继续对 σ' 进行类似的分解. 由于 S 中只有 n 个元素，经过有限步以后，必得到 σ 的轮换分解式 $\sigma=\sigma_1\sigma_2\cdots\sigma_t$. 例如，$S=\{1,2,\cdots,8\}$，

$$\sigma = \begin{pmatrix} 1 & 2 & 3 & 4 & 5 & 6 & 7 & 8 \\ 5 & 3 & 6 & 4 & 2 & 1 & 8 & 7 \end{pmatrix}$$

从 σ 中分解出来的第一个轮换是 $(1\ 5\ 2\ 3\ 6)$；第二个轮换是 (4)；第三个轮换是 $(7\ 8)$. σ 的轮换表示式是 $\sigma=(1\ 5\ 2\ 3\ 6)(4)(7\ 8)=(1\ 5\ 2\ 3\ 6)(7\ 8)$. 为了使表达式更为简洁，在具有 2 个以上轮换的表达式中，往往可以省略其中的 1 轮换. 因此 σ 可以写作 $(1\ 5\ 2\ 3\ 6)(7\ 8)$.

容易看到，分解出来的轮换之间没有公共元素，因此分解结果只与轮换表示有关，而与轮换的顺序无关. 可以证明这种分解结果是唯一的. 这里的唯一性指的是：如果

$$\sigma=\sigma_1\sigma_2\cdots\sigma_t \quad \text{和} \quad \sigma=\tau_1\tau_2\cdots\tau_s$$

是 σ 的两个轮换表示式，则有

$$\{\sigma_1, \sigma_2, \cdots, \sigma_t\} = \{\tau_1, \tau_2, \cdots, \tau_s\}$$

除了表示成轮换以外，任何 n 元置换还可以表示成对换的乘积．为此，只需证明任何轮换都可以表示成对换乘积就足够了．这可以由下述 k 阶轮换表示式来证明．

$$(i_1 i_2 \cdots i_k) = (i_1 i_2)(i_1 i_3) \cdots (i_1 i_k)$$

例如：

$$\begin{pmatrix} 1 & 2 & 3 & 4 & 5 & 6 & 7 & 8 \\ 5 & 3 & 6 & 4 & 2 & 1 & 8 & 7 \end{pmatrix} = (1\ 5\ 2\ 3\ 6)(7\ 8)$$
$$= (1\ 5)(1\ 2)(1\ 3)(1\ 6)(7\ 8)$$

不难看出，用对换来表示 n 元置换，表示方法一般说来不是唯一的．如 3 元置换(1 2 3)可以表示为 (1 2)(1 3)，也可以表示为 (2 3)(2 1)．尽管表示方法不相同，但是可以证明表示式中含有对换个数的奇偶性是不变的．如果一个 n 元置换在它的对换表示式含有偶数个对换，则称为**偶置换**，否则称为**奇置换**．使用一一对应的思想可以知道奇置换和偶置换的个数都是 $n!/2$．

考虑所有的 n 元置换构成的集合 S_n，显然 S_n 关于置换的乘法是封闭的，置换的乘法满足结合律，恒等置换(1)是 S_n 中的单位元，对于任何 n 元置换 $\sigma \in S_n$，逆置换 σ^{-1} 是 σ 的逆元．这就证明了 S_n 关于置换的乘法构成一个群，称为 **n 元对称群**． n 元对称群的子群称为 **n 元置换群**．

例 14.23 设 $S = \{1, 2, 3\}$，则 3 元对称群

$$S_3 = \{(1), (1\ 2), (1\ 3), (2\ 3), (1\ 2\ 3), (1\ 3\ 2)\}$$

S_3 的运算表如表 14.13 所示．

表 14.13

	(1)	(1 2)	(1 3)	(2 3)	(1 2 3)	(1 3 2)
(1)	(1)	(1 2)	(1 3)	(2 3)	(1 2 3)	(1 3 2)
(1 2)	(1 2)	(1)	(1 2 3)	(1 3 2)	(1 3)	(2 3)
(1 3)	(1 3)	(1 3 2)	(1)	(1 2 3)	(2 3)	(1 2)
(2 3)	(2 3)	(1 2 3)	(1 3 2)	(1)	(1 2)	(1 3)
(1 2 3)	(1 2 3)	(2 3)	(1 2)	(1 3)	(1 3 2)	(1)
(1 3 2)	(1 3 2)	(1 3)	(2 3)	(1 2)	(1)	(1 2 3)

14.3.3 环与域

环是具有两个二元运算的代数系统，通常将这两个运算分别记作"+"和"·"，这两个运算分别具有群运算与半群运算的特征．域是特殊的环．

定义 14.24 设 $\langle R, +, \cdot \rangle$ 是代数系统，+ 和 · 是二元运算．如果满足以下条件：

(1) $\langle R, + \rangle$ 构成交换群．

(2) $\langle R, \cdot \rangle$ 构成半群．

(3) · 运算关于 + 运算适合分配律．

则称 $\langle R, +, \cdot \rangle$ 是一个**环**．

为了叙述方便，通常称 + 运算为环中的加法，· 运算为环中的乘法．环中加法单位元记

作 0,乘法单位元(如果存在)记作 1. 对任何元素 x,称 x 的加法逆元为负元,记作 $-x$. 若 x 存在乘法逆元的话,则称之为逆元,记作 x^{-1}. 因此,在环中写 $x-y$ 意味着 $x+(-y)$.

例 14.24 (1) 整数集、有理数集、实数集和复数集关于普通的加法和乘法构成环,分别称为**整数环 Z、有理数环 Q、实数环 R 和复数环 C**.

(2) $n(n \geqslant 2)$ 阶实矩阵集合 $M_n(\mathbf{R})$ 关于矩阵的加法和乘法构成环,称为 **n 阶实矩阵环**.

(3) 设 $Z_n=\{0,1,\cdots,n-1\}$,$\oplus$ 和 $\otimes$ 分别表示模 n 的加法和乘法,则 $\langle Z_n,\oplus,\otimes\rangle$ 构成环,称为**模 n 的整数环**.

省去证明,我们通过定理 14.11 叙述了环的运算性质.

定理 14.11 设 $\langle R,+,\cdot\rangle$ 是环,则

(1) $\forall a \in R, a0 = 0a = 0.$

(2) $\forall a,b \in R,(-a)b = a(-b) = -ab.$

(3) $\forall a,b,c \in R,a(b-c)=ab-ac,(b-c)a=ba-ca.$

(4) $\forall a_1,a_2,\cdots,a_n,b_1,b_2,\cdots,b_m \in R(n,m \geqslant 2).$

$$\left(\sum_{i=1}^n a_i\right)\left(\sum_{j=1}^m b_j\right)=\sum_{i=1}^n\sum_{j=1}^m a_i b_j$$

从上述定理可以看出,环中加法的单位元恰好是乘法的零元. 在环中进行计算,除了乘法不能使用交换律以外,其他都与普通数的运算相同. 这里给出一个环中运算的例子.

例 14.25 在环中计算 $(a+b)^3,(a-b)^2$.

解
$$(a+b)^3 = (a+b)(a+b)(a+b)$$
$$= (a^2+ba+ab+b^2)(a+b)$$
$$= a^3+ba^2+aba+b^2a+a^2b+bab+ab^2+b^3$$
$$(a-b)^2 = (a-b)(a-b) = a^2-ba-ab+b^2$$

环的子代数就是子环.

定义 14.25 设 R 是环,S 是 R 的非空子集. 若 S 关于环 R 的加法和乘法也构成一个环,则称 S 为 R 的**子环**. 若 S 是 R 的子环,且 $S \subset R$,则称 S 是 R 的**真子环**.

例如,整数环 **Z**、有理数环 **Q** 都是实数环 **R** 的真子环. $\{0\}$ 和 **R** 也是实数环 **R** 的子环,称为**平凡子环**.

根据子半群与子群的判定定理可以得到关于子环的判定定理.

定理 14.12(子环判定定理) 设 R 是环,S 是 R 的非空子集,若

(1) $\forall a,b \in S, a-b \in S.$

(2) $\forall a,b \in S, ab \in S.$

则 S 是 R 的子环.

例 14.26 (1) 整数环 $\langle \mathbf{Z},+,\cdot\rangle$,对于任意给定的自然数 n,$n\mathbf{Z}=\{nz \mid z \in \mathbf{Z}\}$ 是 **Z** 的非空子集,根据判定定理,容易验证 $n\mathbf{Z}$ 是整数环的子环.

(2) 考虑模 6 整数环 $\langle Z_6,\oplus,\otimes\rangle$,$\{0\},\{0,3\},\{0,2,4\},Z_6$ 是它的子环. 其中 $\{0\}$ 和 Z_6 是平凡的,其余的都是非平凡的真子环.

可以将代数系统的同态概念引入环,从而得到环同态的概念.

定义 14.26 设 R_1 和 R_2 是环. $f:R_1 \to R_2$,若对于任意的 $x,y \in R_1$ 有

$$f(x+y) = f(x)+f(y), \quad f(xy) = f(x)f(y)$$

成立,则称 f 是环 R_1 到 R_2 的同态映射,简称**环同态**.

例 14.27 设 $R_1 = \langle \mathbf{Z}, +, \cdot \rangle$ 是整数环,$R_2 = \langle Z_n, \oplus, \otimes \rangle$ 是模 n 的整数环.令 $f: \mathbf{Z} \to Z_n, f(x) = x \bmod n$,则 $\forall x, y \in \mathbf{Z}$ 有

$$f(x+y) = (x+y) \bmod n = x \bmod n \oplus y \bmod n = f(x) \oplus f(y)$$
$$f(xy) = (xy) \bmod n = x \bmod n \otimes y \bmod n = f(x) \otimes f(y)$$

f 是 R_1 到 R_2 的同态,是满同态.

环中的乘法只要求满足结合律,如果对环中乘法加以更多的限制,将得到一些特殊的环.

定义 14.27 设 $\langle R, +, \cdot \rangle$ 是环,

(1) 若环中乘法 $\cdot$ 适合交换律,则称 R 是**交换环**.

(2) 若环中乘法 $\cdot$ 存在单位元,则称 R 是**含幺环**.

(3) 若 $\forall a, b \in R, ab = 0 \Rightarrow a = 0 \lor b = 0$,则称 R 是**无零因子环**.

(4) 若 R 既是交换环、含幺环,也是无零因子环,则称 R 是**整环**.

下面先解释零因子的概念.作为数的乘法,如果 $ab = 0$,那么一定有 $a = 0$ 或者 $b = 0$.但是,作为一般环的乘法不一定满足这条性质.有时两个不为 0 的元素乘起来却等于 0.例如,在模 6 整数环中,有 $3 \otimes 2 = 0$,而 3 和 2 都不是乘法的零元.这时称 3 为左零因子,2 为右零因子.这种含有左零因子和右零因子的环就不是无零因子环.

例 14.28 (1) 整数环 $\mathbf{Z}$、有理数环 $\mathbf{Q}$、实数环 $\mathbf{R}$、复数环 $\mathbf{C}$ 都是交换环、含幺环、无零因子环和整环.

(2) 令 $2\mathbf{Z} = \{2z \mid z \in \mathbf{Z}\}$,则 $\langle 2\mathbf{Z}, +, \cdot \rangle$ 构成交换环和无零因子环.但不是含幺环和整环.

(3) 设 $n \in \mathbf{Z}, n \geq 2$,则 n 阶实矩阵的集合 $M_n(\mathbf{R})$ 关于矩阵加法和乘法构成环,它是含幺环,但不是交换环和无零因子环,也不是整环.

(4) $\langle Z_6, \oplus, \otimes \rangle$ 构成环,它是交换环、含幺环,但不是无零因子环和整环.可以证明对于一般的 n,Z_n 是整环当且仅当 n 是素数.

定义 14.28 设 R 是整环,且 R 中至少含有两个元素.若 $\forall a \in R^*$,其中 $R^* = R - \{0\}$,都有 $a^{-1} \in R$,则称 R 是**域**.

例如,有理数集 $\mathbf{Q}$、实数集 $\mathbf{R}$、复数集 $\mathbf{C}$ 关于普通的加法和乘法都构成域,分别称为**有理数域**、**实数域**和**复数域**.整数环 $\mathbf{Z}$ 是整环,而不是域.对于模 n 的整数环 Z_n,若 n 是素数,那么 Z_n 是域.域具有良好的性质,在编码系统、信息加密等领域都有着重要的应用.

例 14.29 判断下列集合和给定运算是否构成环、整环和域.如果不构成,说明理由.

(1) $A = \{a + bi \mid a, b \in \mathbf{Q}\}$,其中 $i^2 = -1$,运算为复数加法和乘法.

(2) $A = \{2z + 1 \mid z \in \mathbf{Z}\}$,运算为实数加法和乘法.

(3) $A = \{2z \mid z \in \mathbf{Z}\}$,运算为实数加法和乘法.

(4) $A = \{x \mid x \geq 0 \land x \in \mathbf{Z}\}$,运算为实数加法和乘法.

(5) $A = \{a + b\sqrt[4]{5} \mid a, b \in \mathbf{Q}\}$,运算为实数加法和乘法.

解 (1) 是环,是整环,也是域.

(2) 不是环,因为关于加法不封闭.
(3) 是环,不是整环和域,因为乘法没有单位元.
(4) 不是环,因为正整数关于加法的负元不存在,A 关于加法不构成群.
(5) 不是环,因为关于乘法不封闭.

14.3.4 格与布尔代数

格是具有两个二元运算的代数系统,这两个运算呈现了与环不同的性质,大家熟悉的逻辑代数、集合代数等都是格的特例.

定义 14.29 设 $\langle S, \leqslant \rangle$ 是偏序集,如果 $\forall x, y \in S$,$\{x, y\}$ 都有最小上界和最大下界,则称 S 关于偏序 $\leqslant$ 构成一个**格**.

由于最小上界和最大下界的唯一性,可以把求 $\{x, y\}$ 的最小上界和最大下界看成 x 与 y 的二元运算 $\vee$ 和 $\wedge$,即 $x \vee y$ 和 $x \wedge y$ 分别表示 x 与 y 的最小上界和最大下界.

需要说明的是,本章中出现的 $\vee$ 和 $\wedge$ 符号只代表格中的运算,而不再有其他的含义.

例 14.30 设 n 是正整数,S_n 是 n 的正因子的集合. D 为整除关系,则偏序集 $\langle S_n, D \rangle$ 构成格. $\forall x, y \in S_n$,$x \vee y$ 是 $\mathrm{lcm}(x, y)$,即 x 与 y 的最小公倍数;$x \wedge y$ 是 $\gcd(x, y)$,即 x 与 y 的最大公约数. 图 14.3 给出了格 $\langle S_8, D \rangle$,$\langle S_6, D \rangle$ 和 $\langle S_{30}, D \rangle$.

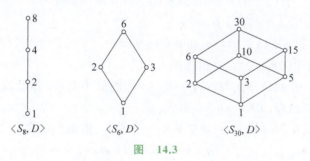

图 14.3

例 14.31 判断下列偏序集是否构成格,并说明理由.
(1) $\langle P(B), \subseteq \rangle$,其中 $P(B)$ 是集合 B 的幂集.
(2) $\langle \mathbf{Z}, \leqslant \rangle$,其中 $\mathbf{Z}$ 是整数集,$\leqslant$ 为小于或等于关系.
(3) 偏序集的哈斯图分别给在图 14.4.

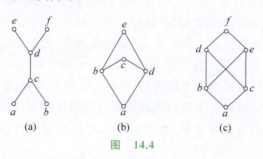

图 14.4

解 (1) 是格. $\forall x, y \in P(B)$,$x \vee y$ 就是 $x \cup y$,$x \wedge y$ 就是 $x \cap y$. 称 $\langle P(B), \subseteq \rangle$ 为 B 的**幂集格**.

(2) 是格. $\forall x,y\in \mathbf{Z}$, $x\vee y=\max(x,y)$, $x\wedge y=\min(x,y)$.

(3) 都不是格. 因为图 14.4(a)的 $\{a,b\}$ 没有最大下界. 图 14.4(b)中的 $\{b,d\}$ 没有最小上界. 图 14.4(c)的 $\{b,c\}$ 没有最小上界.

下面讨论格的一些主要性质. 首先介绍对偶原理.

定义 14.30 设 f 是含有格中元素以及符号 $=$, $\leqslant$, $\geqslant$, $\vee$ 和 $\wedge$ 的命题. 令 f^* 是将 f 中的 $\leqslant$ 替换成 $\geqslant$、$\geqslant$ 替换成 $\leqslant$、$\vee$ 替换成 $\wedge$、$\wedge$ 替换成 $\vee$ 所得到的命题. 称 f^* 为 f 的**对偶命题**.

例如, 在格中令 f 是 $(a\vee b)\wedge c\leqslant c$, f^* 是 $(a\wedge b)\vee c\geqslant c$. 那么 f 与 f^* 互为对偶命题.

格的对偶原理 设 f 是含有格中元素以及符号 $=$, $\leqslant$, $\geqslant$, $\vee$ 和 $\wedge$ 等的命题, 若 f 对一切格为真, 则 f 的对偶命题 f^* 也对一切格为真.

例如, 对一切格 L 命题"$\forall a,b\in L, a\wedge b\leqslant a$"都成立. 根据对偶原理, 对一切格 L, 命题"$\forall a,b\in L, a\vee b\geqslant a$"也为真.

下面考虑格的运算性质.

定理 14.13 设 $\langle L,\leqslant\rangle$ 是格, 则运算 $\vee$ 和 $\wedge$ 适合交换律、结合律、幂等律和吸收律, 即

(1) $\forall a,b\in L$ 有 $a\vee b=b\vee a$ 和 $a\wedge b=b\wedge a$.

(2) $\forall a,b,c\in L$ 有 $(a\vee b)\vee c=a\vee(b\vee c)$ 和 $(a\wedge b)\wedge c=a\wedge(b\wedge c)$.

(3) $\forall a\in L$ 有 $a\vee a=a$ 和 $a\wedge a=a$.

(4) $\forall a,b\in L$ 有 $a\vee(a\wedge b)=a$ 和 $a\wedge(a\vee b)=a$.

证明 只证(1)和(2), (3)和(4)留作练习.

(1) $a\vee b$ 是 $\{a,b\}$ 的最小上界, $b\vee a$ 是 $\{b,a\}$ 的最小上界. 由于 $\{a,b\}=\{b,a\}$, 所以 $a\vee b=b\vee a$. 由对偶原理, $a\wedge b=b\wedge a$ 得证.

(2) 这两个等式互为对偶式, 只证明其中一个即可. 由最小上界定义有下述不等式:

$$(a\vee b)\vee c\geqslant a\vee b\geqslant a \tag{14.1}$$

$$(a\vee b)\vee c\geqslant a\vee b\geqslant b \tag{14.2}$$

$$(a\vee b)\vee c\geqslant c \tag{14.3}$$

由式(14.2)和式(14.3)有

$$(a\vee b)\vee c\geqslant b\vee c \tag{14.4}$$

由式(14.1)和式(14.4)有 $(a\vee b)\vee c\geqslant a\vee(b\vee c)$ 成立. 同理可证 $(a\vee b)\vee c\leqslant a\vee(b\vee c)$ 成立. 利用这两个不等式, 根据偏序的反对称性得 $(a\vee b)\vee c=a\vee(b\vee c)$.

以上定理说明格中运算满足 4 条算律. 需要注意的是, 分配律在格中不一定成立, 只能成立分配不等式, 即 $\forall a,b,c\in L$ 有 $(a\wedge b)\vee(a\wedge c)\leqslant a\wedge(b\vee c)$.

前面定义群和环等代数系统的方法是: 首先给定集合和运算, 然后规定运算的性质. 能不能用这样的方法来定义格呢? 下面的定理说明可以用这种方法定义格, 而且这样定义的格与用偏序集方法定义的格是等价的. 由于证明比较复杂, 限于篇幅, 这里略去证明, 仅叙述定理的内容.

定理 14.14 设 $\langle S,*,\circ\rangle$ 是具有两个二元运算的代数系统, 若对于 $*$ 和 $\circ$ 运算适合交换律、结合律、吸收律, 则可以适当定义 S 中的偏序 $\leqslant$, 使得 $\langle S,\leqslant\rangle$ 构成格, 且 $\forall a,b\in S$ 有

$$a\wedge b=a*b, \quad a\vee b=a\circ b$$

根据上述定理,可以给出格的另一个等价定义.

定义 14.31 设 $\langle S, *, \circ \rangle$ 是代数系统,$*$ 和 $\circ$ 是二元运算,如果 $*$ 和 $\circ$ 运算满足交换律、结合律和吸收律,则 $\langle S, *, \circ \rangle$ 构成格.

根据定理 14.14,格的上述定义与格的偏序集定义是等价的,且 $*$ 和 $\circ$ 运算分别对应于求最大下界与最小上界的运算. 因此,在给出格的代数定义时,通常将这两个运算记作 $\wedge$ 和 $\vee$.

下面考虑格的子代数.

定义 14.32 设 $\langle L, \wedge, \vee \rangle$ 是格,S 是 L 的非空子集,若 S 关于 L 中的运算 $\wedge$ 和 $\vee$ 仍构成格,则称 S 是 L 的**子格**.

例 14.32 设格 L 如图 14.5 所示. 令 $S_1 = \{a, e, f, g\}$,$S_2 = \{a, b, e, g\}$,则 S_1 不是 L 的子格,S_2 是 L 的子格. 因为对于 $e, f \in S_1$,$e \wedge f = c \notin S_1$.

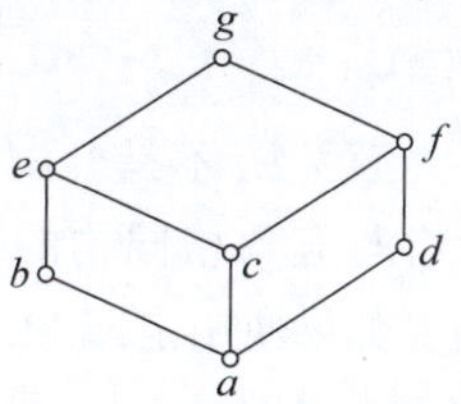

与环同态类似也可以定义格的同态.

定义 14.33 设 L_1 和 L_2 是格,$f: L_1 \to L_2$,若 $\forall a, b \in L_1$ 有
$$f(a \wedge b) = f(a) \wedge f(b), \quad f(a \vee b) = f(a) \vee f(b)$$
成立,则称 f 为格 L_1 到 L_2 的同态映射,简称**格同态**.

下面考虑一些特殊的格:分配格、有补格与布尔格.

图 14.5

定义 14.34 设 $\langle L, \wedge, \vee \rangle$ 是格,若 $\forall a, b, c \in L$,有
$$a \wedge (b \vee c) = (a \wedge b) \vee (a \wedge c)$$
$$a \vee (b \wedge c) = (a \vee b) \wedge (a \vee c)$$
则称 L 为**分配格**.

可以证明,上述定义中的两个等式互为充分必要条件,在证明 L 为分配格时,只需证明其中的一个等式即可.

例 14.33 指出图 14.6 中哪些格是分配格?如果不是分配格,请说明理由.

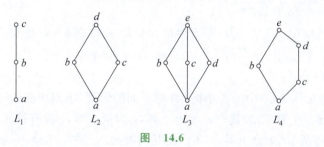

图 14.6

解 L_1 和 L_2 是分配格,L_3 和 L_4 不是分配格. 在 L_3 中有
$$b \wedge (c \vee d) = b \wedge e = b, \quad (b \wedge c) \vee (b \wedge d) = a \vee a = a$$
在 L_4 中有
$$c \vee (b \wedge d) = c \vee a = c, \quad (c \vee b) \wedge (c \vee d) = e \wedge d = d$$
称 L_3 为**钻石格**,L_4 为**五角格**. 这两个 5 元格在分配格的判别中有着重要的意义.

不加证明,仅通过下面两个定理给出判别分配格的充分必要条件.

定理 14.15 设 L 是格,则 L 是分配格当且仅当 L 不含有与钻石格或五角格同构的子格.

定理 14.16 格 L 是分配格当且仅当 $\forall a,b,c \in L$ 有 $a \wedge b = a \wedge c$ 且 $a \vee b = a \vee c \Rightarrow b = c$.

例 14.34 判别图 14.7 中的格是否为分配格.

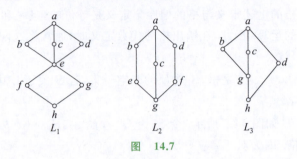

图 14.7

解 L_1 不是分配格，因为它含有与钻石格同构的子格. L_2 和 L_3 不是分配格，因为它们含有与五角格同构的子格.

如果使用定理 14.16，那么在 L_1 中有 $d \wedge b = d \wedge c$ 且 $d \vee b = d \vee c$，但是 $b \neq c$. 而在 L_2 中，有 $c \wedge e = c \wedge b$ 且 $c \vee e = c \vee b$，但是 $e \neq b$. 在 L_3 中，有 $d \wedge c = d \wedge g$ 且 $d \vee c = d \vee g$，但是 $c \neq g$.

定义 14.35 设 L 是格，若存在 $a \in L$ 使得 $\forall x \in L$ 有 $a \leqslant x$，则称 a 为 L 的 **全下界**；若存在 $b \in L$ 使得 $\forall x \in L$ 有 $x \leqslant b$，则称 b 为 L 的 **全上界**.

格 L 若存在全下界或全上界，一定是唯一的. 一般将格 L 的全下界记为 0，全上界记为 1.

定义 14.36 设 L 是格，若 L 存在全下界和全上界，则称 L 为 **有界格**，有界格 L 记为 $\langle L, \wedge, \vee, 0, 1 \rangle$.

不难看出，有限格 $L = \{a_1, a_2, \cdots, a_n\}$ 是有界格，其中 $a_1 \wedge a_2 \wedge \cdots \wedge a_n$ 是 L 的全下界，$a_1 \vee a_2 \vee \cdots \vee a_n$ 是 L 的全上界.

定义 14.37 设 $\langle L, \wedge, \vee, 0, 1 \rangle$ 是有界格，$a \in L$，若存在 $b \in L$ 使得

$$a \wedge b = 0 \quad \text{和} \quad a \vee b = 1$$

成立，则称 b 是 a 的 **补元**.

例 14.35 考虑图 14.6 中的 4 个格. 针对不同的元素，求出所有的补元.

解 L_1 中 a 与 c 互为补元，其中 a 为全下界，c 为全上界，b 没有补元. L_2 中 a 与 d 互为补元，其中 a 为全下界，d 为全上界，b 与 c 也互为补元. L_3 中 a 与 e 互为补元，其中 a 为全下界，e 为全上界，b 的补元是 c 和 d，c 的补元是 b 和 d，d 的补元是 b 和 c. b,c,d 每个元素都有两个补元. L_4 中的 a 与 e 互为补元，其中 a 为全下界，e 为全上界，b 的补元是 c 和 d，c 的补元是 b,d，d 的补元是 b.

关于补元有以下定理.

定理 14.17 设 $\langle L, \wedge, \vee, 0, 1 \rangle$ 是有界分配格. 若 L 中元素 a 存在补元，则存在唯一的补元.

证明 假设 b,c 是 a 的补元，由于 c 是补元则有 $a \vee c = 1$ 和 $a \wedge c = 0$. 又知 b 是 a 的补元，故有 $a \vee b = 1$，$a \wedge b = 0$. 从而得到 $a \vee c = a \vee b$，$a \wedge c = a \wedge b$，由于 L 是分配格，根据定理 14.16 有 $b = c$.

定义 14.38 设 $\langle L,\wedge,\vee,0,1\rangle$ 是有界格,若 L 中所有元素都有补元存在,则称 L 为**有补格**.

例如,图 14.6 中的 L_2,L_3 和 L_4 是有补格,L_1 不是有补格.

定义 14.39 如果一个格是有补分配格,则称它为**布尔格**或**布尔代数**.

在布尔代数中,每个元素存在补元,并且补元是唯一的. 因此,可以把求补元的运算看作布尔代数中的一元运算. 通常将布尔代数标记为 $\langle B,\wedge,\vee,',0,1\rangle$,其中 $'$ 为求补运算.

定理 14.18 设 $\langle B,\wedge,\vee,',0,1\rangle$ 是布尔代数,则

(1) $\forall a\in B,(a')'=a$.

(2) $\forall a,b\in B,(a\wedge b)'=a'\vee b',(a\vee b)'=a'\wedge b'$(德摩根律).

证明 (1) $(a')'$ 是 a' 的补元. a 也是 a' 的补元. 由补元的唯一性得 $(a')'=a$.

(2) 对任意 $a,b\in B$ 有

$(a\wedge b)\vee(a'\vee b')=(a\vee a'\vee b')\wedge(b\vee a'\vee b')=(1\vee b')\wedge(a'\vee 1)=1\wedge 1=1$

$(a\wedge b)\wedge(a'\vee b')=(a\wedge b\wedge a')\vee(a\wedge b\wedge b')=(0\wedge b)\vee(a\wedge 0)=0\vee 0=0$

所以 $a'\vee b'$ 是 $a\wedge b$ 的补元,根据补元的唯一性有 $(a\wedge b)'=a'\vee b'$. 同理可证 $(a\vee b)'=a'\wedge b'$.

德摩根律可以推广到有限个元素,即 $(a_1\wedge a_2\wedge\cdots\wedge a_n)'=a_1'\vee a_2'\vee\cdots\vee a_n'$.

也可以通过规定代数系统的性质来定义布尔代数.

定义 14.40 设 $\langle B,*,\circ\rangle$ 是代数系统,$*$ 和 $\circ$ 是二元运算. 若 $*$ 和 $\circ$ 运算满足:

(1) 交换律,即 $\forall a,b\in B$ 有
$$a*b=b*a,\quad a\circ b=b\circ a$$

(2) 分配律,即 $\forall a,b,c\in B$ 有
$$a*(b\circ c)=(a*b)\circ(a*c),\quad a\circ(b*c)=(a\circ b)*(a\circ c)$$

(3) 同一律,即存在 $0,1\in B$,使得 $\forall a\in B$ 有
$$a*1=a,\quad a\circ 0=a$$

(4) 补元律,即 $\forall a\in B$,存在 $a'\in B$ 使得
$$a*a'=0,\quad a\circ a'=1$$

则称 $\langle B,*,\circ\rangle$ 是一个布尔代数.

可以证明,布尔代数的两种定义是等价的.

下面考虑布尔代数之间的同态与同构问题.

定义 14.41 设 $\langle B_1,\wedge,\vee,',0,1\rangle$ 和 $\langle B_2,\cap,\cup,-,\theta,E\rangle$ 是两个布尔代数. 这里的 $\cap$,$\cup$ 和 $-$ 泛指布尔代数 B_2 中的求最大下界、最小上界和补元的运算. θ 和 E 分别是 B_2 的全下界和全上界. $f:B_1\rightarrow B_2$. 如果对于任意的 $a,b\in B_1$ 有
$$f(a\vee b)=f(a)\cup f(b),\quad f(a\wedge b)=f(a)\cap f(b),\quad f(a')=-f(a)$$
成立,则称 f 是布尔代数 B_1 到 B_2 的**同态映射**.

有关布尔代数同构的一个重要结果涉及有限布尔代数的结构. 可以证明任何有限布尔代数都与某个幂集格同构. 因此,任何有限布尔代数的元素个数都是 2^n,其中 n 是某个自然数. 图 14.8 给出了 1 元、2 元、4 元和 8 元的布尔代数.

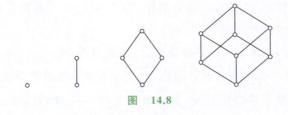

图 14.8

14.4 皮亚诺系统

数的加法运算满足交换律 $x+y=y+x$，如何证明这一点呢？古希腊人借助于几何直观来证明。设 a 和 b 是两个正数，考虑长度为 a 的线段和长度为 b 的线段，把这两条线段沿着一条直线首尾相接，就得到长度为 $a+b$ 的线段（a 在前、b 在后）或者长度为 $b+a$ 的线段（b 在前、a 在后）。由于平移不改变线段长度，因此交换次序后总长度不变，所以 $a+b=b+a$。对于数的乘法交换律 $xy=yx$，也有类似的证明。考虑边长为 a 和 b 的矩形，矩形的面积是 ab。若把矩形旋转 $90°$，则矩形的面积是 ba。由于旋转不改变矩形面积，所以 $ab=ba$。近代非欧几里得几何的发现，说明几何直观不只局限于欧几里得（简称欧氏）几何。为了严格证明数的加法交换律以及数的其他运算性质，就需要依次严格定义自然数集 **N**、整数集 **Z**、有理数集 **Q**、实数集 **R**、复数集 **C** 等，然后从定义出发去证明数的加法交换律和其他运算性质。本节通过皮亚诺系统给出自然数集 **N** 的严格定义，然后给出自然数集 **N** 上加法的定义，并且证明自然数集 **N** 上加法运算的交换律。在这个过程中，用到了本课程前面学过的集合、函数、递归定义、归纳证明、代数系统的同构等概念。

定义 14.42　一个皮亚诺系统是一个三元组 $<M,e,f>$，满足以下 5 条性质：

(1) e 是 M 的一个元素；

(2) M 在 f 下封闭（f 是 M 上的一元运算）；

(3) f 是单射函数；

(4) $e \notin \operatorname{ran}(f)$；

(5) M 是满足前 4 条性质的最小集合（若集合 N 也满足前 4 条性质，则 $M \subseteq N$）。

容易证明，所有的皮亚诺系统是彼此同构的，并且对于皮亚诺系统 $<M,e,f>$ 来说，$M=\{e,f(e),f(f(e)),f(f(f(e))),\cdots\}$，证明留作习题。

冯·诺依曼给出了一种用集合来构造皮亚诺系统的方法，即从空集 $\varnothing$ 开始，不断利用后继运算 $\sigma(A)=A\cup\{A\}$ 来产生新的集合：$\varnothing,\{\varnothing\},\{\varnothing,\{\varnothing\}\},\{\varnothing,\{\varnothing\},\{\varnothing,\{\varnothing\}\}\},\cdots$。容易证明，$<\{\varnothing,\{\varnothing\},\{\varnothing,\{\varnothing\}\},\{\varnothing,\{\varnothing\},\{\varnothing,\{\varnothing\}\}\},\cdots\},\varnothing,\sigma>$ 是皮亚诺系统。因此，在同构的意义下，$\{\varnothing,\{\varnothing\},\{\varnothing,\{\varnothing\}\},\{\varnothing,\{\varnothing\},\{\varnothing,\{\varnothing\}\}\},\cdots\}$ 也可以作为自然数集的一种集合定义，即 $0=\varnothing,1=\{\varnothing\},2=\{\varnothing,\{\varnothing\}\},3=\{\varnothing,\{\varnothing\},\{\varnothing,\{\varnothing\}\}\},\cdots$。这种用集合给出的自然数定义有一个好的性质，即 $n=\{0,1,2,\cdots,n-1\}$，由此可以方便地定义自然数上的序关系：$m<n \Leftrightarrow m \in n$。

对于自然数集 $\mathbf{N}=\{0,1,2,\cdots,\}$ 来说，设 s 是 **N** 上的加 1 运算，$s(n)=n+1$，则容易验证 $<\mathbf{N},0,s>$ 是一个皮亚诺系统。

定理 14.19 设 $\mathbf{N}=\{0,1,2,\cdots\}$, $s:\mathbf{N}\to\mathbf{N}$, $s(n)=n+1$, 则 $<\mathbf{N},0,s>$ 是皮亚诺系统.

证明 只需验证 $<\mathbf{N},0,s>$ 满足定义 14.42 中的 5 个条件. (1) 显然 $0\in\mathbf{N}$; (2) 设 n 是自然数, 则 $n+1$ 还是自然数; 所以 s 是 $\mathbf{N}$ 上一元运算; (3) 若 $m+1=n+1$, 则 $m=n$; 所以 s 是 $\mathbf{N}$ 上单射; (4) 设 n 是自然数, 则 $n+1\ne 0$; 所以 $0\notin\text{ran}(s)$; (5) 由于 $s(0)=1, s(1)=2,\cdots, s(n)=n+1,\cdots$, 由习题 14.44 可知 $\mathbf{N}=\{0,1,2,\cdots,\}$ 是满足前 4 条性质的最小集合.

在 $<\mathbf{N},0,s>$ 的基础上, 可以递归地定义 $\mathbf{N}$ 上的加法运算和乘法运算, 并证明 $\mathbf{N}$ 上的加法交换律和其他运算律.

定义 14.43 自然数集 $\mathbf{N}$ 上加法运算的递归定义为

(1) $m+0=m$;

(2) $m+s(n)=s(m+n)$.

上述定义的实质是通过对 m 调用 n 次加 1 函数来实现 $m+n$. 这种用简单的加 1 运算来定义更复杂的加法运算的方法, 不仅在证明加法运算性质时有用, 在硬件制造上也有用. 例如, 在制造算术芯片时, 只需要实现加 1 功能模块, 就能通过循环调用加 1 功能模块来实现加法功能模块.

定理 14.20 设 $m\in\mathbf{N}$, 则 $0+m=m=m+0, 1+m=m+1$.

证明 若 $m=0$, 则 $0+0=0, 1+0=1=s(0)=s(0+0)=0+s(0)=0+1=s(0)$.

若 $m>0$, 则 $0+m=0+s(m-1)=s(0+(m-1))=s(0+s(m-2))=s(s(0+(m-2)))=\cdots=s^m(0+0)=s^m(0)=s^{m-1}(1)=s^{m-2}(2)=\cdots=s(m-1)=m=m+0$, 并且 $1+m=1+s(m-1)=s(1+(m-1))=s(1+s(m-2))=s(s(1+(m-2)))=\cdots=s^m(1+0)=s^m(1)=s^{m-1}(2)=s^{m-2}(3)=\cdots=s(m)=m+1$.

定理 14.21 设 $m,n\in\mathbf{N}$, 则 $(m+1)+n=(m+n)+1$.

证明 若 $n=0$, 则结论显然成立; 若 $n>0$, 则利用定理 14.19, $(m+1)+n=(m+1)+s(n-1)=s((m+1)+(n-1))=\cdots=s^n((m+1)+0)=s^n(m+1)=s^{n+1}(m)=s^{1+n}(m)=s(s^{n-1}(m+1))=s(s^{n-2}(m+2))=s(m+n)=(m+n)+1$.

定理 14.22 设 $m,n\in\mathbf{N}$, 则 $m+n=n+m$.

证明 对每个固定的 m, 对 n 进行归纳. 由定理 14.19 知 $n=0$ 时定理成立. 假设当 $n=k$ 时定理成立, 即假设 $m+k=k+m$, 下面证明当 $n=k+1$ 时定理成立, 即证明 $m+(k+1)=(k+1)+m$. 利用定理 14.20、归纳假设和加法定义, $(k+1)+m=(k+m)+1=(m+k)+1=s(m+k)=m+s(k)=m+(k+1)$. 因此, 对任意 $m,n\in\mathbf{N}$, 有 $m+n=n+m$.

定义 14.44 自然数集 $\mathbf{N}$ 上乘法运算的递归定义为

(1) $m\times 0=0$;

(2) $m\times s(n)=(m\times n)+m$.

上述定义的实质是通过对 0 调用 n 次加 m 函数来实现 $m\times n$. 这种通过加法运算来实现乘法运算的方法, 不仅在制造硬件时有用, 也有助于在数学上利用加法运算的性质来证明乘法运算的性质.

(1) 说明运算是否可结合,为什么?
(2) 求单位元与零元.

表 14.15

∘	a	b	c	d
a	a	b	c	d
b	b	a	d	d
c	c	d	a	d
d	d	d	d	d

14.8 设 $A=\{a,b,c\}$,构造 A 上的二元运算 $*$,使得 $a*b=c$, $c*b=b$,且 $*$ 运算是幂等的、可交换的,给出关于 $*$ 运算的一个运算表,说明它是否可结合,为什么?

14.9 设 $A=\{a,b,c\}$,$\circ$ 是 A 上的二元运算,在 $V=\langle A,\circ\rangle$ 的运算表中,除了 $a\circ b=a$ 以外,其余运算结果都等于 b. 试给出 $V=\langle A,\circ\rangle$ 两个非恒等映射的自同态.

14.10 设 $A=\{a,b,c\}$,$\circ$ 为 A 上的二元运算,且 $\forall x,y\in A, x\circ y=c$.
(1) 找出 A 上所有的双射函数.
(2) 说明这些函数是否为 $\langle A,\circ\rangle$ 的自同构,为什么?

14.11 证明定理 14.5.

14.12 设群 G 为群,$x,y\in G$,$x\neq e$,$|y|=2$,且 $yxy^{-1}=x^2$,求 $|x|$.

14.13 若群 G 中只有一个 2 阶元,则这个 2 阶元一定与 G 中所有元素可交换.

14.14 设 G 是 n 阶非交换群,$n\geqslant 3$,证明 G 中存在非单位元 a 与 b,$a\neq b$,且 $ab=ba$.

14.15 设 G 为群,$H\leqslant G$,证明如果 $x\in G$ 且 $xH=\{xh\mid h\in H\}$ 是 G 的子群,则 $x\in H$.

14.16 设 G 含有以下 8 个元素:
$$\pm\begin{bmatrix}1&0\\0&1\end{bmatrix},\quad \pm\begin{bmatrix}i&0\\0&-i\end{bmatrix},\quad \pm\begin{bmatrix}0&1\\-1&0\end{bmatrix},\quad \pm\begin{bmatrix}0&i\\i&0\end{bmatrix}$$
找出 G 的全部子群,并画出 G 的子群格.

14.17 设群 $G=\langle M_2(\mathbf{R}),+\rangle$,$H=\{\mathbf{A}\mid \mathbf{A}\in M_2(\mathbf{R}),\text{且 } \mathbf{A}=\mathbf{A}'\}$,其中 $\mathbf{A}'$ 表示 $\mathbf{A}$ 的转置,证明 H 是 G 的子群.

14.18 设 G 为群,$a\in G$. 令 $f:G\to G$, $f(x)=axa^{-1}$, $\forall x\in G$,证明 f 是 G 的自同构.

14.19 设 G 与 G' 都是群,f 是群 G 到 G' 的同态映射,$a\in G$.
(1) 证明若 a 的阶是有限的,则 $f(a)$ 的阶也是有限的,且 $|f(a)|$ 整除 $|a|$.
(2) 如果 $f(a)$ 的阶是有限的,那么 a 的阶一定是有限的吗?证明你的结论.

14.20 设 f 是群 G_1 到 G_2 的同态映射,H 是 G_1 的子群,证明 $f(H)$ 是 G_2 的子群.

14.21 如果 G 为非 Abel 群,证明 G 的所有自同构构成的群 $\text{Aut}G$ 至少含有 2 个元素.

14.22 求循环群 $\langle Z_{16},\oplus\rangle$ 的所有的生成元和子群.

14.23 设 m 整除 n,证明 n 阶循环群 $G=\langle a\rangle$ 中的方程 $x^m=e$ 恰有 m 个解.

14.24 设多项式 $f=(x_1+x_2)(x_3+x_4)$,找出使得 f 保持不变的所有下标的置换,这些置换是否构成 S_4 的子群?

14.25 证明在 S_n 中恰含有 k 个轮换的 n 元置换个数是第一类 Stirling 数 $\begin{bmatrix}n\\k\end{bmatrix}$.

14.26 G 是 Abel 群,$\text{End}G$ 是 G 的所有自同态的集合,$\forall f,g\in \text{End}G$ 定义 $+$ 和 $\circ$ 运算:

$$\forall a \in G,$$
$$(f+g)(a) = f(a)g(a), \quad (f \circ g)(a) = g(f(a))$$
证明 $\mathrm{End}G$ 关于 $+$ 和 $\circ$ 构成一个环.

14.27 R 为环,$a \in R$,$R_1 = \{x \in R, xa = 0\}$,证明 R_1 是 R 的子环.

14.28 证明有理数域的自同构只有恒等自同构.

14.29 若环 R 适合：$\forall a \in R, a^2 = a$,证明：
(1) $\forall a \in R, a+a=0$.
(2) R 是交换环.

14.30 R 为含幺环,$a, b \in R$,且 $a^{-1}, b^{-1} \in R$,证明：$(ab)^{-1} = b^{-1}a^{-1}$.

14.31 判断下述命题的真假.
(1) $\{1/2, 1, 2\}$ 对于普通乘法构成群.
(2) 整环的积代数不一定是整环.
(3) 2^n 元格都是布尔格.
(4) 在有补格中,$\forall a \in L$,求 a 的补是 L 的一元运算.

14.32 设 $G = \langle Z_{18}, \oplus \rangle$ 是模 18 的整数加群.
(1) 写出 G 的所有子群.
(2) 画出子群格 $\langle L(G), \subseteq \rangle$ 的哈斯图.
(3) 说明该格是否为分配格、有补格及布尔格.

14.33 设 $A = \{1, 2, 5, 10, 11, 22, 55, 110\}$,$A$ 关于整除关系构成偏序集.画出该偏序集的哈斯图.说明该偏序集构成哪一种格?

14.34 设 $G = \langle Z_5, \oplus \rangle$.
(1) 给出 G 的自同构群 $\mathrm{Aut}G$ 的运算表.
(2) 画出 $\mathrm{Aut}G$ 的子群格 L 的哈斯图.
(3) 说明这个格是否为分配格、有补格和布尔格.

14.35 设 $A = \{2, 3, \cdots, 15\}$,$\leqslant$ 为 A 上的偏序,$\phi(n)$ 是欧拉函数,$\forall x, y \in A$,
$$x \leqslant y \Leftrightarrow \phi(x) < \phi(y) \quad \text{或} \quad (\phi(x) = \phi(y) \text{且} x \leqslant y)$$
(1) 画出 $\langle A, \leqslant \rangle$ 的哈斯图.
(2) $\langle A, \leqslant \rangle$ 是否为格? 如果是,说明这个格是否为分配格、有补格和布尔格.

14.36 设 $A_t = \{x \mid x \in \mathbf{R} \text{ 且 } K_t \leqslant x \leqslant t+1\}$,其中 $K_0 = K_2 = 0, K_1 = K_3 = -1, K_4 = -2$.令 $S = \{A_t \mid t = 0, 1, 2, 3, 4\}$.
(1) 画出偏序集 $\langle S, \subseteq \rangle$ 的哈斯图,求它的极大、极小、最大、最小元.
(2) 该偏序集构成什么格?

14.37 设格 $L = \langle \mathbf{Z}^+, \vee, \wedge \rangle$,其中 $\vee, \wedge$ 分别为求两个数的最小公倍数和最大公约数的运算.判断下列集合是否为 L 的子格.
(1) $A = \{1, 2, 3, 9, 12, 72\}$.
(2) $B = \{1, 2, 3, 12, 18\}$.
(3) $C = \{5, 5^2, 5^3, \cdots, 5^m\}$.

14.38 在同构的意义下给出全部 5 元格的图形,并指出哪些是分配格、有界格、有补格及布尔格.

14.39 求图 14.9 中格 L 的所有子格.

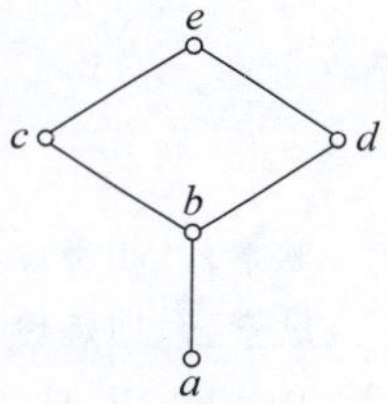

14.40 证明定理 14.13(3) 和定理 14.13(4).

14.41 设 $A=\{1,2\}$,以 A 中全体元素作为群的元素能够构成多少个不同构的群？以 A 中全体元素作为格的元素能构成多少个不同构的格？

14.42 设 $\langle B,\wedge,\vee,',0,1\rangle$ 是布尔格,证明对于 B 中任意元素 a,b 有以下命题成立.
(1) $a\vee(a'\wedge b)=a\vee b$.
(2) $a\wedge b'=0\Leftrightarrow a'\vee b=1\Leftrightarrow a\leqslant b$.

14.43 下述代数系统是否为格？是不是布尔格？
(1) $S=\{1,3,4,12\}$. 任给 $x,y\in S$, $x\circ y=\text{lcm}(x,y)$, $x*y=\gcd(x,y)$, 其中 lcm 是求最小公倍数, gcd 是求最大公约数.
(2) $S=\{0,1,2\}$, $\circ$ 是模 3 加法, $*$ 是模 3 乘法.
(3) $S=\{0,1,\cdots,n\}$, 其中 $n\geqslant 2$. 任给 $x,y\in S$, $x\circ y=\max(x,y)$, $x*y=\min(x,y)$.

14.44 证明在皮亚诺系统 $\langle M,e,f\rangle$ 中, $M=\{e,f(e),f(f(e)),f(f(f(e))),\cdots\}$.

14.45 证明所有皮亚诺系统彼此同构.

14.46 证明 $\langle\{\varnothing,\{\varnothing\},\{\varnothing,\{\varnothing\}\},\{\varnothing,\{\varnothing\},\{\varnothing,\{\varnothing\}\}\},\cdots\},\varnothing,\sigma\rangle$ 是皮亚诺系统.

14.47 用定义 14.43 计算 $2+3$ 和 $3+2$.

14.48 用定义 14.44 计算 2×3 和 3×2.

图 14.9

参 考 文 献

[1] 耿素云,屈婉玲,王捍贫. 离散数学教程[M]. 北京:北京大学出版社,2002.
[2] 耿素云,屈婉玲. 离散数学[M]. 修订版. 北京:高等教育出版社,2004.
[3] ROSEN K H. 离散数学及其应用[M]. 袁崇义,屈婉玲,王捍贫,等译. 4版. 北京:机械工业出版社,2002.
[4] 汪仁官. 概率论引论[M]. 北京:北京大学出版社,1994.
[5] 潘承洞,潘承彪. 初等数论[M]. 北京:北京大学出版社,1992.
[6] CORMEN T H,LEISERSON C E,RIVEST R L,et al. Introduction to Algorithms[M]. 2nd ed. 北京:高等教育出版社,2002.